普通高等教育电子信息类校企合作系列教材

电路分析基础

主　编　刘　亮　　尹进田　　杨民生

副主编　周尚儒　　谭志光　　冯　婉

参　编　邓名高　　陈　希　　包　艳

　　　　邓　蓉　　雷　敏

西安电子科技大学出版社

内 容 简 介

　　本书是在总结多年本科电路教学改革经验的基础上编写而成的，主要讲述电路分析理论及其应用。主要内容包括电路的基本概念和定律，电路的基本分析方法、电路分析中的常用定理，正弦交流电路分析，三相交流电路分析，动态电路的时域分析，耦合电感、理想变压器及双口网络和相关电路仿真实验。

　　本书以能力培养为导向，以实际电路问题为例，讲解了电路的基本概念、基本理论和方法，使读者带着问题学习相关知识，在解决问题的过程中掌握电路分析方法，从而提高知识的应用能力。

　　本书可作为高等学校电子信息类、自动化类、电气类和机电类等专业学生的教材，对电类专业及其他相关专业的工程技术人员亦有重要的参考价值。

图书在版编目(CIP)数据

电路分析基础/刘亮，尹进田，杨民生主编. —西安：西安电子科技大学出版社，2023.3
(2024.4 重印)
ISBN 978 - 7 - 5606 - 6723 - 2

Ⅰ. ①电…　Ⅱ. ①刘…　②尹…　③杨…　Ⅲ. ①电路分析　Ⅳ. ①TM133

中国国家版本馆 CIP 数据核字(2023)第 032647 号

策　　划　刘小莉
责任编辑　刘小莉
出版发行　西安电子科技大学出版社(西安市太白南路 2 号)
电　　话　(029)88202421　88201467　　邮　编　710071
网　　址　www.xduph.com　　　电子邮箱　xdupfxb001@163.com
经　　销　新华书店
印刷单位　陕西日报印务有限公司
版　　次　2023 年 3 月第 1 版　2024 年 4 月第 3 次印刷
开　　本　787 毫米×1092 毫米　1/16　印张 24
字　　数　570 千字
定　　价　59.00 元
ISBN 978 - 7 - 5606 - 6723 - 2/TM

XDUP 7025001 - 3

* * * 如有印装问题可调换 * * *

前言
PREFACE

"电路分析基础"是工程应用型高等学校电气信息类专业的一门重要的专业基础课程。通过本课程的学习,可掌握电路的基本理论知识、基本分析方法以及进行电路实验、仿真的初步技能,为学习后续课程储备所需的电路理论知识和分析方法。

本书根据电子电气学科教学改革的发展方向以及高等教育大众化发展阶段的特点,结合教育部"卓越工程师教育培养计划"的实施原则,突出基本理论与实际应用的结合,强化知识传授与能力培养的有机融合,以电路理论与分析方法及其在工程中的应用为主线,以典型工程实例需解决的问题引出各章内容,使学生在问题的驱动下学习理论和方法。同时,各章都设置了工程应用实例分析与电路设计内容,帮助学生在学习掌握基本理论的同时学习实际电路的分析与设计方法,提高应用知识的能力。通过合理安排教材内容,在保证基本理论知识的前提下,兼顾计算机辅助电路分析和电路仿真方法的学习,力求强化基本理论掌握与淡化技巧性解题训练,解决有限课时安排与教材内容增加的矛盾。

本书主要有以下特点:

(1)强调电路理论方法与工程应用相结合。"电路分析"是电子电气信息类专业学生的专业基础核心课程,其电路理论逻辑性强,工程应用要求高,学生学习本课程的难度较大。本书精选内容,强化基础,突出知识的工程应用。

(2)书中设置了难度适中的例题,每章既有手工分析与计算习题,也有计算机辅助分析与仿真题,并配有小结,以便于读者巩固所学内容。

(3)结合时代背景,融合了计算机辅助电路分析和电路仿真的内容,使学生在掌握手工分析计算的同时,了解和掌握计算机辅助分析与电路仿真方法。

(4)统筹考虑配套实验与能力培养,大量增加了设计性实验内容。

参与本书编写的人员均有着丰富的教学经验和科研经历。第1、2、6章由长沙学院刘亮编写,第3章由邵阳学院尹进田编写,第4章由湖南文理学院杨民生编写,第5章由长沙学院周尚儒、冯婉和包艳编写,第7章由长沙学院谭志光、陈希编写,第8章由湖南湘能智能电器股份有限公司邓名高、长沙学院邓蓉和雷敏编写。刘亮、尹进田和杨民生担任主编,并负责全书的策划与统稿工作,刘亮和邓名高负责审校工作。

　　本书在编写过程中得到了长沙学院的大力支持和帮助，学生段洪瑞、王豪谦、曹文卓、常前程、周昆宇等提出了很好的建议，在此一并表示衷心的感谢。

　　本书虽经多次讨论、试用并反复修改，但因作者水平有限，不当之处在所难免，敬请广大读者批评指正。

编　者

2022 年 12 月

目 录
CONTENTS

第1章 电路的基本概念和定律

学习内容
XUEXINEIRONG

建立并深刻理解电路、电路模型，电路中的支路、回路、结点等结构元素，电流、电压和电功率等电路变量的基本概念；学习并掌握组成电路模型的基本电路元件（电阻、电容、电感、理想电源、受控源和运算放大电路）的特性、电路符号；学习并掌握集总电路的基本定律（基尔霍夫电压定律和电流定律）；学习并掌握利用电路两类约束列写电路方程并求解电路变量或（和）电路元件参数；建立并深刻理解线性电路、单口无源网络、单口有源网络、电路等效等概念。

学习目的
XUEXIMUDI

能根据简单的实际电路建立其电路模型；能根据电路问题合理假设电路变量的参考方向（或极性）并求解简单电路，根据计算结果分析解释电路现象；能利用基本的电工仪表正确测量实际电路中电压、电流值和电路元件的参数值。

电路理论是电气工程技术和信息工程技术的重要理论基础之一，电气工程、通信工程、电子信息工程、自动控制技术、计算机科学、信号处理等学科的共同基础就是电路理论。电路理论对于其他理工科专业学生也是很有意义的，因为电路通常是研究能量系统的非常有效的模型，其中包括了应用数学、物理学和拓扑学等内容。

所有实际电路都是以电能或电信号的传输、变换、处理为目的的。在电气工程技术中，通常要研究从一点到另一点的通信或者能量传递，为此，需要将若干电子器件相互连接起来实现这一功能。这种由电子器件相互连接构成的总体称为电路（electric circuit），电路中的每个组成部分称为元件（element）。

1.1　电路和电路模型

现代通信网、电话、计算机、电视、医疗设备、机器人、各种电力设施等是现代社会生活中必不可少的,其中包含了各种各样的电路。

1.1.1　电路概述

电路(electric circuit)是由电气器件(如电阻器、电容器、线圈、开关、晶体管、电池、发电机等)按一定的方式相互连接组成,完成一定功能的导电回路。电路的结构形式和所能完成的任务是多种多样的,常常借助电压、电流完成传输电能或信号、处理信号、测量、控制、计算等功能。电路规模的大小相差很大,小到硅片上的集成电路,大到高低压输电网。

电路通常可分为三部分:电源(source)、负载(load)和中间环节。电源(信号源)用来提供能量(提供信息),是将其他形式的能量转换为电能的装置,通常又称为激励(excitation);负载消耗能量(接收信息),是将电能转换为其他形式的能量的装置,通常又称为响应(response);中间环节是将电源和负载连接起来的部分,它起传输和分配电能的作用。

电路根据其组成、性质和作用的不同有不同的分类方法。根据是否满足线性关系,电路主要分为两类:一是线性电路,由线性元件组成,其数学方程为线性方程;二是非线性电路,其组成元件中至少含有一个非线性元件,其数学方程为非线性方程。根据所处理信号的不同,电路可以分为模拟电路和数字电路。直流电通过的电路称为直流电路;交流电通过的电路称为交流电路。

电路系统的实际装置包括各种设备、器件和元件等,直接对实际电路进行分析和研究是非常复杂且困难的。对实际电路的分析一般有两种办法:① 用电工仪表对实际电路进行测量;② 将实际电路抽象为电路模型,而后用电路理论进行分析计算。方法②可以简化电路,使分析直观明了,本书主要侧重讨论此方法,同时介绍基本的电路测试方法。

1.1.2　电路模型

手电筒的电路是一种最简单的实际照明电路。图1-1(a)所示是手电筒的实际电路,它由三部分组成:提供电能的电源——干电池;使用电能的负载——灯泡;连接电源和负载的导线。电源、负载和导线是实际电路不可缺少的三个组成部分。

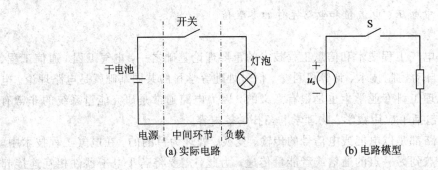

(a) 实际电路　　　　　　　　　　　(b) 电路模型

图1-1　手电筒电路及其电路模型

将实际电路中各个电路器件用其模型符号表示,这样画出的图称为实际电路的电路模型图。图1-1(b)所示的电路就是图1-1(a)所示实际电路的电路模型。

将实际电路抽象为电路模型,需要将电路中的每一个实际器件的主要电磁特性进行抽象和概括,即去除实际部件的外形、尺寸等差异,抽取出其共有的电磁性能,定义成理想元件。理想电路元件(ideal circuit element)是组成电路模型的最小单元,是具有某种确定电磁性质并有精确数学定义的基本结构。常用的理想电路元件有电阻、电容、电感、电压源、电流源、受控源等。例如，用理想电阻元件来表征白炽灯、电炉、电暖气等消耗电能的电器，简称电阻，其模型符号如图 1-2(a)所示；用理想电容元件来表征存储电能的电器，简称电容，其模型符号如图 1-2(b)所示；用理想电感元件来表征存储磁能的电器，简称电感，其模型符号如图 1-2(c)所示。

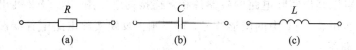

图 1-2 理想电阻、电容、电感元件模型

应该指出，实际电路用电路模型来近似表示是有条件的，一种电路模型只有在一定条件下才是适用的，当条件发生改变时，电路模型也要作相应的改变。以实际电感器为例，当加在其上的信号频率较低时，其消耗的电能与实际存储的磁能相比是非常小的，可以忽略不计，其电路模型可用理想电感元件模型表示，如图 1-3(a)所示；当频率较高时，需要考虑消耗的电能，其电路模型可用理想电感元件与理想电阻元件的串联来表示，如图 1-3(b)所示。当频率更高时，消耗的电能、存储的电能都不能忽略，其电路模型就需用图 1-3(c)所示的模型表示。因此，一个实际电路器件在不同的工作条件下，它的电路模型可以是不同的。

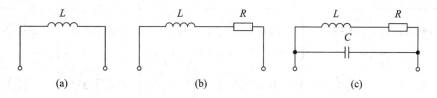

图 1-3 电感在不同工作条件下的模型

电路的理想元件模型忽略了实际电路器件的外形、尺寸的差异，突出了它们所表现出来的主要电磁特性，使得数学分析更加方便。因此，电路理论研究的对象不是实际电路，而是电路模型或理想电路，是由各种理想电路元件按一定方式连接组成的一个整体。

1.1.3 集总假设概述

实际电路器件在工作时所发生的电磁现象是交织在一起的，在空间上无法将它们分离，而且这些电磁现象连续分布在电路器件中。为了便于分析，在理想化的电路模型中通常假设器件的电磁现象总是发生在各元件模型的内部，每一个元件都只表示一种基本现象，这样的假设称为集总假设，这样的元件称为集总参数元件(lumped parameter element)。集总参数元件又称为理想电路元件，由集总参数元件构成的电路称为集总参数电路(lumped parameter circuit)，简称集总电路。

在分析集总参数电路时，可以忽略元件和电路本身的几何尺寸。例如，电路工作在工频 50 Hz 时，波长 $\lambda = 6000$ km，多数电路满足元件和电路的几何尺寸 $L \ll \lambda$，属于集总参数电路。电路工作在低频时，绝大部分电路元件可视为集总参数模型；电路工作在高频时，若工作信号的波长和体积尺寸相比不可忽略，则要考虑电路的分布参数，以更真实地反映电路的实际工作状况。分布参数电路(distributed parameter circuit)是指电路本身的几何尺寸相对于工作波长不可忽略的电路。本课程重点讨论集总参数电路的分析方法。

  用理想电路元件或它们的组合来模拟实际电路器件，建立实际电路模型的方法，称为电路建模。根据电路尺寸与其工作波长的大小关系，实际电路可分别建立集总参数电路模型或分布参数电路模型。

  表1-1列出了我国国家标准电气图(electric diagram)中的部分图形符号。运用表1-1中的图形符号，可以画出实际电路中各器件相互连接的电气图。表1-2列出了部分电路元件的图形符号。运用表1-2中的图形符号，可以画出反映实际电路中各器件电气特性及相互连接关系的电路图。

表1-1 部分电气图用图形符号(根据国家标准 GB4728)

名称	符号	名称	符号	名称	符号
导线		传声器		电阻器	
连接的导线		扬声器		可变电阻器	
接地		二极管		电容器	
接机壳		稳压二极管		线圈、绕组	
开关		隧道二极管		变压器	
熔断器		晶体管		铁芯变压器	
灯		运算放大器		直流发电机	
电压表		电池		直流电动机	

表1-2 部分电路元件图形符号

名称	符号	名称	符号	名称	符号
理想电流源		理想导线		电容	
理想电压源		连接的导线		电感	
受控电流源		电位参考点		理想变压器 耦合电感	
受控电压源		理想开关			
电阻		开路		回转器	
可变电阻		短路		理想运放	
非线性电阻		理想二极管		二端元件	

1.2 电路中的基本物理量

电路的电气特性通常是由电流、电压和电功率等物理量来描述的，电路对信号的传输和处理通常是用电流、电压的波形变化表现的，而电路完成能量传输和分配的能力用功率的大小衡量。通过电路分析能够了解电路的特性。电路分析的基本任务是计算或测试电路中的电流、电压和电功率。

1.2.1 电流

电流(current)是描述电路性能的基本物理量之一，是电路的基本变量。在金属导体中，带电的自由电子作无规则的运动，形成不了电流；当金属导体的两端接上电源，带负电荷的自由电子将作逆电场方向的运动，就形成了电流。

1. 电流的概念

单位时间内通过某横截面的电荷量称为电流强度，简称电流，用符号 I 或 i 表示。根据定义，有

$$i(t) = \frac{\mathrm{d}q(t)}{\mathrm{d}t} \tag{1-1}$$

式中，$\mathrm{d}q(t)$ 是 $\mathrm{d}t$ 时间内通过导体横截面的电荷量，单位为库[仑](C)，是时间 t 的函数。电流的单位是安[培](A)，常用的单位还有千安(kA)、毫安(mA)和微安(μA)。其中，$1\ \mu A = 10^{-6} A$，$1\ mA = 10^{-3} A$。需要注意的是，表示物理量的符号用斜体，而物理量的度量单位及其词头用正体。在最终计算结果中，一定要给出物理量的度量单位，这是工程技术人员应该有的一个习惯。表1-3是本书常用的国际单位制单位，表1-4是常用国际单位制词头。

表1-3 部分国际单位制单位(SI单位)

量的名称	单位名词	单位符号	量的名称	单位名词	单位符号
长度	米	m	电阻	欧姆	Ω
时间	秒	s	电导	西门子	S
电流	安培	A	电容	法拉	F
电位、电压	伏特	V	电感	亨利	H
功率	瓦特	W	电荷	库仑	C
能量、功	焦耳	J	频率	赫兹	Hz

表 1-4 国际单位制词头

倍率	词头名称词		词头符号	倍率	词头名称词		词头符号
10^{24}	尧[它]	yotta	Y	10^{-1}	分	deci	d
10^{21}	泽[它]	zetta	Z	10^{-2}	厘	centi	c
10^{18}	艾[可萨]	exa	E	10^{-3}	毫	milli	m
10^{15}	拍[它]	peta	P	10^{-6}	微	micro	μ
10^{12}	太[拉]	tera	T	10^{-9}	纳[诺]	nano	n
10^{9}	吉[咖]	giga	G	10^{-12}	皮[可]	pico	p
10^{6}	兆	mega	M	10^{-15}	飞[母托]	femto	f
10^{3}	千	kilo	k	10^{-18}	阿[托]	atto	a
10^{2}	百	hecto	h	10^{-21}	仄[普托]	zepto	z
10	十	deca	da	10^{-24}	幺科托	yocto	y

2. 电流的方向

在电路分析中，电流的大小和方向是描述电流变量不可缺少的两个因素。但是对于一个给定的电路，要直接给出某一电路元件中的电流真实方向是十分困难的，如交流电路中电流的真实方向经常改变，即使在直流电路中，要指出复杂电路中某一电路元件的电流真实方向也不是一件很容易的事，那么如何解决这一问题呢？

习惯上，人们将正电荷运动的方向规定为电流的正方向，又称为电流的真实方向。为了定量计算及分析电路，引入电流参考方向的概念，即人为指定电流在电路中的流动方向，称为电流的参考方向(reference direction)(或正方向)。电流的参考方向可以任意选定，但一经选定，就不可以改变。

电流参考方向的表示方法有以下两种：

(1) 直接在电路元件上用箭头标出，如图 1-4 所示。

(2) 用带字符 i 的双下标表示，对于图 1-4 来说，可用 i_{ab} 表示电流参考方向由 a 指向 b。

参考方向的选取有两种结果：一种是与实际方向相同，另一种是与实际方向相反。当指定了电流的参考方向后，分析计算电路时，若计算所得的电流为正值，则表示电流的真实方向与假想的参考方向一致；若计算所得的电流为负值，则表示二者方向相反。指定了参考方向后，就把电流这个实际的变量变成了代数量，既有数值，又有与之相应的参考方向。

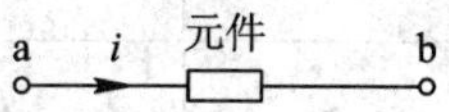

图 1-4 电流参考方向

电路分析所涉及的电流均指有参考方向的电流，其中箭头并不代表实际电流的方向，它只是一个约定，目的是避免在讨论"导线中的电流"时产生歧义。因此，在分析计算电路时，必须在电路中首先指定电流的参考方向，否则，计算电流结果的正负是毫无意义的。

图 1-4 中的矩形方框代表电路中的任意一个元件或多个元件的组合，这是一种常用的表示方法。这种具有两个引出端钮(端子)的一段电路称为二端电路或二端网络。

【例1.1】 如图 1-4 所示，正电荷 $\dfrac{dq(t)}{dt} = \dfrac{d}{dt}\left(\dfrac{1}{2}t^2 - 2t\right)$，由 a 经元件流到 b。试分别

求 $t=1\,s$ 和 $t=3\,s$ 时通过元件电流的大小，并说明电流的实际方向。

解 由电流的定义式可求得（参考方向为 a→b）

$$i(t)=\frac{\mathrm{d}q(t)}{\mathrm{d}t}=\frac{\mathrm{d}}{\mathrm{d}t}\left(\frac{1}{2}t^2-2t\right)=t-2 \tag{1-2}$$

当 $t=1\,s$ 时，有

$$i(t)=1-2=-1\,\text{A} \tag{1-3}$$

当 $t=3\,s$ 时，有

$$i(t)=3-2=1\,\text{A} \tag{1-4}$$

由计算结果可知，当 $t=1\,s$ 时，参考方向的电流值为负，故电流的参考方向与实际方向相反，即实际方向为 b→a；当 $t=3\,s$ 时，电流值为正，故电流的参考方向与实际方向一致，即实际方向为 a→b。

如图 1-5(a) 所示，数值大小和方向均不随时间变化的电流，称为恒定电流，一般用符号 I 表示，即通常所说的直流（direct current，dc 或 DC）。数值大小和方向随时间变化的电流，称为时变（time varying）电流，一般用符号 i 表示。时变电流在某一时刻 t 的值 $i(t)$，称为瞬时值。数值大小和方向作周期性（periodic）变化且平均值为零的时变电流，称为交流电流，简称交流（alternating current，ac 或 AC），如图 1-5(b) 所示。交流电流是时变电流的一种常见形式，生活用电设备（如计算机、电灯、电风扇和洗衣机等）的供电都是交流电，在后面的章节里将深入介绍。

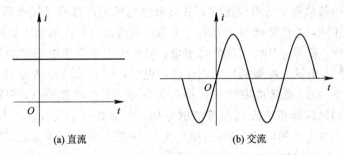

(a) 直流　　　　　　　　　(b) 交流

图 1-5　直流和交流

3. 电流测量

测量直流电路时，根据电流的实际方向将电流表串联接入待测支路中，使电流的实际方向从直流电流表的正极流入，如图 1-6 所示。电流表上所标的"＋""－"号是直流电流表的正、负极，电流表读数即为待测支路的电流。

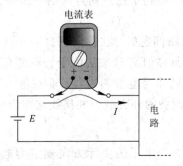

图 1-6　电流表测试连接图

1.2.2 电压、电动势和电位

电压(voltage)也是描述电路性能的基本物理量,是电路的基本变量。电荷在电场中要受到电场力的作用,正电荷沿着电场的方向移动,负电荷逆着电场的方向移动,这是电场对电荷做功的表现。为了反映电场对电荷做功能力的大小,引入电压的概念。

1. 电压、电动势和电位的概念

定义:电场力将单位正电荷从电路中的 a 点移动到 b 点所做功的大小称为 a、b 两点间的电压,用 U 或 u 表示。根据定义有

$$u_{ab}(t) = \frac{dw(t)}{dq(t)} \tag{1-5}$$

式中,$dq(t)$ 是移动的电荷量,单位为库[仑](C);$dw(t)$ 是为移动电荷 $dq(t)$ 电场力所做的功,单位为焦[耳](J)。它们都是时间 t 的函数。

电压的单位为伏[特](V),常用的单位还有千伏(kV)、毫伏(mV)、微伏(μV)。

电路中一般都接有电源以维持电流的流动。从能量角度看,电源具有能将电荷从低电位处经电源内部转移到高电位处的能力,从而对电荷做功。设在 dt 的时间内,电源使正电荷 $dq(t)$ 从负极经电源内部移至正极所做的功为 $dw(t)$,电源的电动势可用下式定义:

$$e(t) = \frac{dw(t)}{dq(t)}$$

即电源的电动势的数值等于将单位正电荷从负极经电源内部移到正极电源所做的功。电动势的单位与电压相同,电动势的参考方向规定为由负极经电源内部到正极的指向。

在电路分析中,常用到"电位"这个物理量。把单位正电荷由电场中的某一点 a 移动到参考点(无限远处),电场力所做的功叫作 a 点的电位,用 u_a 表示。在电路中,电位参考点可选电路中的任意一点(通常选取公共连接点为参考点,也叫接地点,用符号"⊥"表示)。这样电路中某点的电位即指该点到参考点的电压。电位是一个代数量,当其值大于零时,表明该点电位高于参考点的电位(参考点电位为零);当其值小于零时,表明该点电位低于参考点的电位。电位的单位与电压的单位相同。

由电压、电位的定义可知,电压是对电路中任意两点而言的,电位是对电路中的一点(相对参考点)而言的。电路中各点电位的高低与参考点的选取有关,而任意两点间的电压保持不变,即与参考点无关。若选择不同的参考点,则电场中某点的电位将具有不同的值,这表明电位是一个相对的量。但两点间的电压(电位差)与参考点的选择无关,它是一个确定的值。电压和电位的关系是:电路中任意两点间的电压等于这两点间的电位差,即

$$u_{ab}(t) = u_a - u_b \tag{1-6}$$

在分析实际的电磁场或电路问题时,往往需选择一个参考点。原则上讲,参考点可任意选择,但许多情况下应根据具体研究对象从便于分析的角度出发选择参考点。例如,在电磁场问题中,通常将无穷远处作为电位参考点;而在电力系统中,一般以大地为电位参考点;在电子线路中,往往把设备的外壳或公共接线端作为电位参考点。

2. 电压的方向

电压不但有大小,也有方向,电压的实际方向规定为电场力对正电荷做正功的方向,即电位实际降落的方向。对电压而言,两点中具有较高电位的一端为正极,用符号"+"表

示，而具有较低电位的一端为负极，用符号"－"表示。这样电压的实际方向就是由"＋"极性端指向"－"极性端。

在电路中，当两点间的实际方向不易判别或随时间不断变化时，可以任意假定其中的一点为"＋"极性端，另一点为"－"极性端，这样假定的极性叫作电压的参考极性。由"＋"指向"－"的方向叫作电压的参考方向。电压的参考方向与实际方向的关系是：电压的参考方向与实际方向相同时，参考方向的电压为正值，反之为负值。在假定参考方向之后，根据电路进行分析计算，若求得参考方向的电压为正，则说明这两点间电压的实际方向与参考方向相同，若为负，则电压的实际方向与参考方向相反。本书以后所提及的方向均指参考方向。

电压的参考方向同样是任意选定的，但一经选定，就不可以再改变。例如，经计算 $U>0$，表示电压的真实方向与所设参考方向一致；$U<0$，表示电压的真实方向与所设电压参考方向相反。

电压参考方向可用字符 U 带双下标表示，如 U_{ab}，其中 a 点为"＋"极，b 点为"－"极，且 $U_{ab}=-U_{ba}$。电压参考极性也可用箭头表示（电位降落的方向），如图 1-7 所示。

与电流类似，在不标注电压参考方向的情况下，电压的正负是毫无意义的，因此，在分析计算电路时，必须首先选定电压的参考方向，同时约定今后电路图中"＋""－"号所标电压方向都是电压的参考方向。电压的方向规定为由高电位（"＋"极性）端指向低电位（"－"极性）端，即电位降低的方向。电源电动势的方向规定为在电源内部由低电位（"－"极性）端指向高电位（"＋"极性）端，即电位升高的方向。

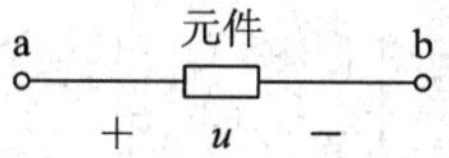

图 1-7　电压的参考极性

电压的分类和电流的分类相似，可分为直流电压和交流电压两类。大小和方向均不随时间变化的电压称为直流电压，用字母 U 表示。其表达式为

$$U=\frac{\Delta W}{\Delta Q}\qquad(1-7)$$

从能量关系上讲，在电路中 a、b 两点之间，当 $U_{ab}>0$ 时，表明单位正电荷从 a 点至 b 点时电场力做了正功，电荷的能量（位能）减少，也就是这段电路吸收了能量；当 $U_{ab}<0$ 时，表明单位正电荷经过这段电路时电场力做了负功，电荷的能量增加，也就是这段电路提供了能量，此时为电动势。

大小和方向均随时间周期性变化的电压称为交流电压，用 $u(t)$ 表示。其表达式为

$$u(t)=\frac{\mathrm{d}w(t)}{\mathrm{d}q(t)}\qquad(1-8)$$

当交流电压按正弦规律变化时，称为正弦交流电压。

3. 电压测量

测量直流电压时，应根据电压的实际极性将直流电压表并联接入电路，使直流电压表的正极接所测电压的实际高电位端，负极接所测电压的实际低电位端，如图 1-8 所示。电压表读数即为待测电路的端电压。

电场中任意两点间电压的大小与计算时所选取的路径无关，因此，当用电压表测量电路中两点的电压时，无论连接电

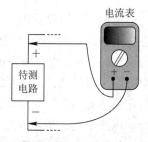

图 1-8　电压表连接

压表的导线如何弯曲，只要电压表所连接的电路中两点的位置不变，则表的读数不变。在进行理论计算时，若要求解电压有多个路径，应选取计算最便利的路径。

4. 电压和电位的计算

在电路分析中，电位（potential）是相对的，电路中某点电位的大小与参考点的（reference point）（即零电位点）的选择有关，因此某点电位为多少是对所选的参考点而言的。同一电路中，只能选取一个参考点，工程上常选大地为参考点。电子线路中常选一条特定的公共线作为参考点，这条公共线是许多元件的汇聚处并与机壳相连，也称地线。在检修电子线路时，常需要测量电路中各点对"地"的电位来判断电路的工作是否正常。

下面举例说明电位的计算。

【例 1.2】 如图 1-9(a)所示的电路，已知 $U_{S1}=60$ V，$U_{S2}=40$ V，$I_1=4$ A，$I_2=2$ A，分别选择图 a 和 d 点作为参考点，计算电路中其余各点电位和 U_{ab}、U_{cd}。

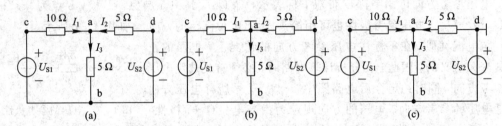

图 1-9 例 1.2 图

解 (1) 如图 1-9(b)所示，选取 a 点作为参考点，则 a 点电位 $U_a=0$ V，其余各点电位为

$$u_b = -5i_3 = -30 \text{ V}$$

$$u_c = 10i_1 = 40 \text{ V}$$

$$u_d = 5i_2 = 10 \text{ V}$$

$$u_{ab} = -u_b = 30 \text{ V}$$

$$u_{cd} = u_{ca} + u_{ad} = u_c - u_d = 40 - 10 = 30 \text{ V}$$

(2) 如图 1-9(c)所示，选取 d 点作为参考点，则 d 点电位 $u_d=0$ V，其余各点电位为

$$u_a = -5i_2 = -10 \text{ V}$$

$$u_b = -u_{s2} = -40 \text{ V}$$

$$u_c = u_{ca} + u_{ad} = u_{ca} + u_a = (40-10) \text{ V} = 30 \text{ V}$$

$$u_{ab} = 5i_3 = 30 \text{ V}$$

$$u_{cd} = u_c = 30 \text{ V}$$

由例 1.2 可以看出，参考点选取不同，电路中各点的电位也不同，但是两点间的电位差是不会改变的，即，电路中各点的电位与参考点的选取有关，两点间的电压与参考点的选取无关。通常电路中把电源、信号输入和输出的公共端接在一起作为参考点，因此电路中有一个习惯画法，即电源不再用符号表示出来，而只标出其电位的极性和数值。电路的简化画法如图 1-10 所示。

电路中电位相等的点称为等电位点，可以把等电位点视作开路或者短路接上任意电阻，电路的计算结果都不会改变。

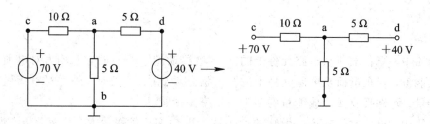

图 1－10　电路的简化画法

1.2.3　关联参考方向

在电路中，电流的参考方向和电压的参考方向都是任意选取的，那么对于同一元件上的电流和电压的参考方向，它们之间有什么关系呢？就本质意义上讲，二者是彼此独立的，没有任何限制。然而，结合电压、电流的参考方向，对电路中任一元件或网络，其两端电压的参考极性和流过它的电流参考方向的组合有四种可能，如图 1－11 所示。

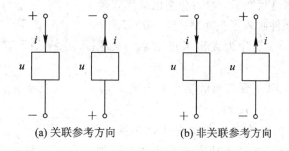

(a) 关联参考方向　　　(b) 非关联参考方向

图 1－11　元件电流、电压参考方向

为了分析问题方便，常把同一元件上电流、电压的参考方向设定为关联参考方向（associated reference direction）。所谓关联参考方向，是指同一元件上电流、电压的参考方向一致，即电流的参考方向就是电位降落的参考方向，电流从电压的参考"＋"流入，从电压的参考"－"流出，如图 1－11(a)所示。关联参考方向可简称为关联正向。反之，当电流从电压的参考"－"流入，从电压的参考"＋"流出，如图 1－11 中(b)所示，则称为非关联参考方向。

一般地，在仅标示某一电流(或电压)的参考方向而不加说明的情况下，默认采用的是关联参考方向。应当注意，关联或非关联参考方向是一个相对的概念，它是针对某段二端电路而言的。如图 1－12 所示，对二端电路 N_1 来说，电流和电压是关联参考方向；但对二端电路 N_2 而言，电流和电压是非关联参考方向。

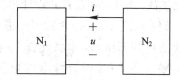

图 1－12　关联和非关联参考方向的相对

1.2.4　功率与能量

在电路中，电功率与电压和电流密切相关，功率和能量的分析与计算也十分重要。电路工作时，总伴随着电能与其他形式能量的相互转换，并且电气设备、电路部件本身在工作过程中都有功率的限制，在使用时若超过其额定值，过载会使设备或部件损坏，甚至不能正常工作。

1. 功率

在电路中,当正电荷从电路元件上的"＋"极移动到"－"极时,电场力对电荷做功,该元件吸收能量;当正电荷从电路元件上的"－"极移动到"＋"极时,外力对电荷做功,该元件释放能量。元件吸收或释放能量的多少由功率来衡量。

在电路中,单位时间电场力做功的大小称为电功率,简称功率。功率是能量转换的速度,是能量对时间的变化率,用符号 $p(t)$ 表示,即

$$p(t) = \frac{dw(t)}{dt} \tag{1-9}$$

对于一个元件或一段电路来说,如果选电压、电流为关联参考方向,则该元件或该段电路吸收的功率为

$$p(t) = \frac{dw(t)}{dt} = \frac{dw(t)}{dq(t)} \frac{dq(t)}{dt} = u(t)i(t) \tag{1-10}$$

由于电压、电流都是代数量,因而功率也是代数量。当 $p(t) > 0$ 时,说明元件吸收了正功率;当 $p(t) < 0$ 时,说明元件吸收了负功率(实际为发出了正功率),如图1-13所示。

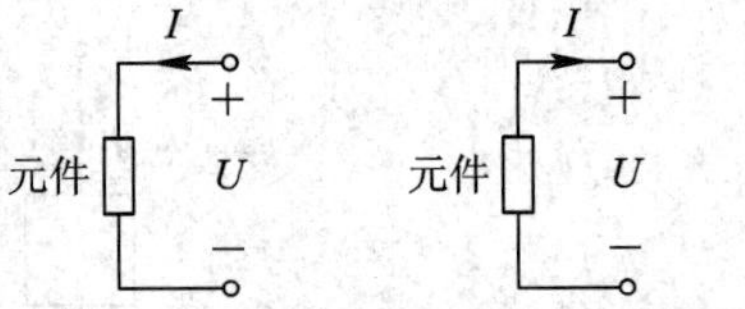

在非关联参考方向下,元件吸收功率的表达式为

$$p(t) = -u(t)i(t) \tag{1-11}$$

发出(释放)功率与吸收功率的情况正好相反,因

(a) 元件吸收能量　(b) 元件提供能量

图 1-13　能量的吸收和发出

而要计算发出功率,只需在吸收功率的表达式右边加一个"－"号,且在 $p(t)$ 的下角标注"发"即可。若无特殊说明,本书所涉及的功率均指吸收功率。

根据能量守恒原理,电路中发出的功率与吸收的功率总是相等的,即在完整的电路中,功率的代数和为零,这称为功率守恒,可表示为

$$\sum p(t) = 0 \tag{1-12}$$

功率的单位是瓦[特](W),简称"瓦"。电器上常常标注的功率是额定功率,为该电器工作时消耗的电功率。该电器工作时不能低于或高于额定功率,否则该电器不能正常工作,甚至会发生灾害事故。额定功率给用户设计布线的路径、开关和保险的容量提供了计算依据。

【例1.3】 在图1-14中,若各元件上的功率均为10 W,电压均为5 V,电压、电流的参考方向如图所示,求各元件上的电流。

解 图1-14(a)所示的电路中,电流、电压为关联参考方向,因此

$$p = ui = 10 \text{ W}$$

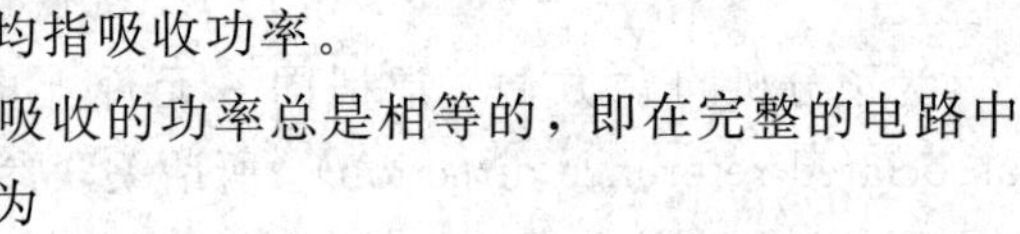

所以

(a)　　　(b)

图 1-14　例1.3图

$$i = \frac{p}{u} = \frac{10}{5} \text{ A} = 2 \text{ A}$$

图1-14(b)所示的电路中,电流、电压为非关联参考方向,因此

$$p = ui = -10 \text{ W}$$

所以

$$i = -\frac{p}{u} = -\frac{10}{5}\,\text{A} = -2\,\text{A}$$

【例 1.4】 在图 1-15 中，两个小方框分别代表两个元件，各元件的电压、电流如图所示。

(1) 元件 1 的电压 u、电流 i_1 是否为关联参考方向？元件 2 又如何？

(2) 设某时刻 $u = 4$ V，$i_1 = 2$ A，元件 1 在该时刻吸收的功率 $p(t)$ 是多少？该时刻元件 2 的电流 i_2 又如何？

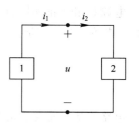

图 1-15 例 1.4 图

解 (1) 根据关联参考方向的定义可知，元件 1 的电流和电压是非关联参考方向，元件 2 的电流和电压是关联参考方向。

(2) 元件 1 的吸收功率为

$$p_1 = -ui_1 = -4 \times 2\,\text{W} = -8\,\text{W}$$

元件 2 的吸收功率为

$$p_2 = ui_2$$

根据功率守恒，有

$$p_1 + p_2 = -ui_1 + ui_2 = -8 + 4i_2 = 0$$

所以

$$i_2 = \frac{8}{4}\,\text{A} = 2\,\text{A}$$

本例中，$p_1 = -8$ W < 0，说明元件 1 在该时刻吸收了 -8 W 的功率，实际上它发出了 8 W 的功率。

上述分析和举例表明，由 U、I 所表示的功率，既可以表示成元件吸收能量，也可以表示成元件发出能量，这与 U、I 的参考方向密切相关；表达式所依据的 U、I 的参考方向是一种假设，所以，所表述的功率也是一种假设，如有必要，可根据任一时刻功率数值的正、负来判断元件功率的实际状态。在电路中，所有的元件功率的代数和为零。也就是说在任何时刻元件发出的功率等于吸收的功率，此原理称为功率守恒。

注意： 计算功率时必须注意电压 U 和 I 的参考方向，还需注意公式中各数值的正负号的含义。

2. 能量

当元件吸收的功率 $p(t)$ 已知时，根据式(1-6)，元件在 (t_0, t_1) 时间内吸收的能量为

$$W = \int_{t_0}^{t_1} p(t)\,\text{d}t \tag{1-13}$$

能量是指做功的能力，单位为焦耳(J)。电气工程中，一个负载的用电量常用 kW·h (千瓦时)表示，它是功率为 1 kW 的负载工作 1 h(小时)所消耗的能量，工程上常称为"度"。

3. 电源与负载的判别

分析电路时，需要判别哪个电路元器件是电源(或起电源的作用)，哪个是负载(或起负载的作用)。

由例 1.4 可见，根据电压和电流的实际方向(图 1-15 中，U 和 I 的参考方向与实际方向一致)可确定某一元器件是电源还是负载。

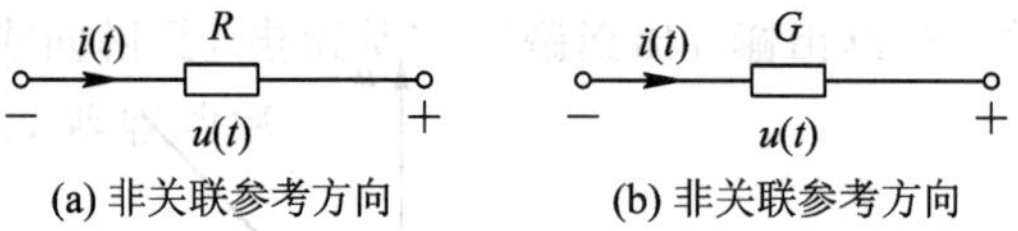

图 1-21 电阻、电导的参考方向

当某元件电阻值 $R=0$ 时，称为短路(short circuit)，如图 1-22(a)所示。在电路短路的情况下，有

$$U=IR=0 \tag{1-18}$$

表明电压取值为零，但电流可以取任意值。在实际电路中，导线通常可认为是短路。因此，短路是一个电阻值趋于零的电路元件。

类似地，当某元件电阻值 $R=\infty$ 时称为开路(open circuit)，如图 1-22(b)所示。对于开路而言，有

$$I=\frac{U}{R}=\frac{U}{\infty}=0 \tag{1-19}$$

表明虽然两端的电压可以是任意值，但其电流为零。因此，开路是一个电阻值趋于无穷大的电路元件。

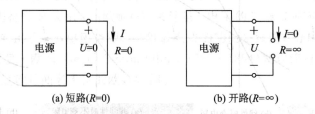

图 1-22 短路与开路

2. 电阻的储能

在电压和电流取关联参考方向时，电阻元件的功率为

$$p(t)=Ri^2(t)=\frac{i^2(t)}{G} \tag{1-20}$$

或

$$p(t)=\frac{u^2(t)}{R}=Gu^2(t) \tag{1-21}$$

由式(1-20)和式(1-21)可见，电阻(或电导)是正值，则 $p(t)\geqslant 0$，因此电阻总是吸收能量，是耗能元件、无源元件。

功率的计算是电路分析中的一个重要内容。对理想电阻元件来说，功率的数值范围不受限制，但对一个实际的电阻器，使用时不得超过所标注的额定功率，否则会烧坏电阻器。因此各种电气设备都规定了额定功率、额定电压、额定电流，使用时不得超过额定值，以保证设备安全工作。

电子电路中单个使用的具有电阻特性的元件，称为分立电阻器。在集成电路(采用一定制造工艺在一块半导体硅片上同时制作多个元件，并把它们互连成具有一定功能的电路，这样的电路称为集成电路)中使用的按一定工艺制作的具有电阻特性的元件，称为集成电阻。前面讨论的电阻元件是实际电阻器抽象出来的理想化模型，无论是分立电阻器还是集成电阻，对它们进行分析时都将其抽象为电阻元件。

【例 1.5】　一个 $4\ \text{k}\Omega$、$10\ \text{W}$ 的电阻，使用时允许通过的最大电流是多少？它能承受的最大电压是多少？

解　由 $p = i^2 R$ 得

$$I = \sqrt{\frac{p}{R}} = \sqrt{\frac{10}{4 \times 10^3}}\,\text{A} = 0.05\ \text{A}$$

由 $p = \dfrac{U^2}{R}$ 得

$$U = \sqrt{pR} = \sqrt{10 \times 4 \times 10^3}\ \text{V} = 200\ \text{V}$$

$0.05\ \text{A}$ 和 $200\ \text{V}$ 分别为该电阻的额定电流和额定电压，也就是该电阻工作时所允许的最大电流值和最大电压值。

1.3.2　电容元件

1. 电容元件的定义

从实际电容器抽象出来的电路模型称为电容（capacitor）元件。图 1-23(a) 和 (b) 所示是常用的平板式电容器，其基本结构由两块金属极板中间隔以绝缘介质构成。图 1-23(a) 中的绝缘介质是空气，图 1-23(b) 中的绝缘介质是固体绝缘片。

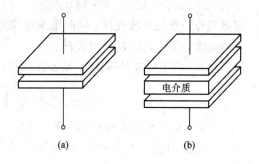

图 1-23　平板式电容器

当电容器两端加上电源时，电容充电，上端极板上的电子被吸引到电源的正端，再经由电源到达其负端，最后被电源负极排斥到电容下端极板上。因为上端极板上失去的每一个电子都被下端极板获得，所以两块极板上的电荷量相同。由于两块极板分别聚集了等量的异性电荷，所以电容在其绝缘介质中建立了电场，并存储电场能量。当电源移除后，两极板上的电荷由于电场力的作用互相吸引，但中间介质是绝缘的，所以互相不能中和，电荷被长久地存储起来。因此电容器是一种能存储电场能的电路器件。如果忽略电容器在实际工作中的漏电和磁场影响等次要因素，就可以把它抽象成一个只存储电场能量的元件——电容元件。

某个二端元件在任一时刻的电荷量 $q(t)$ 和电压 $u(t)$ 之间存在代数关系：

$$F(q, u) = 0 \tag{1-22}$$

此元件可称为电容元件。这一关系可由 q-u 平面上的一条特性曲线确立。当此特性曲线是通过原点的直线时，称为线性电容元件，否则称作非线性电容元件；当特性曲线不随时间变化时，称为时不变电容元件，否则称作时变电容元件。本书中除非特别指明，否则只讨论线性时不变电容元件。其符号和特性曲线如图 1-24(a) 和 (b) 所示，在任意时刻，电荷与其端电压的关系为

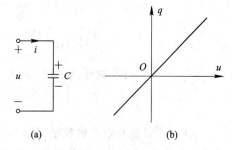

图 1-24　线性时不变电感元件及其特性曲线

$$q(t) = Cu(t) \tag{1-23}$$

C 称作电容的电路参数，单位是法拉(F)。法拉在使用中单位过大，实际的电容值通常在皮法(pF)到微法(μF)的范围内。C 是一个与 q、u 无关的正实常数，其数值等于单位电压加于电容元件两端时电容元件存储的电荷量，因此 C 代表了电容元件存储电荷的能力。

传导电流与该电荷具有如下关系：

$$i(t) = \frac{\mathrm{d}q(t)}{\mathrm{d}t}$$

把 $q(t) = Cu(t)$ 代入上式，可得

$$i(t) = C\frac{\mathrm{d}u(t)}{\mathrm{d}t} \tag{1-24}$$

式(1-24)就是电容元件 VCR 的微分形式。若 u 与 i 为非关联参考方向，则式(1-24)的右侧需要加负号。

从电容元件的 VCR 可以看出某一时刻电容电流与该时刻电容电压的变化率成正比，而与电压的大小无关。如果电压恒定不变，则电流为零，此时电容相当于开路，所以电容具有隔直流、通交流的特性。同时也表明电容两端的电压不能跃变，因为跃变时将产生无穷大的电流，实际上这是不可能的。

将式(1-24)对时间从 t_0 到 t 进行积分，得到相应的 $u(t_0)$ 到 $u(t)$ 的电压为

$$u(t) = \frac{1}{C}\int_{t_0}^{t} i(\xi)\,\mathrm{d}\xi + u(t_0) \tag{1-25}$$

$u(t_0)$ 是电容两端的初始电压。电容是聚集电荷的元件，式(1-24)式(1-25)分别从电荷变化的角度和电荷积累的角度描述电容的伏安关系。

2. 电容的储能

如果电容的电压和电流的参考方向相关联，那么瞬时功率为

$$p(t) = u(t)i(t) = Cu(t)\frac{\mathrm{d}u(t)}{\mathrm{d}t} \tag{1-26}$$

当 $p > 0$ 时，电容从外电路吸收能量，存储为电场能；当 $p < 0$ 时，电容释放存储的电场能。根据能量与功率之间的关系：

$$p(t) = \frac{\mathrm{d}w(t)}{\mathrm{d}t} \tag{1-27}$$

可以求出 t 时刻电容吸收的总能量为

$$w(t) = \int_{-\infty}^{t} p(\xi)\,\mathrm{d}\xi = \int_{-\infty}^{t} Cu(\xi)\frac{\mathrm{d}u(\xi)}{\mathrm{d}\xi}\mathrm{d}\xi = C\int_{u(-\infty)}^{u(t)} u(\xi)\,\mathrm{d}u(\xi)$$

$$= \frac{1}{2}Cu^2(\xi)\Big|_{u(-\infty)}^{u(t)} = \frac{1}{2}Cu^2(t) - \frac{1}{2}Cu^2(-\infty) \tag{1-28}$$

在 $t = -\infty$ 时电容还未储能，因此 $u(-\infty) = 0$，电容在 t 时刻存储的电场能量为

$$w(t) = \frac{1}{2}Cu^2(t) \tag{1-29}$$

式(1-29)说明电容的储能只与当前的 $u(t)$ 有关。因为 $C > 0$，所以 $w(t)$ 总是大于等于零。当 $u(t)$ 增大时，$w(t)$ 增加，电容吸收电源能量充电；当 $u(t)$ 减少时，$w(t)$ 减少，电容处于放电状态。可以看出，电容是吞吐能量的元件，属于无源元件。正是电容的储能本质使电容电压具有记忆特性，而电容电流在有界条件下储能不能跃变导致电容电压具有连续

性。如果储能跃变，则能量变化的速率（即功率）将为无限大，这在电容电流有界的条件下是不可能的。

1.3.3　电感元件

1. 电感元件的定义

从实际电感器抽象出来的电路模型称为电感（inductance）元件。导线中有电流时，其周围会产生磁场。实际电感器可以通过将一定长度的导线绕成线圈构成，如图 1-25 所示，这样就增大了产生磁场的电流，同时也增大了磁场。假设穿过一匝线圈的磁通量为 Φ，那么与每匝线圈交链的磁通量之和称为磁链 Ψ，若有 N 匝线圈，那么

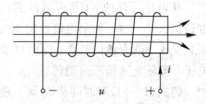

图 1-25　电感器及其磁通线

$$\Psi = N\Phi \tag{1-30}$$

Ψ 和 Φ 都是线圈本身的电流产生的，如果忽略实际电感器在工作时消耗能量等次要因素，就可以把它看成一个只存储磁场能量的理想元件——电感元件。

某个二端元件在任一时刻的磁链 $\Psi(t)$ 和电流 $i(t)$ 之间存在代数关系：

$$f(\Psi, i) = 0 \tag{1-31}$$

此元件可称为电感元件。这一关系可由 $\Psi\text{-}i$ 平面上的一条特性曲线确立。当此特性曲线是通过原点的直线时，称为线性电感元件，否则称作非线性电感元件；当特性曲线不随时间变化时，称为时不变电感元件，否则称作时变电感元件。本书中除非特别指明，只讨论线性时不变电感元件，其符号和特性曲线如图 1-26(a)和(b)所示。在任意时刻，磁链与电流的关系为

$$\Psi(t) = Li(t) \tag{1-32}$$

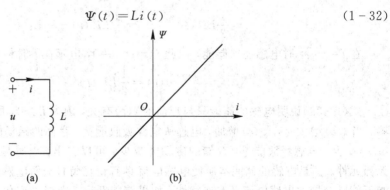

　　　(a)　　　　　　　　　　(b)

图 1-26　线性时不变电感元件及其特性曲线

这里磁链和电流采用关联参考方向，即两者的参考方向符合右手螺旋定则。L 称作电感的电路参数，单位是亨利(H)。L 是一个与 i 无关的正实常数，其数值等于单位电流流过电感元件时电感元件所产生的磁链，因此 L 代表了电感元件存储磁场的能力。

根据电磁感应定律，感应电压等于磁通的变化率，当电压的参考方向与磁链的参考方向相关联时，符合右手螺旋定则，可得

$$u(t) = \frac{\mathrm{d}\Psi(t)}{\mathrm{d}t} \tag{1-33}$$

将式(1-32)代入式(1-33)，得

$$u(t) = L \frac{\mathrm{d}i(t)}{\mathrm{d}t} \tag{1-34}$$

式(1-34)是电感元件 VCR 的微分形式。若电压和电流的参考方向非关联，则式(1-34)的右侧需要加负号。

从电感元件的 VCR 可以得到，某一时刻电感电压与该时刻电流的变化率成正比，而与电流的大小无关。如果电流恒定不变，即电压为零，此时电感相当于短路，所以电感具有隔高频交流、通直流的特性。同时也表明电感上的电流不能跃变，因为跃变将产生无穷大的电压，实际上这是不可能的。

将式(1-34)对时间从 t_0 到 t 进行积分，得到相应的 $i(t_0)$ 到 $i(t)$ 的电压为

$$i(t) = \frac{1}{L} \int_{t_0}^{t} u(\xi) \, \mathrm{d}\xi + i(t_0) \tag{1-35}$$

2. 电感的储能

如果电感的电压和电流的参考方向相关联，那么瞬时功率为

$$p(t) = u(t)i(t) = Li(t) \frac{\mathrm{d}i(t)}{\mathrm{d}t} \tag{1-36}$$

当 $p > 0$ 时，电感从外电路吸收能量，存储为磁场能；当 $p < 0$ 时，电感释放存储的磁场能。根据能量与功率之间的关系：

$$p(t) = \frac{\mathrm{d}w(t)}{\mathrm{d}t} \tag{1-37}$$

可以求出 t 时刻电容吸收的总能量为

$$w(t) = \int_{-\infty}^{t} p(\xi) \, \mathrm{d}\xi = \int_{-\infty}^{t} Li(\xi) \frac{\mathrm{d}i(\xi)}{\mathrm{d}\xi} \mathrm{d}\xi = L \int_{i(-\infty)}^{i(t)} i(\xi) \, \mathrm{d}i(\xi)$$

$$= \frac{1}{2} Li^2(\xi) \Big|_{i(-\infty)}^{i(t)} = \frac{1}{2} Li^2(t) - \frac{1}{2} Li^2(-\infty) \tag{1-38}$$

在 $t = -\infty$ 时电感还未储能，因此 $i(-\infty) = 0$，电感在 t 时刻存储的磁场能量为

$$w(t) = \frac{1}{2} Li^2(t) \tag{1-39}$$

式(1-39)说明电感的储能只与当前的 $i(t)$ 有关，因为 $L > 0$，所以 $w(t)$ 总是大于等于零。当 $i(t)$ 增大时，$w(t)$ 增加，电感从电源吸收能量，存储的磁场能增加；当 $i(t)$ 减少时，$w(t)$ 减少，电感释放能量，存储的磁场能减少。可以看出，电感是吞吐能量的元件，属于无源元件。正是电感的储能本质使电感电流具有记忆特性，而电感的电压在有界条件下储能不能跃变导致电感电流具有连续性。如果储能跃变，则能量变化的速率（即功率）将为无限大，这在电感电压有界的条件下是不可能的。

比较电容元件和电感元件的 VCR，二者在形式上相似，并有相对应的关系，如果将

$$i(t) = C \frac{\mathrm{d}u(t)}{\mathrm{d}t}$$

中的符号用如下对应符号替换：$i \to u$，$u \to i$，$C \to L$，则可得电感元件的 VCR 为

$$u(t) = L \frac{\mathrm{d}i(t)}{\mathrm{d}t}$$

因此称电容元件与电感元件具有对偶性。其实电路中的这种对偶性较多，常用的对偶

术语如下：

电流—电压　　电阻—电导　　电感—电容
串联—并联　　磁链—电荷　　磁场—电场

对偶原理指出：当某一结论成立时，如果用对偶术语和符号进行相应的置换，得出的新结论也成立。

例如：电容存储的电场能量为 $w(t)=\dfrac{1}{2}Cu^2(t)$，对该结论中的术语和符号进行对偶置换，可得出电感存储的磁场能量为

$$w(t)=\frac{1}{2}Li^2(t)$$

显然，该结论是正确的。在本书后续内容的学习中，这种对偶性还会多次遇到，注意到这种特点，有助于对所学内容比较、归纳和总结。

1.3.4 独立电源

电源是组成电路必不可少的元件，实际电源有电池、发电机和信号源等。理想电源是实际电源的理想化模型。电源可分为两类：独立电源和非独立电源（又称为受控源）。

独立电源（即电压源或电流源）是能独立地向外电路提供能量的电源，其向外电路输出的电压或电流值不受外电路电压或电流变化的影响，通常分为电压源和电流源。

受控源向外电路输出的电压或电流随其控制支路电压或电流变化，在控制支路电压或电流恒定时，受控源向外电路输出的电压或电流也随之确定。

1. 理想电压源

如果一个二端元件其两端电压总能保持定值（或一定的时间函数）而不论流过的电流为多少，这种元件称为理想电压源，简称电压源。电压源的符号如图 1-27 所示。

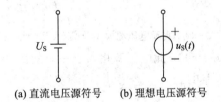

(a) 直流电压源符号　　(b) 理想电压源符号

图 1-27　电压源符号

电压源具有以下基本特性：

(1) 它的端电压是定值 U_S 或是一定的时间函数 $u_S(t)$，与流过的电流无关。当电流为零时，其端电压仍为 U_S 或 $u_S(t)$。

(2) 电压源的电压是由它本身确定的，流过它的电流完全由外电路决定。

(3) 电压源既可以对外电路提供能量，也可以从外电路吸收能量，视其上电流的方向而定。

在 u-i 平面上，电压源在 t_1 时刻的 VCR 特性曲线是一条平行于 i 轴且纵坐标为 $u_S(t_1)$ 的直线，如图 1-28 所示。VCR 曲线表明了电压源端电压大小与电流无关。

实际电压源如图 1-29 所示。

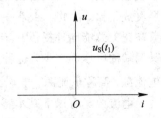

图 1-28　电压源在 t_1 时刻的
VCR 特性曲线

(a) 电池

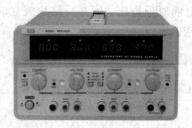
(b) 稳压电源

图 1-29 实际电压源模型

实际上，真正的理想电压源是不存在的，但是，电池、发电机等实际电源在一定电流范围内可近似地看成一个理想电压源，也可以用电压源与电阻元件来构成实际电压源的模型，如图 1-30(a)所示，其 VCR 为

$$u = u_S - R_S i \tag{1-40}$$

其 VCR 特性曲线如图 1-30(b)所示。

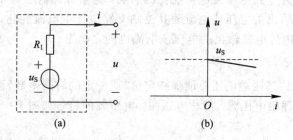

(a)   (b)

图 1-30 实际电压源模型及其 VCR 特性曲线

当一个电压源的电压 $u=0$ 时，此电压源相当于一条短路线，与电压源的特性相矛盾，所以理想电压源是不允许短路的。

2. 理想电流源

电压源是一种能产生电压的装置，而电流源则是一种能产生电流的装置。在一定条件下，光电池在一定照度的光线照射下就被激发产生一定值的电流，该电流与照度成正比。由此，如果一个二端元件在其端钮上总能向外提供一定的电流而不论其两端的电压为多少，这种元件称为理想

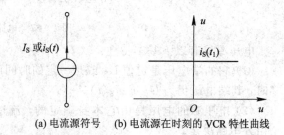

(a) 电流源符号　(b) 电流源在时刻的 VCR 特性曲线

图 1-31 电流源

电流源，简称电流源。电流源的符号如图 1-31(a)所示。

电流源具有以下基本特性：

(1) 发出的电流是定值 I_S 或是一定的时间函数 $i_S(t)$，与端电压无关。当电压为零时，它发出的电流仍为 I_S 或 $i_S(t)$。

（2）电流源的电流是由它本身确定的，它两端的电压完全由外电路决定。

（3）电流源既可以对外电路提供能量，也可以从外电路吸收能量，视其两端电压的极性而定。

在 u-i 平面上，电流源在 t_1 时刻的 VCR 特性曲线是一条平行于 u 轴且纵坐标为 $i_S(t_1)$ 的直线，如图 1-31(b) 所示。特性曲线表明了电流源电流与端电压大小无关。

理想电流源实际上是不存在的，但是光电池等实际电源在一定的电压范围内可近似看成一个理想电流源，也可以用电流源与电阻元件来构成实际电流源的模型，如图 1-32(a) 所示，其 VCR 为

$$i = i_S - \frac{u}{R_S} \tag{1-41}$$

其 VCR 特性曲线如图 1-32(b) 所示。

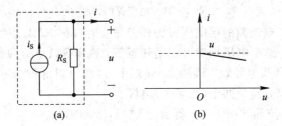

图 1-32　实际电流源模型及其 VCR 特性曲线

当一个电流源的电流 $I_S = 0$ 时，此电流源相当于开路，与电流源特性相矛盾，所以理想电流源是不允许开路的。

下面讨论理想电压源的串联和理想电流源并联的情况。为简明起见，以两个电源为例进行说明，其结论可推广到多个电源的情形。

图 1-33 是理想电压源相串联的情况。根据电压源的定义和 KVL，两个电压源 $u_{S1}(t)$ 和 $u_{S2}(t)$ 相串联可等效为一个电压源 $u_S(t)$。若参考方向如图 1-33(a) 所示，则等效电源的电压为

$$u_S(t) = u_{S1}(t) + u_{S2}(t) \tag{1-42}$$

若参考方向如图 1-33(b) 所示，则等效电源的电压为

$$u_S(t) = u_{S1}(t) - u_{S2}(t) \tag{1-43}$$

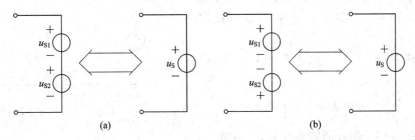

图 1-33　电压源的串联

按电压源的定义，电压源的电流可为任意值，而根据 KCL，两电源串联时，两者的电流应为同一电流，这个电流仍然可以是任意值，这样等效电压源也符合电压源的定义。

图 1-34 是两个理想电流源相并联的情况。根据电流源的定义和 KCL，两个电流源

$i_{S1}(t)$ 和 $i_{S2}(t)$ 相并联,可等效为一个电流源 $i_S(t)$。若参考方向如图 1-34(a)所示,则等效电源的电流为

$$i_S(t) = i_{S1}(t) + i_{S2}(t) \tag{1-44}$$

若参考方向如图 1-34(b)所示,则等效电源的电流为

$$i_S(t) = i_{S1}(t) - i_{S2}(t) \tag{1-45}$$

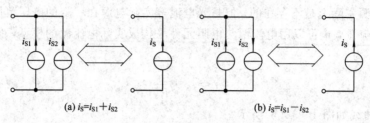

(a) $i_S = i_{S1} + i_{S2}$ (b) $i_S = i_{S1} - i_{S2}$

图 1-34 电流源的并联

按电流源的定义,电流源的端电压可为任意值,而根据 KVL,两电源并联时,两者的端电压应为同一电压,这个电压仍然可以是任意值,这样等效电流源也符合电流源的定义。图中双箭头⇔表示两者互为等效,即两个(或多个)电源可以等效为一个电源;反之,如果需要,一个电源也可以分解为两个(或多个)电源。

【例 1.6】 一含源支路如图 1-35 所示,已知 $u_{S1} = 6$ V,$u_{S2} = 14$ V,$u_{ab} = 5$ V,$R_1 = 2~\Omega$,$R_2 = 3~\Omega$,设电流参考方向如图中所示,求电流 I。

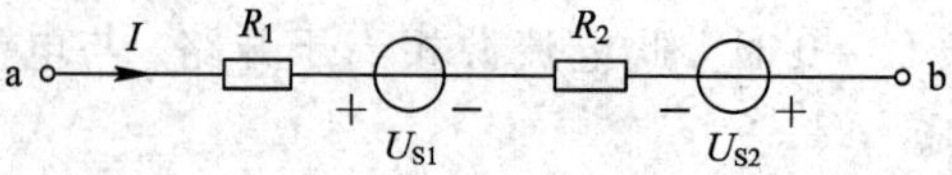

a ——→ I —— R_1 —— $+~U_{S1}~-$ —— R_2 —— $-~U_{S2}~+$ —— b

图 1-35 例 1.6 图

解 今后会经常遇到求含源支路的电流这类问题。依据 KVL 及元件 VCR,可得

$$U_{ab} = R_1 I + U_{S1} + R_2 I - U_{S2}$$

所以

$$I = \frac{U_{ab} - U_{S1} + U_{S2}}{R_1 + R_2} = \frac{5 - 6 + 14}{2 + 3} \text{A} = 2.6 \text{ A}$$

【例 1.7】 图 1-36 所示的电路中,$I = 2$ A,$R_3 = 3~\Omega$,$R_4 = 2~\Omega$,求 U_2、I_2、R_1、R_2 及 U_S。

解 运用 KCL、KVL 及元件 VCR 即能解决问题。

I_2 为流过 $R_4 = 2~\Omega$ 电阻的电流,由 VCR 可得

$$I_2 = \frac{3}{2} \text{A} = 1.5 \text{ A}$$

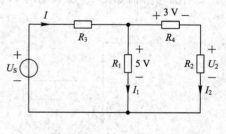

图 1-36 例 1.7 图

对由 R_1、R_2 和 R_4 组成的回路列 KVL 方程,有

$$5 - U_2 = 3$$

即

$$R_2 = \frac{U_2}{I_2} = \frac{2}{1.5} \Omega = 1.33~\Omega$$

由 KCL 可得

$$2 - I_1 - I_2 = 0$$
$$I_1 = 2 - I_2 = (2 - 1.5)\text{ A} = 0.5\text{ A}$$

对 R_1 列 VCR 方程，有

$$5 = R_1 I_1$$

即

$$R_1 = \frac{5}{I_1} = \frac{5}{0.5}\Omega = 10\ \Omega$$

最后，对由电压源、3 Ω 电阻及组成的回路列 KVL 方程，有

$$U_S = (2 \times 3 + 5)\text{V} = 11\text{ V}$$

【例 1.8】 求图 1-37(a)、(b)所示的电路中未知的 U、I 及各元件上的功率 P。

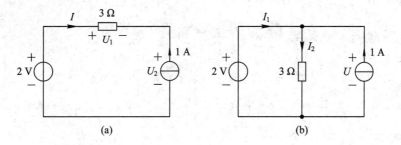

图 1-37　例 1.8 图

解　(1) 由电流源的特性可知，无论图 1-37(a)电路如何，电流源均提供 1 A 电流，所以

$$I = -1\text{ A}$$

根据欧姆定律可知

$$U_1 = 3I = -3\text{ V}$$

由 KVL 可知

$$U_1 + U_2 = 2\text{ V}$$

所以

$$U_2 = 2 - U_1 = [2 - (-3)]\text{V} = 5\text{ V}$$

各元件上的功率为

电压源的功率：

$$P_U = -2I = -2 \times (-1)\text{W} = 2\text{ W}$$

电阻的功率：

$$P_R = U_1 I = (-3) \times (-1)\text{W} = 3\text{ W}$$

电流源的功率：

$$P_I = U_2 I = 5 \times (-1)\text{W} = -5\text{ W}$$

上述计算结果说明电流源提供功率，而电压源和电阻吸收功率且满足功率守恒。

(2) 由电压源的特性可知，无论图 1-37(b)电路如何，电压源两端电压均为 2 V，所以

$$U = 2\text{ V}$$

由欧姆定律可知

$$I_2 = \frac{U}{3} = \frac{2}{3} \text{A}$$

由 KCL 可知

$$I_1 - I_2 + 1 = 0$$

即

$$I_1 = I_2 - 1 = \left(\frac{2}{3} - 1\right) \text{A} = -\frac{1}{3} \text{A}$$

各元件上的功率为

电压源的功率：

$$P_U = -2I_1 = -2 \times \left(-\frac{1}{3}\right) \text{W} = \frac{2}{3} \text{W}$$

电阻的功率：

$$P_R = UI_2 = 2 \times \frac{2}{3} \text{W} = \frac{4}{3} \text{W}$$

电流源的功率：

$$P_1 = -U \times 1 = -2 \times 1 \text{W} = -2 \text{W}$$

$$P_U + P_R + P_1 = \left(\frac{2}{3} + \frac{4}{3} - 2\right) \text{W} = 0$$

满足功率守恒。

1.3.5 受控源

在电路分析中，常遇到另一种性质的电源，它的电压或电流不由自身决定，而是受另一支路的电压或电流控制，这种电源属于非独立电源，因而称它为受控源(controlled source)。

1. 受控源及其分类

受控源是由电子器件抽象而来的一种电路模型，它是一个四端元件，有两条支路，其中一条支路为控制支路，这条支路为开路或为短路，另一条支路为受控支路，用一个受控"电压源"或用一个受控"电流源"表明该支路的电流受控制的性质。

为了和独立电源进行区别，受控源用菱形符号表示。当受控量是电压时，用受控电压源表示；当受控量是电流时，用受控电流源表示。根据控制量和受控量是电压或电流，受控源可分为四种，如图 1-38 所示。它们分别是电压控制电压源(Voltage Controlled Voltage Source，VCVS)、电压控制电流源(Voltage Controlled Current Source，VCCS)、电流控制电压源(Current Controlled Voltage Source，CCVS)和电流控制电流源(Current Controlled Current Source，CCCS)。

根据图 1-38 中标出的各支路电压、电流的参考方向，四种受控源的电压、电流关系VCR 可表示为

电压控制电压源 VCVS：

$$i_1 = 0 \quad u_2 = \mu u_1 \tag{1-46}$$

电压控制电流源 VCCS：

$$i_1 = 0 \quad i_2 = g u_1 \tag{1-47}$$

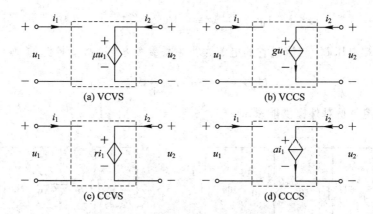

图 1-38 受控源的 4 种形式

电流控制电压源 CCVS：

$$u_1 = 0 \quad u_2 = ri_1 \tag{1-48}$$

电流控制电流源 CCCS：

$$u_1 = 0 \quad i_2 = \beta i_1 \tag{1-49}$$

式中，μ、g、r、β 均为相应受控源的参数，μ 为电压控制系数（电压放大倍数），g 为电流控制系数（转移电导），r 为电压控制系数（转移电阻），β 为电流控制系数（电流放大倍数）。若受控源的参数都是常数，则称受控源为线性受控源，本书所涉及的受控源均为线性受控源。

2. 受控源的特点

受控源的主要特点如下：

(1) 受控源输出的电压、电流是电路中某支路电压或电流的函数，当控制量未知时，不能确定受控源输出的电压、电流，即受控源不能独立存在。当控制量为零时，其输出亦为零。

(2) 因为表征受控源特性的关系式是电压电流的代数方程，所以，受控源既可以提供能量，也可以消耗能量，它具有电源和电阻的双重特性。

3. 受控源的功率

在关联参考方向下，受控源的功率为

$$p(t) = u_1(t)i_1(t) + u_2(t)i_2(t) \tag{1-50}$$

由式 (1-46)~(1-49) 可知，控制支路不是开路 ($i_1 = 0$) 便是短路 ($u_1 = 0$)，所以，对所有受控源，其功率都为

$$p(t) = u_2(t)i_2(t) \tag{1-51}$$

即可由受控支路来计算受控源的功率。

【例 1.9】 含受控源的电路如图 1-39(a) 所示。求电压 U_2 及受控源的功率。

解 图 1-39(a) 为凸显受控源的控制和受控支路的电路图，分析时常用图 1-39(b) 所示的简化图，注意正确标出控制量。本书后续一律采用简化图，受控源也仅指受控支路而言。

根据欧姆定律可知

$$U_1 = 5 \times 1 \text{ V} = 5 \text{ V}$$

受控源的电流和在 100 Ω 电阻上的电压是非关联参考方向，所以

$$U_2 = -100 \times \frac{U_1}{10} \text{V} = -100 \times \frac{5}{10} \text{V} = -50 \text{ V}$$

受控源两端电压 U_2 与流过它的电流为非关联参考方向，故受控源的（吸收）功率为

$$P_{受} = U_2 \times \frac{U_1}{10} = -50 \times \frac{5}{10} \text{V} = -25 \text{ W}$$

因此，受控源是对外提供能量。

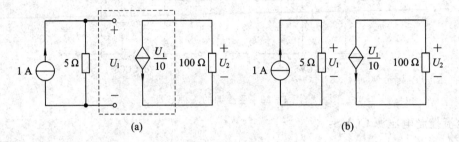

图 1-39 例 1.9 图

【例 1.10】 电路如图 1-40 所示，其中 $R_1 = 6\ \Omega$, $R_2 = 1\ \Omega$, $R_3 = 2\ \Omega$, $I_S = 10$ A，试求电压 U_o 和流过受控源的电流。

解 求解含受控源的电路时，仍需根据两类约束列出方程。为方便计算，在列方程时可暂先把受控源看作独立源。由 KCL 可得

$$\frac{U}{6} + \frac{U}{1+2} - 4I + 10 = 0$$

再找出控制量（本题为 I）与求解量（本题为 U）的关系为

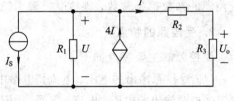

图 1-40 例 1.10 图

$$I = \frac{U}{1+2} = \frac{U}{3}$$

将 I 代入上式

$$\frac{U}{6} + \frac{U}{1+2} - 4 \times \frac{U}{3} + 10 = 0$$

解得

$$U = 12 \text{ V}$$

$$I = \frac{U}{3} = \frac{12}{3} \text{ A} = 4 \text{ A}$$

故得

$$U_o = 2I = 2 \times 4 \text{ V} = 8 \text{ V}$$

流经受控源的电流为

$$4I = 4 \times 4 \text{ A} = 16 \text{ A}$$

比较受控源与独立电源，区别如下：

（1）独立源的电压（或电流）由电源本身决定，与电路中其他支路的电压、电流无关，而受控源的电压（或电流）由控制支路决定。

（2）独立源在电路中起"激励"作用，在电路中产生电压、电流，而受控源只是反映输出

端与输入端的受控关系，在电路中不能单独作为"激励"。

（3）独立源是二端元件，而受控源属于四端电路元件，有输入端和输出端之分。

（4）受控电压源输出的电流 i，电压 u，需由与受控源输出端相连接的外电路决定；同时，受控源也可以输出功率，说明受控源是有源元件，这与独立电源性能相似。

1.3.6　运算放大器

运算放大器（Operational Amplifier，OA）简称运放，是利用集成电路（IC）技术制作的一种多端电子器件。它是在一小块硅晶片上，制成多个相连接的晶体管、电阻、二极管等，封装后成为一个对外具有多个端钮的电路器件。早期，运放用来完成对信号的加法、微分、积分等运算，故称之为运算放大器，现在，它的应用范围已大幅扩展，由于具有增益高、输入电阻大、输出电阻小等优良电特性，已成为现代电子技术中应用非常广泛的一种通用器件。

1. 运算放大器的电路模型

运算放大器型号有很多种（常见的运放型号有 LM324、μA741、LMV321 等），其内部结构复杂，但端钮上的 VCR 却很简单，从电路分析的角度出发，主要关心的是运放的外部特性，即器件的输出与输入的关系，故对其内部电路的工作原理不在本章节讲解，而将在"模拟电子线路"课程中讨论。

运算放大器的电路符号如图 1-41(a)所示。它有两个输入端和一个输出端，上下两个端子是电源端。标"＋"号的输入端称为同相输入端，当输入 u_+ 单独加于该端子时，输出电压 u_o 与输入电压 u_+ 相位相同；标"－"号的输入端称反相输入端，当输入 u_- 单独加于该端子时，输出电压 u_o 与输入电压 u_- 相位相反。运放作为一个有源器件，电源端的电压 $\pm U_{CC}$ 是保证运放内部正常工作所必需的。为简单起见，在电路图中通常不画电源端，这样运放的电路符号可简化为图 1-41(b)所示，图中 u_+、u_-、u_o 均为各端子对地的电压，A 称为运放的开环电压增益（或电压放大倍数）。

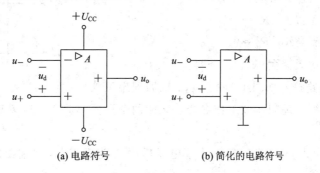

(a) 电路符号　　　　　(b) 简化的电路符号

图 1-41　运算放大器电路符号

设差分输入电压 u_d 为

$$u_d = u_+ - u_- \tag{1-52}$$

运放的输出电压 u_o 与输入电压 u_d 的关系称为运放的外部特性。若运放工作在直流和低频信号的情况下，其外部特性如图 1-42 所示。

（1）当 $|u_d| < \varepsilon$ 时，运放输入-输出特性是一条直线，其斜率是运放的开环电压增益 A，有

$$u_o = Au_d = A(u_+ - u_-) \qquad (1-53)$$

这个工作区域称为线性区，此时电压称为线性区的截止电压。

(2) 当 $|u_d| > \varepsilon$ 时，运放的输入-输出特性饱和于 $u_o = \pm U_{sat}$，U_{sat} 称为饱和电压 (saturate voltage)，这个工作区域称为饱和区。通常，饱和电压 U_{sat} 的值比电源电压 U_{CC} 低 2 V 左右。

可见，在线性工作区，运算放大器的输出与输入的关系可以用电压控制的线性受控电压源来模拟，其电路模型如图 1-43 所示，其中 R_i、R_o 分别为运算放大器的输入电阻和输出电阻。模型表明运放是一种单向(unilateral)器件，它的输出电压受输入电压的控制，但输入电压却不受输出电压的影响。

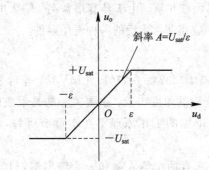
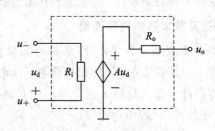

图 1-42　运放输入-输出特性 　　　　图 1-43　运算放大器电路模型

2. 理想运算放大器

实际运算放大器的参数中，输入电阻 R_i 很大，约为 $10^6 \sim 10^{13}\ \Omega$；输出电阻 R_o 很小，约为 $10 \sim 100\ \Omega$；开环增益 A 很大，约为 $10^5 \sim 10^7$。满足下列特征的运放称为理想运算放大器。

(1) 开环电压增益无穷大，$A \to \infty$；

(2) 输入电阻无穷大，$R_i \to \infty$；

(3) 输出电阻无穷小，$R_o \to 0$；

(4) 共模抑制比无穷大，$K_{CMRR} \to \infty$。

理想运放的电路符号如图 1-44 所示。根据理想运放的重要特性，可以得出理想运放工作在线性区的两个重要分析依据。

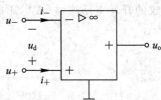

图 1-44　理想运放的电路符号

(1) 虚短(virtual short circuit)。由于电压增益 A 为无穷大，且输出电压 u_o 为有限值，故由式(1-53)可知

$$u_d = (u_+ - u_-) = \frac{u_o}{A} = 0 \qquad (1-54)$$

理想运算放大器的输入电压等于 0，输入端相当于短路(简称为虚短或虚通)；

(2) 虚断(virtual open circuit)。由于 $R_i \to \infty$，因此两个输入端的输入电流为零，用 i_+ 表示同相输入端电流，i_- 表示反相输入端电流，则

$$i_+ = i_- = 0 \qquad (1-55)$$

输入端相当于断路(简称为虚断或虚开)。

利用虚短和虚断的特征可以方便地分析含有运放的电路，后续章节将作详细的介绍。

1.4　电气设备的额定值

1.4.1　额定值与实际值

通常负载(例如电灯、电动机等)都是并联运行的。由于电源的端电压是基本不变的，负载两端的电压也基本不变，因此，当负载增加(例如并联的负载数目增加)时，负载所取用的总电流和总功率都增加，即电源输出的功率和电流都相应增加。也就是说，电源输出的功率和电流取决于负载的大小。

既然电源输出的功率和电流取决于负载的大小，是可大可小的，那么，有没有一个最合适的数值呢？对负载而言，它的电压、电流和功率又是怎样确定的呢？下面引出额定值这个术语。

任何电气设备都有一个标准规格问题，在电工术语中称为额定值(ratedvalue)。例如一盏电灯的电压是 220 V，功率是 45 W，这就是它的额定值。额定值是制造厂为了使产品能在给定的工作条件下正常运行而规定的允许值。大多数电气设备(例如电机、变压器等)的寿命与绝缘材料的耐热性能及绝缘强度有关，当电流超过额定值过多时，由于发热过甚，绝缘材料将遭受损坏；当所加电压超过额定值过多时，绝缘材料也可能被击穿。反之，如果电压和电流远低于其额定值，不仅不能正常合理地工作，而且也不能充分利用设备的能力。此外，对电灯及各种电阻器来说，当电压过高或电流过大时，其灯丝或电阻丝也将被烧毁。因此，制造厂在制定产品的额定值时，要全面考虑使用的经济性、可靠性以及寿命等因素，特别要保证设备的工作温度不超过规定的允许值。

电气设备或元器件的额定值常标在铭牌上或写在其他说明中，在使用时应充分考虑额定数据。例如，一盏日光灯的规格为 220 V、45 W，使用时不能接到 380 V 的电源上。

电气设备额定值的多少是根据设备的工作要求和特殊性能而规定的，例如白炽灯的额定值一般只有电压和功率两项；而电动机的额定值除了电压、功率、频率外，往往还有电流、功率因数、绝缘等级等。下面对常见的额定值和它们之间的关系作简单介绍。

1.4.2　额定电压

保证电气设备正常工作，且绝缘材料又不被损坏所规定的电压值，称为额定电压(rated voltage)，用字母 U_N 表示。在供电方面制定了一系列电压等级标准，如在交流用电方面有 110 kV、220 kV、380 V、220 V、110 V、63 V、36 V、12 V、6.3 V 等；在直流用电方面有 600 V、220 V、110 V、6 V 等；干电池的电压等级有 1.5 V、3 V、9 V 等。制作电气设备时，根据这些电压等级设计设备的参数和选择绝缘材料。

1.4.3　额定电流

任何设备在正常工作中都要消耗一定的电能，消耗的电能大部分转变成其他形式的能量而输出，一部分由设备自身消耗而转变成热能，使设备温度升高，设备的温度升高会使绝缘材料的性能下降，甚至损坏。因此，为了保证电气设备安全运行，不至于因为过热而烧毁，规定了允许温升值，由此而规定的最大工作电流称为额定电流(rated current)，用字母 I_N 表示。

1.4.4　额定功率

电气设备在额定电压和额定电流下正常工作所消耗的电功率，或因消耗电功率而转换输出的其他功率称为额定功率(rated power)，用字母 P_N 表示。例如，家用电子产品(电视机、冰箱、空调等)和电热设备所标出的 P 指的是消耗的电功率，而动力设备(如电动机、变压器等)所标出的 P_N 一般指的是输出功率。

额定功率与额定电压、额定电流之间的关系如下：

对直流电：

$$P_N = U_N I_N \tag{1-56}$$

对交流电：

$$P_N = U_N I_N \cos\varphi \tag{1-57}$$

式中，$\cos\varphi$ 称为功率因数(将在后续章节中介绍)。

在额定电压下，当负载的工作电流超过额定电流值时，称为超载或过载(over-load)。当负载超载时，将使负载的温度升高，长期过载是不允许的。反之，工作电流低于额定值时，称为欠载或轻载(under-load)，这种情况下不能充分发挥电气设备的利用率，使设备的功率损耗增大，效率降低。当工作电流等于额定电流时，为满载(full-load)，这种情况是最佳工作状态，设备的利用率和效率最高。

根据电气设备消耗电能而产生的其他能量的形式，可以把设备分为 3 大类：第 1 类是动力设备，如电动机、变压器等，它们将电能转变成机械能；第 2 类是电阻设备，如白炽灯、电阻器等，它们将电能转变成光能或热能；第 3 类是电热设备，如电炉、电烙铁等，它们将电能转变成热能。第 1、2 类设备一般要求设备的温升越低越好，第 3 类设备要求温升越高越好。

各种设备规定的额定值有所不同，使用时可参考说明书或查阅《电工手册》。任何电气设备在使用时，都应注意不要超过它的额定值。还要注意，额定值的大小随工作条件和环境温度的改变而变化，同样的电气设备在高温环境下工作时，应适当减小工作电压、电流。

金属导线虽不是电气设备，但在输送电能时也会发热。因此，对各种规格的导线也规定了安全载流量，通常导线截面越大，安全载流量越大；明线敷设时散热条件好，安全载流量较大。我国规定的导线规格简称线规(wiregage)，用标称截面表示。

在实际应用中，电压、电流和功率的实际值不一定等于它们的额定值，究其原因，一是受到外界的影响。例如电源额定电压为 220 V，但实际电源电压经常波动，稍低于或稍高于220 V。这样，额定值为 220 V/45 W 的电灯上所加的电压实际不是 220 V，实际功率也就不是 45 W 了。

另一原因如上所述，在一定电压下电源输出的功率和电流取决于负载的大小，即负载需要多少功率和电流，电源就给多少，所以电源通常不一定处于额定工作状态，但是一般不应超过额定值。对于电动机也是这样，它的实际功率和电流也由它轴上所带的机械负载的大小决定，通常也不一定处于额定工作状态。

1.5 基尔霍夫定律

在集总参数电路中遵循着一定的规律,这些规律分为两类。一类是仅仅取决于电路逻辑结构的约束关系,称为拓扑约束(topological constraints)关系,这一约束关系由基尔霍夫定律来描述。另一类是取决于电路中各部分电磁特性的约束关系,称为元件约束(element constraints)关系。这类约束关系将电路中同一部分的电压和电流紧紧联系在一起,因而又称为电压电流关系,简写为 VCR(Voltage Current Relation)。这两类约束关系是分析电路问题的基本依据。本节将介绍拓扑约束关系,即基尔霍夫定律。在叙述该定律之前,先介绍电路模型中常用的一些名词。

1.5.1 电路中几个常用名词

1. 支路

电路中流过同一电流的一条分支叫支路(branch)。支路可以是一个元件,也可以是多个元件串联的形式。例如,图1-45中共有6条支路。流经支路的电流和支路两端的电压分别称为支路电流和支路电压,它们是集总参数电路中分析和研究的对象。集总参数电路的基本定律由支路电压和支路电流表达。

2. 结点

电路中支路的连接点称为结点(node)。图 1-45 中共有 4 个结点。

3. 回路

电路中由支路相互连接所构成的闭合路径称为回路(Loop)。在图1-45中,支路{1, 3, 4}、{4, 5, 6}、{2, 3, 5}、{1, 2, 6}、{2, 6, 4, 3}、{1, 3, 5, 6}、{1, 2, 5, 4}构成 7 个回路,回路中所有结点不重复经过。

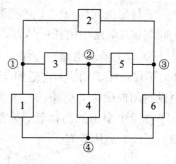

图 1-45 支路结点示意图

4. 网孔

在回路内部不包围其他支路时称为网孔(mesh)。网孔一定是回路,但回路不一定是网孔。例如,在图1-45中,{1, 3, 4}、{4, 5, 6}、{2, 3, 5}均构成网孔,而{1, 2, 6}构成回路,但不构成网孔。

5. 网络

一般将元件较多的电路称为电网络(network),简称为网络。实际上,电路与电网络这两个名词并无本质的区别,经常可以混用。

6. 基尔霍夫定律

基尔霍夫定律来源于自然界的电荷守恒和能量守恒定律,它包含两个基本定律,即基尔霍夫电流定律(Kirchhoff's Current Law,KCL)和基尔霍夫电压定律(Kirchhoff's Voltage Law,KVL)。

1.5.2 基尔霍夫电流定律

基尔霍夫电流定律：在集总参数电路中，在任一时刻、任一结点上，流出(或流入)该结点的所有支路的电流的代数和为零。若规定流入该结点的电流为正，则流出该结点的电流为负，即

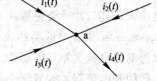

$$\sum_{k=1}^{k} i_k(t) = 0 \qquad (1-58)$$

例如，在图 1-46 所示的电路中，根据 KCL，对结点 a 有

$$i_1(t) + i_2(t) + i_3(t) - i_4(t) = 0$$

图 1-46 KCL 示例

根据计算结果，有些支路的电流可能是负值，这是由于所指定的电流的参考方向与实际方向相反。

上述公式表达为：对于集总参数电路中的任一结点，在任一时刻流入该结点的支路电流之和等于流出该结点的支路电流之和。KCL 可表示为

$$\sum i_入 = \sum i_出 \qquad (1-59)$$

例如，在图 1-46 所示的电路中，根据 KCL，对结点 a 有

$$i_1(t) + i_2(t) + i_3(t) = i_4(t)$$

若规定流入结点的支路电流为正，流出结点的支路电流为负，则 KCL 亦可表述为：任一时刻，对电路中的任一结点，流入或流出该结点的各支路电流的代数和等于零。

KCL 是描述电路中与结点相连的各支路电流之间约束关系的定律，不仅适用于结点，也适用于电路中任一假设的封闭曲面，这样的假设封闭曲面称为电路的广义结点(generalized node)。图 1-47 为电子技术中常用的晶体管，采用广义结点，仍符合基尔霍夫电流定律。所以对晶体管有

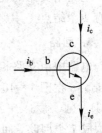

$$i_b + i_c - i_e = 0$$

如图 1-48(a)所示，假设封闭曲面为 S，根据 KCL 有

$$i_1 - i_2 + i_3 - i_4 = 0$$

图 1-47 晶体管中的电流

对于图 1-48(b)所示的封闭曲面 S，有 $i = 0$。

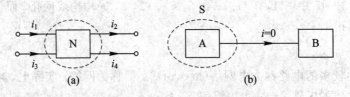

图 1-48 KCL 用于封闭曲面

【**例 1.11**】 如图 1-49 所示的电路中，电流 $i_1 = 5$ A，$i_2 = 8$ A，$i_6 = -2$ A，求电流 i_4。

解 对结点 1 列 KCL 方程，有

$$i_1 + i_2 + i_3 = 0$$

代入数据

$$i_3 = -13 \text{ A}$$

对结点 3 列 KCL 方程，有

$$i_2 + i_5 - i_6 = 0$$

代入数据

$$i_5 = -10 \text{ A}$$

对结点 2 列 KCL 方程，有

$$i_3 \quad i_4 - i_5 = 0$$

代入数据

$$i_4 = -3 \text{ A}$$

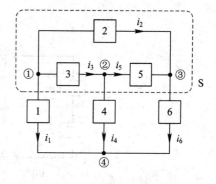

图 1-49　例 1.11 图

此题亦可这样求解，假设封闭曲面 S，如图 1-49 所示，对 S 曲面列 KCL 方程，有

$$i_1 + i_4 + i_6 = 0$$

所以

$$i_4 = -3 \text{ A}$$

KCL 描述了电路中支路电流间的约束关系，它的实质是电流连续性原理和电荷守恒定律在电路中的体现。电荷既不能创造也不能消灭，在集中参数电路中，结点是理想导体的连接点，不可能积聚电荷，也不可能产生电荷。所以在任一时刻流出结点的电荷必然等于流入结点的电荷。

应用 KCL 时应注意以下两点：

(1) KCL 是表述与结点相连接的各支路电流必须服从的约束关系，与元件的性质无关，它适用于一切集总参数电路。

(2) 应用 KCL 列写电流方程时，应先标明各支路电流的参考方向。

1.5.3　基尔霍夫电压定律

基尔霍夫电压定律：在集总参数电路中，在任一时刻、沿任一回路绕行一周，各支路（元件）的电压降的代数和为零，即

$$\sum_{k=1}^{k} u_k(t) = 0 \tag{1-60}$$

式中，$u_k(t)$ 为该回路中第 k 条支路电压。在列写回路方程时，需先任意指定回路的绕行方向，沿绕行方向，支路电压降取"＋"号，支路电压升则取"－"号，如图 1-50 所示。

根据 KVL 对指定的回路列写方程：

$$u_2 + u_6 - u_1 = 0$$

KVL 是描述电路回路中各支路电压之间约束关系的定律，实质上反映了保守场中做功与路径无关的物理本质，它不仅适用于具体回路，也能在没有具体回路的情况下应用 KVL 构

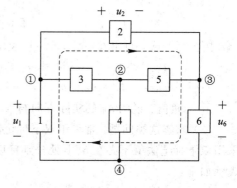

图 1-50　KVL 示例

造虚拟回路。如图 1-51 所示电路中，可将图(a)虚构成图(b)所示电路，运用 KVL 得

$$u_3 - u_2 - u_1 = 0$$

即

$$u_3 = u_2 + u_1$$

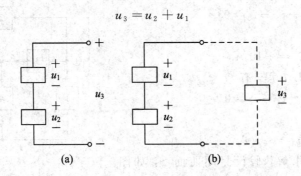

图 1-51 虚拟回路的构成

因此，KVL 定律也可以表述为：在任意时刻，沿任意回路绕行一周，回路中各元件上的电压升之和等于电压降之和，即电路中任一两点之间的电压等于从该电压的"＋"端沿任一路径回到"－"端所经各支路电压降的代数和。这是 KVL 的另一种表示形式，在求解电路中某两点之间电压时常用这种形式。

【例 1.12】 图 1-52 表示一复杂电路中的一个回路。已知各元件的电压 $u_1 = u_6 = 2$ V，$u_2 = u_3 = 3$ V，$u_4 = -7$ V。

(1) u_5 等于多少？

(2) a、b 两点间的电压等于多少？

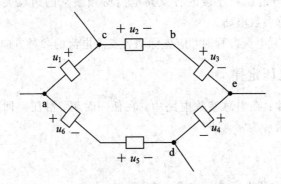

图 1-52 例 1.12 图

解 (1) 从 a 点出发，沿 a、c、b、e、d、a 绕行一周，应用 KVL 可得

$$-u_1 + u_2 + u_3 + u_4 - u_5 - u_6 = 0$$

$$u_5 = -u_1 + u_2 + u_3 + u_4 - u_6 = (-2 + 3 + 3 - 7 - 2) \text{ V} = -5 \text{ V}$$

u_5 为负值，说明 u_5 的实际方向与参考方向相反。

(2) 求解这类问题，常采用双下标记法，如表示 a 为"＋"极，b 为"－"极（参考极性），采用双下标记法就不必在 a、b 处分别标以"＋"号及"－"号，避免符号间混淆不清，可直接表示如下：

$$u_{ab} = -u_1 + u_2 = (-2 + 3) \text{ V} = 1 \text{ V}$$

也可以表示为

$$u_{ab} = u_6 + u_5 - u_4 - u_3 = [2 - 5 - (-7) - 3] \text{ V} = 1 \text{ V}$$

1.6　电阻电路的等效

1.6.1　等效化简分析法

由元件相连接组成且与外电路只有两个端钮连接的网络整体，称为二端网络。当强调二端网络的端口特性而忽略网络内部情况时，又称二端网络为单口网络，简称为单口。网络根据与外电路的连接端钮，可分为单口网络、双口网络和多口网络等。当网络内的元件与网络外的某些变量无任何能通过电或非电方式的联系时，则称这样的网络为明确的。本书所讨论的单口网络均为明确的单口网络。

单口网络又根据网络内所含元件类型分为无源单口网络和含源单口网络。当单口内只含有电阻元件、受控源，无独立电源时，这样的单口称为无源单口网络，如图 1-53(a)所示；当单口内含有独立电源时，这样的单口称为含源单口网络，如图 1-53(b)所示。

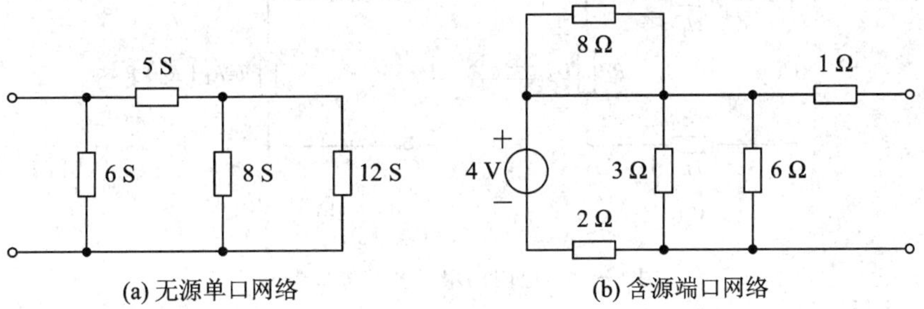

图 1-53　单口网络

单口网络的特性是由网络的端口电压 u 和端口电流 i 的关系(即伏安关系)来表征的。如果一个单口网络 N 和另一个单口网络 N′的电压、电流关系完全相同，即它们在 $u-i$ 平面上的伏安特性曲线完全重叠，则称这两个单口网络互为等效网络(equivalent network)。

等效在电路理论中是极其重要的概念，等效变换法是在电路分析中经常使用的方法，它可以简化电路，方便地得到需要的结果。

(1) 电路等效变换的条件：两电路对外电路具有相同的 VCR；

(2) 电路等效变换的对象：外电路中的电压、电流和功率均保持不变；

(3) 电路等效变换的目的：为了简化电路，方便电路的分析和计算。

从等效的概念中可以看出，具有等效关系的客体之间是可以互相置换的，这种互相置换称为等效变换(equivalent transformation)或等效互换。

相互等效的电路，其内部结构可能完全不一样，但它们对外电路的作用是相同的。所以两者互相等效变换时，不影响外电路的工作状况，即外电路的电压、电流和功率保持不变。这就是“对外等效”的概念。等效电路是被代替部分的简化或结构变形，因此对内部并不等效。

等效电路的概念是一个基本概念，利用电路的等效变换分析电路，可以把结构复杂的电路用一个较为简单的等效电路代替，从而简化电路的分析和计算，它是电路分析中常用的方法，在电路理论中占有重要地位。

1.6.2 电阻的串联分析

电阻的串联等效与并联等效是分析电路中常用的化简电路的方法，此类方法在中学物理中已讲述，现从电路的原理出发对这种方法进行新的描述。

图 1-54(a)所示是 3 个电阻的串联电路，根据 KCL 可知，这种连接使各电阻中流过的电流相等，若选元件的电流、电压为关联参考方向，根据欧姆定律有

$$U_1 = R_1 I, \quad U_2 = R_2 I, \quad U_3 = R_3 I$$

再根据 KVL 有

$$U = U_1 + U_2 + U_3 = R_1 I + R_2 I + R_3 I = (R_1 + R_2 + R_3) I = RI$$

因此，可将图 1-54(a)用图 1-54(b)代替，即图 1-54(a)与图 1-54(b)等效。其中，等效电阻为

$$R = R_1 + R_2 + R_3$$

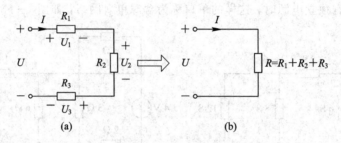

图 1-54 电阻的串联及其等效电路

由此可见，当电阻串联时，其等效电阻值为各电阻值之和。显然，串联等效电阻大于各个电阻的电阻值。将结论进行推广，当电阻串联时，其等效的总电阻为

$$R = \sum_{i=1}^{n} R_i \qquad (1-61)$$

式中，R_i 是串联的第 i 个电阻，n 为串联电阻的个数。

注意: 电阻串联分压公式是在图 1-54 所示电路标明的电压参考方向下得到的，与电流参考方向的选择无关，当公式中涉及的电压变量的参考方向发生改变时，公式中将出现一个负号。

串联电路的特点如下：

(1) 串联电路中电流处处相等；

(2) 串联电路的总电压等于各电阻上的电压之和，各个电阻上所分得的电压与电阻成正比；

(3) 串联电路的总等效电阻等于各个电阻之和。

1.6.3 电阻的并联分析

图 1-55(a)是 3 个电阻的并联电路，根据 KVL 可知，这种连接使各电阻两端的电压相等。若选元件的电流、电压为关联参考方向，并以电导 G_1、G_2、G_3 分别表示 R_1、R_2、R_3，根据欧姆定律有

$$I_1 = G_1 U, \quad I_2 = G_2 U, \quad I_3 = G_3 U$$

再根据 KCL 有

$$I = I_1 + I_2 + I_3 = G_1 U + G_2 U + G_3 U = (G_1 + G_2 + G_3) U$$

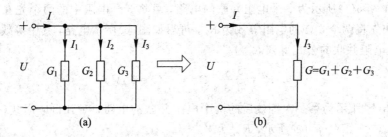

图 1-55　电阻的并联及其等效电路

因此，可将图 1-55(a)用图 1-55(b)代替，即图 1-55(a)与图 1-55(b)等效。其中，等效电导为

$$G = G_1 + G_2 + G_3$$

由于电导是电阻的倒数，所以，当电阻并联时，等效电阻为

$$R = \frac{1}{G} = \frac{1}{G_1 + G_2 + G_3} = \frac{1}{\dfrac{1}{R_1} + \dfrac{1}{R_2} + \dfrac{1}{R_3}}$$

根据上述分析可得，电阻并联时计算总等效电导(电阻)的公式为

$$G = \sum_{i=1}^{n} G_i \qquad\qquad (1-62)$$

或

$$R = \frac{1}{\displaystyle\sum_{i=1}^{n} G_i} \qquad\qquad (1-63)$$

在实际的电路分析中，式(1-62)和式(1-63)并不常用，最常用的是两个电阻并联的公式。若有两个电阻 R_1 和 R_2 用电导 G_1 和 G_2 表示，则有

$$R = \frac{1}{G} = \frac{1}{G_1 + G_2} = \frac{1}{\dfrac{1}{R_1} + \dfrac{1}{R_2}} = \frac{1}{\dfrac{R_1 + R_2}{R_1 R_2}} = \frac{R_1 R_2}{R_1 + R_2}$$

所以，常用的两个电阻并联的公式为

$$R = R_1 \mathbin{/\!/} R_2 = \frac{R_1 R_2}{R_1 + R_2} \qquad\qquad (1-64)$$

符号"$/\!/$"表示电阻的并联。在分析电路时，若遇到若干个电阻并联，常常利用式(1-64)将并联的电阻两两等效，直至得到最后的等效电阻。

【例 1.13】　求图 1-56(a)所示电路的等效电阻 R_{ab}，其中 $R_1 = 8\ \Omega$，$R_2 = 4\ \Omega$，$R_3 = 8\ \Omega$。

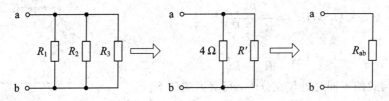

图 1-56　例 1.13 图

解 图 1-56(a)所示为 3 个电阻并联的电路,可将 3 个电阻中的两个先并联等效为一个电阻,例如先将两个 8 Ω 的电阻等效为 R',可得如图(b)所示电路,其中等效电阻可根据式(1-64)两电阻并联的公式得到 R' 为

$$R' = \frac{8 \times 8}{8 + 8} \, \Omega = \frac{64}{16} \, \Omega = 4 \, \Omega$$

图 1-56(b)所示为第一次等效后的两个电阻并联的电路,对其再应用式(1-64)可得等效电阻 R_{ab},如图 1-56(c)所示,R_{ab} 为

$$R_{ab} = \frac{4 \times R'}{4 + R'} = \frac{4 \times 4}{4 + 4} \, \Omega = 2 \, \Omega$$

注意:电阻并联分流公式是在图 1-55 所示电路标明的电流参考方向下得到的,与电压参考方向的选择无关,当公式中涉及的电流变量的参考方向发生改变时,公式中将出现一个负号。

并联电路的特点如下:

(1) 并联电路中,电压处处相等;

(2) 并联电路的总电流等于通过各电导的电流之和,通过各个电导的电流与其电导成正比;

(3) 并联电路的总等效电导等于各个电导之和。

1.6.4 电阻的混联分析

如果电路中的电阻既有串联又有并联,则称其为电阻的混联电路。当电阻的串、并联关系十分明确时,只要依据电阻的串、并联公式进行等效即可。

由欧姆定律可知,当电流一定时,电压与电阻值成正比;当电压一定时,电流与电阻值成反比。在电阻串联电路中,由于电流处处相等,使得各电阻上电压的大小与电阻值的大小成正比,即电阻值越大,其上的电压越大;而在电阻并联电路中,加在并联电阻两端的电压相等,使得通过电阻的电流的大小与电阻值成反比,即电阻值越大,则通过其上的电流越小。

若电路的总电压或总电流一定,则必定存在各电阻上电压、电流和功率的分配问题,由此需要对分压电路和分流电路进行研究。

1. 分压电路

由于在串联电路中流经各电阻的电流相等,因此,不存在分流问题,只有分压问题。如图 1-57 所示的电路,根据 KVL 和欧姆定律可得

$$U = U_1 + U_2 = IR_1 + IR_2 = I(R_1 + R_2)$$

则

$$U_1 = IR_1 = \frac{R_1}{R_1 + R_2} U$$

$$U_2 = IR_2 = \frac{R_2}{R_1 + R_2} U$$

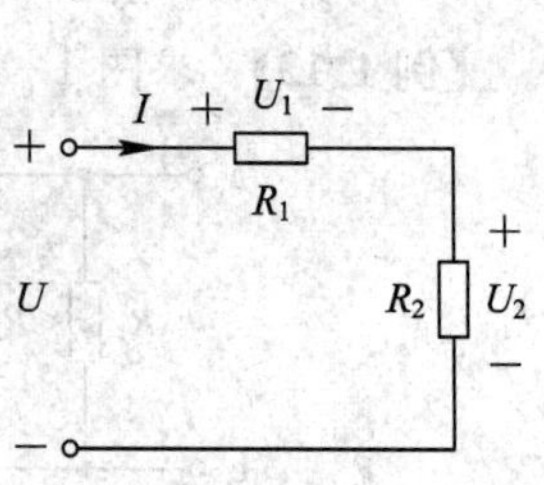

可见,两式的不同之处仅在分子,可写通式如下:

$$U_x = \frac{R_x}{R_1 + R_2} U \qquad (1-65)$$

图 1-57 分压电路

式(1-65)称为分压公式。若有 n 个电阻串联,不难得到第 k 个电阻的电压为

$$U_k = \frac{R_k}{\sum_{i=1}^{n} R_i} U \tag{1-66}$$

这是分压公式的一般形式。

【例 1.14】　求图 1-58(a)所示的电路中的电压 U_2,其中 $R_1 = 2\ \Omega$, $R_2 = 3\ \Omega$, $R_3 = 2\ \Omega$, $R_4 = 4\ \Omega$。

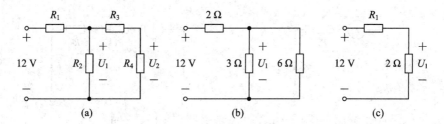

图 1-58　例 1.14 图

解　图 1-58(a)是混联电路,为了求出电压 U_2,必须先求出电压 U_1。因此,将图 1-58(a)依次等效为图 1-58(b)和图 1-58(c)。

由图 1-58(a)知,2 Ω 电阻和 4 Ω 电阻是串联,因此,可将图 1-58(a)等效为图 1-58(b);由图 1-58(b)知,6 Ω 电阻和 3 Ω 电阻是并联,因此,可将图 1-58(b)等效为图 1-58(c)。图 1-58(c)是标准的分压电路,应用分压公式可得

$$U_1 = \frac{2}{2+2} U = \frac{2}{2+2} \times 12\ \text{V} = 6\ \text{V}$$

由图 1-58(a)可知,U_2 是 U_1 在 4 Ω 电阻上的分压,所以可得 U_2 为

$$U_2 = \frac{2}{2+4} U_1 = \frac{2}{2+4} \times 6\ \text{V} = 2\ \text{V}$$

在例 1.14 中,电压 U_1 不能在图 1-58(a)中利用分压公式直接获得,虽然从表面上看 U_1 是 3 Ω 电阻上的电压,但实质上是电阻 $R = (2+4)//3\ \Omega = 2\ \Omega$ 上的电压,这一点从图 1-58(c)可以明显地看到。

实际中使用的用于测量电压的多量程电压表就是利用分压原理,由微安计(表头)和一些电阻串联组成的。微安计所能测量的最大电流称为微安计的量程,以微安计量。如果电流的值超过该量程,微安计会被损坏。为了能测量大的电压又不损坏微安计,可运用分压原理将微安计与多个电阻串联组成多量程电压表,其具体工作原理图如图 1-59 所示。

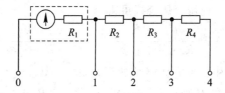

图 1-59　多量程电压表原理图

图 1-59 中,R_1 为微安计的内阻,R_2、R_3 和 R_4 分别是与微安计串联的分压电阻,图 1-59 所示的工作原理图将电压表分成四个量程段,端钮"0"和"4"之间(称为" 4"挡)可测量

最大的电压；而端钮"0"和"1"之间（称为"1"挡）可测量最小的电压。由于分压电阻的分压作用，不会出现表头内阻上有过大的电压而烧坏表头的现象。

【例 1.15】 如图 1-59 所示的多量程电压表原理图，若表头的内阻为 1 kΩ，要求电压表在"1"挡时的最大量程为 0.5 V，在"2"挡时的最大量程为 5 V，在"3"挡时的最大量程为 50 V，在"4"挡时的最大量程为 500 V，试求表头所允许通过电流的大小并设计各电阻的阻值。

解 电压表在"1""2""3""4"挡时的等效电路分别如图 1-60(a)、(b)、(c)、(d)所示。

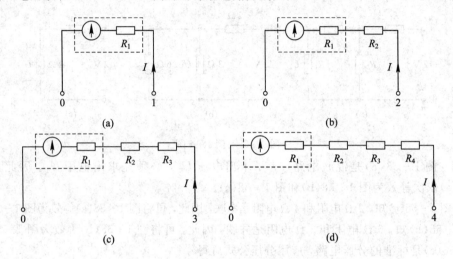

图 1-60 例 1.15 图

已知表头的内阻 $R_1 = 1$ kΩ，电压表在"1"挡时的最大量程为 $u_{10} = 0.5$ V，所以由图 1-60(a)可得，表头允许的最大电流为

$$I = \frac{U_{10}}{R_1} = \frac{0.5}{1} \text{ mA} = 0.5 \text{ mA}$$

在"2"挡时的最大量程要求为 $U_{20} = 5$ V，因此，串联电阻 R_2 上应分得电压 4.5 V，在图 1-60(b)利用分压公式可得

$$4.5 = \frac{R_2}{R_1 + R_2} U_{20} = \frac{R_2}{1 + R_2} \times 5$$

可解得

$$R_2 = 9 \text{ kΩ}$$

在"3"挡时的最大量程要求为 $u_{30} = 50$ V，因此，串联电阻 R_2 和 R_3 上应分得电压 49.5 V，在图 1-60(c)中，利用分压公式可得

$$49.5 \text{ V} = \frac{R_2 + R_3}{R_1 + R_2 + R_3} U_{30} = \frac{R_2 + R_3}{1 + R_2 + R_3} \times 50$$

可解得 $R_2 + R_3 = 99$ kΩ，因为 $R_2 = 9$ kΩ，所以 $R_3 = 90$ kΩ。

在"4"挡时的最大量程要求为 $u_{40} = 500$ V，因此，串联电阻 R_2、R_3 和 R_4 上应分得电压 499.5 V，在图 1-60(d)利用分压公式可得

$$499.5 \text{ V} = \frac{R_2 + R_3 + R_4}{R_1 + R_2 + R_3 + R_4} U_{30} = \frac{R_2 + R_3 + R_4}{1 + R_2 + R_3 + R_4} \times 500$$

可解得 $R_2+R_3+R_4=999\ \text{k}\Omega$，因为 $R_2+R_3=99\ \text{k}\Omega$，所以 $R_4=900\ \text{k}\Omega$。

为了更好地了解分压公式，上述解法采用了利用分压公式求电阻的方法，其实也可直接使用欧姆定律求各电阻，即在所要求的电压下，由图 1-60(b)可得

$$4.5=R_2I=0.5\times10^{-3}R_2$$

$$R_2=\frac{4.5}{0.5\times10^{-3}}\ \Omega=9\ \text{k}\Omega$$

由图 1-60(c)可得

$$49.5=(R_1+R_2)I=0.5\times10^{-3}(R_1+R_2)R_2+R_3=\frac{49.5}{0.5\times10^{-3}}\ \Omega=99\ \text{k}\Omega$$

因为 $R_2=9\ \text{k}\Omega$，所以 $R_3=90\ \text{k}\Omega$。

由图 1-60(d)可得

$$499.5=(R_2+R_3+R_4)I=0.5\ \text{s}\times10^{-3}(R_2+R_3+R_4)$$

$$R_2+R_3+R_4=\frac{499.5}{0.5\times10^{-3}}\ \Omega=999\ \text{k}\Omega$$

因为 $R_2+R_3=99\ \text{k}\Omega$，所以 $R_4=900\ \text{k}\Omega$。

由此可见，电路分析的方法不是单一的，同样的问题往往可用不同的方法来分析。

【例1.16】 图 1-61(a)所示电路是一个常用的简单分压器电路，电阻分压器的固定端 a、b 接到直流电压源上，c 为活动触头，利用活动触头 c 的滑动，可得 $0\sim U$ 的可变电压，设电源电压 $U=20\ \text{V}$，活动触头 c 的位置使 $R_1=600\ \Omega$，$R_2=400\ \Omega$。

(1) 求电压 U_2；

(2) 若用内阻为 $1200\ \Omega$ 的电压表测量此电压，求电压表的读数；

(3) 若用内阻为 $3600\ \Omega$ 的电压表测量此电压，求电压表的读数。

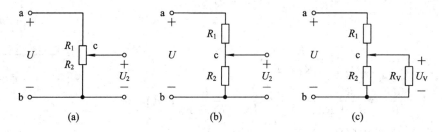

图 1-61　例 1.16 电阻分压器电路图

解　(1) 在分析如图 1-61(a)所示的电阻分压器电路时，可将其看作图(b)。由图 1-61(b)可得

$$U_2=\frac{R_2}{R_1+R_2}U=\frac{400}{600+400}\times20\ \text{V}=8\ \text{V}$$

(2) 当用电压表测量电压时，相当于在 U_2 端接电阻 R_v，R_v 是电压表的内阻，此时记电压为 U_v，其等效图为图 1-61(c)。若电压表的内阻为 $1200\ \Omega$ 时，由图 1-61(c)可得

$$U_\text{v}=\frac{R_2\ /\!/\ R_\text{v}}{R_1+R_2\ /\!/\ R_\text{v}}U=\frac{\dfrac{400\times1200}{400+1200}}{600+\dfrac{400\times1200}{400+1200}}\times20\ \text{V}=\frac{300}{900}\times20\ \text{V}=6.67\ \text{V}$$

（3）若电压表的内阻为 3600 Ω 时，由图 1-61(c) 可得

$$U_{\text{V}} = \frac{R_2 \mathbin{/\mkern-5mu/} R_{\text{V}}}{R_1 + R_2 \mathbin{/\mkern-5mu/} R_{\text{V}}} U = \frac{\dfrac{400 \times 3600}{400 + 3600}}{600 + \dfrac{400 \times 3600}{400 + 3600}} \times 20 \text{ V} = \frac{360}{960} \times 20 \text{ V} = 7.5 \text{ V}$$

由于实际电压表都有一定的内阻，当将其并联到电路中测量电压时，对被测量的电压都会有一定的影响。由例 1.16 可见，电压表的内阻越大，对被测量电压的影响就会越小。理论上讲，只有电压表的内阻为无穷大，才会对被测试的电压无影响，这属于理想的情况，实际中并不存在。但为使电压的测量尽量准确，电压表的内阻往往比被测试的电阻大得多。因此，在分析电路时，若无特殊说明，则认为电压表的内阻为无穷大。

另外，由分压公式可见，当总电压一定时，由于电压是电阻与电流之积，而串联电路中各电阻上的电流相等，因此得到了大电阻上获得的电压较大的结论。

对于电阻上的功率问题，考虑到功率与电流的关系为

$$P = I^2 R$$

所以，在功率分配上，大的电阻上获得的功率较大，即电阻值与其上的功率值成正比。

$$\frac{P_1}{P_2} = \frac{R_1}{R_2} \tag{1-67}$$

2. 分流电路

由于在并联电路中各电阻两端的电压相等，因此不存在分压问题，只有分流问题。

如图 1-62 所示电路，根据 KCL 和欧姆定律可得

$$I = I_1 + I_2 = \frac{U}{R_1} + \frac{U}{R_2} = \left(\frac{1}{R_1} + \frac{1}{R_2} \right) U$$

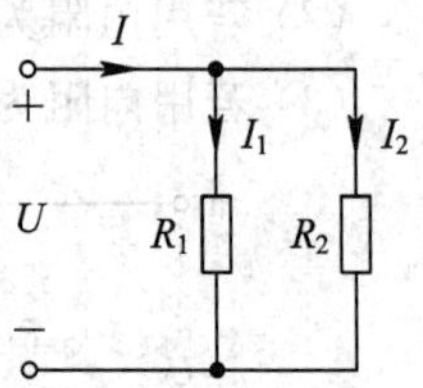

则

图 1-62　分流电路

$$U = \frac{R_1 R_2}{R_1 + R_2} I$$

$$I_1 = \frac{U}{R_1} = \frac{R_2}{R_1 + R_2} I, \quad I_2 = \frac{U}{R_2} = \frac{R_1}{R_1 + R_2} I \tag{1-68}$$

式(1-68) 是两电阻的分流公式。并联电阻可以分流，在总电流一定时，适当选择并联电阻，可使每个电阻得到所需的电流。若有 n 个电阻并联，依据式(1-68)，也可以推出相应的多电阻分流公式，但其使用没有式(1-68) 简便，这里不予介绍，读者可参阅有关书籍。

比较式(1-68) 和式(1-66) 可见，分压公式与分流公式的不同之处仅在于两式的分子不同。从式(1-68) 中可看出，当总电流一定时，较大的电阻中流过的电流较小，这是因为当电阻上电压相同时，电阻越大电流越小，此时，电流与并联电阻成反比；而式(1-68) 则反映出当电流相同时，电阻越大，其上电压越大，电压与串联电阻成正比。

在并联电路中，对于功率分配问题，考虑电阻上的功率与电压的关系为

$$P = \frac{U^2}{R}$$

所以，在功率分配上，较大的电阻上获得的功率较小，即电阻值与其上的功率值成反比。

$$\frac{P_2}{P_1} = \frac{R_1}{R_2}$$

【例 1.17】　如图 $1-63$(a)所示的电路中，已知 $I = 7$ A，$R_1 = 3$ Ω，$R_2 = 2$ Ω，$R_3 = 3$ Ω，$R_4 = 2$ Ω，$R_5 = 4$ Ω。求图中的各电流及电压 U_2。

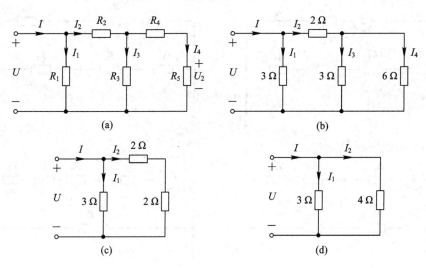

图 $1-63$　例 1.17 图

解　图 $1-63$(a)是混联电路，为了求出电路中的各电流及电压，将图(a)依次等效为图(b)、图(c)和图(d)。

由图 $1-63$(a)可见，2 Ω 电阻和 4 Ω 电阻串联，因此，可将图(a)等效为图(b)；由图(b)可见，6 Ω 电阻和 3 Ω 电阻并联，因此，可将图(b)等效为图(c)。图(c)中 2 Ω 电阻和 2 Ω 电阻串联，因此，可将图(c)等效为图(d)；对图(d)应用分流公式可得

$$I_1 = \frac{4}{3+4}I = \frac{4}{3+4} \times 7 \text{ A} = 4 \text{ A}$$

$$I_2 = \frac{3}{3+4}I = \frac{3}{3+4} \times 7 \text{ A} = 3 \text{ A}$$

由图 $1-63$(b)，利用分流公式可得 I_3 和 I_4 为

$$I_3 = \frac{6}{3+6}I_2 = \frac{6}{3+6} \times 3 \text{ A} = 2 \text{ A}$$

$$I_4 = \frac{3}{3+6}I_2 = \frac{3}{3+6} \times 3 \text{ A} = 1 \text{ A}$$

由图 $1-63$(a)，利用欧姆定律可得

$$U_2 = 4I_4 = 4 \times 1 \text{ A} = 4 \text{ V}$$

实际中使用的多量程电流表是应用分流原理进行工作的。多量程电流表的原理如图 $1-64$ 所

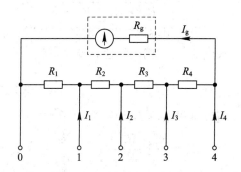

图 $1-64$　多量程电流表电路原理图

示，它由表头和分流电阻组成，通过分流的作用，在端钮"0""4"之间（称为"4"挡）可测量最

小的电流；而端钮"0""1"之间（称为"1"挡）可测量最大的电流，由于分流电阻的作用，不会出现表头内阻上有过大的电流而烧坏表头的现象。电路中 R_g 为表头的内阻，R_1、R_2、R_3 和 R_4 分别为分流电阻。

【例 1.18】 多量程电流表如图 1-64 所示，已知表头内阻 $R_g = 23\,000\ \Omega$，量程为 $50\ \mu\text{A}$，各分流电阻分别为 $R_1 = 1\ \Omega$，$R_2 = 9\ \Omega$，$R_3 = 90\ \Omega$，$R_4 = 900\ \Omega$，求电流表的各量程。

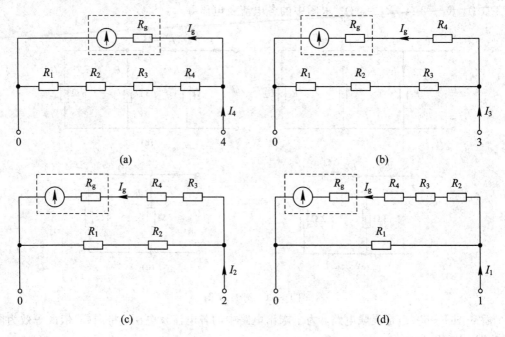

图 1-65   例 1.18 图

解   表头的满量程是 $50\ \mu\text{A}$，即 $I_g = 50\ \mu\text{A}$，当使用端钮"0""4"时，"1""2""3"端钮开路，可得等效电路如图 1-65(a) 所示，依据分流公式，电流 I_4 可由下列方法获得：

$$I_g = \frac{R_1 + R_2 + R_3 + R_4}{R_1 + R_2 + R_3 + R_4 + R_g} I_4$$

所以

$$I_4 = \frac{R_1 + R_2 + R_3 + R_4 + R_g}{R_1 + R_2 + R_3 + R_4} I_g = \frac{1 + 9 + 90 + 900 + 23\,000}{1 + 9 + 90 + 900} \times 50\ \mu\text{A} = 1.2\ \text{mA}$$

当使用端钮"0""3"时，"1""2""4"端钮开路，可得等效电路如图 1-65(b) 所示，采用与求电流 I_4 相同的方法，即

$$I_g = \frac{R_1 + R_2 + R_3}{R_1 + R_2 + R_3 + R_4 + R_g} I_3$$

所以可得电流 I_3 为

$$I_3 = \frac{R_1 + R_2 + R_3 + R_4 + R_g}{R_1 + R_2 + R_3} I_g = \frac{1 + 9 + 90 + 900 + 23\,000}{1 + 9 + 90} \times 50\ \mu\text{A} = 12\ \text{mA}$$

当使用端钮"0""2"时，"1""3""4"端钮开路，可得等效电路如图 1-65(c) 所示，有

$$I_g = \frac{R_1 + R_2}{R_1 + R_2 + R_3 + R_4 + R_g} I_2$$

所以电流 I_2 为

$$I_2 = \frac{R_1 + R_2 + R_3 + R_4 + R_g}{R_1 + R_2} I_g = \frac{1 + 9 + 90 + 900 + 23\,000}{1 + 9} \times 50\ \mu A = 120\ mA$$

当使用端钮"0""1"时，"2""3""4"端钮开路，可得等效电路如图 1-65(d)所示，有

$$I_g = \frac{R_1}{R_1 + R_2 + R_3 + R_4 + R_g} I_1$$

所以电流 I_1 为

$$I_1 = \frac{R_1 + R_2 + R_3 + R_4 + R_g}{R_1} I_g = \frac{1 + 9 + 90 + 900 + 23\,000}{1} \times 50\ \mu A = 1200\ mA$$

由例 1.18 可见，原本只能测量 50 μA 电流的表头，通过分流电阻的作用，可以在不同的端钮分别完成测量 1.2 mA、12 mA、120 mA、1200 mA 的电流，实现了电流表的量程扩展。

在测量电流时，电流表串联于电路中，要使电路中的电压不受大的影响，电流表的内阻不能太大，例 1.18 中，用 120 mA 量程测量电流时，电流表的内阻小于 1 Ω。所以，实际中的电流表的内阻都很小，在理想情况下，电流表的内阻为零。在后续的分析中，若无特殊说明，则认为电流表的内阻为零。

在电路分析中，电压表可以看成开路，电流表可以看成短路。求解混联电路的一般步骤总结如下：

（1）求出等效电阻或等效电导；

（2）应用欧姆定律求出总电压或总电流；

（3）应用欧姆定律或分压、分流公式求各电阻上的电流和电压。

因此，分析混联电路的关键问题是判别电路的串、并联关系。判别电路的串、并联关系一般应掌握以下 4 点：

（1）分析电路的结构特点。如果两电阻首尾相连就串联；首首、尾尾相连则是并联。

（2）分析电压、电流关系。若流经两电阻的电流是同一个电流，就是串联；若两电阻上承受的是同一个电压，就是并联。

（3）对电路作等效变形。如左边的支路可以扭到右边，上面的支路可以翻到下面，弯曲的支路可以拉直等；对电路中的短路线可以任意压缩与伸长；对多点接地可以用短路线相连。

（4）找出等电位点。对于具有对称特点的电路，若能判断某两点是等电位点，则根据电路等效的概念，一是可以用短路线把等电位点连接起来；二是可以把连接等电位点的支路断开（因支路中无电流），从而得到电阻的串、并联关系。

1.6.5　Y 形电阻电路与△形电阻电路的等效变换

在电路分析中，常常遇到电阻既不是串联也不是并联的情况，此时不能直接使用电阻的串联和并联公式求等效电阻。在这种情况下，为了得到等效电阻，必须寻求一种新的方法。

本节在讲述新的方法之前，首先对桥式电路进行介绍。

1. 桥式电路

桥式电路也称为电桥，其连接形式如图 1-66(a)所示。桥式电路可分为平衡和不平衡两种。

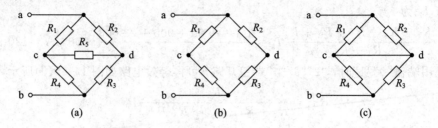

图 1-66　电桥电路及其平衡时的等效电路

在如图 1-66(a) 所示的电桥电路中，若满足

$$R_1R_3 = R_2R_4 \qquad\qquad (1-69)$$

则称电桥达到了平衡，否则为不平衡电桥。

当电桥平衡时，支路 cd 即可看成开路，又可看成短路，因此，可得出图 1-66(b) 和图 1-66(c) 的等效电路。

由等效电路图 1-66(b) 和图 1-66(c) 可知，在电桥平衡时，可以清楚地识别出各电阻的串、并联关系，进而可运用电阻的串、并联公式求出等效电阻。另外，电桥电路还可以变形为其他形式，如图 1-67 所示。

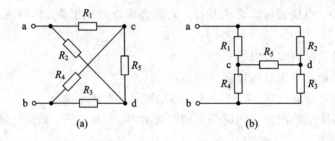

图 1-67　电桥电路的其他形式

2. 电阻 Y 形、△形电路的形式

电阻的 Y 形、△形电路也常称为电阻的 T 形、Ⅱ 形电路，其形式可见于电桥电路图。在图 1-68(a) 所示的电桥电路中，虚线框内的电阻是连接于 a、c、d 三点的△形电路，为△形连接；若电桥不平衡，则电阻的连接既不是串联也不是并联，不可用电阻的串联及并联公式。

图 1-68(b) 所示的电路在虚线框内的电阻是连接于 a、c、d 三点的 Y 形电路，为 Y 形连接；如果能将图 1-68(a) 框内电阻的连接形式变形为图 1-68(b) 框内电阻的连接形式，则可看到明确的电阻串、并联形式。

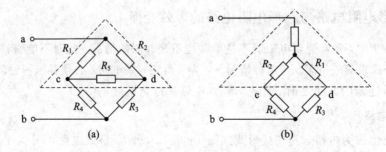

图 1-68　△形电路及其 Y 形等效电路

同样，在图 1−69(a)所示的电桥电路中，框内的电阻是连接于 a、d、b 三点的 Y 形电路，为 Y 形连接；若电桥不平衡，则电阻的连接既不是串联不是并联，不可用电阻的串联及并联公式。

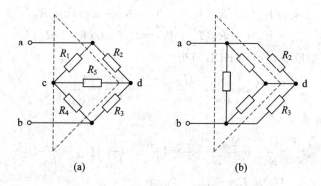

图 1−69　Y 形电路及其△形等效电路

图 1−69(b)所示的电路框内的电阻连接于 a、d、b 三点的是△形电路，是△形连接；如果能将图 1−69(a)框内电阻的连接变形为图 1−69(b)的框内电阻的连接形式，则也可看到明确的电阻串、并联形式。

由图 1−68 和图 1−69 可见，电阻 Y 形、△形电路总是同时出现的，只要能解决 Y 形电路与△形电路的转换问题，即可将任何非串联、非并联的电阻电路转换成关系明确的串、并联电路。

下面将讨论电阻 Y 形、△形电路转换时各电阻之间的关系。

3. 电阻 Y 形、△形电路的等效互换

所谓 Y 形电路等效变换为△形电路，就是在已知 Y 形电路的 3 个电阻时，通过变换公式求出△形电路的 3 个电阻，并将其连接成△形代替 Y 形电路的 3 个电阻。为了便于推导各电阻之间的关系，重画电阻 Y 形、△形电路，如图 1−70 所示。

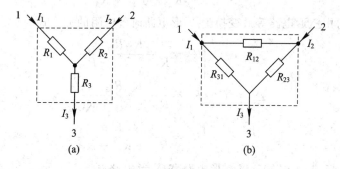

图 1−70　Y 形电路和△形电路

等效是对外部电路而言，电阻的 Y 形连接和△形连接都是通过 3 个端子与外部相连的，它们之间进行等效变换的条件是它们对应端子之间的伏安关系完全相同。即若使图 1−70(a)、(b)两电路等效，则要求两电路的 VCR 相同，由 KCL、KVL 可得

$$I_3 = I_1 + I_2 \tag{1-70}$$
$$U_{12} = U_{13} - U_{23} \tag{1-71}$$

由图 1−70(a)，根据 KVL 可得

$$U_{13} = R_1 I_1 + R_3 I_3$$
$$U_{23} = R_2 I_2 + R_3 I_3$$

将式(1-70)代入可得

$$U_{13} = R_1 I_1 + R_3(I_1 + I_2) = (R_1 + R_3)I_1 + R_3 I_2 \tag{1-72}$$

$$U_{23} = R_2 I_2 + R_3(I_1 + I_2) = R_3 I_1 + (R_2 + R_3)I_2 \tag{1-73}$$

由图1-70(b)，根据欧姆定律和KCL可得

$$I_1 = \frac{U_{13}}{R_{31}} + \frac{U_{12}}{R_{12}}, \quad I_2 = \frac{U_{23}}{R_{23}} - \frac{U_{12}}{R_{12}}$$

将式(1-73)代入可得

$$I_1 = \frac{U_{13}}{R_{31}} + \frac{U_{13} - U_{23}}{R_{12}} = \left(\frac{1}{R_{31}} + \frac{1}{R_{12}}\right)U_{13} - \frac{1}{R_{12}}U_{23}$$

$$I_2 = \frac{U_{23}}{R_{23}} + \frac{U_{13} - U_{23}}{R_{12}} = -\frac{1}{R_{12}}U_{13} + \left(\frac{1}{R_{31}} + \frac{1}{R_{12}}\right)U_{23}$$

解上式可得

$$U_{13} = \frac{R_{31}(R_{12} + R_{23})}{R_{12} + R_{23} + R_{31}}I_1 + \frac{R_{23}R_{31}}{R_{12} + R_{23} + R_{31}}I_2 \tag{1-74}$$

$$U_{23} = \frac{R_{23}R_{31}}{R_{12} + R_{23} + R_{31}}I_1 + \frac{R_{23}(R_{12} + R_{31})}{R_{12} + R_{23} + R_{31}}I_2 \tag{1-75}$$

比较式(1-72)、式(1-73)和式(1-74)、式(1-75)可得

$$\begin{cases} R_1 + R_3 = \dfrac{R_{31}(R_{12} + R_{23})}{R_{12} + R_{23} + R_{31}} \\[3mm] R_3 = \dfrac{R_{23}R_{31}}{R_{12} + R_{23} + R_{31}} \\[3mm] R_2 + R_3 = \dfrac{R_{23}(R_{12} + R_{31})}{R_{12} + R_{23} + R_{31}} \end{cases} \tag{1-76}$$

由式(1-76)可得由△形电路等效变换为Y形电路时各电阻的关系式为

$$\triangle \rightarrow Y: \begin{cases} R_1 = \dfrac{R_{12}R_{31}}{R_{12} + R_{23} + R_{31}} \\[3mm] R_2 = \dfrac{R_{12}R_{23}}{R_{12} + R_{23} + R_{31}} \\[3mm] R_3 = \dfrac{R_{23}R_{31}}{R_{12} + R_{23} + R_{31}} \end{cases} \tag{1-77}$$

为了便于记忆式(1-77)，将△形电路和Y形电路画于同一图中，如图1-71所示。由图1-71和式(1-77)可见，当进行 △→Y 的等效互换时，各等效电阻的分母相同，为△形电路中的各电阻之和，分子是各等效电阻两边的电阻之积。

同样道理，若将 Y 形电路等效为△形电路，即进行 Y→△ 的等效变换，则可得△形电路的各等效电阻为

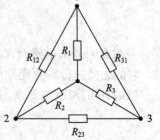

图1-71　Y形电路和△形电路

$$Y \rightarrow \triangle : \begin{cases} R_{12} = \dfrac{R_1 R_2 + R_2 R_3 + R_1 R_3}{R_3} \\[3mm] R_{23} = \dfrac{R_1 R_2 + R_2 R_3 + R_1 R_3}{R_1} \\[3mm] R_{31} = \dfrac{R_1 R_2 + R_2 R_3 + R_1 R_3}{R_2} \end{cases} \tag{1-78}$$

结合图 1-71 和式(1-78)可见，当进行 Y→△的等效互换时，各等效电阻的分子相同，为 Y 形电路中的电阻两两之积之和，分母是位于各等效电阻对角的电阻。

特别指出的是，当 Y 形电路中各电阻相同时，进行 Y→△的等效互换后，△形电路的各等效电阻是 Y 形电路中各电阻的 3 倍；反之，当△形电路中各电阻相同，进行△→Y 的等效互换后，Y 形电路中各等效电阻是△形电路中各电阻的 1/3。

1.6.6 电阻网络的等效分析

【例 1.19】 求图 1-72(a)所示的电路的等效电阻 R_{ab}。

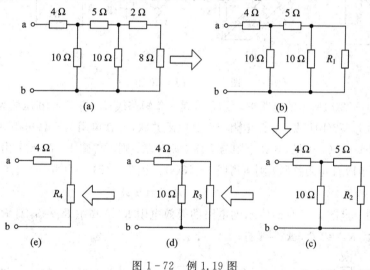

图 1-72 例 1.19 图

解 图 1-72(a)所示的电路为电阻的混联电路，其电阻的串、并联关系明确，故可将图 1-72(a)所示的电路依次等效为图 1-72(b)、(c)、(d)和(e)，通过计算各图中的等效电阻可得等效电阻 R_{ab}。

由图 1-72(a)中 2 Ω电阻和 8 Ω电阻的串联可得图(b)中的等效电阻 R_1 为
$$R_1 = (2+8)\Omega = 10 \ \Omega$$

由图 1-72(b)中 10 Ω电阻的并联可得图 1-72(c)中的等效电阻 R_2 为
$$R_2 = \frac{10 R_1}{10 + R_1} = \frac{10 \times 10}{10 + 10} \ \Omega = 5 \ \Omega$$

由图 1-72(c)中 5 Ω电阻和 R_2 的串联可得图 1-72(d)中的等效电阻 R_3 为
$$R_3 = 5 + R_2 = (5+5) \ \Omega = 10 \ \Omega$$

由图 1-72(d)中 10 Ω电阻和 R_3 的并联可得图 1-72(e)中的等效电阻 R_4 为
$$R_4 = \frac{10 R_3}{10 + R_3} = \frac{10 \times 10}{10 + 10} \ \Omega = 5 \ \Omega$$

最后，由图 1-72(e)可见，4 Ω 电阻和 R_4 为串联，所以，可得等效电阻 R_{ab} 为

$$R_{ab}=4+R_4=(4+5)\ \Omega=9\ \Omega$$

由例 1.19 可见，如果电阻的串、并联关系明确，利用电阻的串、并联等效公式可以方便地计算出其等效电阻。但在一些电路中，电阻的串、并联关系并没有明确地给出，这时，首先明确它们的串、并联关系，而后采用电阻的串、并联等效公式进行等效。

解决电阻串、并联关系不明确问题的方法之一是对短路线的处理。短路是电阻为零的特殊情况，短路线上各点的电位相同，从电位的观点来看，这些点实际为一点。在分析时，可将这样的点尽量靠近，即将短路线压缩，以达到看清电阻的串、并联关系的目的。

【例 1.20】 求图 1-73(a)所示电路的等效电阻 R_{ab}，其中 $R_1=8\ \Omega$，$R_2=10\ \Omega$，$R_3=6\ \Omega$，$R_4=7\ \Omega$，$R_5=8\ \Omega$，$R_6=6\ \Omega$。

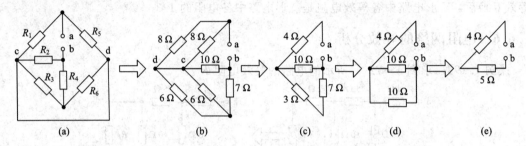

图 1-73 例 1.20 图

解 在图 1-73(a)所示的电路中，线段 cd 是一条短路线，可将点 c、d 压缩为一点，可得图 1-73(b)；由图 1-73(b)可见，8 Ω 电阻与 8 Ω 电阻并联，6 Ω 电阻与 6 Ω 电阻并联，则可得图 1-73(c)；由图 1-73(c)可见，3 Ω 电阻与 7 Ω 电阻串联，则可得图 1-73(d)；由图 1-73(d)可见，10 Ω 电阻与 10 Ω 电阻并联，则可得图 1-73(e)；由图 1-73(e)可得等效电阻 R_{ab} 为

$$R_{ab}=(4+5)\ \Omega=9\ \Omega$$

【例 1.21】 求图 1-74(a)所示的电路的等效电阻 R_{ab}，其中 $R_1=3\ \Omega$，$R_2=2\ \Omega$，$R_3=4\ \Omega$，$R_4=2\ \Omega$，$R_5=2\ \Omega$，$R_6=4\ \Omega$，$R_7=4\ \Omega$。

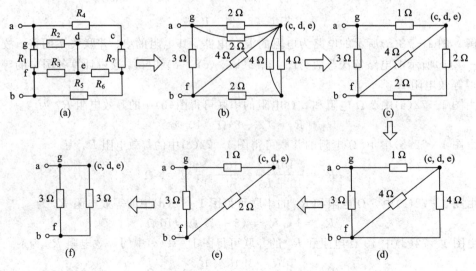

图 1-74 例 1.21 图

解　在图 1－74(a)所示电路中，线段 cd、de 是短路线，可将点 c、d、e 压缩为一点；同样，点 a 和点 g 是同一点，点 b 和点 f 是同一点，进行压缩后可得图 1－74(b)。图 1－74(b)的电阻的串、并联关系是明确的，因此，可对其等效得到图 1－74(c)～(f)，由图 1－74(f)可得

$$R_{ab} = \frac{3 \times 3}{3 + 3} \ \Omega = 1.5 \ \Omega$$

【例 1.22】　图 1－75(a)所示电路，$R_1 = 9 \ \Omega$，$R_2 = 9 \ \Omega$，$R_3 = 9 \ \Omega$，$R_4 = 9 \ \Omega$，$R_5 = 3 \ \Omega$，$U_S = 21 \ V$，求 U_1。

解　图 1－75(a)中的虚线框内是由 3 个 9 Ω 电阻组成的△形电路，可将其等效为 Y 形电路，如图 1－75(b)所示。

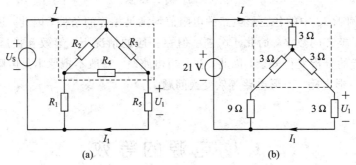

图 1－75　例 1.22 图

由于△形电路的各电阻相等，可知 Y 形电路中各等效电阻是△形电路中各电阻的 1/3，即 Y 形电路中各等效电阻均为 3 Ω。因此，由图 1－75(b)可得电路中的总电阻为

$$R = \left[3 + \frac{(3+9)(3+3)}{(3+9)+(3+3)} \right] \Omega = 7 \ \Omega$$

所以，电流 I 为

$$I = \frac{21}{7} \ A = 3 \ A$$

由分流公式可得

$$I_1 = \frac{3+9}{(3+9)+(3+3)} I = \frac{12}{12+6} \times 3 \ A = 2 \ A$$

故，可得电压 U_1 为

$$U_1 = 3 I_1 = 3 \times 2 \ V = 6 \ V$$

【例 1.23】　图 1－76(a)所示的电路中，$R_1 = 20 \ \Omega$，$R_2 = 30 \ \Omega$，$R_3 = 30 \ \Omega$，$R_4 = 30 \ \Omega$，$R_5 = 30 \ \Omega$，$R_6 = 30 \ \Omega$，$R_7 = 20 \ \Omega$，$R_L = 40 \ \Omega$，$I_S = 2 \ A$，求 R_L 上消耗的功率 P_L。

解　图 1－76(a)中的虚线框内是由 3 个 30 Ω 电阻组成的△形电路，可将其等效为 Y 形电，路如图 1－76(b)所示。将图 1－76(b)化简可得图 1－76(c)。在图 1－76(c)中的虚线框内也是由 3 个 30 Ω 电阻组成的△形电路，再将其等效为 Y 形电路，如图 1－76(d)所示。

由图 1－76(d)可得

$$I = \frac{40+10}{(40+10)+(40+10)} \times 2 \ A = 1 \ A$$

所以

$$P_L = I^2 R_L = 1 \times 40 \ W = 40 \ W$$

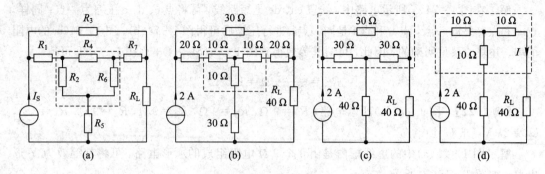

图 1-76 例 1.23 图

例 1.22、例 1.23 中的各△形电路的电阻值均满足相等的条件,因此,进行△、Y 等效变换后,得到了整齐的数字,简化了分析。但在一般的情况下,等效互换后的数字并不整齐,会使进一步的分析变得复杂,因此,在分析电路时,一般不把原本是电阻串、并联的问题看作电阻的△形电路、Y 形电路等效变换问题。

1.7 电源的等效

1.7.1 理想电源的串、并联等效

理想电压源的串联和理想电流源的并联前面章节已经讨论过,这里仅讨论任意电路元件与理想电压源的并联、任意电路元件与理想电流源的串联问题。

1. 任意电路元件与理想电压源的并联等效

任意电路元件与理想电压源并联的电路如图 1-77(a)所示,由于并联电路两端的电压相等,而理想电压源的端电压(不论外电路的形式如何)始终不变,因此,如果只考虑电压 U_{ab} 和电流 I,图 1-77(a)的电路可等效为图 1-77(b)。

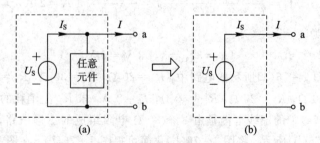

图 1-77 任意电路元件与理想电压源的并联等效

需要说明以下几点:

(1)任意电路元件也包括理想电压源,但要注意的是当理想电压源并联时,必须大小相等、方向一致,否则不符合 KVL,如图 1-78 所示。

(2)任意电路元件也包括若干个元件的组合。

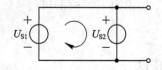

图 1-78 理想电压源的并联电路

（3）等效是对虚线框外的 a、b 端等效，对虚线框内并不等效，比较图 1-77(a)、(b) 可见，虚线框外的 a、b 端的电压和电流是相等的，但两图中电压源输出的电流是不相等的，读者可用 KCL 自行验证。

要特别注意：在进行电路等效时，所谓等效是对外而言的，参加等效的内部的电压、电流可能已发生了变化。因此，常称等效是"对外不对内"，读者必须深刻地理解这一概念的含义。

【例 1.24】 求图 1-79(a) 所示电路中的 U_{ab}，其中 $R_1 = 4\ \Omega$，$R_2 = 4\ \Omega$，$R_3 = 2\ \Omega$，$R_4 = 6\ \Omega$，$U_S = 8\ V$。

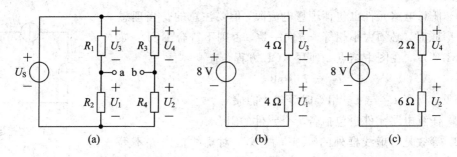

图 1-79　例 1.24 图

解　这是一个比较棘手的电路问题，因为没有任何公式能直接应用于求解电压 U_{ab}。但由图 1-79(a) 可见，U_{ab} 与 U_1、U_2 或 U_3、U_4 满足 KVL，所以，要求出图 1-79(a) 所示电路中的 U_{ab}，可先求出电压 U_1 和 U_2 或 U_3 和 U_4。

因为图 1-79(a) 中的电源是理想电压源，在求 U_1 时，可将含 U_4、U_2 支路看作与理想电压源并联的任意元件，故可得求 U_1 的等效电路如图 1-79(b) 所示；同样的道理，可求得的等效电路如图 1-79(c) 所示 。

由图 1-79(b)，利用分压公式可得 U_1 为

$$U_1 = \frac{4}{4+4} \times 8\ V = 4\ V$$

由图 1-79(c)，利用分压公式可得 U_2 为

$$U_2 = \frac{6}{6+2} \times 8\ V = 6\ V$$

由图 1-79(a) 可得

$$U_{ab} = U_1 - U_2 = (4-6)V = -2\ V$$

所求的电压为负值表示电压 U_{ab} 的实际方向与所设电压正方向相反。

若求电压和也可得同样的结果，读者不妨一试。

2. 任意电路元件与理想电流源的串联等效

任意电路元件与理想电流源的等效串联电路如图 1-80(a) 所示，由于串联电路中流过的电流处处相等，而理想电流源的端电流（不论外电路的形式如何）始终不变，因此，如果只考虑电压 U_{ab} 和电流 I，图 1-80(a) 的电路可用图 1-80(b) 来等效。

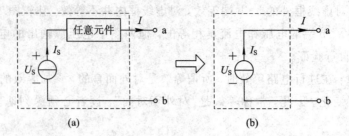

图 1-80　任意电路元件与理想电流源的串联等效

需要说明以下几点：

（1）任意电路元件也包括理想电流源，但要注意的是当理想
电流源串联时，必须大小相等、方向一致，否则不符合 KCL，如
图 1-81 所示，在图中结点 a 列写 KCL 方程，有

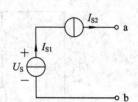

$$I_{S1} - I_{S2} = 0$$

可见，只有 I_{S1} 与 I_{S2} 相等时等式才能成立。

（2）任意电路元件也包括若干个元件的组合。

（3）等效是对虚线框外的 a、b 端等效，对虚线框内并不等

图 1-81　理想电流源
串联电路

效，比较图 1-80(a)、(b)可见，虚线框外的 a、b 端的电压和电
流分别是相等的，但两图中电流源两端的电压是不相等的，读者可用 KVL 自行验证。

【例 1.25】　求图 1-82(a)所示的电路中的 I，其中 $R_1 = 4\ \Omega$，$R_2 = 4\ \Omega$，$R_3 = 2\ \Omega$，
$R_4 = 6\ \Omega$，$I_S = 6\ A$。

解　此例与例 1.24 类似，也不能直接应用任何公式求解电流 I，但由图 1-82(a)可
见，电流 I 与 I_1、I_2 或 I_3、I_4 之间满足 KCL，所以，为了求图 1-82(a)所示电路中的 I，
可先求出电流 I_1 和 I_2 或 I_3 和 I_4。

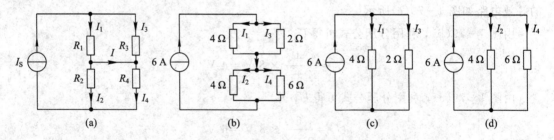

图 1-82　例 1.25 图

首先，将电路变形为图 1-82(b)，因为图中的电源是理想电流源，所以，在求 I_1 时，
可将含 I_2、I_4 的部分看作与理想电流源串联的任意元件；同样的道理，求 I_2 时，可将含
I_2、I_4 的部分看作与理想电流源串联的任意元件。

由图 1-82(b)可见，如果做封闭面，可知流入含 I_1 部分的电流与流入含 I_2 部分的电
流相同，因此，可得求 I_1 的等效电路如图 1-82(c)所示，求 I_2 的等效电路如图 1-82(d)
所示。由图 1-82(c)、(d)，利用分流公式可得电流 I_1、I_2 为

$$I_1 = \frac{2}{4+2} \times 6\ A = 2\ A, \quad I_2 = \frac{6}{6+4} \times 6\ A = 3.6\ A$$

由图 1-82(a)可得

$$I=I_1-I_2=(2-3.6)\text{A}=-1.6\text{ A}$$

所求电流为负表明图中所选的电流参考方向与其实际方向相反。若求电流 I_3 和 I_4 也可得同样的结果,读者不妨一试。

1.7.2 实际电源的等效互换

实际电源是理想电源与内阻的组合。下面从实际电源的外特性入手,讨论实际电源两种模型的等效互换。

1. 实际电源的外特性

电源的外特性即为电源外端的电流、电压的约束关系。为了说明实际电源的外特性,将电源的外端接上负载,如图 1-83 所示。

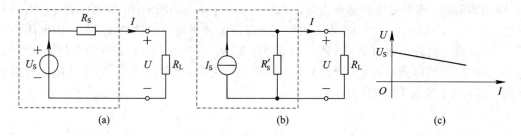

图 1-83 实际电源的模型及外特性

由图 1-83(a)可见,电压源的外部电压与电流的 VCR 为

$$U=U_\text{s}-R_\text{s}I \tag{1-79}$$

由图 1-83(b)可见,电流源的外部电压与电流的 VCR 为

$$U=R_\text{s}'I=R_\text{s}'(I_\text{s}-I)=R_\text{s}'I_\text{s}-R_\text{s}'I \tag{1-80}$$

由两电源外部电压与电流的关系可以看出,当理想电源的电压 U_s 或 I_s 一定时,无论是电压源还是电流源,其外电压总是随着外电流的增加而减小,因此,它们的外特性相同,如图 1-83 (c)所示。

2. 实际电源两种电路模型的等效互换

两种实际电源模型的外特性相同说明两种实际电源模型实质为一个实际电源的两种不同的表现形式,因此,这两种模型之间必定存在着某种内在的联系,实际电源两种电路模型的等效互换就是利用这种内在的联系来达到等效的目的。

由图 1-83 可知,在同一负载下,要使两电源等效,式(1-79)与式(1-80)必须一致,比较两式可得

$$U_\text{s}-R_\text{s}I=R_\text{s}'I_\text{s}-R_\text{s}'I$$

要使等式成立,则有

$$\begin{cases}U_\text{s}=R_\text{s}'I_\text{s}\\R_\text{s}=R_\text{s}'\end{cases}$$

由此可得实际电压源模型、实际电流源模型的等效互换电路,如图 1-84 所示。

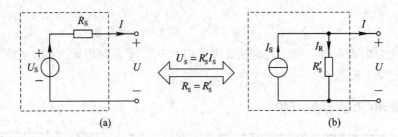

图 1-84　实际电压源、电流源模型的等效变换

当电源串联时使用实际电压源模型，并联时使用实际电流源模型可以更方便地化简电路。因此，当电源混联时，借助实际电压源模型和实际电流源模型的等效互换，可以将多电源混联的复杂电路化简为单电源的简单电路。在使用电源模型等效互换时，需要注意几点：

(1) 电源模型的等效互换仅仅是对外电路的等效，而在电源的内部是不等效的。由图 1-84 可以看出，电路处于开路状态时，图 1-84(a) 中电源内阻 R_S 上的电流为零，因其上的电压也为零，而图 1-84(b) 中电源内阻上的电流为理想电流源的电流，其上的电压不为零。另外，若电路处于如图 1-85 所示的短路状态时，由于图 1-85(a) 构成了回路，所以，电源内阻 R_S 上的电流不为零，因而其上的电压也不为零，而图 1-85(b) 中的电源内阻被短路，其上的电流为零，因而其上的电压也为零。

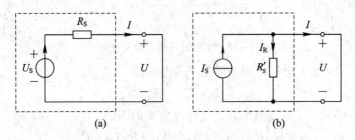

图 1-85　电压源、电流源的短路状态

(2) 电源模型的等效互换可以推广使用。如图 1-86(a) 所示，当电压源与外电阻串联时，如果不考虑该外电阻 R 上的电压，可将该外电阻看成内阻，其等效电路如图 1-86(b) 所示，其中，$R_1 = R_S + R$；当电流源与外电阻并联时，如图 1-86(c) 所示，如果不考虑该外电阻 R 上的电流，可将该外电阻看成内阻，其等效电路如图 1-86(d) 所示，其中 $R_2 = R_S /\!/ R$。

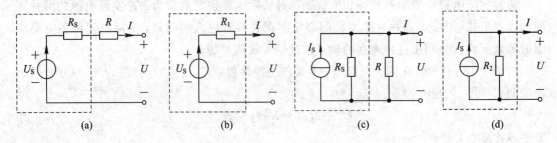

图 1-86　电压源模型、电流源模型互换的推广

理想电源之间不存在等效互换，因为电源等效互换的基本要求是两种电源模型应具有相同的 VCR，即其外电路的电流、电压的约束关系必须相同，但从理想电压源和理想电流

源的 VCR 可以看到,理想电压源的电压不受流过其上的电流的约束,而理想电流源的电流不受其两端电压的约束,因此,两种理想电源的定义本身是互相矛盾的,它们不会有相同的 VCR,当然也就不存在等效互换。

(3) 实际电压源模型与实际电流源模型等效互换后电流流向和电压极性的问题也是特别需要注意的问题。当电源提供能量时,其提供能量的标志是电源上的电压、电流的方向为非关联。因此,若电压源的极性为上正下负时,在电压源模型等效为电流源模型后,电流源电流的流向应指向上方;反之,若电流源电流的流向指向上方时,当电流源模型等效为电压源模型后,电压源的极性为上正下负。

【例 1.26】 将图 1−87 所示的电压源模型等效为实际电流源模型。

解 在图 1−87(a)中,等效电流源模型中的电流为

$$I_\mathrm{s} = \frac{4}{2}\mathrm{A} = 2\ \mathrm{A}$$

其方向向上时,图 1−87(a)的等效电流源模型如图 1−88(a)所示。在图 1−87(b)中,等效电流源模型中的电流为

$$I_\mathrm{s} = \frac{18}{6}\mathrm{A} = 3\ \mathrm{A}$$

其方向向下时,图 1−87(b)的等效电流源模型如图 1−88(b)所示。在等效过程中一定要注意电源电压极性与电源电流流向的关系。

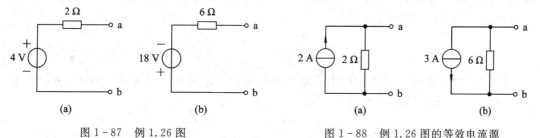

图 1−87 例 1.26 图 　　　　　　　　图 1−88 例 1.26 图的等效电流源

【例 1.27】 将将图 1−89 所示的实际电流源模型等效为实际电压源模型。

解 在图 1−89(a)中,等效电压源模型中的电压 U_s 为

$$U_\mathrm{s} = 3 \times 4\ \mathrm{V} = 12\ \mathrm{V}$$

所以图 1−89(a)的等效电压源模型如图 1−90(a)所示。

在图 1−89(b)中,等效电压源模型中的电压 U_s 为

$$U_\mathrm{s} = 6 \times 5\ \mathrm{V} = 30\ \mathrm{V}$$

所以图 1−89(b)的等效电压源模型如图 1−90(b)所示。

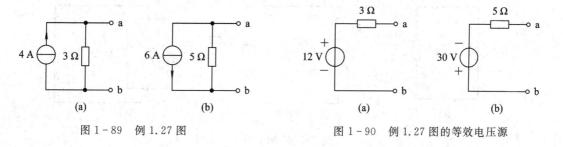

图 1−89 例 1.27 图 　　　　　　　　图 1−90 例 1.27 图的等效电压源

在等效过程中注意电源电流流向与电源电压极性的关系。

【**例 1.28**】 求图 1-91(a)所示电路中的电流 I。其中，$R_1 = 10\ \Omega$，$R_2 = 23\ \Omega$，$U_S = 6\ \mathrm{V}$，$I_{S1} = 6\ \mathrm{A}$，$I_{S2} = 4\ \mathrm{A}$。

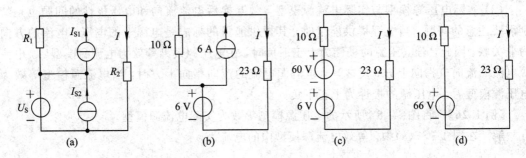

图 1-91　例 1.28 图

解 在图 1-91(a)中，由于 4 A 电流源与 6 V 理想电压源并联，其存在与否并不影响其两端电压的大小，因此，4 A 理想电流源可看成与 6 V 理想电压源并联的任意元件，可将其并联组合等效为 6 V 理想电压源，故可得等效电路如图 1-91(b)所示。

在图 1-91(b)中，6 A 理想电流源与 10 Ω 电阻并联，形成了实际电流源，利用电源模型等效互换的方法，可将其等效为电压源模型，其等效电路如图 1-91(c)所示。最后，合并电压源得等效电路如图 1-91(d)所示。

由图 1-91(d)，可得

$$I = \frac{66}{10 + 23}\mathrm{A} = \frac{66}{33}\mathrm{A} = 2\ \mathrm{A}$$

【**例 1.29**】 求图 1-92(a)所示电路中的电流 I_1、I_2 和 I_3，其中 $R_1 = 3\ \Omega$，$R_2 = 6\ \Omega$，$U_{S1} = 6\ \mathrm{V}$，$U_{S2} = 12\ \mathrm{V}$。

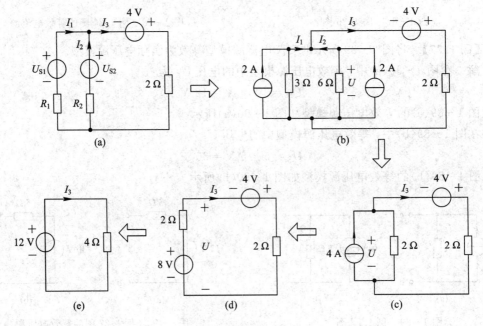

图 1-92　例 1.29 图

解　在图 1-92(a) 中，6 V 电压源与 3 Ω 电阻的组合和 12 V 电压源与 6 Ω 电阻的组合并联，可等效为两个电流源的并联，如图 1-92(b) 所示；在图 1-92(b) 中，两个电流源可合并为一个电流源，如图 1-92(c) 所示；在图 1-92(c) 中，电流源又可等效为电压源，如图 1-92(d) 所示；最后，化简图 1-92(d) 求得图 1-92(e) 所示电路。由图 1-92(e) 可得

$$I_3 = \frac{12}{4}A = 3 \text{ A}$$

由图 1-92(d) 可得

$$U = -4 + 2I_3 = (-4 + 2 \times 3)V = 2 \text{ V}$$

由图 1-92(b) 可得

$$I_1 = 2 - \frac{U}{3} = \left(2 - \frac{2}{3}\right)A = \frac{4}{3} \text{ A}$$

$$I_2 = 2 - \frac{U}{6} = \left(2 - \frac{2}{6}\right)A = \frac{5}{3} \text{ A}$$

1.8　含受控源单口网络的等效电阻

如果一个单口网络内部是不含任何独立电源的电阻性电路，那么不论内部如何复杂，端口电压与端口电流成正比。定义该单口网络的输入电阻 R_i 为

$$R_i = \frac{u}{i} \tag{1-81}$$

单口网络的输入电阻也就是单口网络的等效电阻，但两者的含义有区别。

根据输入电阻的定义，可得求单口网络输入电阻的方法如下：

(1) 如果一端口内部仅含电阻，则应用电阻的串、并联和 △-Y 变换等方法即可求出它的等效电阻，输入电阻等于等效电阻；

(2) 对含有受控源和电阻的单口网络，采用在端口加电源的方法求输入电阻，即加电压源 u_S，然后求出端口电流 i；或加电流源 i_S，求端口电压 u；然后根据式 (1-81) 计算电压和电流的比值即可得输入电阻 $R_i = \dfrac{u_S}{i} = \dfrac{u}{i_S}$，这种计算方法称为外加电源法 (常用此方法测量一个实际的单端口网络)。

需要指出的是：应用外加电源法时，端口电压、电流的参考方向对单端口网络来说是关联的。

【例 1.30】　求图 1-93 所示的单口网络的输入电阻。

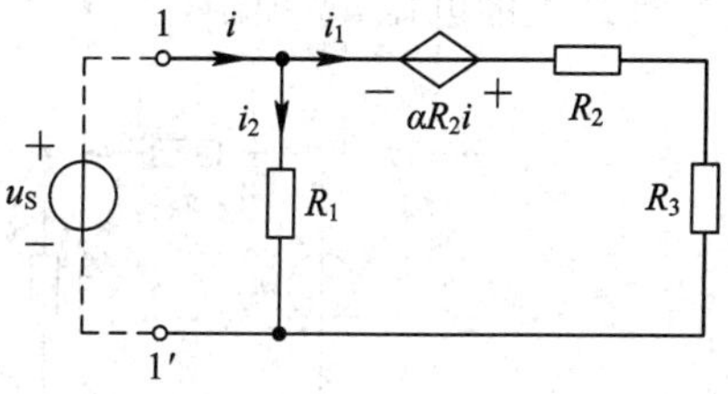

解　在端钮 1-1′ 处加电压 u_S，求出 i，再由式 (1-81) 求出输入电阻 R_i。

根据 KVL，有

$$u_S = -R_2 \alpha i + (R_2 + R_3)i_1 \tag{1-82}$$

$$u_S = R_1 i_2$$

再由 KCL，$i = i_1 + i_2$，可得

$$i_1 = i - i_2 = i - \frac{u_S}{R_1}$$

图 1-93　例 1.30 图

代入式(1-82)，整理后有

$$R_i = \frac{u_S}{i} = \frac{R_1 R_3 + (1-\alpha)R_1 R_2}{R_1 + R_2 + R_3}$$

上式分子中有负号出现，说明当存在受控源时，在一定的参数条件下，R_i 有可能是零，也有可能是负值。例如，当 $R_1 = R_2 = 1\ \Omega$，$R_3 = 2\ \Omega$，$\alpha = 5$ 时，$R_i = -0.5\ \Omega$。

【例 1.31】 含受控源的单口网络如图 1-94 所示，该受控源的电压受端口电压 u 的控制。试求单口网络的输入电阻 R_i，并画出图 1-94 的等效电路。

解 输入电阻是指无源单口网络的端口电压与端口电流之比。在端口电压 u 与电流 i 为关联参考方向时，输入电阻为 $R_i = u/i$。求出输入电阻后即可画出单口网络的等效电路。

本例采用外施电压源，即设外施电压为 u。由 KCL 及欧姆定律可得

$$i_2 = \frac{u}{3}, \quad i_1 = \frac{u - \mu u}{2}$$

$$i = i_1 + i_2 = \frac{u}{3} + \frac{u - \mu u}{2} = \frac{5 - 3\mu}{6} u \tag{1-83}$$

式(1-83)即是单口网络端口的 VCR。根据等效的定义，输入电阻应具有同样的 VCR，即

$$R_i = \frac{u}{i} = \frac{6}{5 - 3\mu} \tag{1-84}$$

由此可见，利用外施电源法可求单口网络的输入电阻。含受控源的无源单口网络可以等效为一个电阻，此电阻即为端口的输入电阻。图 1-94 的等效电路如图 1-95 所示。

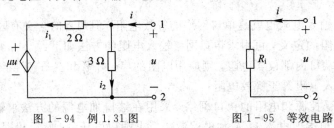

图 1-94 例 1.31 图　　　　图 1-95 等效电路

受控电压源、电阻的串联组合和受控电流源、电导的并联组合也可以用上述方法进行变换，此时可把受控电源当作独立电源处理，但应注意在变换过程中保留控制量所在支路，而不要把它消掉。

【例 1.32】 如图 1-96(a)所示的电路中，已知 $u_S = 12\ V$，$R = 2\ \Omega$，VCCS 的电流 i_C 受电阻 R 上的电压 u_R 控制，且 $i_C = g u_R$，$g = 2\ S$。求 u_R。

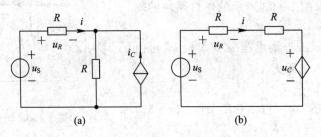

图 1-96 例 1.32 图

解 利用等效变换把电压控制电流源和电导的并联组合变换为电压控制电压源和电阻的串联组合，如图 1-96(b)所示，其中，$u_C = R i_C = 2 \times 2 \times u_R = 4 u_R$，$u_R = Ri$。因此

$$Ri + Ri + u_C = u_S$$

$$2u_R + 4u_R = u_S$$

$$u_R = \frac{u_S}{6} = 2 \text{ V}$$

1.9 知识拓展与实际应用

1.9.1 关于电路的知识

1. 神秘的电

长期以来，闪电、雷声和狂风暴雨结合在一起使人恐惧，人们甚至认为那是神灵的咒语，是对罪恶的惩罚。为研究雷电的本质，富兰克林(B. Franklin，1706—1790)做了著名的风筝实验，他利用天空中的风筝和引线，在云层和大地之间形成放电通道，并观察到了放电现象，实现了人工雷电。从此，人们了解到雷电是一种可以用科学进行解释的自然现象。当云层中的电荷(charge)积累到一定程度时，云层间或云层与地面间的电场强度(electrical field intensity)会超过大气的抗电强度，于是发生击穿(breakthrough)现象，大量的电荷沿着特定的路径(path)流动，形成巨大的电流(current)，激发出强烈的光，形成我们观察到的闪电(lightning)。人们用肉眼就能清楚地看到放电路径，这是一条真正的电路，只是这样的电路没有固定的形体而已。

2. 金属是特殊的

中世纪，人们在摩擦生电实验中发现，金属与胶皮、玻璃、琥珀、毛皮和丝绸等材料完全不同，金属与其他任何材料摩擦均不能带电。但金属同任何带电体(charged body)接触都会带电，甚至只要靠近带电体，无须接触金属就会带电。

1729 年，格雷(S. Gray，1670—1736)把所有的材料分成两大类：凡是电流体可以在其内部自由运动的称为导体(conductor)，不能自由运动的称为绝缘体(insulator)。随着科学的进步，人们认识到，导体中真实存在的是电荷，而不是所谓的"电流体"，但格雷的分类仍然是正确的，并被沿用至今。

不久，人们又发现除金属外，大地、水和人体都是导体，只是导电程度不同而已；玻璃和胶皮等虽是绝缘体，但在潮湿的空气中也会导电，在这种情况下，摩擦产生的电会很快消失，甚至看不到摩擦生电现象。此外，还有一类导电性能介于导体和绝缘体之间的物质，人们称之为半导体。半导体已经成为现代电子学的重要材料，发挥着巨大作用。导体的发现对电气工程和电子学(electronics)学科的产生起到了重大的推动作用。

在微观世界中，原子核中的质子带一个单位正电荷，而电子带一个单位负电荷；在宏观世界中，物体通过摩擦或其他方式也可以带电，带负电一方所带电量为多余电子的数量乘以单位负电荷。由于电荷之间会有力的作用，因此可以根据作用力的大小定义电荷量。

法国科学家查尔斯·库仑(Charles Coulomb，1736—1806)研究了电荷间力的作用。通过实验，库仑发现电荷之间的作用力与两个电荷量的乘积成正比，与电荷间距的平方成反比，该规律被称为库仑定律。库仑定律表明，电荷间作用力反比于电荷间距的平方，因此，原子中最外层电子所受到的原子核的束缚力比内层电子要小得多，故最外层电子相对于内层电子而言比较容易脱离原子核的束缚成为自由电子。

物质的导电性是由其最外层电子脱离原子核束缚所需能量（energy）的大小决定的，而这个能量又取决于最外层电子数目。例如，铜原子最外层只有一个电子，因此，该电子在室温条件下即可脱离原子核的束缚，进入临近其他原子的最外层成为自由电子。与此相反，在玻璃、陶瓷和橡胶等绝缘材料中，原子最外层电子数量已饱和或基本饱和，因此，这些电子被紧紧地束缚在原子核周围很难移动，故而材料整体导电性很差。当然，当外加足够高的电压时，这些最外层电子也有可能从原子中被"剥离"，宏观表现为绝缘材料的击穿等。此外，半导体最外层电子刚好处于"半满"的状态，因此其导电特性介于导体与绝缘体之间。

3. 人类历史上的第一个电路

1791 年，意大利医生伽尔伐尼发表了著名的论文《论电子对肌肉的作用》在物理学界、生物学界和医学界引起了轰动，从此，金属一方面作为导体导电，另一方面作为形成电位差（potential difference）的重要材料在很多方面发挥着不可替代的作用。

伽尔伐尼的意外发现对亚历山德罗·伏打（A. Volta，1745—1827）产生了很大的影响，伏打提出了一个新说法，他认为导体有两类：一类是干性导体（dry conductor），另一类是湿性导体（wet conductor），这两类导体互相接触就会产生电流体。1799 年，伏打制作了"电堆"（electric pile），即伏打电池。

伏打把接在铜片上的导线与接在锌片上的导线短路（short circuited），发现这种短路同静电学中两个带电导体的短路有本质区别。在静电场情况下一旦短路，含正、负电荷的导体瞬间放电，电位差瞬间消失，两个导体不再带有任何电荷。但当伏打电池短路后，放电过程会持续进行，两条短接的导线会发热，若导线较细还会熔化（melt）。如果说短路放电过程中损失了电荷，则这种持续的放电过程说明电池能够源源不断地供应新电荷，使短路后的正、负电极仍能保持一定的电位差，驱动电荷持续地通过导线。由此可见，伏打电池真正的价值在于它使人类第一次获得了持续存在的电流。由于电池是用导体制作的，故导体的应用范围被大幅地扩展，它不仅可以转移静电电荷和感应电荷，还可以作为电极（electrode）传导电流和传输能量。另外，伏打电池本身就是一个发热体，可以将电能（electric energy）转化为热能（thermal energy），且满足能量守恒定律（law of conservation of energy）。用导体将伏打电池的正、负极连通，在电池电位差的驱动下，就会有电流流过整个回路，这是人类历史上的第一个电路。

4. 磁——又一个神秘的世界

科学就是人类对自然的斗争，这个斗争是在很多方面同时展开的。长期以来，人们对磁铁的机理迷惑不解。人们只知道一根磁棒的中央是没有磁力的，但是把磁棒切成两段后，原来没有磁力的中央部分（即分段的断头）就会有磁力，每一分段仍有南极和北极，再分也是如此，可以想象，如果无限地分割下去，可以得到无穷多个"小磁棒"，每个"小磁棒"仍然有南极和北极，且中央仍没有磁力。从以上分析可以看出，磁铁是由很多"小磁棒"构成的，我们将这种"小磁棒"称为磁偶极子（magnetic dipole）。

现在有 3 种新的基本物质：正、负电流体和磁偶极子。它们之间是否有联系呢？此外，磁铁之间的作用力是同性相斥、异性相吸，作用力与距离平方成反比，类似于万有引力定

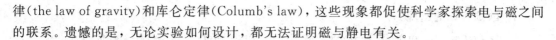

律(the law of gravity)和库仑定律(Columb's law)，这些现象都促使科学家探索电与磁之间的联系。遗憾的是，无论实验如何设计，都无法证明磁与静电有关。

5. 奥斯特实验

奥斯特(H. C. Oersted，1777—1851)是丹麦物理学家，他做过许多试图用电的方法使磁针产生偏转的实验。1820 年，他做了一个著名实验，即用伏打电池驱动一个环形导线，导体旁边放一磁针。当电路接通后有电流通过导线，与此同时磁针产生了偏转；若将电路切断，电流消失，磁针无动作。这个实验的重要之处在于它第一次告诉人们磁与电流有关，而与静电荷无关。

法国物理学家安德烈·马利·安培(A. M. Ampere，1775—1836)做了进一步的实验，他把导线绕成很多圈形成一个螺线管，并用它代替环形导线重复奥斯特实验，结果发现通有电流的螺线管的作用几乎同磁棒一模一样。若将钢针放在该螺线管内，钢针就会变成磁针。1820 年安培提出了一个大胆的设想："电流有磁效应(magnetic effect)，即磁铁产生磁效应的真正原因也是电流，只不过这些电流是在磁棒材料的内部而已"。现在，这个观点已被证实。电荷的运动产生电流，电流伴随着磁效应。磁与电是统一的，磁可由电流来产生。

新发现推出新发明，1831 年，亨利提出电动机(electromotor)的概念并制成第一台直流电动机(DC electromotor)，电动机的发明开创了电气工业(electrical industry)新时代。

6. 法拉第电磁感应定律

电可以产生磁，磁能产生电吗？这是科学家们非常感兴趣的课题。1831 年英国化学家和物理学家法拉第(M. Faraday，1791—1867)做了一个著名实验。实验装置非常简单，包括 1 个螺线管、1 条磁棒和 1 个检流计。实验步骤如下：

把螺线管用导线短路，由于电路中没有任何电源(electric source)，当然不会产生电流。当磁棒静止于螺线管附近时，电路中仍没有电流；若迅速地改变磁棒位置，如将磁棒迅速地插入螺线管中，电路中将出现瞬时电流(transient current)；再改变一下磁棒位置，又将出现瞬时电流；磁棒不动，电流就消失。这说明只要磁场有变化，线圈中就会感应出电流。把短路线切断重复上述步骤，结果发现当磁棒迅速改变位置，如迅速插入或拔出螺线管时，螺线管两端有瞬时电位差产生。人们把感应产生的电位差称为感应电动势(inductive electromotive force)。

对法拉第电磁感应定律可以表述为："只要磁场有变化，线圈就会有感应电动势"，或者"只要导体切割了磁力线(magnetic line of force)，或磁力线切割了导体，该导体的两端就会产生感应电动势"。

法拉第的发现不仅揭示了磁可以生电的事实，还为人工产生电提供了一种新方法。现在已有 3 种产生电的方法：

(1) 摩擦生电。它只能产生静电电荷，提供静电电位差，不能产生电流。

(2) 伏打电池。它能提供持续的电位差和电流。

(3) 利用磁场变化，用磁力线切割导体可以产生感应电动势。迄今为止，这种方法仍是最有效的产生电的方法。

用机械方法不断地改变磁场与线圈的相对位置，使导体切割磁力线，就可以持续产生感应电动势，源源不断地向外电路供应电流，将机械能转变为电能，这就是发电机的工作原理。

7. 欧姆定律的出现

在设计制造发电机和电动机的过程中，人们遇到了下列难题：奥斯特-安培定律(Oersted-Ampere law)只能确定多大电流能产生多大作用力，但是不能确定需用多大电位差来产生这些电流。法拉第定律指出，磁场变化可产生电动势。然而，早期是采用短路螺线管做的实验，检测到的是感应电流。人们不知道这些感应电流是由多大感应电动势产生的。人们迫切需要知道电位差与电流之间的关系，电气工程需要电路理论的支持。

1826年德国科学家欧姆(Geory Simon Ohm，1787—1854)解决了上述难题，提出了欧姆定律(Ohm's Law，OL)，即

$$U = R \cdot I$$

式中，I、U和R是电流、电压和电阻。

有了OL，电学方面的研究进入了电路理论的新时期。有了电路理论指导，电机设计就有了根据。1837年英国物理学家惠斯通(C. Wheatstone，1802—1875)制成了第一台发电机。人们就获得了除伏打电池之外的第二种电源，用电动机代替蒸汽机(stream engine)作为机器动力引起了一场深刻的革命，它完全摆脱了蒸汽机带来的不便和无法解决的各种问题，工业电气化(industry electrization)深得人心，从此，电气工业成为一个新兴的产业。

8. 用电流或电压表达信号

电气化给予工业革命强大的推动力，然而商品生产的蓬勃发展迫切需要新的通信(communication)手段的支持。在电还没有被发现并得到应用的时代，要想通信是非常困难的。伏打电池发明后，人们期望利用电流来传递信息，实现电气通信(electrical communication)，然而实现电流传递信息有两个问题需要解决：

(1) 怎样用电流来代表信息。

(2) 怎样从接收到的电信号(electrical signal)中提取信息。

奥斯特实验启发了希林格(B. P. Shillinger，1786—1837)，他利用线圈控制磁针的偏转来检测电流，提高了从信号中提取信息的灵敏度和速度。利用编码(encoding)技术来传输字符(symbol)，这种技术使线路成本大大降低。研制世界上第一台发电机的英国物理学家惠斯通改进了希林格电报机，用于铁路通信。惠斯通电报机与摩尔斯电报机成为当时流行的两种基本形式。

在电力系统中，人们主要关心电压、电流、功率和效率(efficiency)。当时只是直流供电而无需考虑波形(waveform)。但在电报通信系统中，提出了一个新的概念——信号，这是过去所没有的。人们需要研究信号在电路中的传输(transmission)，以及在传输过程中的畸变(distortion)。有一批科学家从事这些研究，其中最杰出的是德国科学家基尔霍夫(G. Kirchhoff，1824—1887)。他于1845年提出了基尔霍夫电流定律(Kirchhoff's Current Law，KCL)和基尔霍夫电压定律(Kirchhoff's Voltage Law，KVL)。人们利用基尔霍夫定律，按分布参数方法，计算了长线电路并获得了著名的电报方程(telegraph equations)，为传输线(transmission line)理论奠定了基础。

9. 电话问世与连续信号响应

随着电报通信的普及，人们开始挑剔电报的缺点：要编码和译码(decoding)，电报局还要雇用报务员(telegrapher)等。人们渴望电话(telephone)问世，要求听到对方的语音(voice)，

并能互相交谈。电话的关键是怎样把声音(sound)变成电信号，又怎样把电信号复原成声音。贝尔(A. G. Bell，1847—1922)发明了电话，实际上就是这种电声变换器(convertor)。

电话的问世意味着人们开始使用连续信号(continued signal)进行通信。电路对连续信号的响应成为又一重要课题。随着通话距离的增大，信号衰减(attenuation)和失真(distortion)越来越严重，解决这一问题需要计算电路的频率响应、设计补偿和均衡网络，这些实际需求使电路理论又跃上了一个新台阶。

10．电灯是电气工程应用中的一个重要里程碑

自从可用人工方法产生电以来，人们渴望电灯(electric light)的发明。美国发明家爱迪生(T. Edison，1847—1931)改进了真空泵(vacuum pump)，于1878年制成了电灯泡，其寿命大于40小时，这在当时是很了不起的。

爱迪生大量生产电灯泡，并开发了一系列配件，如灯座、灯具、电线、插头、插座、熔断器(俗称保险丝)和配电盘等，这些电器的生产和销售构成了电气工业的一个行业。电灯的广泛应用使人们对电力(electric power)的需求剧增。爱迪生研制了新型直流发电机，垄断了发电和供电等电力系统。在激烈的竞争中，美国人威斯汀豪斯(G. Westinghouse，1846—1914)支持特斯拉(Tesla)提出的交流(Alternative Current，AC)供电方式，研制了二相和三相交流发电机(altermotor)，并发明了变压器(transformer)，利用变压器克服了供电线路上的压降(voltage drop)，从而扩大了供电范围。三相交流发电、高压输电、低压配电系统效率高、经济性好、适应范围广，最终打破了爱迪生的垄断，成为电力供应的主要形式。有了电力系统，人们就可以将自然能源转化为电能为人类服务。随着交流电的兴起，一整套交流电路理论——包括复数(complex number)计算成为了电工原理的主要组成部分。

发明电灯泡的另一个重大意义是为真空电子管(vacuum tube)的发明奠定了技术基础。

11．场的概念

电学研究的进展是在"场"(field)与"路"(circuit)的相互推动下交替进行的。用静电场的观点研究伽尔伐尼实验促成了伏打电池的发明、人工电流的产生和电路的建立，电路的研究和广泛应用为进一步研究电动力学(electrical dynamics)创造了良好的条件。

法拉第认为电磁间的相互作用是一种"邻近效应"(contiguity effect)，并以有限的速度向外延拓，直至充满整个空间，这种相互作用是通过某种介质(medium)传递的，这种介质被称为"场"。英国数学和物理学家开尔文(L. Kelvin，1824—1907)进一步发展了法拉第的思想，认为电现象与弹性现象类似，在空间甚至在真空中，处处充满着一种连续的、没有质量但有弹性的介质，称为"以太"(ether)。以太是法拉第的"场"，相互作用是在"场"中传播的，即在"以太"中传播的。

人们又注意到，在电力和电信(telecommunication)系统中，长线电路的许多现象用已有的电路观点是无法解释的。线上的电流、电压似乎是以波(wave)的形式传播的。基尔霍夫研究了电扰动在长线上的传播，发现其传播速度(transmission velocity)等于光速(light velocity)。

苏格兰物理学家麦克斯韦(J. C. Maxwell，1831—1879)深受法拉第、开尔文和基尔霍夫的影响，接受"场"的概念，并作为电磁理论的基础进行研究，麦克斯韦电磁场方程

(electromagnetic field equations)就是在这样的背景下产生的。他大胆地提出位移电流(displacement current)的假设，推导出电磁现象不仅是距离的函数，还是时间的函数，它们之间的作用以波的形式传播，其速度等于光速。麦克斯韦预见了电磁波(electromagnetic wave)的存在，并预言光波是一种波长很短的电磁波。

12. 赫兹实验与无线电的发明

德国物理学家赫兹(H. Hertz，1857—1894)认为麦克斯韦理论是建立在假设的基础上的，缺乏实验基础，为证明以上结论，这位年轻的物理学家通过做实验证明了麦克斯韦方程的正确性。在19世纪最后的十年中，意大利出版商马可尼(G. Marconi，1874－1937)将赫兹的研究成果应用于无线通信，并于1901年成功实现了大西洋两岸的无线通信，他本人也因此获得了1909年的诺贝尔物理学奖。

13. 调谐电路与矿石检波器

20世纪初，德国人布劳恩(K. F. Braun，1850－1918)改进了马可尼通信机，采用将接收频率调谐到发射频率的方法发明了调谐电路(tuned circuit)，将发射机和接收机调谐到同一个波长，可以防止各电台相互干扰，增大了通信距离。同时，布劳恩利用早在1874年就已经发现的方铅矿的整流(rectifying)性质，研制了猫须式检测器(cat whisker detector)，采用这种灵敏、可靠和使用方便的矿石检波器代替洛奇的凝屑器(coherer)，大大提高了接收机性能，从而打破了马可尼的专利垄断。布劳恩同西门子公司合作，建立了德律风根公司，与马可尼公司展开了激烈竞争，促进了无线电技术的迅速发展。因此，布劳恩与马可尼共同获得了1909年的诺贝尔物理学奖。

科学技术的发展是一环紧扣一环的。法拉第的"场"的概念奠定了电磁学的理论基础，麦克斯韦方程的预测引发了赫兹实验，洛奇的凝屑器为波波夫和马可尼的发明奠定了技术基础，为了打破马可尼的垄断，布劳恩又回到电路理论，研制了新的器件。

以上追溯的历史反映了电路与电磁学、电子学以及近代物理中一系列学科均有关联。

电路的原意是电气回路(electric circuit)，其理论和技术是伴随着电气工程(electrical engineering)发展起来的。所谓电气，主要是指大量具有气体特征、可视为集体运动的电子(elec-tron)和/或离子(ion)，具有宏观(macroscopic)的含义。

随着电报和电话的发明与应用，电路理论(circuit theory)与应用就更多地转向电信工程电子管的发明和应用，致使电路理论与电子学(electronics)的密切结合，从而形成了电子线路(electronic circuit)的理论和技术。

1.9.2 实际应用——人体电路模型与用电安全

在日常生活中，"小心有电"是经常见到的警告。人体直接接触电源，就是常说的"触电"，电流流过人身体是产生触电的原因。电流对人体会产生怎样的影响呢？这可以通过建立简单的人体电路模型来研究电流对人体的伤害。人体简化的电路模型如图 1-97 所示，其中 $R_1 \sim R_4$ 分别表示人体头颈臂、胸部和腿的电阻，它们各有其典型值。

一般情况下，当人体和电源构成导电回路时，人体电阻约为 500 Ω。电流的大小取决于电压和电阻。电流通过人体会对人体产生综

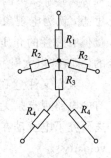

图 1-97　人体简化
电路模型

合性影响。例如，电流通过人体后，会产生麻木或不自觉的肌肉收缩并引起一系列的病理反应，尤其是当电流流经心脏时，微小的电流即可引起心室颤动，甚至导致死亡。电流对人体的影响如表 1-5 所示。

表 1-5　人体对电流的生理反应

电流	生 理 反 应	电流	生 理 反 应
1~5 mA	能感觉到，但无害	50~70 mA	肌肉麻痹
10 mA	有害电击，但没有失去肌肉控制	235 mA	心脏纤维性颤动，通常在几秒内死亡
23 mA	严重有害电击，肌肉收缩，呼吸困难	500 mA	心脏停止跳动
35~50 mA	极端痛苦		

为了不造成人体伤害，必须给出安全电压值或安全电流值。安全电压是指不致使人直接致死或致残的电压，正常情况下，人体的安全电压不超过 50 V，安全电流值为 10 mA。

另一种日常生活中常见的人体"带电"现象每个人都体验过。在干燥的季节，当你脱下毛线衣或尼龙、涤纶类化纤衣服时，常会听见"噼噼啪啪"的响声，在夜里还可看到闪烁的火花。不仅如此，当你的手指触及门把手、水龙头、椅背等金属器物时会有电击感，这就是生活中常见的静电现象。静电虽然令人烦恼，但对人体没什么伤害。当静电电压达到 2000 V 时，手指就有感觉了，超过 3000 V 时就有火花出现，手指并有针刺似的痛感，超过 7000 V 时，人就有电击感。在日常生活中，产生的静电压有时可高达数万伏，但是由于摩擦起电的时间极短，所以产生的电流量很小，因而一般不会对人体造成生命危险。

1. 电击

电击是指因为电流通过身体而造成的伤害。当对电器电路进行操作时，有可能遭受到电击。电击是由电流通过人身体而产生的。电击可以使人产生惊跳，摔倒甚至被抛出；它可能引起非常严重的后果，如使肌肉僵硬收缩，导致骨折、错位甚至失去知觉，造成呼吸系统瘫痪、心跳不规则甚至完全停止跳动等；电流会灼伤皮肤并扩展到组织细胞深处，在电流的流入点和流出点之间强电流可能会引起细胞组织死亡；大规模细胞组织肿胀可能导致静脉血凝固和肌肉膨胀。因此，电击可引起肌肉痉挛、四肢无力、呼吸弱、脉搏快、严重烧伤、神志不清甚至死亡。

2. 保护措施

如果不严格遵守相关规则，将无法保证用电安全。因此，在用电时，必须遵守下列安全规则：

（1）在开始用电工作之前，确保电路不带电。

（2）在维修电灯或其他装置时，请先拔掉插头。

（3）工作时，用胶布封住主要开关、熔丝座或断路器。进行警示，以免有人不小心进行上电操作。

（4）正确操作工具，确保金属工具绝缘性能良好。

（5）测量电压或者电流，打开电源并记录读数；测量电阻时断开电源。

（6）避免穿宽松的衣服，以防卷入操作设备。一定穿长裤、长袖衣服和鞋子，并保持它们的干燥。

（7）禁止站在金属和潮湿的地上。（电和水不能混合）

(8) 确保在工作区域内有足够的照明。

(9) 禁止戴戒指、手表、手镯或其他首饰工作。

(10) 禁止单独工作。

(11) 要给高电压电容放电。

(12) 在高电压的地方，需用单手工作。

保护自己，远离伤害和损伤是一件非常重要的事情。如果我们遵守上述安全规定，就可以避免电击和意外发生。

本 章 小 结

1. 电路与电路模型

(1) 电路：由电气器件按一定方式组合起来的电流的通路。

(2) 电路的组成：电源、负载和中间环节。

(3) 电路的作用：① 电能的传输与转换；② 信号的传递与处理。

(4) 电路的分类：分为线性电路和非线性电路；模拟电路和数字电路；直流电路和交流电路等等。

(5) 电路模型：将实际电路中的各个电路器件用理想化的元件模型来表示而形成的电路叫作原电路的电路模型。

2. 电路中的基本物理量

(1) 电路的基本物理量包括：电流、电压、电动势、电位以及电功率等。

(2) 电路的参考电位：人为规定的电路中的零电位点。参考电位经确定后，电路中各点电位有确定的值。参考电位改变，各点电位值变化，但任意两点间的电位差不变，即电位是相对的，电压是绝对的。

(3) 电压、电流的参考方向：预先为电压、电流假定的方向为参考方向。电路中同一支路(或元件)上电流的参考方向与电压的参考方向一致时(电流从电压"＋"极流向"－"极)，称为关联参考方向；反之，为非关联参考方向。只有在标明电压、电流参考方向的前提下，计算结果才有意义。当电压、电流计算值大于零时，说明电压、电流的参考方向与实际方向相同；当电压、电流计算值小于零时，说明电压、电流的参考方向与实际方向相反。

(4) 在关联参考方向下，任一支路(或元件)的(吸收)功率为

$$p = ui$$

若 $p > 0$，则表明该支路(或元件)吸收功率；若 $p < 0$，则表明该支路(或元件)释放功率。

3. 电路中的基本元件

(1) 电路元件。

电路元件分为有源元件和无源元件。

① 有源元件：在电路中能提供电能的元件，如交直流发电机、电池、晶体管等。

② 无源元件：在电路中不能提供电能的元件，如电阻、电容和电感元件等。

(2) 独立电源。

独立电源是能独立地向外电路提供能量的电源，其向外电路输出的电压或电流值不受

外电路电压或电流变化的影响,通常分为理想电压源和理想电流源。

(3)受控电源。

受控电源的电压或电流不由自身决定,而是受另一支路的电压或电流控制。

(4)理想运算放大器是基本的电路元件,主要参数为:开环增益 A 无限大,输入电阻 R_i 无限大,输出电阻 R_o 为零。运算放大器工作在线性区时,具有两个特性:"虚短"和"虚断",这是分析含理想运放电路的基本规则。

4.电气设备的额定值

(1)额定值。

电气设备在一定条件下正常运行时对电压、电流、功率等所规定的数值称为额定值。

(2)额定电压。

保证电气设备正常工作,而绝缘材料又不被损坏所规定的电压值称为额定电压。

(3)额定电流。

保证电气设备安全运行,不致因过热而烧毁所规定的最大工作电流称为额定电流。

(4)额定功率。

电气设备在额定电压和额定电流下正常工作所消耗的电功率称为额定功率。

(5)额定功率与额定电压、额定电流之间的关系。

对直流电:$P_N = U_N I_N$。

对交流电:$P_N = U_N I_N \cos\varphi$。

5.基尔霍夫定律

(1)电路中几个常用名词。

支路、结点、回路、网孔、网络。

(2)基尔霍夫定律:包括基尔霍夫电流定律(KCL)和基尔霍夫电压定律(KVL)。

① 基尔霍夫电流定律:在集总参数电路中,在任一时刻、任一结点上,流出(或流入)该结点的所有支路的电流的代数和为零,即 $\sum I = 0$(流入该结点为正,流出该结点为负)。KCL 反映了电路中任一点电荷的连续性。

② 基尔霍夫电压定律:在集总参数电路中,在任一时刻、沿任一回路绕行一周,各支路(元件)的电压降的代数和为零,即 $\sum U = 0$(若电压与绕行方向相同则取正,相反则取负)。KVL 反映了电路中任一点电位的单值性。

6.电路中的等效

(1)等效的概念:对应端子之间的伏安特性完全相同的两个电路互为等效电路(等效是针对外电路而言的,内部电路一般不等效)。

(2)电阻电路的等效。

① 电阻的串联分析:当电阻串联时,其等效电阻值为各电阻值之和,即 $R = \sum_{i=1}^{n} R_i$。

② 电阻的并联分析:当电阻并联时,其等效电阻值为各电导之和的倒数,即 $R = \dfrac{1}{\sum_{i=1}^{n} G_i}$。

③ 电阻的混联分析:求出等效电阻或等效电导;应用欧姆定律求出总电压或总电流;

应用欧姆定律或分压、分流公式求各电阻上的电流和电压。

④ Y 形电阻电路与△形电阻电路的等效变换：对电路进行分析，通过利用 Y 形和△形的等效变换使复杂电路化为简单电路。

（3）电源的等效。

① 理想电源的串、并联等效：任意电路元件与理想电压源并联的端电压不变（任意电路元件也包括理想电压源，但要注意当理想电压源并联时，必须大小相等、方向一致）；任意电路元件与理想电流源串联的端电流不变（任意电路元件也包括理想电流源，但要注意当理想电流源串联时，必须大小相等、方向一致）。

② 实际电源的等效互换：实际电源是理想电源与内阻的组合，电压源与电阻串联的电路在一定条件下可以转化为电流源与电阻并联的电路。

（4）含受控源单口网络的等效电阻：对含有受控源和电阻的单口网络，利用外加电源法求解输入电阻。

7. 知识拓展与实际应用

（1）关于电路的知识。

（2）实际应用——人体电路模型与用电安全。

8. 知识关联图

第 1 章知识关联图

习　题

一、选择题

1. 电路分析中所讨论的电路一般均指（　　）。

A. 由理想电路元件构成的抽象电路

B. 由实际电路元件构成的抽象电路

C. 由理想电路元件构成的实际电路

D. 由实际电路元件构成的实际电路

第 1 章选择题和填空题答案

2. 关于电位下列说法不正确的是（　　）。

A. 参考点的电位为零，某点电位为正，说明该点电位比参考点高

B. 参考点的电位为零，某点电位为负，说明该点电位比参考点低

C. 选取不同的参考点，电路中各点的电位也将随之改变

D. 电路中两点间的电压值是固定的，与零电位参考点的选取有关

3. 一个元件电流为 2 A，电压为 −5 V，电流电压方向关联，则该元件的功率为（　　）。

A. 10 W　　　　　B. 20 W　　　　　C. −10 W　　　　　D. −20 W

4. 图1-98中，电压电流参考方向关联的是(　　　　)。

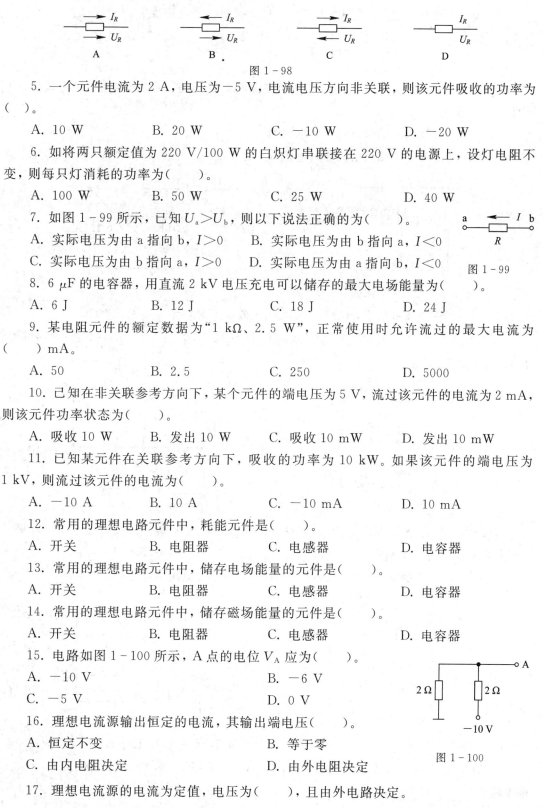

图1-98

5. 一个元件电流为2 A，电压为-5 V，电流电压方向非关联，则该元件吸收的功率为(　　　　)。

A. 10 W　　　　　B. 20 W　　　　　C. -10 W　　　　　D. -20 W

6. 如将两只额定值为220 V/100 W的白炽灯串联接在220 V的电源上，设灯电阻不变，则每只灯消耗的功率为(　　　　)。

A. 100 W　　　　　B. 50 W　　　　　C. 25 W　　　　　D. 40 W

7. 如图1-99所示，已知$U_a > U_b$，则以下说法正确的为(　　　　)。

A. 实际电压为由a指向b，$I > 0$　　　　B. 实际电压为由b指向a，$I < 0$

C. 实际电压为由b指向a，$I > 0$　　　　D. 实际电压为由a指向b，$I < 0$

图1-99

8. 6 μF的电容器，用直流2 kV电压充电可以储存的最大电场能量为(　　　　)。

A. 6 J　　　　　B. 12 J　　　　　C. 18 J　　　　　D. 24 J

9. 某电阻元件的额定数据为"1 kΩ、2.5 W"，正常使用时允许流过的最大电流为(　　　　) mA。

A. 50　　　　　B. 2.5　　　　　C. 250　　　　　D. 5000

10. 已知在非关联参考方向下，某个元件的端电压为5 V，流过该元件的电流为2 mA，则该元件功率状态为(　　　　)。

A. 吸收10 W　　　B. 发出10 W　　　C. 吸收10 mW　　　D. 发出10 mW

11. 已知某元件在关联参考方向下，吸收的功率为10 kW。如果该元件的端电压为1 kV，则流过该元件的电流为(　　　　)。

A. -10 A　　　　B. 10 A　　　　C. -10 mA　　　　D. 10 mA

12. 常用的理想电路元件中，耗能元件是(　　　　)。

A. 开关　　　　　B. 电阻器　　　　　C. 电感器　　　　　D. 电容器

13. 常用的理想电路元件中，储存电场能量的元件是(　　　　)。

A. 开关　　　　　B. 电阻器　　　　　C. 电感器　　　　　D. 电容器

14. 常用的理想电路元件中，储存磁场能量的元件是(　　　　)。

A. 开关　　　　　B. 电阻器　　　　　C. 电感器　　　　　D. 电容器

15. 电路如图1-100所示，A点的电位V_A应为(　　　　)。

A. -10 V　　　　　　　　　　B. -6 V

C. -5 V　　　　　　　　　　D. 0 V

16. 理想电流源输出恒定的电流，其输出端电压(　　　　)。

A. 恒定不变　　　　　　　　　B. 等于零

C. 由内电阻决定　　　　　　　D. 由外电阻决定

图1-100

17. 理想电流源的电流为定值，电压为(　　　　)，且由外电路决定。

A. 常数   B. 任意值   C. 零   D. 正值

18. 理想电压源的电压为定值，电流为（   ），且由外电路决定。

A. 常数   B. 任意值   C. 零   D. 正值

二、填空题

1. 由 4 A 电流源、2 V 电压源、3 Ω 电阻组成的串联支路，对外电路而言可等效为一个元件，这个元件是_____。

2. 图 1-101 所示二端网络的等效电阻为_____ Ω。

3. 图 1-102 所示二端网络的等效电阻 R_{ab} 为_____ Ω 。

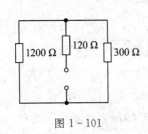

图 1-101

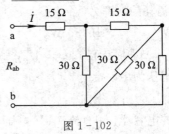

图 1-102

4. 电路如图 1-103 所示，试求 a、b 间的等效电阻 R_{ab} =_____ Ω。

5. 电路如图 1-104 所示，其中 $R_1 = 9$ Ω，$R_2 = 12$ Ω，$R_3 = 6$ Ω，$R_4 = 2$ Ω，$R_5 = 4$ Ω，求 a、b 之间的电阻值为_____ Ω。

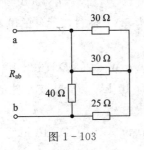

图 1-103

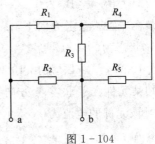

图 1-104

6. 图 1-105 所示的电路中，$R_1 = 3$ Ω，$R_2 = 9$ Ω，$R_3 = 3$ Ω，$R_4 = 3$ Ω，$R_5 = 9$ Ω，则其一端口电路中的等效电阻是_____ Ω。

7. 如图 1-106 所示的电路中，$R_1 = 4$ Ω，$R_2 = 2$ Ω，则其等效电阻为_____ Ω。

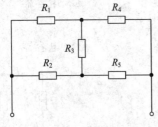

图 1-105

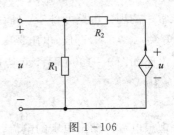

图 1-106

8. 如图 1-107 所示的电路中，$R_1 = 1$ Ω，$R_2 = 2$ Ω，$R_3 = 3$ Ω，其等效电阻 R_{in} 为____Ω。

9. 如图 1-108 所示的电路中，$I_S = 3$ A，$U_S = 9$ V，$R_1 = 24$ Ω，$R_2 = 18$ Ω，$R_3 = 9$ Ω，则电流 I 为_____ A。

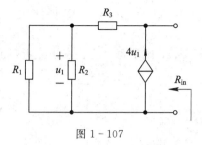

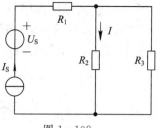

图 1-107　　　　　　　　　　　图 1-108

10. 如图 1-109 所示的电路中，$R_1 = 5\ \Omega$，$R_2 = 3\ \Omega$，输入电阻为_____Ω。

11. 求图 1-110 所示的电路的等效电阻 $R_{ab} = $_____$\Omega$，其中 $R_1 = 8\ \Omega$，$R_2 = 10\ \Omega$，$R_3 = 6\ \Omega$，$R_4 = 7\ \Omega$，$R_5 = 8\ \Omega$，$R_6 = 6\ \Omega$。

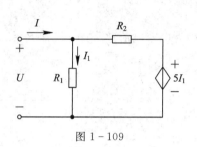

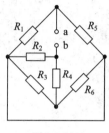

图 1-109　　　　　　　　　　　图 1-110

12. 求图 1-111 所示的电路的等效电阻 $R_{ab} = $_____$\Omega$，其中 $R_1 = 3\ \Omega$，$R_2 = 2\ \Omega$，$R_3 = 4\ \Omega$，$R_4 = 2\ \Omega$，$R_5 = 2\ \Omega$，$R_6 = 4\ \Omega$，$R_7 = 4\ \Omega$。

13. 如图 1-112 所示的电路中，$R_1 = 20\ \Omega$，$R_2 = 30\ \Omega$，$R_3 = 30\ \Omega$，$R_4 = 30\ \Omega$，$R_5 = 30\ \Omega$，$R_6 = 30\ \Omega$，$R_7 = 20\ \Omega$，$R_L = 40\ \Omega$，$I_S = 2\ A$，求 R_L 上消耗的功率 $P_L = $_____W。

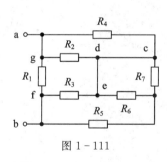

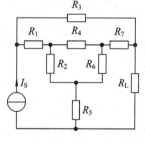

图 1-111　　　　　　　　　　　图 1-112

三、分析计算题

1. 如图 1-113 所示的电路中，$I_S = 2\ A$，$R = 5\ \Omega$，$U_S = 15\ V$，试求电路中电压源、电流源及电阻的功率(须说明是吸收还是发出)。

2. 如图 1-114 所示的电路中，$I_S = 2\ A$，$R = 5\ \Omega$，$U_S = 15\ V$，试求电路中电压源、电流源及电阻的功率(需说明是吸收还是发出)。

第 1 章分析计算题答案

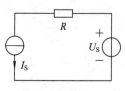

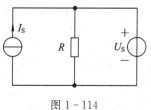

图 1-113　　　　　　　　　　　图 1-114

3. 如图 1-115 所示的电路中，$I_S=2$ A，$R=5$ Ω，$U_S=15$ V，试求电路中电压源、电流源及电阻的功率(需说明是吸收还是发出)。

4. 如图 1-116 所示的电路中，$I=0.5$ A，$R=2$ Ω，试求每个元件发出或吸收的功率。

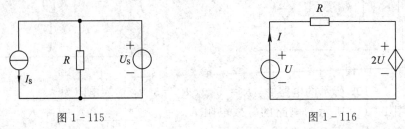

图 1-115   图 1-116

5. 如图 1-117 所示的电路中，$I_S=2$ A，$U_S=180$ V，$R_1=15$ Ω，$R_2=20$ Ω，电路中 I 为多少?

6. 电路如图 1-118(a)所示，图 1-118(b)为电容电流波形图，已知 $R=10$ Ω，$C=2$ F，求电容电压 $u_C(t)$。

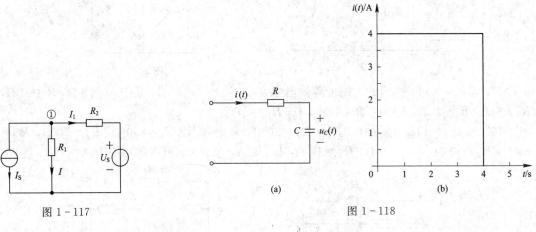

图 1-117   图 1-118

第 2 章　电路的基本分析方法

学习内容
XUEXINEIRONG

深刻理解电路中的回路(网孔)、结点及回路(网孔)电流、结点电压等基本概念；学习网孔分析法和结点分析法的理论依据，熟练掌握用网孔分析法和结点分析法分析电路的基本方法和过程，了解应用 MATLAB 软件求解网孔电流方程组和结点电压方程组的方法。

学习目的
XUEXIMUDI

能根据给定电路合理选择网孔电流或结点电压变量；能建立求解问题的网孔电流或结点电压方程组并正确求解；能根据电路中的特殊问题合理假设相关电路变量，并灵活运用结点分析法或网孔分析法求解电路；能利用 MATLAB 软件，运用结点分析法或网孔分析法求解较大型的电路问题。

电路的结构形式是多样而复杂的，最简单的电路只有一个回路，这种电路即单回路电路；有的电路虽然有很多个回路，但是能够用串并联的方法化简为单回路电路；然而有的多回路电路(含有一个或多个电源)不能用串并联的方法化简为单回路电路，或者即使能化简也是相当繁复的，这种多回路电路称为复杂电路。

电路分析中最基本的方法是根据元件上的约束关系(电压、电流与元件参数的关系和拓扑约束关系)——基尔霍夫定律建立电路的方程组，从而进一步计算出电路中欲求的电路变量。线性元件和非线性元件有着不同的约束关系，由线性元件构成的电路，各电路变量之间的关系是线性函数关系；由非线性元件构成的电路，各电路变量之间的关系是非线性函数关系。

本章以电阻电路为例讨论几种常用的电路分析方法，如支路法、结点电压法等都是分析电路的基本原理和方法。这些分析方法不改变电路的结构，分析过程往往较有规律，因此特别适用于对整体电路的分析和利用计算机进行求解。其一般步骤为：首先选择一组特定的电路变量(电压或电流)，然后利用基尔霍夫定律(KCL、KVL)和支路伏安关系(VCR)，建立电路变量的方程组，解方程求得电路变量，最后由电路变量求出待求未知量。

本章仅讨论直流激励源作用于线性电阻电路的基本分析方法，但其对交流激励源作用的线性电阻电路同样适用。这里说明一点：在电路分析和相关课程中经常提到激励（excitation）和响应（respond）这两个名词。所谓激励，指的是向电路输送能量的所有元件和设备所输出的电流、电压变量。所谓响应，指的是电路在激励作用下所产生的电流、电压变量。

2.1 支 路 法

2.1.1 电路的两类约束与电路方程

1. 两类约束

电路中存在两类约束关系。一类是元件的相互连接给支路电压和电流带来的约束，可称为拓扑约束。这类约束取决于电路的连接方式，当元件被互连成具有一定的几何结构形式的电路后，电路中出现了结点和回路，与一个结点相连接的各支路电流必须满足 KCL，即受 KCL 的约束，与一个回路相联系的各支路的电压必须满足 KVL，即受 KVL 的约束。由于电路中的电流、电压在满足 KCL、KVL 时，只考虑电路的拓扑结构，而并不考虑支路是由何种元件如何连接组成的，因此，这类约束只取决于电路的互连形式。这种只取决于电路互连形式的约束称为拓扑约束或结构约束。

另一类约束来自元件的性质。每种元件对电流、电压这两个量形成一个约束，如一个线性非时变的电阻上的电流、电压之间应满足欧姆定律，即电阻上的电流、电压受到欧姆定律的约束。这种取决于元件性质的约束称为元件约束，也称为元件的伏安关系（Voltage Current Relation，VCR）。

基尔霍夫电流定律、基尔霍夫电压定律和元件伏安关系是对电路中各电压变量、电流变量施加的全部约束。

两类约束是解决集总参数电路问题的基本依据。一切集总参数电路中的电流、电压必须受到这两类约束的支配，所以电路的两类约束是电路理论中的基础，后续的分析方法均建立在这两类约束之上。

2. 独立的电路方程

下面以图 2-1 所示的电路为例来说明独立的 KCL、KVL 方程的建立。该电路有 4 个结点，6 条支路，共计 6 个支路电压变量和 6 个支路电流变量，均已在图中标出。

依次对结点①、②、③和④运用 KCL，可得

$$\begin{cases} I_1 - I_2 - I_3 = 0 \\ I_4 - I_2 - I_5 = 0 \\ I_3 - I_5 - I_6 = 0 \\ I_4 + I_6 - I_1 = 0 \end{cases} \quad (2-1)$$

这 4 个方程式只有 3 个是独立的，其中第 4 个式

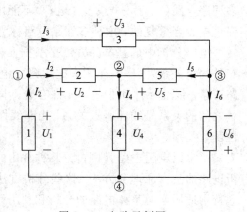

图 2-1 电路示例图

子可由前 3 个式子相加或相减得出。其他各式也有类似情况。因此，只需列出其中的任意 3 个式子。

对图 2-1 所示电路中的 3 个网孔运用 KVL(选择顺时针绕行方向)，可得

$$\begin{cases} U_1 - U_2 - U_4 = 0 \\ U_3 - U_5 - U_2 = 0 \\ U_5 - U_6 - U_4 = 0 \end{cases} \tag{2-2}$$

这里只列出了根据 3 个网孔所得的方程，式中 U_1、U_2、U_3、U_4、U_5、U_6 分别为元件 1，2，…，6 上的电压。实际上，还可再列出一个 KVL 方程，即由外回路得 $U_1 - U_3 + U_6 = 0$，这一方程可由式(2-2)中的两式相加获得，它不是独立的。

一般情况下，如果电路有 b 条支路、n 个结点，则独立的回路数为 $b-(n-1)$ 个，这 $b-(n-1)$ 个回路称为独立回路。对平面电路来说，网孔数有 $b-(n-1)$ 个，按网孔列出的 KVL 方程是相互独立的。

图 2-1 中由 6 条支路所得的 VCR 是独立的，任何一个式子不能由其他式子推导出来。在一般情况下，如果电路有 b 条支路，则有 $2b$ 个支路电压和支路电流变量，需用 $2b$ 个联立方程来反映它们的全部约束关系。显然，由 b 条支路的 VCR 可得到 b 个独立方程，而其余的 b 个独立方程可以由 KCL 及 KVL 提供。

关于独立的 KCL、KVL 方程的数目，有如下结论：

(1) 设电路的结点数为 n，则独立的 KCL 方程为 $n-1$ 个，且为任意的 $n-1$ 个。

(2) 给定一平面电路，则该电路有 $b-(n-1)$ 个网孔，且 $b-(n-1)$ 个网孔的 KVL 方程是独立的。

(3) 由 KCL 及 KVL 可以得到的独立方程总数是 b 个。

说明：平面电路为可以画在一个平面上而不使任何两条支路交叉的电路；网孔的概念只适用于平面电路；能提供独立的 KCL 方程的结点，称为独立结点；能提供独立的 KVL 方程的回路称为独立回路。

2.1.2　支路电流法

根据两类约束可以列出联系电路中的所有电流变量、电压变量的方程组。一个具有 b 条支路和 n 个结点的电路，当以支路电压和支路电流为变量列写方程时，共有 $2b$ 个未知变量，根据 KCL 可列出 $n-1$ 个独立方程，根据 KVL 可列出 $b-(n-1)$ 个独立方程，根据元件 VCR 可列出 b 个支路电压和支路电流关系方程，这样共列出联系 b 条支路电流变量和 b 个支路电压变量所需的 $2b$ 个独立方程式。对含有 b 条支路的电路，列出如 2.1.1 节所述的 $2b$ 个联立方程，从而解出 $2b$ 个支路电压、支路电流，称为 $2b$ 法。$2b$ 法适用于任意集总参数电路，但 $2b$ 法的缺点是方程数太多，给手算求解带来了困难。

以 b 个支路电流(或支路电压)为未知量，列出 b 个独立 KCL 及 KVL 方程，称为 $1b$ 法。在 $1b$ 法中，若选支路电流为电路变量，则称为支路电流法(branch current method)；若选支路电压为电路变量，则称为支路电压法(branch voltage method)。

在一条支路中的各元件上流经的只能是同一个电流，支路两端的电压等于该支路上相串联的各元件的电压的代数和，因此由元件约束(VCR)不难得到每条支路上的电流、电压的关系，即支路的 VCR。如图 2-2 所示的支路，其 VCR 为

$$U = RI + U_s$$

由此可见，如果已知电流，则可进一步求得电压，反之亦然。所以，在求解电路中的电流、电压变量时，并不一定要列写 $2b$ 个独立方程式，只要列写 b 个独立方程式就够了，即采用 $1b$ 法。支路电流法利用元件 VCR，将电路方程中的支路电压用支路电流代替，使联立方程数由 $2b$ 减少到了 b 个。

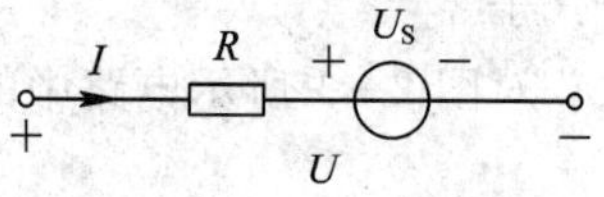

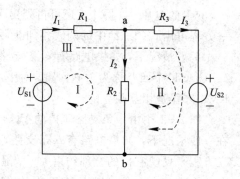

图 2-2　电路中的一条支路

下面以具体实例来讲述支路电流法。

如图 2-3 所示的电路共有 3 条支路，因此，有 I_1、I_2、I_3 3 个电流变量。要求出这 3 个电流，必须列写 3 个关于电流变量的独立方程。

由图 2-3 可见，该电路共有两个结点，若以流入为正，流出为负，则由结点 a 可得 KCL 方程为

$$I_1 - I_2 - I_3 = 0 \qquad (2-3)$$

由结点 b 可得 KCL 方程为

$$-I_1 + I_2 + I_3 = 0 \qquad (2-4)$$

图 2-3　支路电流法分析用图

显然，若将式(2-3)乘以 -1 就可得到式(2-4)，因此，两式是不独立的，只能取其一。

图 2-3 所示电路共有 Ⅰ、Ⅱ、Ⅲ 3 个回路，按图中所标的绕行方向，由 KVL 可得

回路 Ⅰ：

$$R_1 I_1 + R_2 I_2 - U_{S1} = 0 \qquad (2-5)$$

回路 Ⅱ：

$$R_3 I_3 + U_{S2} - R_2 I_2 = 0 \qquad (2-6)$$

回路 Ⅲ：

$$R_1 I_1 + R_3 I_3 + U_{S2} - U_{S1} = 0 \qquad (2-7)$$

对式(2-5)、式(2-6)、式(2-7)分析可知，它们中任何一个可由另两个相加减获得，因此，它们也是不独立的，所以只能任取其中两个等式。

结合由 KCL 列写的等式(2-3)，可以组成求解电流 I_1、I_2、I_3 的方程组为

$$\begin{cases} I_1 - I_2 - I_3 = 0 \\ R_1 I_1 + R_2 I_2 - U_{S1} = 0 \\ R_3 I_3 + U_{S2} - R_2 I_2 = 0 \end{cases} \qquad (2-8)$$

式(2-8)即为利用支路电流法求解电路所需的方程组，通过解方程组，可求解所需的各变量。

【例 2.1】 试列出图 2-4 所示电路的求解支路电流的方程。

解 (1) 在电路图中标出所有支路电流及其参考方向。

(2) 对 $n-1$ 个独立结点列 KCL 方程，得

结点 1：$\qquad\qquad -I_1 + I_2 + I_3 = 0$

结点 2：$\qquad\qquad -I_2 + I_4 + I_5 = 0$

结点 3： $-I_3-I_4+I_6=0$

（3）对 $b-(n-1)$ 个独立回路列 KVL 方程，得

回路 1： $I_2+2I_5=-6+7$

回路 2： $2I_3-3I_4-I_2=0$

回路 3： $3I_4+I_6-2I_5=6$

（4）联立 KCL、KVL 方程解出支路电流。

在支路电流法中，如果电路中存在电流源支路，则在 KVL 方程中将出现相应的未知电压（电流源两端的电压），在求解支路电流时将一并求出。

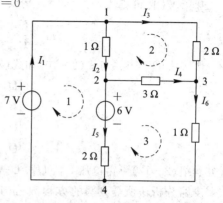

图 2-4　例 2.1 图

一个有 n 个结点、b 条支路的电路，可列出的独立方程与结点、回路的关系为：从 n 个结点中任选 $n-1$ 个结点，可列 $n-1$ 个独立的 KCL 方程；独立 KVL 方程的个数是 $b-(n-1)$ 个。后面章节可以看到，独立 KVL 方程的个数即为电路中网孔的个数。

一个有 b 条支路的电路必然存在有 b 个要求解的电流变量，由 KCL 和 KVL 所列写的独立方程个数恰巧为 b 个，利用 VCR 可将方程转化为以支路电流为解变量的电流方程，满足求解的要求。

2.1.3　支路电压法

支路电压法是以支路电压为未知量，直接利用电路的两类约束列写方程，进而求解电路中的变量的方法。支路电压法与支路电流法类似，有 b 条支路的电路必然存在 b 个要求解的电压变量，可由 KCL、KVL 和 VCR 列写出 b 个独立的电路方程，满足求解的要求。下面以具体实例来讲述支路电压法。

图 2-5 所示的电路共有 3 条支路，因此，存在 3 个支路电压。要求出这 3 个电压，必须求出 U_1、U_2、U_3，所以，列写的方程是关于 U_1、U_2、U_3 这 3 个电压变量的独立方程。

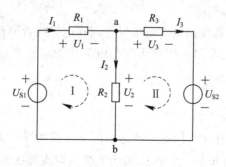

图 2-5　支路电压法分析用图

由结点 a，可得 KCL 方程为

$$I_1-I_2-I_3=0 \tag{2-9}$$

由回路 Ⅰ、Ⅱ可得

回路 Ⅰ： $\qquad U_1+U_2-U_{S1}=0 \tag{2-10}$

回路 Ⅱ： $\qquad U_3+U_{S2}-U_2=0 \tag{2-11}$

利用 VCR 可得

$$I_1 = \frac{U_1}{R_1}, \quad I_2 = \frac{U_2}{R_2}, \quad I_3 = \frac{U_3}{R_3}$$

代入式(2-9)并与式(2-10)和式(2-11)联立可得

$$\begin{cases} \dfrac{U_1}{R_1} - \dfrac{U_2}{R_2} - \dfrac{U_3}{R_3} = 0 \\ U_1 + U_2 = U_{S1} \\ U_2 - U_3 = U_{S2} \end{cases} \quad\quad (2-12)$$

解方程组(2-12)可得电压 U_1、U_2、U_3，进而可求取电路中的其他量。

支路分析法所需列写的方程数目与电路中的支路数目相同，因此，在电路较复杂时，列写的方程数目较多，解方程必定会非常烦琐。因此，我们需要研究更简单的分析方法。

2.2 网孔电流法

网孔电流法(mesh analysis method)是在支路电流法的基础上发展起来的一种较简单的分析方法，它是以网孔电流(mesh current)作为电路的独立变量来列写方程的。网孔电流是一种假想的沿着网孔边界流动的电流，如图 2-6 中的 I_1、I_2、I_3 就是 3 个网孔电流。一个具有 n 个结点、b 条支路的平面电路共有 $b-(n-1)$ 个网孔，该电路有相同数量的网孔电流。

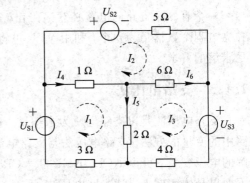

图 2-6　网孔电流示意图

网孔电流有以下两个特点：

(1) 独立性：网孔电流自动满足 KCL 且相互独立，这是因为每一个网孔电流沿着网孔流动，当它流经某结点时，从该结点流入，又从该结点流出。

(2) 完备性：电路中所有支路电流都可以用网孔电流或者网孔电流的组合来表示。

由于网孔电流自动满足 KCL，因此用网孔电流作为求解变量时，只需按 KVL 和支路的 VCR 列写 $b-(n-1)$ 个方程。

2.2.1　网孔电流

图 2-6 所示的电路共有 3 个网孔，可选的网孔电流为 I_1、I_2、I_3，如图中箭头所示。各网孔的外沿电流即为网孔电流，图中 I_1 即为 3 Ω 电阻支路的电流，I_2 即为 5 Ω 电阻支路的电流，I_3 即为 4 Ω 电阻支路的电流。另外，1 Ω 电阻支路的电流 $I_4 = I_1 - I_2$；电阻支路的电流 $I_5 = I_1 - I_3$；6 Ω 电阻支路的电流 $I_6 = I_3 - I_2$。由此可见，只要得到了网孔电流，就可求出各支路的电流，所以，网孔电流是完备的。

由于只有网孔电流分别流经自己网孔的外沿，自动满足 KCL，因此，网孔电流是独立的。由此可知，网孔电流是一组完备的独立电流变量，所以，只要求出网孔电流，就可以求出电路中所有支路的电流，进而求取各电压和功率。

2.2.2　网孔电流法

为了方便讲述网孔电流法，图 2-6 改为图 2-7。

若将网孔标为网孔Ⅰ、Ⅱ、Ⅲ，选网孔电流为
I_1、I_2、I_3，则根据 KVL 可列方程：

网孔Ⅰ：

$$3I_1 - U_{S1} + 2(I_1 - I_3) + (I_1 - I_2) = 0$$

网孔Ⅱ：

$$4I_3 + 2(I_3 - I_1) + 6(I_3 - I_2) + U_{S3} = 0$$

网孔Ⅲ：

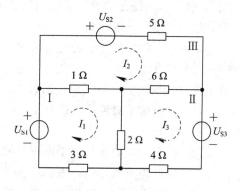

图 2-7　网孔电流法分析用图

$$5I_2 + 6(I_2 - I_3) + (I_2 - I_1) + U_{S2} = 0$$

整理得

$$\begin{cases} (3+1+2)I_1 - I_2 - 2I_3 = U_{S1} \\ -2I_1 - 6I_2 + (4+2+6)I_3 = -U_{S3} \\ -I_1 + (1+5+6)I_2 - 6I_3 = -U_{S2} \end{cases} \quad (2-13)$$

若知各电压源电压，就可解出网孔电流，进而计算出各支路电流。这样，6 个未知的电流都能求出，但只需解 3 个联立方程。

进一步把式(2-13)概括为如下形式：

$$\begin{cases} R_{11}I_1 + R_{12}I_2 - R_{13}I_3 = U_{S11} \\ R_{21}I_1 - R_{22}I_2 + R_{23}I_3 = U_{S22} \\ R_{31}I_1 - R_{32}I_2 - R_{33}I_3 = U_{S33} \end{cases} \quad (2-14)$$

式中，R_{11}、R_{22}、R_{33} 分别称为网孔Ⅰ、网孔Ⅱ和网孔Ⅲ的自电阻(self-resistance)，它们分别是各自网孔内所有电阻之和，其中，$R_{11} = (3+1+2)\Omega$，$R_{22} = (1+5+6)\Omega$，$R_{33} = (4+2+6)\Omega$。式(2-14)中，R_{12} 称为网孔Ⅰ与网孔Ⅱ之间的互电阻(mutual resistance)，它是网孔Ⅰ与网孔Ⅱ之间的共有电阻的负值，$R_{12} = -1\ \Omega$ 为负值，是因为网孔电流 I_1 和 I_2 通过共有电阻 1 Ω 时方向不同。类似地，$R_{21} = -1\ \Omega$，$R_{23} = -6\ \Omega$，$R_{31} = -2\ \Omega$，$R_{32} = -6\ \Omega$ 均为互电阻。自电阻均为正值，而互电阻可为正、负值。互电阻的正、负值要视有关的网孔电流流过共有电阻时其相互方向的关系而定，同向为正，异向为负。

式(2-14)中，U_{S11}、U_{S22}、U_{S33} 分别为网孔Ⅰ、网孔Ⅱ和网孔中各电压源电压升的代数和，如网孔Ⅰ中 $U_{S11} = U_{S1}$。

若电路存在 n 个网孔，则网孔方程的通式为

$$\begin{cases} R_{11}I_1 + R_{12}I_2 - R_{13}I_3 + \cdots + R_{1n}I_n = U_{S11} \\ R_{21}I_1 - R_{22}I_2 + R_{23}I_3 + \cdots + R_{2n}I_n = U_{S22} \\ R_{31}I_1 - R_{32}I_2 - R_{33}I_3 + \cdots + R_{3n}I_n = U_{S33} \\ \quad\quad\quad\quad\quad\quad\quad\vdots \\ R_{n1}I_1 - R_{n2}I_2 - R_{n3}I_3 + \cdots + R_{nn}I_n = U_{Snn} \end{cases} \quad (2-15)$$

式(2-15)是通常情况下利用网孔电流法所列的网孔方程组，为了更好地理解网孔方程，对以下几点予以强调：

(1) 自电阻是网孔本身的电阻之和，总为正。

(2) 互电阻是网孔之间共有支路上的电阻之和，可正可负。当与其相连的两网孔的网孔电流以相同的方向流过该电阻时，互电阻为正，否则为负。

(3) 互电阻是对称的，即 $R_{xy} = R_{yx}$，如 $R_{12} = R_{21}$。

(4) U_{S11}，U_{S22}，U_{S33}，$\cdots$，U_{Snn} 为网孔中沿网孔电流流向的电压源电压升的代数和。

(5) 网孔方程的数目等于电路的网孔数。

(6) 网孔电流自动满足 KCL，网孔电流法的实质是列写 KVL 方程。

(7) 网孔电流法只适用于平面电路。

【例 2.2】 图 2-8 所示的电路中，$R_1 = 5\ \Omega$，$R_2 = 20\ \Omega$，$R_3 = 10\ \Omega$，$U_{S1} = 20\ \text{V}$，$U_{S2} = 10\ \text{V}$，求各支路电流。

解 设网孔电流为 I_1 和 I_2，其绕向如图 2-8 所示。由图 2-8 可见，两网孔的自电阻分别为

$$R_{11} = (5 + 20)\Omega = 25\ \Omega$$

$$R_{22} = (10 + 20)\Omega = 30\ \Omega$$

互电阻为

$$R_{12} = R_{21} = -20$$

列网孔方程为

$$\begin{cases} 25I_1 - 20I_2 = 20 \\ 30I_2 - 20I_1 = -10 \end{cases}$$

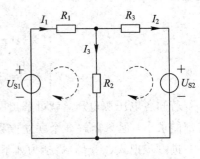

图 2-8 例 2.2 图

解得两网孔电流为

$$I_1 = \frac{8}{7}\text{A}, \quad I_2 = \frac{3}{7}\text{A}$$

由图 2-8 可见：

$$I_3 = I_1 - I_2$$

所以可得

$$I_3 = \left(\frac{8}{7} - \frac{3}{7}\right)\text{A} = \frac{5}{7}\text{A}$$

2.2.3 网孔电流法的应用

简单的网孔电流法仅应用于包含电压源的电路，虽然网孔方程是一组以电流为解变量的方程，但其列写的方程是由 KVL 列写的电压方程结合欧姆定律获得的。然而，在电路中不可能仅存在电压源，当存在电流源或受控源时应如何处理呢？

1. 含电流源支路的处理方法

当电路中存在电流源支路时，需要特殊处理。常用的方法有以下 3 种：

方法 1 对电路进行变形，将电流源置于网孔外边沿(使无伴电流源电流仅属于某一个网孔电流)，则电流源的电流即为某一个网孔电流，可少列一个 KVL 方程。

方法 2 当公共支路含有电流源时，可以先把电流源看作电压源。假设电流源两端的

电压为未知量，列写到网孔 KVL 方程式(2-15)的右边，这样网孔方程中增加了一个未知量，可通过增列电流源的电流与网孔电流的约束方程来解决。

方法 3　用含有公共电流源的相邻网孔来构造一个超网孔(super mesh)，使电流源位于超网孔的内部，再对不含电流源的网孔(包括超网孔)列写网孔 KVL 方程。这种方法没有把电流源的电压引入 KVL 方程，相应地减少了电路方程数，是一种较简便的方法。

【**例 2.3**】　试用网孔电流法求解图 2-9 所示电路中的电流 I_X。

解法一　把电流源看作电压源来处理。

(1) 设网孔电流的参考方向及电流源电压的参考极性如图 2-9 所示。

(2) 把电流源看作电压为 u 的电压源列入网孔 KVL 方程。

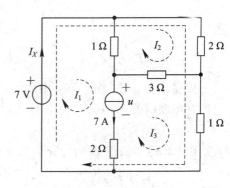

图 2-9　例 2.3 图

网孔 1：　$3I_1 - I_2 - 2I_3 = 7 - u$

网孔 2：　$-I_1 + 6I_2 - 3I_3 = 0$

网孔 3：　$-2I_1 - 3I_2 + 6I_3 = u$

增列电流源支路与解变量网孔电流的约束方程为

$$I_1 - I_3 = 7$$

(3) 联立上述 4 个方程求解得

$$I_1 = 9\ \text{A}, \quad I_2 = 2.5\ \text{A}, \quad I_3 = 2\ \text{A}$$

(4) 求解其他变量，得

$$I_X = I_1 = 9\ \text{A}$$

注意：电流源两端有电压，设为 u。网孔电流方程实质上是 KVL 方程，在列方程时应把电流源电压考虑在内。由于 u 也是未知量，因此需增列一个补充方程，即上式中的第 4 个方程。

解法二　构造超网孔。

(1) 设网孔电流的参考方向如图 2-9 所示。

(2) 由于 7 A 电流源位于网孔 1 和网孔 3 的公共边界上，因此可以构造一个不含电流源的超网孔，如图 2-9 中虚折线所示。对于不含电流源支路的网孔(包括超网孔)列写KVL 方程。

网孔 2：　　　　　　　　　　$-I_1 + 6I_2 - 3I_3 = 0$

超网孔：　　　　　　　　　　$2I_2 + I_3 = 7$

再增列电流源支路与解变量网孔电流的约束方程，得

$$I_1 - I_3 = 7$$

(3) 联立上述 3 个方程求解得

$$I_1 = 9\ \text{A}, \quad I_2 = 2.5\ \text{A}, \quad I_3 = 2\ \text{A}$$

(4) 求解其他变量，得

$$I_X = I_1 = 9\ \text{A}$$

【**例 2.4**】　如图 2-10 所示的电路中，$R_1 = 20\ \Omega$，$R_2 = 30\ \Omega$，$R_3 = 10\ \Omega$，$U_S = 40\ \text{V}$，$I_S = 2\ \text{A}$，求电流 I。

解 设网孔电流为 I_1 和 I_2，其绕向如图 2-10 所示。由图可见，2 A 电流源在网孔的边沿支路上，因此，可知网孔电流 $I_2 = 2$ A，网孔方程为

$$\begin{cases} 50I_1 + 30I_2 = 40 \\ I_2 = 2 \end{cases}$$

解得

$$I_1 = -\frac{2}{5} \text{A}$$

所以可得

$$I = I_1 + I_2 = \left(-\frac{2}{5} + 2\right) \text{A} = \frac{8}{5} \text{A}$$

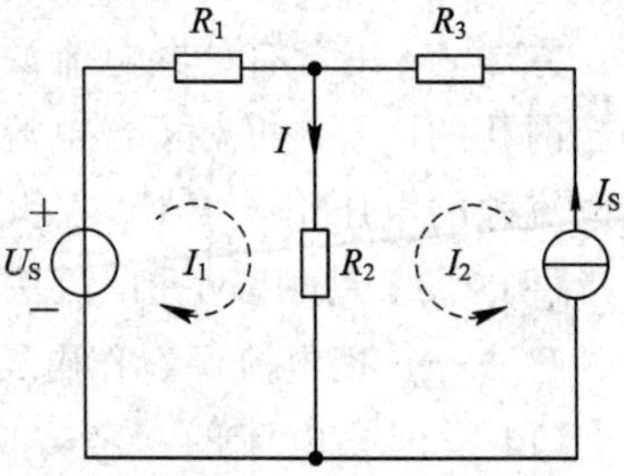

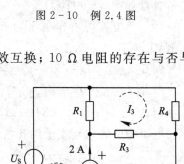

图 2-10 例 2.4 图

需要注意的是，图 2-10 中的电流源与 $R_3 = 10$ Ω 电阻是串联的关系，所以，不能使用电流源与电压源的等效互换；10 Ω 电阻的存在与否与网孔电流 I_2 无关。

【例 2.5】 如图 2-11 所示的电路中，$R_1 = 1$ Ω，$R_2 = 2$ Ω，$R_3 = 3$ Ω，$R_4 = 2$ Ω，$R_5 = 1$ Ω，$U_S = 6$ V，列网孔方程。

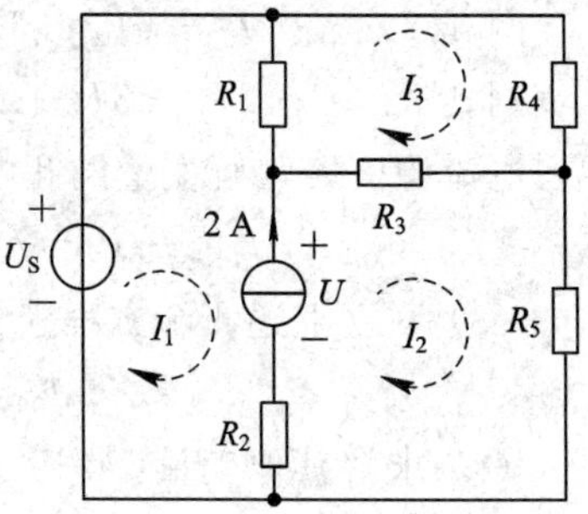

解 设网孔电流为 I_1、I_2 和 I_3，其绕向如图 2-11 所示。由图 2-11 可见，2 A 电流源不在网孔的边沿支路，因此，必须考虑 2 A 电流源两端的电压。设 2 A 电流源两端的电压为 U，可得网孔方程为

$$\begin{cases} 3I_1 - 2I_2 - I_3 = 6 - U \\ 6I_2 - 2I_1 - 3I_3 = U \\ 6I_3 - I_1 - 3I_2 = 0 \\ I_2 - I_1 = 2 \end{cases}$$

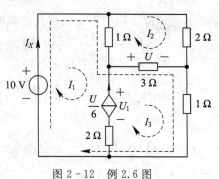

图 2-11 例 2.5 图

前 3 个式子是由 KVL 列写的网孔方程，但由于设了电压 U，所以，在这 3 个方程中有 4 个未知量，因此，增加了一个关于网孔电流与电流源大小之间的关系方程(与例 2.4 相同)。需要强调的是，电流源与 2 Ω 电阻是串联的关系，不能使用电流源与电压源的等效互换。

2. 含受控源支路的处理方法

当电路中存在受控源时，仍可使用网孔电流法，只需将受控源当作独立源看待。需要注意的是，在列网孔方程时，若受控源的控制量不是网孔电流，需要补充一个把控制量用网孔电流表示的辅助方程。

【例 2.6】 用网孔电流法求图 2-12 所示电路中受控电流源发出的功率。

解 (1) 设网孔电流的参考方向如图 2-12 所示。

(2) 把受控电流源看作独立电源，由于受控电流源位于网孔 1 和网孔 3 的公共边界上，因此可以合并成一个包含网孔 1 和网孔 3 的超网孔，如图 2-12 中虚折线所示。对不含电流源的网孔

图 2-12 例 2.6 图

(包括超网孔)列写网孔 KVL 方程：

网孔 2：
$$-I_1 + 6I_2 - 3I_3 = 0$$

超网孔：
$$I_1 - I_2 + 3(I_3 - I_2) + I_3 = 10$$

(3) 增列电流源支路与网孔电流的约束方程为
$$\frac{U}{6} = I_3 - I_1$$

(4) 增列控制量用网孔电流表示的补充方程为
$$U = 3(I_3 - I_2)$$

(5) 联立上述 4 个方程求解得
$$I_1 = 3.6 \text{ A}, \quad I_2 = 2.8 \text{ A}, \quad I_3 = 4.4 \text{ A}, \quad U = 4.8 \text{ V}$$

(6) 由网孔 1 列写的 KVL 方程 $3I_1 - I_2 - 2I_3 = 10 - U_1$ 可得
$$U_1 = 10.8 \text{ V}$$

(7) 求得受控源发出的功率为
$$P = U_1 \times \frac{U}{6} = 8.64 \text{ W}$$

注意：例 2.6 也可以将 3 个网孔合并成一个超网孔，即由最外围回路列写 KVL 方程。构造超网孔时，没有特别的限定，只要保证超网孔 KVL 方程是独立的且不含电流源即可。

【**例 2.7**】　如图 2-13 所示的电路中，$R_1 = 10 \ \Omega$，$R_2 = 2 \ \Omega$，$R_3 = 4 \ \Omega$，$U_{S1} = 6 \text{ V}$，$U_{S2} = 4 \text{ V}$，求 I_X。

解　设网孔电流为 I_1 和 I_X 绕向如图 2-13 所示，可得网孔方程为
$$\begin{cases} 12I_1 - 2I_X = 6 - 8I_X \\ 6I_X - 2I_1 = 8I_X - 4 \end{cases}$$

解得
$$I_X = 3 \text{ A}$$

注意：本例中的控制量被设为网孔电流，因此，不需要列写辅助方程。

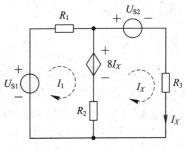

图 2-13　例 2.7 图

【**例 2.8**】　如图 2-14 所示的电路中，$R_1 = 10 \ \Omega$，$R_2 = 2 \ \Omega$，$R_3 = 4 \ \Omega$，$U_{S1} = 6 \text{ V}$，$U_{S2} = 4 \text{ V}$，求 U_{ab}。

解　设网孔电流为 I_1 和 I_2，其绕向如图 2-14 所示，可得网孔电压方程为
$$\begin{cases} 12I_1 - 2I_2 = 6 - 2U_0 \\ 6I_2 - 2I_1 = 2U_0 - 4 \end{cases}$$

由于两个网孔所列的方程不能解 3 个未知量，所以，必须再列写一个辅助方程。

由图 2-14 可见：
$$U_0 = 4I_2$$

将辅助方程 $U_0 = 4I_2$ 代入网孔方程可得
$$I_1 = -1 \text{ A}, \quad I_2 = 3 \text{ A}$$

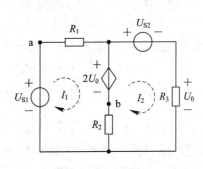

图 2-14　例 2.8 图

$$U_0 = 4I_2 = 4 \times 3 \text{ V} = 12 \text{ V}$$

所以

$$U_{ab} = 10I_1 + 2U_0 = [10 \times (-1) + 2 \times 12] \text{ V} = 14 \text{ V}$$

注意：本例中的控制量为电压，不可能被设为网孔电流，因此，必须列写辅助方程。

网孔电流法是利用 KVL 和欧姆定律列写方程，先求解网孔电流，进而求解电路中的任意变量的方法。这种方法建立在支路电流法的基础上，减少了方程的数目，与支路电流法相比使用起来更方便，但网孔电流法只适用于平面电路，有一定的局限性。

2.3 结点电位法

结点电位法（又称结点分析法）也是建立在支路电流法的基础上的一种较简单的分析方法。结点电位法（node analysis method）是将结点电位（node voltage）作为电路的独立变量，采用支路电压法减少 KVL 方程而得出的一种方法。

在电路中任选一个结点为参考点（reference node），其余的每一个结点到参考点的电压降称为这个结点的结点电压。显然，对于具有 n 个结点的电路，就有 $n-1$ 个结点电压。

结点电位法的基本思想是：选结点电位为未知量，可以减少方程个数。结点电位自动满足 KVL，仅列写 KCL 方程就可以求解电路，各支路电压可视为结点电压的线性组合。求出结点电位后，便可方便地得到各支路电压、电流。同时，类似于网孔电流，结点电压也具有独立性和完备性。

2.3.1 结点电位

结点电位是电路中结点到参考点之间的电压，参考点是人为任意选定的电位为零的点，用符号"⊥"表示。如图 2-15 所示的电路中有 4 个结点，若选结点 4 为参考点，则结点 1、2、3 的结点电位分别为 U_1、U_2、U_3。

电路中任何两点之间的电压和任何支路上的电流都可用结点电位求出。例如，在已知各电位的情况下，电阻 R_4 上的电压 U、电流 I_4 分别为

$$U = U_1 - U_3$$

$$I_4 = \frac{U}{R_4} = \frac{U_1 - U_3}{R_4}$$

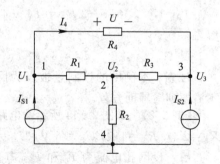

图 2-15 结点电位示意图

由图 2-15 可见，由于各结点之间不能用 KVL 来联系，所以它们也是相互独立的。若已知电路中的结点电位，就可求出电路中的任一支路的电流、电压以及功率，因此，结点电位也是一组独立、完备的解变量。只要求出电路中的结点电位，就能进一步地求出电路要求的其他变量。

2.3.2 结点电位法

如图 2-16 所示的电路中，若设各支路的未知电流为 I_1、I_2、I_3、I_4，其方向如图所

示，各结点电位为 U_1、U_2、U_3。

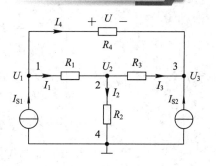

图 2-16　结点电位法示意图

在各结点，根据 KCL 可得各结点的方程为

$$\begin{cases} I_{S1} - I_1 - I_4 = 0 \\ I_1 - I_2 - I_3 = 0 \\ I_3 + I_4 + I_{S2} = 0 \end{cases}$$

利用各结点电位表示各支路电流，可得

$$I_1 = \frac{U_1 - U_2}{R_1}, \quad I_2 = \frac{U_2}{R_2}, \quad I_3 = \frac{U_2 - U_3}{R_3}, \quad I_4 = \frac{U_1 - U_3}{R_4}$$

代入 KCL 方程可得

$$\begin{cases} I_{S1} - \dfrac{U_1 - U_2}{R_1} - \dfrac{U_1 - U_3}{R_4} = 0 \\[2mm] \dfrac{U_1 - U_2}{R_1} - \dfrac{U_2}{R_2} - \dfrac{U_2 - U_3}{R_3} = 0 \\[2mm] \dfrac{U_2 - U_3}{R_3} + \dfrac{U_1 - U_3}{R_4} + I_{S2} = 0 \end{cases} \tag{2-16}$$

整理式(2-16)可得

$$\begin{cases} \left(\dfrac{1}{R_1} + \dfrac{1}{R_4}\right)U_1 - \dfrac{1}{R_1}U_2 - \dfrac{1}{R_4}U_3 = I_{S1} \\[2mm] -\dfrac{1}{R_1}U_1 + \left(\dfrac{1}{R_1} + \dfrac{1}{R_2} + \dfrac{1}{R_3}\right)U_2 - \dfrac{1}{R_3}U_3 = 0 \\[2mm] -\dfrac{1}{R_4}U_1 - \dfrac{1}{R_3}U_2 + \left(\dfrac{1}{R_3} + \dfrac{1}{R_4}\right)U_3 = I_{S2} \end{cases} \tag{2-17}$$

若知各电流源电流，就可解出结点电位，从而可求出各支路电流，进一步把式(2-17)概括为如下形式：

$$\begin{cases} G_{11}U_1 + G_{12}U_2 + G_{13}U_3 = I_{S11} \\ G_{21}U_1 + G_{22}U_2 + G_{23}U_3 = I_{S22} \\ G_{31}U_1 + G_{32}U_2 + G_{33}U_3 = I_{S33} \end{cases} \tag{2-18}$$

式中：G_{11}、G_{22}、G_{33} 分别称为结点 1、结点 2、结点 3 的自电导(self-conductance)，它们分别是各结点所连接的所有支路的电导之和，其中 $G_{11} = \dfrac{1}{R_1} + \dfrac{1}{R_4}$，$G_{22} = \dfrac{1}{R_1} + \dfrac{1}{R_2} + \dfrac{1}{R_3}$，$G_{33} = \dfrac{1}{R_3} + \dfrac{1}{R_4}$。

G_{12} 称为结点 1 与结点 2 之间的互电导(mutual conductance)，它是结点 1 与结点 2 之间共有支路电导之和的负值，即 $G_{12} = -\dfrac{1}{R_1}$。类似地，$G_{23} = -\dfrac{1}{R_3}$，$G_{31} = -\dfrac{1}{R_4}$，$G_{32} = -\dfrac{1}{R_3}$ 均为互电导。

I_{11}、I_{22}、I_{33} 为流入结点的电流源电流的代数和。其中 $I_{S11} = I_{S1}$，$I_{S22} = 0$，$I_{S33} = I_{S2}$。

若电路存在 $n+1$ 个结点，则结点方程的通式为

$$\begin{cases} G_{11}U_1 + G_{12}U_2 + G_{13}U_3 + \cdots + G_{1n}U_n = I_{S11} \\ G_{21}U_1 + G_{22}U_2 + G_{23}U_3 + \cdots + G_{2n}U_n = I_{S22} \\ G_{31}U_1 + G_{32}U_2 + G_{33}U_3 + \cdots + G_{3n}U_n = I_{S33} \\ \qquad\qquad\qquad\qquad\qquad\vdots \\ G_{n1}U_1 + G_{n2}U_2 + G_{n3}U_3 + \cdots + G_{nn}U_n = I_{Snn} \end{cases} \qquad (2-19)$$

式(2-19)是通常情况下利用结点电位法所列的结点方程组。为了更好地理解结点方程，对以下几点予以强调：

(1) 自电导是结点所连接的所有支路的电导之和，总为正。

(2) 互电导是结点之间共有支路电导之和的负值。这一点是与网孔电流法不同的，网孔电流的方向可任选，而结点电位的方向必须由结点指向参考点，不能随意改变。

(3) 互电导是对称的，即 $G_{xy}=G_{yx}$，如 $G_{12}=G_{21}$。

(4) I_{11}，I_{22}，I_{33}，$\cdots$，I_{Snn} 为流入结点的电流源电流的代数和。

(5) 结点方程的数目等于电路中的结点数减 1。

(6) 结点电位自动满足 KVL。

(7) 结点分析法的实质是列 KCL 方程。

【例 2.9】 如图 2-17 所示的电路中，$R_1=2\ \Omega$，$R_2=2\ \Omega$，$R_3=2\ \Omega$，$R_4=1\ \Omega$，$R_5=2\ \Omega$，$I_S=10\ A$，求各支路电流。

解 设各结点电位及参考点如图 2-17 所示，可得结点方程为

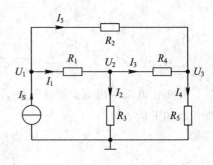

图 2-17 例 2.9 图

$$\begin{cases} \left(\dfrac{1}{2}+\dfrac{1}{2}\right)U_1 - \dfrac{1}{2}U_2 - \dfrac{1}{2}U_3 = 10 \\ -\dfrac{1}{2}U_1 + \left(\dfrac{1}{1}+\dfrac{1}{2}+\dfrac{1}{2}\right)U_2 - \dfrac{1}{1}U_3 = 0 \\ -\dfrac{1}{2}U_1 - \dfrac{1}{1}U_2 + \left(\dfrac{1}{1}+\dfrac{1}{2}+\dfrac{1}{2}\right)U_3 = 0 \end{cases}$$

整理得

$$\begin{cases} 2U_1 - U_2 - U_3 = 20 \\ -U_1 + 4U_2 - 2U_3 = 0 \\ -U_1 - 2U_2 + 4U_3 = 0 \end{cases}$$

解得

$$U_1 = 20\ V, \quad U_2 = 10\ V, \quad U_3 = 10\ V$$

所以

$$I_1 = \frac{U_1 - U_2}{2} = 5\ A, \quad I_2 = \frac{U_2}{2} = 5\ A$$

$$I_3 = \frac{U_2 - U_3}{1} = 0, \quad I_4 = \frac{U_3}{2} = 5\ A, \quad I_5 = \frac{U_1 - U_3}{2} = 5\ A$$

2.3.3　结点电位法的应用

简章的结点电位法往往仅应用于包含电流源的电路，虽然结点电位方程是一组以电压为解变量的方程，但其方程是由 KCL 和 VCR 获得的。然而，在电路中不可能仅存在电流源，当存在有电压源或受控源时应如何处理呢？

1. 含电压源支路的处理方法

当电路中存在电压源支路时，需要特殊处理。常用的方法有以下 3 种：

方法 1　尽量取电压源支路的一端为参考结点，这时电压源的另一端的结点电压为已知量，故不必再对该结点列写结点 KCL 方程。

方法 2　若电压源两端均不能成为参考结点，则在列写结点 KCL 方程时必须考虑流过电压源的电流，需要先假设电压源的电流为未知量，把电压源看作电流为 i 的电流源列写到结点 KCL 方程等式的右边。由于 i 是未知量，因此必须再增列电压源的电压与求解变量结点电压的约束方程。这种方法使求解变量的个数和电路方程增加，比较麻烦。

方法 3　用含有公共电压源的相邻结点来构造一个超结点(super node)，使电压源位于超结点的内部，再对不含电压源支路的结点(包括超结点)列写 KCL 方程。这种方法没有把电压源的电流引入 KCL 方程，相应地减少了电路方程数，是一种较简便的方法。

【**例 2.10**】　如图 2 - 18(a)所示的电路中，$R_1 = 5\ \Omega$，$R_2 = 20\ \Omega$，$R_3 = 10\ \Omega$，$U_{S1} = 20\ \text{V}$，$U_{S2} = 10\ \text{V}$，求各支路电流。

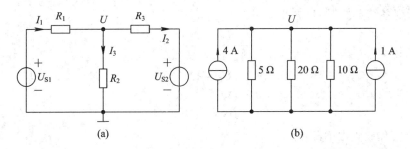

图 2 - 18　例 2.10 图

解　参考点选取如图 2 - 18(a)所示，用电源等效可得图 2 - 18(b)，列结点方程为

$$\left(\frac{1}{5} + \frac{1}{20} + \frac{1}{10}\right) U = 4 + 1$$

解得

$$U = \frac{100}{7}\text{V}$$

所以

$$I_1 = \frac{20 - U}{5} = \frac{20 - \frac{100}{7}}{5}\text{A} = \frac{8}{7}\text{A}$$

$$I_2 = \frac{U - 10}{10} = \frac{\frac{100}{7} - 10}{5}\text{A} = \frac{6}{7}\text{A}$$

$$I_3 = \frac{U}{20} = \frac{\frac{100}{7}}{20}\mathrm{A} = \frac{5}{7}\mathrm{A}$$

【例 2.11】 试用结点电压法分析图 2 - 19 所示的电路。

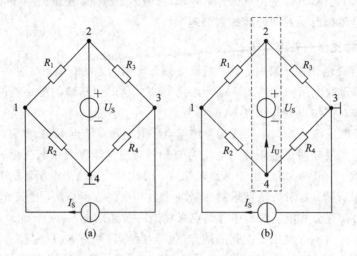

图 2 - 19 例 2.11 图

解法一 取电压源支路的一端为参考结点的方法。

取电压源一端结点 4 为参考结点,如图 2 - 19(a)所示,则电压源另一端 2 的结点电压为已知。所列各结点的 KCL 方程如下:

结点 1:
$$\frac{U_1 - U_2}{R_1} + \frac{U_1}{R_2} = I_\mathrm{S}$$

结点 2:
$$U_2 = U_\mathrm{S}$$

结点 3:
$$\frac{U_3 - U_2}{R_3} + \frac{U_3}{R_4} = -I_\mathrm{S}$$

将上述 3 个方程联立求解即可。

解法二 先将电压源当作电流源的方法。

设结点 3 为参考结点,并设流过电压源的电流为 I_U,如图 2 - 19(b)所示,可列出各结点的 KCL 方程如下:

结点 1:
$$\frac{U_1 - U_2}{R_1} + \frac{U_1 - U_4}{R_2} = I_\mathrm{S}$$

结点 2:
$$\frac{U_2 - U_1}{R_1} + \frac{U_2}{R_3} = I_U$$

结点 4:
$$\frac{U_4 - U_1}{R_2} + \frac{U_4}{R_4} = -I_U$$

再相应增加一个电压源支路的约束方程:
$$U_2 - U_4 = U_\mathrm{S}$$

将上述 4 个方程联立求解即可。

解法三 构造"超结点"的方法。

设结点 3 为参考结点,用含有电压源的结点 2 和结点 4 来构造一个"超结点",如图

2-19(b)中的虚线框所示,对于不含电压源支路的结点(包括超结点)列写 KCL 方程。

结点 1:
$$\frac{U_1 - U_2}{R_1} + \frac{U_1 - U_4}{R_2} = I_S$$

超结点:
$$\frac{U_2 - U_1}{R_1} + \frac{U_4 - U_1}{R_2} + \frac{U_2}{R_3} + \frac{U_4}{R_4} = 0$$

再相应增加一个电压源支路的约束方程:
$$U_2 \quad U_4 = U_S$$

将上述 3 个方程联立求解即可。

2. 含受控源支路的处理方法

当电路中存在受控源时,列结点方程时将受控源当独立源一样看待。如果受控源的控制量不是结点电位时,需要补充一个把控制量用结点电位表示的辅助方程。

【例 2.12】 电路如图 2-20 所示,试列出结点电压方程。

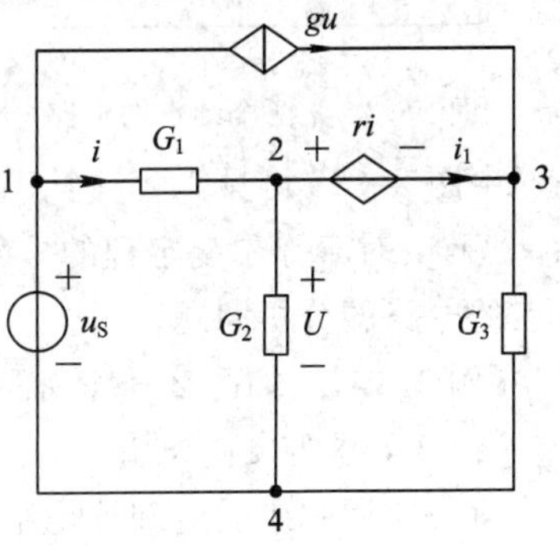

解 (1) 把受控源看作独立源,设流过 CCVS 的电流为 i_1,对结点 1、2、3 列写结点电压方程为
$$U_1 = U_S$$
$$-G_1 U_1 + (G_1 + G_2) U_2 = -i_1$$
$$G_3 U_3 = i_1 + gu$$

(2) 增列受控电压源的电压与结点电压的约束方程为
$$ri = U_2 - U_3$$

(3) 增列控制量与结点电压的约束方程为
$$i = G_1(U_1 - U_2)$$
$$U = U_2$$

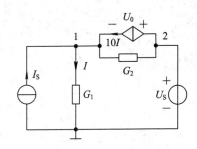

图 2-20　例 2.12 图

【例 2.13】 如图 2-21 所示的电路中,$G_1 = 2$ S,$G_2 = 4$ S,$U_S = 5$ V,$I_S = 8$ A,求 U_0。

解 由图 2-21 可列结点方程为
$$\begin{cases} (2+4)U_1 - 4U_2 = 8 + 10I \\ U_2 = 5 \\ I = 2U_1 \end{cases}$$

解得
$$U_1 = -2 \text{ A}$$

所以
$$U_0 = U_2 - U_1 = [5 - (-2)] \text{V} = 7 \text{ V}$$

图 2-21　例 2.13 图

2.3.4　弥尔曼定理

当电路有多条支路但只有两个结点时,只能列出 1 个结点方程。如图 2-22 所示的电路,其参考点和结点电位如图所示,可列结点方程为
$$\left(\frac{1}{R_1} + \frac{1}{R_2} + \frac{1}{R_3} + \cdots + \frac{1}{R_n}\right)U = \frac{U_{S1}}{R_1} - \frac{U_{S3}}{R_3} - \cdots - \frac{U_{Sn}}{R_n}$$

整理得

$$U = \frac{\dfrac{U_{S1}}{R_1} - \dfrac{U_{S3}}{R_3} - \cdots - \dfrac{U_{Sn}}{R_n}}{\dfrac{1}{R_1} + \dfrac{1}{R_2} + \dfrac{1}{R_3} + \cdots + \dfrac{1}{R_n}} = \frac{\sum\limits_{i=1}^{n} U_{Si} G_i}{\sum\limits_{i=1}^{n} G_i} \qquad (2-20)$$

式(2-20)称为弥尔曼定理。对于弥尔曼定理的推导，应着重理解等式的后半部分，即，电压源等效互换为电流源的问题。图 2-22 可以等效为图 2-23。

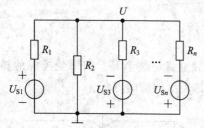

图 2-22 两个结点的电路

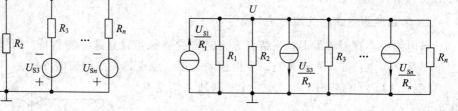

图 2-23 图 2-22 的等效图

由图 2-23 可见，每一个等效的电流源恰好等于原来每条支路的电压源电压与电阻相除，这样，对于弥尔曼定理的推导就不难理解了。应用弥尔曼定理，可以更方便地解决两个结点的电路的分析问题。

【例 2.14】 如图 2-24 所示的电路中，$R_1 = 5\ \Omega$，$R_2 = 20\ \Omega$，$R_3 = 10\ \Omega$，$U_{S1} = 20\ \text{V}$，$U_{S2} = 10\ \text{V}$，求各支路电流。

解 应用弥尔曼定理可得结点方程为

$$U = \frac{\dfrac{20}{5} + \dfrac{10}{10}}{\dfrac{1}{5} + \dfrac{1}{10} + \dfrac{1}{20}}\text{V} = \frac{100}{7}\text{V}$$

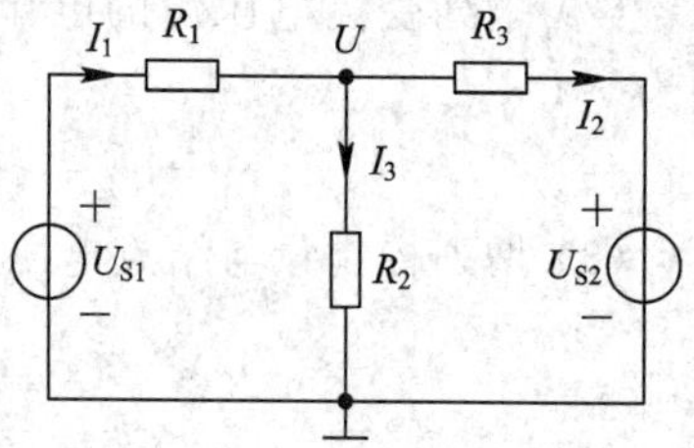

图 2-24 例 2.14 图

所以

$$I_1 = \frac{20 - U}{5} = \frac{20 - \dfrac{100}{7}}{5}\text{A} = \frac{8}{7}\text{A}$$

$$I_2 = \frac{U - 10}{10} = \frac{\dfrac{100}{7} - 10}{5}\text{A} = \frac{6}{7}\text{A}$$

$$I_3 = \frac{U}{20} = \frac{\dfrac{100}{7}}{20}\text{A} = \frac{5}{7}\text{A}$$

此例题即为例 2.10，可以看出，应用弥尔曼定理使分析变得更方便。

2.3.5 电路的简化画法

在电子技术中，为电路选择参考点位后常采用简化电路，例如图 2-24 所示电路可被简化为图 2-25 所示电路。将简化前后的电路作比较可以看出，简化图只是省略了与参考点连接的电压源，如果被省略的电压源的负极与参考点相连，则在简化图的端子处标正号；反之，标负号，其具体表示如图 2-26(a)、(b)所示。

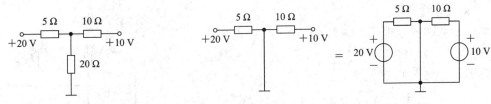

图 2 - 25　图 2 - 24 的简化图　　　　　　图 2 - 26　电路图的简化与复原

在简化图中，特别要注意的是不要盲目地将所有端子都与参考点相连。例如在图 2 - 27(a)所示的电路中，共有 3 个端子，在将其复原为图 2 - 27(b)时，+30 V 端子表示在参考点与端子之间连接着一个 30 V 的电压源，其负端与参考点相连，而 a、b 端子仅仅表示了电路中的两个电位，其端子的出现是为了更清楚地标明电位的所在，因此，不能将其与参考点相连。所以，在简化电路中，标有电压的端子是省略了电压源，没有标电压的端子仅仅表示一个被强调的电位。

图 2 - 27　电路图的简化与复原

【例 2.15】　如图 2 - 28 所示的电路中，$R_1 = 20\ \Omega$，$R_2 = 40\ \Omega$，$R_3 = 10\ \Omega$，$R_4 = 20\ \Omega$，$R_5 = 20\ \Omega$，求电流 I。

　　解　设结点电位如图 2 - 28，列结点方程为

$$\begin{cases}\left(\dfrac{1}{20}+\dfrac{1}{40}+\dfrac{1}{10}\right)U_1-\dfrac{1}{10}U_2=\dfrac{120}{20}\\[2mm]\left(\dfrac{1}{10}+\dfrac{1}{40}+\dfrac{1}{20}\right)U_2-\dfrac{1}{10}U_1=-\dfrac{240}{40}\end{cases}$$

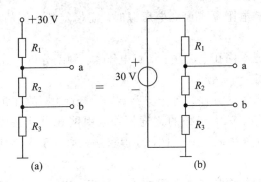

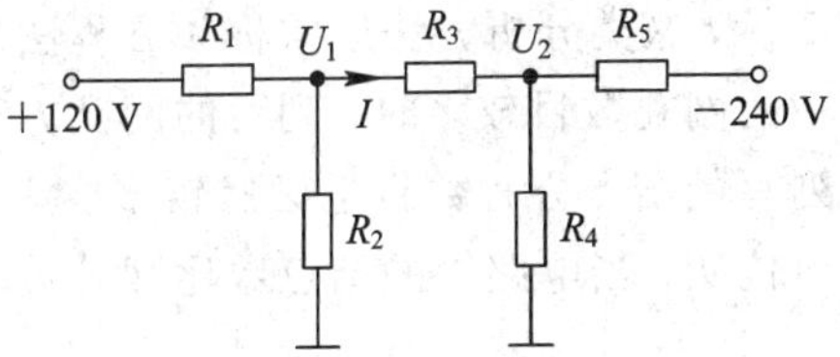

整理得

$$\begin{cases}7U_1-4U_2=240\\7U_2-4U_1=-240\end{cases}$$

图 2 - 28　例 2.15 图

解得

$$U_1=21.8\ \text{V}$$
$$U_2=-21.8\ \text{V}$$

所以

$$I=\frac{U_1-U_2}{10}=4.36\ \text{A}$$

【例 2.16】　如图 2 - 29 所示的电路中，$R_1 = 20\ \text{k}\Omega$，$R_2 = 50\ \text{k}\Omega$，$R_3 = 20\ \text{k}\Omega$，$R_4 = 10\ \text{k}\Omega$，

$R_5 = 50\ \text{k}\Omega$，求电流 I。

解 由弥尔曼定理可得结点电位为

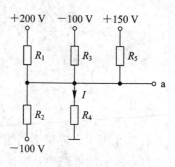

图 2-29 例 2.16 图

$$U_a = \dfrac{\dfrac{200}{20} + \dfrac{150}{50} - \dfrac{100}{20} - \dfrac{100}{50}}{\dfrac{1}{20} + \dfrac{1}{50} + \dfrac{1}{10} + \dfrac{1}{20} + \dfrac{1}{50}}\ \text{V} = 25\ \text{V}$$

所以

$$I = \frac{U_a}{10} = \frac{25}{10}\ \text{mA} = 2.5\ \text{mA}$$

结点电压法的步骤可以归纳如下：

(1) 指定参考结点，其余结点对参考结点之间的电压降即为结点电压；

(2) 列出结点电压方程，注意自电导总是正值，互电导总是负值，流进结点的电流源电流取正值，流出结点的电流源电流取负值；

(3) 当电路中有受控电压源或独立电压源时，需指定其电流的参考方向，然后参照电流源支路进行处理。

至此已学习了支路法、网孔电流法、结点电压法。网络分析中究竟用哪一种分析法，要根据网络的具体情况而定。

(1) 支路法需联立求解的方程数等于支路数，计算量大，故在实际中用得较少。

(2) 对具有 n 个结点、b 条支路的连通网络，用网孔电流法需联立求解的方程数为 $b-(n-1)$ 个，用结点电压法需列 $n-1$ 个方程求解，均少于支路数，并且方程较有规律，可从网络直接列出。

(3) 若网络中电源的类型大多为电流源，则列结点电压方程较为简单；若网络中电源的类型大多为电压源，则列网孔电流方程较为简单。最后指出，网孔电流法只适用于平面网络，而结点电压法无此限制。

(4) 网孔电流法和结点电位法都是利用列写方程组，通过解方程的方法来求解电路的变量，这类分析方法通常称为方程法。方程法必须列出足够的独立方程，然后求解。若电路中的网孔数目较多时，列写的网孔方程数目必然较多；同样，若电路中的结点数目较多时，列写的结点方程数目也必然较多。一般来说，当电路中的结点数比网孔数少时，选用结点电位法；当电路中的结点数比网孔数多时，选用网孔电流法。

2.3.6 结点电位法的注意事项

应用结点电位法时应注意如下事项：

(1) 选择参考点时，原则上选择任何一个结点均可以，但习惯上使参考点与尽可能多的结点相邻，这样，求出各结点电位后计算支路电流较方便；其次，若电路含有理想电压源支路，应选择理想电压源支路所连的两个结点之一作参考点，这样，另一点的电位等于理想电压源电压，使方程数减少。若两者发生矛盾，则应优先考虑后者。

(2) 与理想电流源串联的电阻对各结点电位不产生任何影响，这是因为理想电流源的等效内阻为无穷大的缘故。

(3) 与理想电压源并联的电阻两端电压恒定，对其他支路电流不产生任何影响，故也不影响各结点电位的大小。

（4）对含有受控源的电路，在列写结点方程时先将受控源与独立源同样对待，需要时再将控制量用结点电位表示。

（5）结点电位法和回路电流法都能减少方程数，简化计算过程，而且规律性较强，对一个电路选用结点电位法还是回路电流法，要视具体情况而定。一般来说，结点数小于网孔数时，选结点电位法；反之选回路电流法。但是，当电路中具有公共结点的理想电压源且支路较多时，选结点电位法；若电路中含电流源支路较多时，应选用回路电流法。

2.4 具有运算放大器的电阻电路

运算放大器是具有很高电压放大倍数的电路单元，在实际电路中通常结合反馈网络共同组成某种功能模块。运放是一个从功能的角度命名的电路单元，可以由分立的器件实现，也可以实现在半导体芯片中。随着半导体技术的发展，大部分的运放以单芯片的形式存在，其应用也远远超出了运算的范围。

2.4.1 理想运算放大器的电阻电路分析

作为电路元件的运放是实际运放的理想化的模型，利用其"虚短"和"虚断"的特征可方便地分析含有运放的电路。下面举例讨论几种常用的运放电路。

【例 2.17】 含理想运放的电路如图 2-30 所示，求输出电压 u_o 和输入电压 u_i 的关系式。

解 由"虚短"和"虚断"特性知 $u_- = 0$，$i_- = 0$，则有

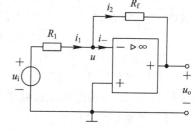

图 2-30 含理想运放的电路

$$i_1 = i_2 = \frac{u_i}{R_1}$$

故

$$u_o = -i_2 R_f = -\frac{R_f}{R_1} u_i \qquad (2-21)$$

可见，此电路输出电压 u_o 与输入电压 u_i 成一定比例且极性相反，其比例系数由外接电阻决定而与运放无关，适当调节 R_1 和 R_f 的阻值即可实现对输入信号的反相比例放大，故称之为反相比例放大器。

【例 2.18】 同相放大器电路如图 2-31(a)所示，求其闭环电压增益 $\frac{u_o}{u_i}$。

解 由"虚断"特性知 $i_- = 0$，因此电阻 R_1 和 R_f 串联，由分压公式可得

$$u_1 = \frac{R_1}{R_1 + R_f} u_o$$

再由"虚短"特性知，$u_1 = u_i$，因此闭环电压增益

$$\frac{u_o}{u_i} = \frac{R_1 + R_f}{R_1} = 1 + \frac{R_f}{R_1} \qquad (2-22)$$

若电阻 $R_f = 0$（短路），$R_1 = \infty$（开路），则 $u_o = u_i$，此时，称该电路为电压跟随器（voltage follower），如图 2-31(b) 所示。电压跟随器可用作缓冲器，将一个电路与另一个电路隔离开，以避免两个电路相互影响。

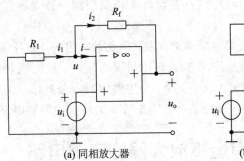 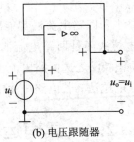

(a) 同相放大器　　　　(b) 电压跟随器

图 2-31　同相放大器和电压跟随器

【例 2.19】　反相加法器电路如图 2-32 所示，求输出电压 u_o 和输入电压 u_1、u_2、u_3 的关系式。

解　由"虚断"知，$i_- = 0$，则在运放的反相端列 KCL 方程，有

$$i = i_1 + i_2 + i_3 \qquad (2-23)$$

再由"虚短"知，有 $u_d = 0$，而

$$i_1 = \frac{u_1 - u_d}{R_1} = \frac{u_1}{R_1}, \ i_2 = \frac{u_2}{R_2}, \ i_3 = \frac{u_3}{R_3}, \ i = -\frac{u_o}{R_f}$$

将这些关系式代入式(2-23)并整理，得

$$u_o = -\left(\frac{R_f}{R_1}u_1 + \frac{R_f}{R_2}u_2 + \frac{R_f}{R_3}u_3\right) \quad (2-24)$$

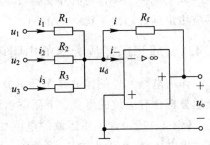

图 2-32　反相加法器

由式(2-24)可以看出，各相加项的比例因子仅与外接电阻有关，而与运算放大器本身的参数无关，适当选择电阻值就能得到所需的比例因子，因此这种加法器电路可以达到很高的精度和稳定性。

式中的负号说明输出电压与输入电压反相。若要实现减法运算，只需在组成电路时，各加量加在同相输入端，各减量加在反相输入端，此时改变电阻比值，就能实现任意加权值的加减运算功能。

【例 2.20】　负阻变换器电路如图 2-33 所示，求输入电阻。

解　由"虚断"知，$i_+ = i_- = 0$，则有 $i = i_1$，$u_2 = \frac{R_2}{R_1 + R_2}u_o$，得到

$$u_o = \frac{R_1 + R_2}{R_2}u_2$$

由"虚短"知，$u_i = u_2$，代入上式得

$$u_o = \frac{R_1 + R_2}{R_2}u_i \qquad (2-25)$$

而根据 KVL，有

$$u_i = R_f i_1 + u_o = R_f i + \frac{R_1 + R_2}{R_2}u_i$$

可得

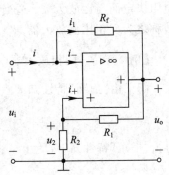

图 2-33　负阻变换器电路

$$u_i = -\frac{R_f R_2}{R_1} i$$

因此，输入电阻为

$$R_i = -\frac{R_f R_2}{R_1}$$

上式表明该电路可实现负电阻。由于负电阻的实现要求运放工作在线性区（即 $u_o < U_{sat}$），因此，由式(2-25)可求得输入电压 u_i 应满足

$$u_i < \frac{R_2}{R_1 + R_2} U_{sat}$$

【例 2.21】　图 2-34 所示的电路是一个减法器，试求输出电压 u_o 与输入电压 u_1、u_2 的关系。

解　根据"虚断"，$i_+ = i_- = 0$，对结点 1、2 列写 KCL 方程：

结点 1：　$\dfrac{u_- - u_1}{R_1} + \dfrac{u_- - u_o}{R_f} = 0$

结点 2：　$\dfrac{u_+ - u_2}{R_2} + \dfrac{u_+ - 0}{R_3} = 0$

由"虚短"知，$u_+ = u_-$，可以解得

$$u_o = \left(1 + \frac{R_f}{R_1}\right) \frac{R_3}{R_2 + R_3} u_2 - \frac{R_f}{R_1} u_1 \quad (2-26)$$

当 $R_1 = R_2$ 和 $R_f = R_3$ 时，式(2-26)可写成

$$u_o = \frac{R_f}{R_1}(u_2 - u_1) \qquad (2-27)$$

当 $R_1 = R_2 = R_f = R_3$ 时，式(2-27)可写成

$$u_o = u_2 - u_1 \qquad\qquad\qquad (2-28)$$

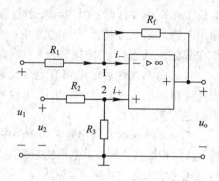

图 2-34　例 2.21 图

由式(2-28)可以看出，输出电压与输入电压 u_2 和 u_1 之差成比例，因此该电路也可以称为差分放大器。

【例 2.22】　设计一个差分放大器。

(1) 要求差分放大器的增益为 8，能放大两个输入电压的差，使用理想运放以及 ±8 V 电源。

(2) 假定(1)中设计的差分放大器中 $u_1 = 1$ V，为了保证运放处于线性工作区，输入电压 u_2 的变化范围是多少？

解　(1) 使用差分放大器的计算公式

$$u_o = \frac{R_f}{R_1}(u_2 - u_1) = 8(u_2 - u_1)$$

则　　　　　$\dfrac{R_f}{R_1} = 8$

在实际电阻中寻找两个电阻，其比值为 8。这里选择 $R_f = 12$ kΩ，则 $R_1 = 1.5$ kΩ，同时考虑到差分放大器还要满足 $R_2 = R_1$，$R_3 = R_f$。因此设计电路如图 2-35 所示。

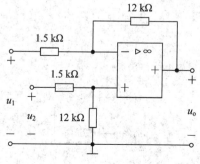

图 2-35　差分放大器电路图

（2）利用差分放大器的方程求解两个不同的 u_2 的值，首先代入 $u_o = +8$ V，其次代入 $u_o = -8$ V：

$$u_o = 8(u_2 - 1) = +8$$

则 $u_2 = 2$ V。

$$u_o = 8(u_2 - 1) = -8$$

则 $u_2 = 0$ V。

因此设计的差分放大器中 $u_1 = 1$ V 时，只要 0 V $\leqslant u_2 \leqslant 2$ V，则运放将处于线性工作区。

2.4.2 理想运算放大器的非线性应用

前面讨论的运放电路都是工作在线性区，此时运放的输出与输入呈线性关系。当集成运放工作在饱和区时，因为开环增益很大，运放的输出只有高电平和低电平两个稳定状态，输出与输入是状态转换控制的关系，不是线性关系，此时运放为非线性应用。理想运放工作在非线性状态时，"虚短"特性不成立，因此分析方法也与线性状态不同。

常见的非线性运放电路有电压比较器和波形发生器等。其中，电压比较器的功能是比较两个电压的大小，它包括单限比较器、双限比较器和滞回比较器等。下面以单限比较器为例进行简要介绍。

图 2-36 所示为同相输入的单限电压比较器电路。图中，u_R 为参考电压，u_i 为被比较电压，从同相端接入。单限电压比较器工作在饱和区时，输出电压将由输入电压控制，在高电平与低电平状态之间转换。当输入 u_i 小于参考电压 u_R 时，输出为低电平；输入电压大于参考电压时，运放将输出高电平。其传输特性如图 2-37 所示，U_{sat} 为运放输出高电平。

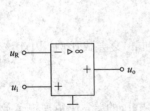

图 2-36 同相输入单限电压比较器

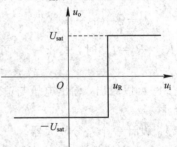

图 2-37 同相输入传输特性

图 2-38 所示为反相输入的单限电压比较器电路。被比较的电压从反相端接入，参考电压加在同相端，其传输特性如图 2-39 所示。

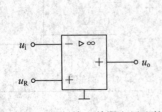

图 2-38 反相输入单限电压比较器

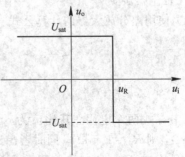

图 2-39 反相输入传输特性

图 2－40 所示的比较器电路参考电压为零，称为过零比较器，是在测量仪器中常用的一种运放电路。同相输入端加上正弦电压时，运放能将其变换为方波输出。

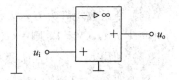

图 2－40　过零比较器

当输入为正弦波的正半周时，由于反相端接地，运放输入电压为正，此时输出为高电平；当正弦波负半周到来时，同相端电位低于反相端，输入电压为负，运放将输出低电平，如此周而复始地不断变化，最终输出为一方波。

2.5　应　用　举　例

2.5.1　计算机辅助分析

传统的电路设计方法，从方案的提出与验证均需要人工完成，尤其是系统的验证需要经过实际搭建调试电路来完成，花费大且效率低。电子设计自动化（Electronic Design Automation，EDA）使电子系统的整个设计过程或大部分过程由计算机完成。

随着计算机及其应用技术的普及和快速发展，计算机在工程技术和教育中得到了广泛的应用。电路的计算机辅助分析在电路的设计、分析和实现中发挥着重要的作用。

在电子电气工程中，目前最常用的计算机辅助分析软件主要有 Electronic WorkWench（EWB）、PSpice 和 MATLAB 等。其中，EWB 具有界面直观、操作方便等优点，可以帮助读者更快、更好地掌握本书讲述的内容，熟悉常用电子仪器的测量方法，掌握电路的性能；MATLAB 具有数据分析、数值计算和符号计算、工程与科学绘图等功能，且具有界面友好、语言自然及良好的通用性和可扩展性等优点。因此，本书将 EWB 和 MATLAB 作为电路分析的计算机辅助工具，所有仿真实例在 Multisim 14.0（EWB 的新版）和 MATLAB 2021 仿真软件下完成。

需要特别指出的是：电路的计算机辅助分析不能替代良好的"纸加笔"的传统分析方法。首先，学会分析才能够进行设计，对软件工具的过多依赖将限制必要的分析技能的发展；其次，传统的分析方法有利于读者更全面、牢固地掌握电路的基本概念、基本原理和分析技术，而计算机辅助分析方法可以减少重复性的工作，从而将更多时间集中到有关工程细节上。

2.5.2　运用 MATLAB 进行辅助分析

根据 2.2 节、2.3 节的介绍方法可以很容易地列出网孔电流方程和结点电压方程，然而当网孔方程或结点方程较多时，计算起来比较复杂，容易出错。MATLAB 软件具有很强的矩阵运算能力，用于电路变量的求解简单方便。

利用 MATLAB 进行电路的网孔分析或结点分析可以归纳为以下步骤：

（1）设网孔电流或结点电压及其他待求变量。

（2）按 2.2 节和 2.3 节的介绍方法列写电路的网孔电流方程或结点电压方程及其补充方程，得到方程组。

（3）将方程组化为线性方程组的一般形式，通过移项将所有变量（包括受控源的控制量）移到方程组的左边，常数项在方程组的右边。

（4）令系数矩阵为 $\boldsymbol{G}$，常数项组成的列向量为 $\boldsymbol{I}$，所有变量组成的列向量为 $\boldsymbol{Y}$，则方程组可简化为 $\boldsymbol{G}\times\boldsymbol{Y}=\boldsymbol{I}$，则 $\boldsymbol{Y}=\boldsymbol{G}^{-1}\times\boldsymbol{I}$。

（5）利用 MATLAB 命令对 $\boldsymbol{G}$、$\boldsymbol{Y}$ 和 $\boldsymbol{I}$ 赋值。

（6）输入 $\boldsymbol{Y}=\mathrm{inv}(\boldsymbol{G})*\boldsymbol{I}$，得到各变量的值，其中，$\mathrm{inv}(\boldsymbol{G})$ 表示对矩阵 $\boldsymbol{G}$ 求逆。

1. 网孔分析方法举例

【例 2.23】 用 MATLAB 重新求解例 2.8 题。如图 2-41 所示的电路中，$R_1=10\ \Omega$，$R_2=2\ \Omega$，$R_3=4\ \Omega$，$U_{S1}=6\ \mathrm{V}$，$U_{S2}=4\ \mathrm{V}$，求 U_{ab}。

解 （1）设网孔电流为 I_1 和 I_2，其绕向如图 2-41 所示。可得网孔电压方程及补充方程为

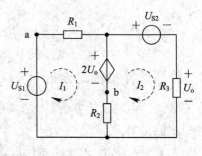

图 2-41 例 2.8 图

$$\begin{cases} 12I_1-2I_2=6-2U_o \\ 6I_2-2I_1=2U_o-4 \\ U_o=4I_2 \end{cases}$$

（2）将方程组化为线性方程组的一般形式为

$$\begin{cases} 12I_1-2I_2+2U_o=6 \\ -2I_1+6I_2-2U_o=-4 \\ -4I_2+U_o=0 \end{cases}$$

（3）写出系数矩阵为

$$\boldsymbol{G}=\begin{bmatrix} 12 & -2 & 2 \\ -2 & 6 & -2 \\ 0 & -4 & 1 \end{bmatrix},\quad \boldsymbol{I}=\begin{bmatrix} 6 \\ -4 \\ 0 \end{bmatrix}$$

令

$$\boldsymbol{Y}=\begin{bmatrix} I_1 \\ I_2 \\ U_o \end{bmatrix}$$

利用 MATLAB 计算如下：

```
≫ G=[12  -2 2;-2 6  -2;0  -4  1];
≫ I=[6;-4;0];
≫ Y=inv(G)*I
```

结果显示如下：

```
Y=
    -1
    3
    12
```

即各代求变量分别为

$$I_1=-1\ \mathrm{A},\quad I_2=3\ \mathrm{A},\quad U_o=12\ \mathrm{V}$$

所以

$$U_{ab}=10I_1+2U_o=[10\times(-1)+2\times12]\mathrm{V}=14\ \mathrm{V}$$

2. 结点分析方法举例

【例 2.24】 用 MATLAB 重新求解例 2.9。如图 2-42 所示的电路中，$R_1=2\ \Omega$，$R_2=$

$2\ \Omega$，$R_3=2\ \Omega$，$R_4=1\ \Omega$，$R_5=2\ \Omega$，$I_S=10\ \text{A}$，求各结点电压。

解　（1）设各结点电位及参考点如图中所示，可得结点方程为

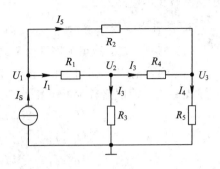

$$\begin{cases} \left(\dfrac{1}{2}+\dfrac{1}{2}\right)U_1-\dfrac{1}{2}U_2-\dfrac{1}{2}U_3=10 \\ -\dfrac{1}{2}U_1+\left(\dfrac{1}{1}+\dfrac{1}{2}+\dfrac{1}{2}\right)U_2-\dfrac{1}{1}U_3=0 \\ -\dfrac{1}{2}U_1-\dfrac{1}{1}U_2+\left(\dfrac{1}{1}+\dfrac{1}{2}+\dfrac{1}{2}\right)U_3=0 \end{cases}$$

（2）将方程组化为线性方程组的一般形式

$$\begin{cases} 2U_1-U_2-U_3=20 \\ -U_1+4U_2-2U_3=0 \\ -U_1-2U_2+4U_3=0 \end{cases}$$

图 2 - 42　例 2.9 图

写出系数矩阵为

$$\boldsymbol{G}=\begin{bmatrix} 2 & -1 & -1 \\ -1 & 4 & -2 \\ -1 & 2 & 4 \end{bmatrix},\ \boldsymbol{I}=\begin{bmatrix} 20 \\ 0 \\ 0 \end{bmatrix}$$

令

$$\boldsymbol{Y}=\begin{bmatrix} U_1 \\ U_2 \\ U_3 \end{bmatrix}$$

利用 MATLAB 计算如下：

```
≫G=[2  -1  -1;-1  4  -2;-1  2  -4];
≫I=[20;0;0];
≫Y=inv(G)*I
```

结果显示如下：

```
Y=
    20
    10
    10
```

即各结点电压分别为 $U_1=20\ \text{V}$，$U_2=10\ \text{V}$，$U_3=10\ \text{V}$。

本 章 小 结

1. 支路法

（1）电路的两类约束与电路方程。

① 拓扑约束（结构约束）：元件的相互连接给支路电压和电流带来的约束。

② 元件约束：取决于元件性质的约束。

（2）支路电流法：以支路电流为变量，列基尔霍夫电流方程和电压方程联立求解，适用于支路较少的电路计算。

（3）支路电压法：以支路电压为变量，列基尔霍夫电流方程和电压方程联立求解，适用于支路较少的电路计算。

2. 网孔电流法

（1）网孔电流：沿每个网孔边界自行流动的闭合的假想电流。

（2）网孔电流法：以网孔电流为变量，列独立回路的基尔霍夫电压方程求解。该方法适用于支路较多而回路较少的电路计算。网孔电流法的通式为

$$\begin{cases} R_{11}I_1 + R_{12}I_2 - R_{13}I_3 + \cdots + R_{1n}I_n = U_{S11} \\ R_{21}I_1 - R_{22}I_2 + R_{23}I_3 + \cdots + R_{2n}I_n = U_{S22} \\ R_{31}I_1 - R_{32}I_2 - R_{33}I_3 + \cdots + R_{3n}I_n = U_{S33} \\ \qquad\qquad\qquad\qquad\qquad\qquad\vdots \\ R_{n1}I_1 - R_{n2}I_2 - R_{n3}I_3 + \cdots + R_{nn}I_n = U_{Snn} \end{cases}$$

（3）网孔电流法的应用。

① 含电流源支路的处理方法：

方法 1：将电流源置于网孔外边沿。

方法 2：假设电流源两端的电压为未知量。

方法 3：用含有公共电流源的相邻网孔来构造一个"超网孔"。

② 含受控源支路的处理方法：将受控源当作独立源一样看待。需要注意的是，当受控源的控制量不是网孔电流时，需要补充一个把控制量用网孔电流表示的辅助方程。

3. 结点电位法

（1）结点电位：电路中结点到参考点之间的电压。

（2）结点电位法：先选择参考电位，以结点电位为变量，列独立结点的基尔霍夫电流方程求解，适用于支路多、回路多而结点少的电路计算。各支路电流由欧姆定律获得，结点电压法的通式为

$$\begin{cases} G_{11}U_1 + G_{12}U_2 + G_{13}U_3 + \cdots + G_{1n}U_n = I_{S11} \\ G_{21}U_1 + G_{22}U_2 + G_{23}U_3 + \cdots + G_{2n}U_n = I_{S22} \\ G_{31}U_1 + G_{32}U_2 + G_{33}U_3 + \cdots + G_{3n}U_n = I_{S33} \\ \qquad\qquad\qquad\qquad\qquad\qquad\vdots \\ G_{n1}U_1 + G_{n2}U_2 + G_{n3}U_3 + \cdots + G_{nn}U_n = I_{Snn} \end{cases}$$

（3）结点电位法的应用。

① 含电压源支路的处理方法：

方法 1：尽量取电压源支路的一端为参考结点。

方法 2：假设电压源的电流为未知量。

方法 3：用含有公共电压源的相邻结点来构造一个"超结点"。

② 含受控源支路的处理方法：列结点方程时将受控源当独立源一样看待。当受控源的控制量不是结点电位时，需要补充一个把控制量用结点电位表示的辅助方程。

（4）弥尔曼定理：当电路有多条支路但只有两个结点时，只能列出一个结点方程。

（5）电路的简化画法。

（6）结点电位法的注意事项。

4．具有运算放大器的电阻电路

（1）理想运算放大器的电阻电路分析。

理想运放的特征："虚短"和"虚断"。

理想化的条件如下：

① 开环电压增益无穷大，$A \rightarrow \infty$；

② 输入电阻无穷大，$R_i \rightarrow \infty$；

③ 输出电阻无穷小，$R_o \rightarrow 0$；

④ 共模抑制比无穷大，$K_{CMRR} \rightarrow \infty$。

（2）理想运算放大器的非线性应用：理想运放工作在非线性状态时"虚短"特性不成立。

5．应用举例

（1）计算机辅助分析。计算机辅助分析方法可以减少重复性的工作。

（2）运用 MATLAB 进行辅助分析。MATLAB 软件具有很强的矩阵运算能力，可用于电路变量的求解。

6．知识关联图

第 2 章知识关联图

习　题

一、选择题

1．电路中有 4 个结点和 6 条支路，用支路电流法求解支路电流时，可列出的独立 KVL 方程和 KCL 方程数目分别为（　　）。

第 2 章选择题和填空题参考答案

　　A．2 个和 3 个　　　　　　　　　　B．2 个和 4 个

　　C．3 个和 3 个　　　　　　　　　　D．4 个和 6 个

2．用支路电流法求解 1 个具有 n 条支路，m 个结点（$n > m$）的复杂电路时，可以列出的独立结点电流方程为（　　）个。

　　A．n　　　　　　B．m　　　　　　C．$n-1$　　　　　　D．$m-1$

3．4 个结点、8 条支路的电路结构，可以列写网孔电流方程的个数为（　　）。

　　A．2　　　　　　B．3　　　　　　C．4　　　　　　D．5

4．4 个结点、8 条支路的电路结构，可以列写结点电压方程个数为（　　）。

　　A．2　　　　　　B．3　　　　　　C．4　　　　　　D．5

5．电流源串联的电阻支路，电阻对电路的影响描述正确的是（　　）。

　　A．对外部电压有影响　　　　　　B．外部电流有影响

C. 对电流源两端的电压有影响　　　　D. 均有影响

6. 列写结点方程时，$G_1 = 2$ S，$G_2 = 3$ S，$G_3 = 1$ S，$G_4 = 5$ S，$G_5 = 3$ S，如图 2 - 43 所示，电路中 B 点的自导为(　　)S。

A. 9　　　　　　　B. 10　　　　　　　C. 13　　　　　　　D. 8

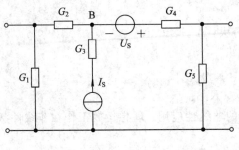

图 2 - 43

二、填空题

1. 对于具有 n 个结点、b 个支路的电路，可列出＿＿＿＿＿个独立的 KCL 方程，＿＿＿＿＿个独立的 KVL 方程。

2. 如图 2 - 44 所示的电路中，$R_1 = 2$ Ω，$R_2 = 2$ Ω，$R_3 = 2$ Ω，$R_4 = 1$ Ω，$R_5 = 2$ Ω，$I_S = 10$ A，支路电流 $I_1 = $＿＿＿＿＿A，$I_2 = $＿＿＿＿＿A 和 $I_3 = $＿＿＿＿＿A。

3. 图 2 - 45 所示电路中的电流 $I = $＿＿＿＿＿A，其中 $R_1 = 10$ Ω，$R_2 = 23$ Ω，$U_S = 6$ V，$I_{S1} = 6$ A，$I_{S2} = 4$ A。

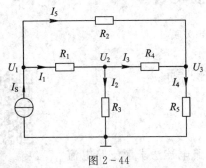

图 2 - 44

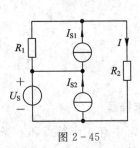

图 2 - 45

4. 如图 2 - 46 所示的电路中，$R_1 = 9$ Ω，$R_2 = 9$ Ω，$R_3 = 9$ Ω，$R_4 = 9$ Ω，$R_5 = 3$ Ω，$U_S = 21$ V，求 $U_1 = $＿＿＿＿＿V。

5. 如图 2 - 47 所示的电路中，$R_1 = 5$ Ω，$R_2 = 20$ Ω，$R_3 = 10$ Ω，$U_{S1} = 20$ V，$U_{S2} = 10$ V，求各支路电流 $I_1 = $＿＿＿＿＿A，$I_2 = $＿＿＿＿＿A 和 $I_3 = $＿＿＿＿＿A。

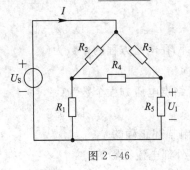

图 2 - 46

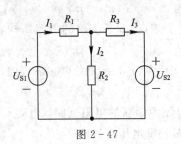

图 2 - 47

6. 图 2 - 48 所示电路中的电流 $I_1 =$ ＿＿＿＿ A，$I_2 =$ ＿＿＿＿ A 和 $I_3 =$ ＿＿＿＿ A，其中 $R_1 = 3\ \Omega$，$R_2 = 6\ \Omega$，$U_{S1} = 6\ V$，$U_{S2} = 12\ V$。

7. 如图 2 - 49 所示的电路中，$R_1 = R_2 = 2\ \Omega$，$R_3 = 8\ \Omega$，$I_S = 2\ A$，试求电路中的电流 $i =$ ＿＿＿＿ A。

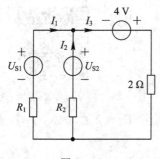

图 2 - 48

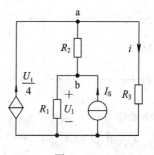

图 2 - 49

8. 如图 2 - 50 所示的电路中，2 A 电流源并不影响＿＿＿＿＿＿的电压和电流，只影响＿＿＿＿＿＿。

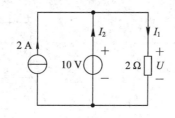

图 2 - 50

9. 如图 2 - 51 所示的电路中，当开关 S 断开时，$U_{ab} =$ ＿＿＿ V，S 闭合时，$I_{ab} =$ ＿＿＿ A。

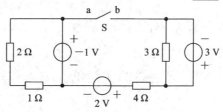

图 2 - 51

10. 图 2 - 52 所示电路中的电压 $U_1 =$ ＿＿＿＿＿ V，$U_2 =$ ＿＿＿＿＿ V。

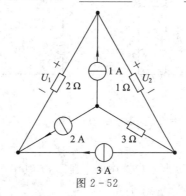

图 2 - 52

三、分析计算题

1. 已知 $U_S=10$ V，$R_1=4$ Ω，$R_2=2$ Ω，$R_3=1$ Ω，试用 KCL、KVL 求解图 2-53 所示电路中的电流 i。

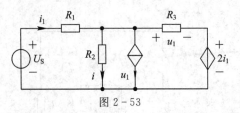

第 2 章分析计算题参考答案

图 2-53

2. 电路如图 2-54 所示，已知 $U=2$ V，$R_1=5$ Ω，$R_2=2$ Ω，$R_3=1$ Ω，$R_4=10$ Ω，$U_S=12$ V，试求电流 I 及电阻 R。

3. 如图 2-55 所示的直流电路，已知 $R_1=4$ Ω，$R_2=16$ Ω，$R_3=2$ Ω，$R_4=10$ Ω，$U_S=2$ V，$I_S=1$ A，试采用网孔电流法计算各独立电源输出的功率。

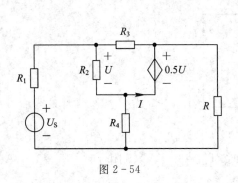

图 2-54

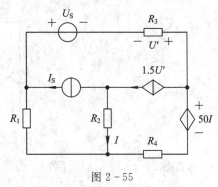

图 2-55

4. 已知 $R_1=5$ Ω，$R_2=1$ Ω，$R_3=2$ Ω，$R_4=4$ Ω，$U_{S1}=5$ V，$U_{S2}=6$ V，$I_S=4$ A，电路如图 2-56 所示，试求电流 I_1、I_2 和电压 U。

5. 已知 $R_1=6$ Ω，$R_2=4$ Ω，$R_3=2$ Ω，$I_{S1}=9$ A，$I_{S2}=17$ A，用结点电压法计算图 2-57 所示电路中的电流 I。

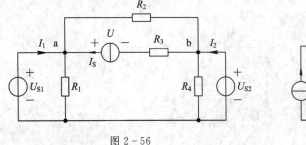

图 2-56

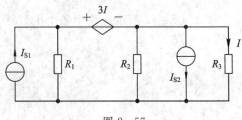

图 2-57

6. 已知 $R_1=R_2=5$ Ω，$R_3=6$ Ω，$R_4=4$ Ω，$U_S=20$ V，$I_S=2$ A，用结点电压法求图 2-58 所示电路中的电压 U_{ab}。

7. 要求用结点法求图 2-59 所示电路中的电压 U_{ab}。其中 $U_S=3$ V，$I_{S1}=1$ A，$I_{S2}=2$ A，$R_1=2$ Ω，$R_2=4$ Ω，$R_3=5$ Ω，$R_4=3$ Ω。

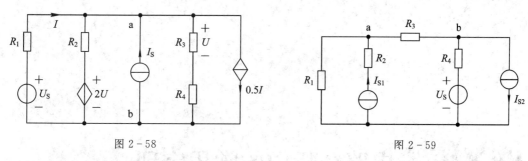

图 2-58   图 2-59

8. 已知 $R_1 = 3\ \Omega$，$R_2 = 10\ \Omega$，$R_3 = 2\ \Omega$，$U_S = 12\ V$，试根据理想运放的特点及 KCL、KVL 求图 2-60 所示电路中的 I_o。

9. 图 2-61 所示含有理想运放的电路，试用结点电压法求输出电压 u_o 与输入电压 u_i 的关系。

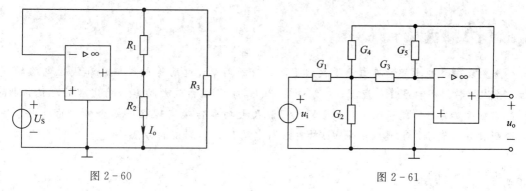

图 2-60   图 2-61

10. 图 2-62 所示含有两个理想运放的电路，已知 $R_5 = R_6$，试用结点电压法求输出电压 u_o 与输入电压 u_i 的关系。

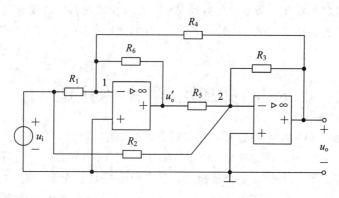

图 2-62

学习内容
XUEXINEIRONG

深刻理解线性电路、单口无源网络、单口有源网络、电路等效等概念和线性电路的线性、齐次性特性;学习叠加定理、戴维南定理、诺顿定理和最大功率传输定理的理论依据,熟练掌握叠加定理、戴维南定理、诺顿定理和最大功率传输定理在电路分析中的应用方法和分析过程;学习并了解应用 EWB 软件进行电路仿真和测试的方法。

学习目的
XUEXIMUDI

能根据给定电路问题合理选择适用的定理,并应用这些定理对电路进行正确分析和求解;能正确运用电路定理或等效方法分析电路过程中的各种变换电路;能设计精确的电路参数和电路变量的测试方案并进行测试;能利用 EWB 软件熟练地对给定电路进行仿真和测试。

3.1 叠加定理和齐次定理

线性性质是线性电路的基本性质,它包括叠加性(或可加性)和齐次性(或比例性)。其中,叠加性是自然界的一条普遍规律。例如,在力学中,两个分力的合力等于分力的矢量叠加。对于线性电路,当电路中有多个激励时,总响应同样是各个激励分别产生的响应的线性叠加。在线性电路中,可将复杂的电路转化为若干简单电路求解,或将电路中的解变量设为已知,利用电路中的比例关系求出该变量。这就是叠加定理(superposition theorem)和齐次定理(homogeneous theorem)。

3.1.1 叠加定理

叠加性是线性电路的重要特性,在具体讨论其内容之前,先看一个实例。如图 3-1(a)所示电路,求电流 I。

可用多种方法求电流 I,如网孔法。设网孔电流如图 3-1(a)所示,可列网孔方程为

$$(R_1 + R_2)I_1 + R_1 I_2 = U_S \qquad (3-1)$$

$$I_2 = I_S \qquad (3-2)$$

联立式(3-1)、式(3-2)解得

$$I_1 = \frac{U_S}{R_1 + R_2} - \frac{R_1}{R_1 + R_2}I_S \qquad (3-3)$$

所以

$$I = I_1 + I_2 = \frac{U_S}{R_1 + R_2} - \frac{R_1}{R_1 + R_2}I_S + I_S = \frac{U_S}{R_1 + R_2} + \frac{R_2}{R_1 + R_2}I_S \qquad (3-4)$$

若令

$$I = I' + I'' \qquad (3-5)$$

其中：

$$I' = \frac{U_S}{R_1 + R_2}, \quad I'' = \frac{R_2}{R_1 + R_2}I_S \qquad (3-6)$$

I'、I'' 分别对应于图 3-1(b)、(c)所示电路。由图 3-1 可见，图 3-1(b)是图 3-1(a)中电流源为零、电压源单独作用时的电路；而图(c)则是图(a)中电压源为零、电流源单独作用时的电路。

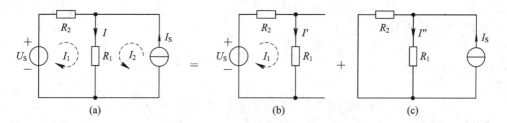

图 3-1　叠加定理实例

通过这个实例可以看出：在任何由线性元件、线性受控源和独立激励源组成的线性电路中，任意一条支路上的响应(电流或电压)都等于电路中的每一个激励源单独作用下在该支路产生的响应的代数和。线性电路的这一重要性质称为叠加定理。

应用叠加定理时，要注意以下几点：

(1) 定理中所说的"独立激励源单独作用"的含义是一个独立电源作用时，其他独立电源置零。含有内阻的实际独立源置零时，仅对理想电源置零，而内阻保持不变，同时电路其他元件参数也保持不变。在具体应用时，电流源置零应看作开路，电压源置零应看作短路。

(2) 叠加时应注意各个响应分量是代数和，即响应分量的参考方向与总响应参考方向一致时取正号，相反时取负号。

(3) 电路中含有受控源时，受控源不能单独作用，但要注意控制量的变化。

(4) 由于叠加定理仅适用于线性电路，因此只能用来计算电路中的电压、电流等一次函数关系的物理量，不能计算功率、电能等二次函数关系的物理量。

(5) 叠加的方式是任意的，一次可以是一个独立源作用，也可以是两个或多个独立源同时作用，由电路结构的复杂程度而定。

【例 3.1】　如图 3-2(a)所示的电路中，$R_1 = 4\ \Omega$，$R_2 = 2\ \Omega$，$R_3 = 2\ \Omega$，$U_S = 16\ V$，$I_{S1} = 4\ A$，$I_{S2} = 8\ A$，求 U_o。

解 用叠加定理求解，将图 3-2(a)电路分解为每个独立源单独作用时的电路图，考虑到电源不作用时应置零，可得图 3-2(b)、(c)和(d)所示 3 个简单电路。

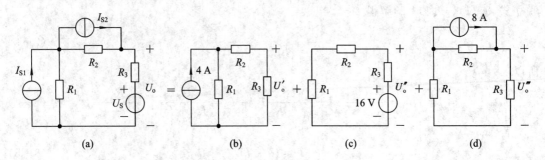

图 3-2 例 3.1 图

由图 3-2(b)可得

$$U'_\circ = \frac{4}{4+2+2} \times 4 \times 2 \text{ V} = 4 \text{ V}$$

由图 3-2(c)可得

$$U''_\circ = \frac{6}{4+2+2} \times 16 \text{ V} = 12 \text{ V}$$

由图 3-2(d)可得

$$U'''_\circ = \frac{2}{4+2+2} \times 8 \times 2 \text{ V} = 4 \text{ V}$$

所以

$$U_\circ = U'_\circ + U''_\circ + U'''_\circ = (4+12+4) \text{V} = 20 \text{ V}$$

【例 3.2】 如图 3-3(a)所示的电路中，$R_1 = 2 \ \Omega$，$R_2 = 1 \ \Omega$，$U_S = 10 \text{ V}$，$I_S = 3 \text{ A}$，求 I_X。

解 图 3-3(a)所示电路中独立源单独作用时的等效电路分别如图 3-3(b)和(c)所示。

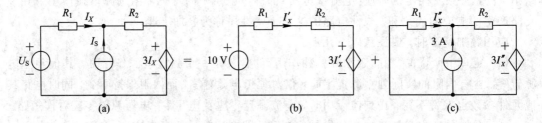

图 3-3 例 3.2 图

由图 3-3(b)可得

$$I'_X = \frac{10 - 3I'_X}{2+1}$$

$$I'_X = \frac{5}{3} \text{A}$$

由图 3-3(c)可得

$$2I''_X + (I''_X + 3) + 3I''_X = 0$$

$$I''_x = -\frac{1}{2}\text{A}$$

所以

$$I_x = I'_x + I''_x = \left(\frac{5}{3} - \frac{1}{2}\right)\text{A} = \frac{7}{6}\text{A}$$

应用叠加定理分析电路，虽然每个独立源单独作用时的分析过程较简单，但当电路中的独立源较多时，整个过程较长，所以该法并不是最简单的分析方法。作为一个基本原理，叠加定理具有重要意义，学生必须熟练掌握。

3.1.2　齐次定理

齐次定理描述了线性电路的比例特性，其内容为：在线性电路中，当只有一个激励源（独立电压源或独立电流源）作用时，其响应（电路中的任意一条支路的电压或电流）与激励成正比。也可表述为：在线性电路中，当所有独立激励源同时增大 k 倍时，响应也同时增大 k 倍。

【例 3.3】　如图 3-4 所示的电路中，$R_1 = 5\ \Omega$，$R_2 = 18\ \Omega$，$R_3 = 4\ \Omega$，$R_4 = 6\ \Omega$，$R_5 = 12\ \Omega$，$U_s = 165\ \text{V}$，求 I。

解　先设电路中的各电流、电压的方向如图 3-4 所示，应用齐次定理，设电流：

$$I = 1\ \text{A}$$

在该假设下可推得

$$U_4 = 12I = 12\ \text{V}$$

$$I_4 = \frac{U_4}{4} = \frac{12}{4}\text{A} = 3\ \text{A}$$

$$I_3 = I_4 + I = (3+1)\text{A} = 4\ \text{A}$$

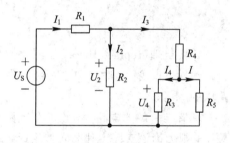

图 3-4　例 3.3 图

$$U_2 = 6I_3 + U_4 = (6\times4 + 12)\text{V} = 36\ \text{V}$$

$$I_2 = \frac{U_2}{18} = \frac{36}{18}\text{A} = 2\ \text{A}$$

$$I_1 = I_2 + I_3 = (2+4)\text{A} = 6\ \text{A}$$

所以

$$U_s = 5I_1 + U_2 = (5\times6 + 36)\text{V} = 66\ \text{V}$$

即若 $U_s = 66\ \text{V}$，则 $I = 1\ \text{A}$；可实际上 $U_s = 165\ \text{V}$，则有

$$\frac{165}{66} = \frac{I}{1}$$

可解得

$$I = \frac{165}{66}\text{A} = 2.5\ \text{A}$$

【例 3.4】　如图 3-5 所示的电路中，N 是含独立源的线性电阻电路，已知：当 $U_s = 6\ \text{V}$，$I_s = 0$ 时，开路电压 $U_k = 4\ \text{V}$；当 $U_s = 0$，$I_s = 4\ \text{A}$ 时，开路电压 $U_k = 0$；当 $U_s = -3\ \text{V}$，$I_s = -2\ \text{A}$ 时，开路电压 $U_k = 2\ \text{V}$。当 $U_s = 3\ \text{V}$，$I_s = 3\ \text{A}$ 时，开路电压 U_k 等于多少？

解　按线性电路的性质可将电源的作用分为 3 组：电压源 U_s、电流源 I_s、有源网络 N

中的所有独立源。

设电压源 U_S 单独作用时 $U'_k=a_1U_S$，电流源 I_S 单独作用时 $U''_k=a_2I_S$，有源网络 N 中的所有独立源单独作用时 $U'''_k=A$。可得 U_k 的一般公式为

$$U_k=U'_k+U''_k+U'''_k=a_1U_S+a_2I_S+A$$

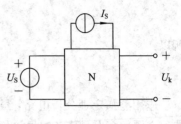

图 3-5　例 3.4 图

结合已知条件，可得

$$\begin{cases} 4=6a_1+A \\ 0=4a_2+A \\ 2=-3a_1+(-2a_2)+A \end{cases}$$

解得

$$a_1=\frac{1}{3}, \ a_2=-\frac{1}{2}, \ A=2$$

所以，当 $U_S=3$ V，$I_S=3$ A 时，有

$$U_k=3a_1+3a_2+A=\left[3\times\frac{1}{3}+3\times\left(-\frac{1}{2}\right)+2\right]V=1.5 \text{ V}$$

3.2　置 换 定 理

置换定理(replace theorem)是集总参数电路中的一个重要定理，也称为替代定理。无论对线性、非线性、时变和非时变电路，置换定理都成立。本节主要讨论置换定理在线性电路中的应用。

具有唯一解的电路中，设其某支路的电压为 U，电流为 I，若该支路与其他支路无耦合关系，则无论该支路由什么元件组成，此支路都可用电压为 U 的电压源代替，也可用电流为 I 的电流源代替，还可用电阻值唯一的电阻代替，代替前后电路中其他各支路的电压、电流不变。这就是置换定理，详见图 3-6。

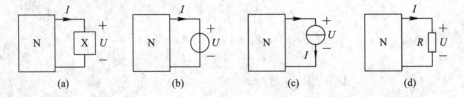

图 3-6　置换定理

在线性电路中，如果待求支路以外的部分电路含有独立电源，就称其为有源二端线性网络(active two-terminal network)，用字母 N 表示。如果已知图 3-6(a)中 X 部分两端的电压为 U，通过 X 的电流为 I，则 X 可用电压为 U 的电压源来代替，如图 3-6(b)所示，也可用电流为 I 的电流源来代替，如图 3-6(c)所示；还可用电阻值唯一的电阻 R 来代替，如图 3-6(d)所示，代替前后网络 N 中其他各支路的电流和电压不会发生变化。

在分析电路时，常用置换定理化简电路，并辅助其他方法求解电路问题。

【例 3.5】　如图 3-7(a)所示的电路中，已知 $U_{ab}=0$，$R_1=4$ Ω，$R_2=2$ Ω，$R_3=8$ Ω，$R_4=3$ Ω，$U_{S1}=3$ V，$U_{S2}=20$ V，求电阻 R。

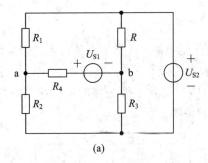 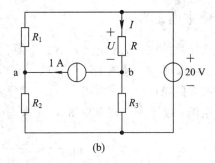

图 3-7　例 3.5 图

解　$U_{ab}=0$，所以 3 V 电压源支路的电流为 1 A，根据置换定理，可用一个 1 A 的电流源代替支路，得到图 3-7(b) 所示的等效电路。

在图 3-7(b) 中，设参考点如图所示，可列结点方程为

$$U_a\left(\frac{1}{2}+\frac{1}{4}\right)-\frac{1}{4}\times 20=1$$

解得

$$U_a=8\text{ V}$$

由于 $U_{ab}=0$，有

$$U_a=U_b=8\text{ V}$$

所以

$$U=20-U_b=(20-8)\text{V}=12\text{ V}$$

$$I=1+\frac{U_b}{8}=\left(1+\frac{8}{8}\right)\text{A}=2\text{ A}$$

计算出电阻 R 上的电流、电压后，由欧姆定律可得

$$R=\frac{U}{I}=\frac{12}{2}\Omega=6\ \Omega$$

关于置换定理，作以下说明：

(1) 定理中所讲的"无耦合关系"是指被置换的支路中不含受控源和与受控源有关的控制量。

(2) 与理想电压源并联和串联的任意电路，对其他支路的电压、电流、电功率均不产生影响，仅影响理想电压源支路的电流和理想电流源两端的电压以及它们的功率。

(3) 若电路中任一支路的电流等于零，则断开该支路不影响其他支路的电压、电流和功率；若电路中任意两点间的电压等于零，则短路该两点不影响其他支路的电压、电流和功率。

3.3　戴维南定理和诺顿定理

在电路分析中，常常会遇到只研究某一条支路的电压、电流或功率的情况，此时虽然可以用前面介绍的方法进行计算，但由于未知量较多，因此计算过于烦琐。为了简化计算过程，可以把待求支路以外的部分电路等效成一个实际电压源或实际电流源模型，此时电路化简成为一个简单电路，这种等效分别称作戴维南定理（Thevenin's theorem）和诺顿定理（Norton's theorem）。

3.3.1 戴维南定理

戴维南定理的内容为：一个含有独立源、线性受控源、线性电阻的有源二端网络，对其外部来说，可以用一个理想电压源串联一个电阻来等效。其中，理想电压源的大小为有源二端网络的开路电压；串联电阻为令二端网络内的所有独立源为零时从二端网络两端看进去的等效电阻。戴维南定理可用图 3-8 来进一步说明。

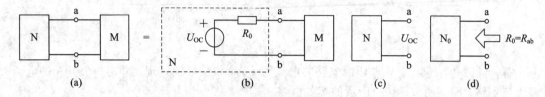

图 3-8 戴维南定理示意图

在图 3-8 中，图(a)是将电路分成待求支路和有源二端网络的模型，其中，网络 M 是待求支路，网络 N 是有源二端网络；图(b)表示将有源二端网络等效为一个理想电压源 U_{OC} 和等效电阻 R_0 的串联；图(c)给出了等效电压源 U_{OC} 的求取方式；图(d)给出了等效电阻 R_0 的求取方式，其中 N_0 是将有源二端网络 N 中的所有独立源置零后的网络，是一个无源网络。

在求取时 U_{OC} 可采用网孔法、结点法、电源等效互换、分压、分流等分析计算方法。

关于戴维南定理的正确性，本书不作证明，读者可以参阅有关书籍和本书第 8 章实验。

3.3.2 诺顿定理

诺顿定理的内容为：一个含有独立源、线性受控源、线性电阻的有源二端网络，对其外部来说，可以用一个理想电流源并联一个电阻来等效。其中，理想电流源的大小为有源二端网络的短路电流；并联电阻为令二端网络内的所有独立源为零时从二端网络两端看进去的等效电阻。诺顿定理可用图 3-9 来进一步说明。

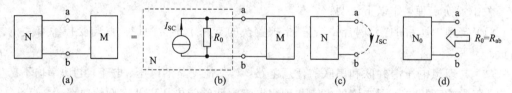

图 3-9 诺顿定理示意图

在图 3-9 中，图(a)是将电路分成待求支路和有源二端网络的模型，其中，网络 M 是待求支路，网络 N 是有源二端网络；图(b)表示将有源二端网络等效为一个理想电流源 I_{SC} 和等效电阻 R_0 的并联；图(c)给出了等效电流源 I_{SC} 的求取方式；图(d)给出了等效电阻 R_0 的求取方式，其中 N_0 是将有源二端网络 N 中的所有独立源置零后的网络，是一个无源网络。

在求取 I_{SC} 时可采用网孔法、结点法、电源等效互换、分压、分流等分析计算方法。

3.3.3 求解等效电阻的方法

求解等效电阻的方法有以下几种。

1. 电阻串、并联等效法

电阻的串、并联等效是最简单的等效电阻的求法。如果在网络 N_0 中只有电阻且各电阻之间的串、并联关系明确，则可直接采用电阻串、并联等效法求取无源二端网络的等效电阻。

2. 外加电压法

当电路中电阻之间的串、并联关系不明确，特别是当电路中含有受控源时，不能用电阻串、并联等效法求解等效电阻，这时可采用的方法之一是外加电压法。

外加电压法的对象是如图 3-10(a)所示的无源网络。一个无源网络总可以用一个电阻 R_0 来等效，所以，可将图 3-10(a)等效为图 3-10(b)。若将图 3-10(b)两端施加电压 U，则可得电路如图 3-10(c)所示，电压的作用必定使电路中产生电流 I。由图 3-10(c)不难看出，电压 U、电流 I 及电阻 R_0 之间满足欧姆定律，因此，可得等效电阻为

$$R_0 = \frac{U}{I} \tag{3-7}$$

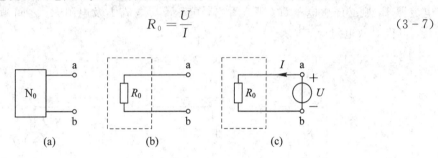

图 3-10 外加电压法示意图

【例 3.6】 如图 3-11(a)所示的电路中，$R_1 = 5\Omega$，$R_2 = 15\Omega$，求 a、b 端的等效电阻 R_{ab}。

解 由图 3-11(a)可见，电路是不含独立源的无源网络，可采用外加电压法求等效电阻。外加电压后的电路如图 3-11(b)所示。

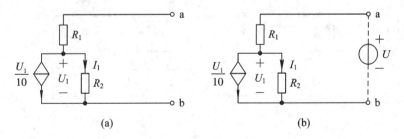

图 3-11 例 3.6 图

由图 3-11(b)可得

$$\begin{cases} U = 5I + U_1 \\ U_1 = 15I_1 \\ I_1 = I - \dfrac{U_1}{10} \end{cases}$$

所以

$$I_1 = \frac{1}{2.5}I$$

$$U = 5I + 15I_1 = 11I$$

可得等效电阻：

$$R_{ab} = \frac{U}{I} = 11 \ \Omega$$

由例 3.6 可知，外加电压的方向与其产生的电流的方向对于无源网络是关联参考方向，而电压与电流的大小可以不必关心，因为电流 I 一定是电压 U 的函数，在最后的比值中会被约去。

3. 外加电流法

外加电流法的对象也是无源网络，如图 3-12(a)所示。由于一个无源网络总可以用一个电阻 R_0 来等效，所以，可将图 3-12(a)等效为图 3-12(b)。若将图 3-12(b)两端外加电流源 I，则必产生电压 U。不难看出，电压 U、电流 I 及电阻 R_0 之间满足欧姆定律，因此，可得等效电阻为

$$R_0 = \frac{U}{I} \tag{3-8}$$

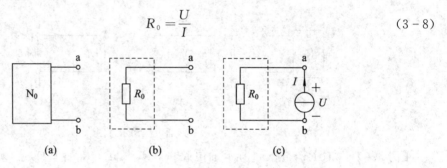

图 3-12　外加电流法示意图

【例 3.7】　如图 3-13(a)所示的电路中，$R_1 = 5 \ \Omega$，$R_2 = 15 \ \Omega$，求 ab 端的等效电阻 R_{ab}。

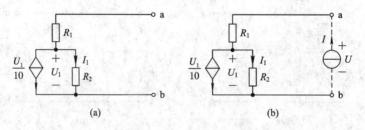

图 3-13　例 3.7 图

解　由图 3-13(a)可见，电路是不含独立源的无源网络，采用外加电流法可得图 3-13(b)。由图 3-13(b)可得

$$\begin{cases} U = 5I + U_1 \\ U_1 = 15I_1 \\ I_1 = I - \dfrac{U_1}{10} \end{cases}$$

所以

$$I_1 = \frac{1}{2.5}I$$

$$U = 5I + 15I_1 = 11I$$

可得等效电阻:

$$R_{ab} = \frac{U}{I} = 11\ \Omega$$

由例 3.7 可见, 虽然电路的形式发生了变化, 但其整个求解过程与例 3.6 完全相同, 这是因为外加电压法与外加电流法的原理是相同的。需要注意的是, 外加电流的方向与其产生的电压的方向对于无源网络也是关联参考方向, 而电压与电流的大小可以不必关心, 因为电流 I 一定是电压 U 的函数, 在最后的比值中会被约去。

外加电压法与外加电流法是针对无源网络的两种求等效电阻的方法。对于含独立电源的有源网络, 有如下求等效电阻的方法。

4. 开路短路法

开路短路法的对象是含有独立源的有源二端网络, 如图 3-14(a) 所示, 它是求开路电压和短路电流的合称。由戴维南定理可知, 一个有源二端网络总可以用一个理想电压源串联一个电阻 R_0 来等效, 所以可将图 3-14(a) 等效为图 3-14(b)。由图 3-14(b) 可知, 开路电压 $U_{ab} = U_{OC}$。若将图 3-14(b) 的 a、b 两端短路, 如图 3-14(c) 所示, 则可得短路电流 I_{SC}。

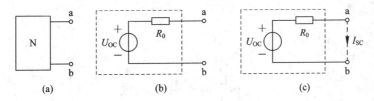

(a)　　　　　(b)　　　　　(c)

图 3-14　开路短路法示意图

由图 3-14(c) 可知:

$$U_{OC} = R_0 I_{SC} \tag{3-9}$$

所以

$$R_0 = \frac{U_{OC}}{I_{SC}} \tag{3-10}$$

在应用开路短路法求等效电阻时, 应注意 U_{OC} 和 I_{SC} 的方向。

【例 3.8】　如图 3-15(a) 所示的电路中, $R_1 = 5\ \Omega$, $R_2 = 15\ \Omega$, $I_S = 5$ A, 求 a、b 端的等效电阻 R_{ab}。

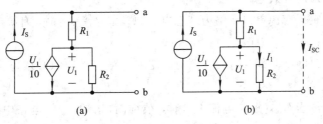

(a)　　　　　　　　　　(b)

图 3-15　例 3.8 图

解 由图 3-15(a)可知，电路中含有受控源，采用开路短路法求等效电阻。a、b 端短路时的电路如图 3-15(b)所示。

由图 3-15(a)求开路电压：

$$\begin{cases} U_{ab} = U_{OC} = 5 \times 5 + U_1 \\ U_1 = 15I_1 \\ I_1 = I - \dfrac{U_1}{10} \end{cases}$$

可解得

$$U_1 = 30 \text{ V}$$
$$U_{ab} = U_{OC} = 55 \text{ V}$$

由图 3-15(b)求短路电流：

$$I_{ab} = I_{SC} = 5 - I_1 - \frac{U_1}{10}$$

$$I_1 = \frac{U_1}{15}$$

$$U_1 = -5 \times (5 - I_{SC}) = -25 + 5I_{SC}$$

可解得

$$I_{ab} = I_{SC} = 5 - \frac{U_1}{15} - \frac{U_1}{10} = 5 - \frac{-25 + 5I_{SC}}{6}$$

$$I_{SC} = 5 \text{ A}$$

所以

$$R_0 = \frac{U_{OC}}{I_{SC}} = \frac{55}{5}\Omega = 11 \ \Omega$$

实际上，例 3.6、例 3.7、例 3.8 的无源网络是相同的，因此，其等效电阻也是相同的，这说明对同一个网络来说，无论用什么方法，得到的解是相同的。

应用戴维南定理或诺顿定理来等效有源线性单口网络时，可先求出该网络的开路电压、短路电流和等效电阻 3 个参数中的任意 2 个，如果需要求出第 3 个参数，可根据式(3-11)计算。

$$U_{OC} = R_0 i_{SC} \tag{3-11}$$

应用戴维南定理和诺顿定理需要注意的问题如下：

(1) 有源单口网络所连接的外电路可以是任意的线性或非线性电路，当外电路发生改变时，有源单口网络的等效电路不变。

(2) 当 $R_0 = 0$ 时，有源单口网络为理想电压源；当 $R_0 = \infty$ 时，有源单口网络为理想电流源，即此时只存在一种等效电路。

(3) 当有源单口网络内部含有受控源时，控制电路与受控源必须包含在被化简的同一部分电路中。

(4) 计算开路电压 U_{OC}(短路电流 i_{SC})时，戴维南(诺顿)等效电路中电压源电压(电流源电流)等于将外电路断开(短路)时的开路电压 U_{OC}(短路电流 i_{SC})，电压(电流)源方向与所求开路电压(短路电流)方向有关。计算 $U_{OC}(i_{SC})$ 可根据电路形式选择易于计算的任意方法。

(5) 等效电阻为将单口网络内部独立电源全部置零(电压源短路，电流源开路)后，所得无源单口网络的输入电阻。等效电阻常用下列 3 种方法计算：

① 当网络内部不含有受控源时，可采用电阻串并联和 $\triangle$-Y 互换的方法。

② 外加电源法，即加电压求电流或加电流求电压。

③ 开路电压、短路电流法，即先求得网络端口间的开路电压，再将端口短路，求得短路电流，最后求得 $R_0 = \dfrac{U_{OC}}{i_{SC}}$。

以上方法中后两种方法更具有一般性。

3.3.4　等效电源定理的应用

等效电源定理是分析电路的一个重要方法，要运用等效电源定理，首先要将电路分解为有源二端网络和待求支路。

【例 3.9】　如图 3 - 16(a)所示的电路中，$R_1 = 10\ \Omega$，$R_2 = 10\ \Omega$，$U_{S1} = 20\ \text{V}$，$U_{S2} = 10\ \text{V}$，求电流 I。

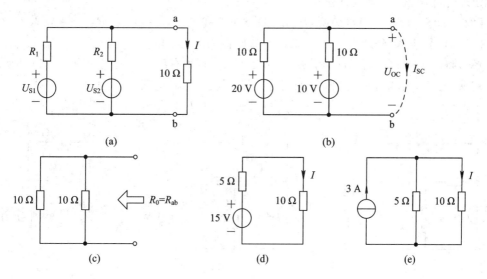

图 3 - 16　例 3.9 图

解　首先，将图 3 - 16(a)所示电路从 a、b 处断开，即将图 3 - 16(a)分为有源二端网络和待求支路两部分，其中，有源二端网络如图 3 - 16(b)所示。

解法一：　利用戴维南定理。由图 3 - 16(b)求开路电压 U_{OC}。由图 3 - 16(b)可得电流 I_1 为

$$I_1 = \frac{20 - 10}{10 + 10}\text{A} = 0.5\ \text{A}$$

所以

$$U_{OC} = 10I_1 + 10 = (10 \times 0.5 + 10)\ \text{V} = 15\ \text{V}$$

将图 3 - 16(b)中的独立源置零可得无源二端网络，如图 3 - 16(c)所示。由图 3 - 16(c)

可以看到两个 $10\ \Omega$ 的电阻为并联，因此可得

$$R_0 = R_{ab} = \frac{10 \times 10}{10 + 10}\Omega = 5\ \Omega$$

求得 U_{OC} 和 R_0 后可得戴维南等效电路，如图 $3-16$(d)所示。由图 $3-16$(d)可得

$$I = \frac{15}{10 + 5}\text{A} = 1\ \text{A}$$

解法二：利用诺顿定理。由图 $3-16$(b)求短路电流 I_{SC}。将有源二端网络 a、b 端短路，如图 $3-16$(b)中的虚线所示。因此可得

$$I_{SC} = \left(\frac{20}{10} + \frac{10}{10}\right)\text{A} = 3\ \text{A}$$

等效电阻与戴维南定理的等效电阻相同，即

$$R_0 = 5\ \Omega$$

所以可得诺顿等效电路如图 $3-16$(e)所示。由图 $3-16$(e)可得

$$I = \frac{5}{10 + 5} \times 3\ \text{A} = 1\ \text{A}$$

由本例可见，无论采用戴维南定理还是诺顿定理，其结果是相同的。因此，在利用等效电源定理时可根据具体情况任选一种。

【例 3.10】 如图 $3-17$(a)所示的电路中，$R_1 = 6\ \Omega$，$R_2 = 12\ \Omega$，$R_3 = 4\ \Omega$，$U_S = 12\ \text{V}$，$I_S = 0.5\ \text{A}$，求当 R_L 分别为 $2\ \Omega$、$4\ \Omega$、$16\ \Omega$ 时该电阻上的电流 I。

解 将图 $3-17$(a)所示的电路从 a、b 处断开，可得有源二端网络如图 $3-17$(b)所示。

解法一： 采用戴维南定理。由图 $3-17$(b)可见，开路电压 U_{OC} 为

$$U_{OC} = 4 \times 0.5 + 12I_1$$

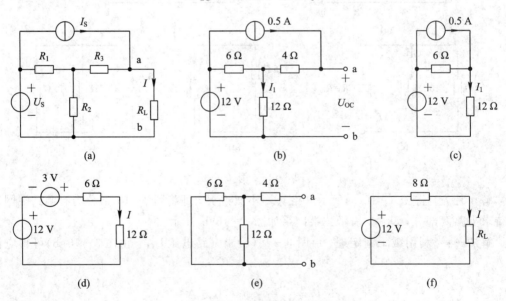

图 $3-17$ 例 3.10 利用戴维南定理求解用图

为了求出电流 I_1，可将图 $3-17$(b)等效为图 $3-17$(c)。由于图 $3-17$(b)中的 $4\ \Omega$ 电阻与电流源为串联，因此在等效时可将其去掉。将图 $3-17$(c)中的电流源与 $6\ \Omega$ 电阻的并联

等效为 3 V 电压源与 6 Ω 电阻的串联，可得图 3 - 17(d)。由图 3 - 17(d)可得

$$I_1 = \frac{12+3}{6+12}\text{A} = \frac{5}{6}\text{A}$$

所以

$$U_{OC} = \left(4 \times 0.5 + 12 \times \frac{5}{6}\right)\text{V} = 12\text{ V}$$

将图 3 - 17(b)所示的有源二端网络中的独立源置零，可得图 3 - 17(e)所示的无源二端网络，其电阻串、并联关系明确，可得

$$R_0 = R_{ab} = \left(\frac{12 \times 6}{12+6} + 4\right)\Omega = 8\text{ }\Omega$$

求得 U_{OC} 和 R_0 后可得戴维南等效电路，如图 3 - 17(a)所示。由图 3 - 17(f)可得

$$I = \frac{12}{8+R_L}$$

所以，当 $R_L = 2\text{ }\Omega$ 时，电流为

$$I = \frac{12}{8+2}\text{A} = 1.2\text{ A}$$

当 $R_L = 4\text{ }\Omega$ 时，电流为

$$I = \frac{12}{8+4}\text{A} = 1\text{ A}$$

当 $R_L = 16\text{ }\Omega$ 时，电流为

$$I = \frac{12}{8+16}\text{A} = 0.5\text{ A}$$

解法二： 采用诺顿定理。将图 3 - 17(b)所示的有源二端网络 a、b 端短路，如图 3 - 18(a)所示。

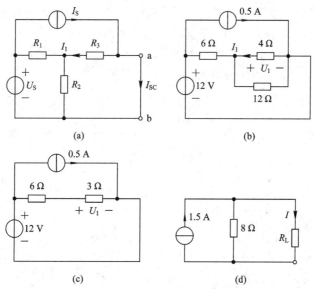

图 3 - 18　例 3.10 利用诺顿定理求解用图

短路电流 I_{SC} 为

$$I_{SC} = 0.5 - I_1$$

所以，只要求得电流 I_1，即可得短路电流 I_{SC}。

由于 a、b 端短路，因此可将图 3-18(a)等效为图 3-18(b)。由图 3-18(b)可知，4 Ω 电阻与 12 Ω 电阻并联，故又可将图 3-18(b)等效为图 3-18(c)。由图 3-18(c)可得

$$U_1 = \frac{3}{6+3} \times 12 \text{ V} = 4 \text{ V}$$

由图 3-18(b)可得

$$I_1 = -\frac{U_1}{4} \text{A} = -\frac{4}{4} \text{A} = -1 \text{ A}$$

所以

$$I_{SC} = [0.5 - (-1)] \text{A} = 1.5 \text{ A}$$

等效电阻 R_0 与用戴维南定理时相同，即

$$R_0 = 8 \text{ Ω}$$

诺顿等效电路如图 3-18(d)所示。由图 3-18(d)可得

$$I = \frac{8}{8 + R_L} \times 1.5$$

所以，当 $R_L = 2$ Ω 时，电流为

$$I = \frac{8}{8+2} \times 1.5 \text{ A} = 1.2 \text{ A}$$

当 $R_L = 4$ Ω 时，电流为

$$I = \frac{8}{8+4} \times 1.5 \text{ A} = 1 \text{ A}$$

当 $R_L = 16$ Ω 时，电流为

$$I = \frac{8}{8+16} \times 1.5 \text{ A} = 0.5 \text{ A}$$

由本例可知，当被求支路变化时，应用等效电源定理使得分析更加方便。

上述例题中的开路电压和短路电流，还可以采用网孔分析、结点分析等方法来求得。

【例 3.11】 如图 3-19(a)所示的电路中，$R_1 = 6$ Ω，$R_2 = 3$ Ω，$R_3 = 4$ Ω，$R_4 = 4$ Ω，$U_{S1} = 24$ V，$U_{S2} = 1$ V，求当 R_L 分别为 1 Ω、6 Ω 时的电流 I。

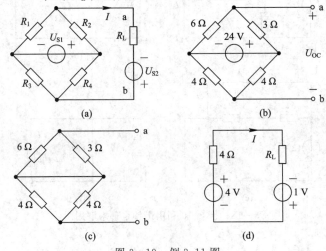

图 3-19 例 3.11 图

解　将图 3－19(a)所示电路从 a、b 处断开，可得有源二端网络，如图 3－19(b)所示。由图 3－19(b)可得

$$U_{OC} = \left(-\frac{3}{6+3} \times 24 + \frac{4}{4+4} \times 24 \right) V = 4\ V$$

将图 3－19(b)所示的有源二端网络中的独立电源置零，可得图 3－19(c)所示无源网络。由图 3－19(c)可得

$$R_0 = \left(\frac{6 \times 3}{6+3} + \frac{4 \times 4}{4+4} \right) \Omega = 4\ \Omega$$

求得 U_{OC} 和 R_0 后可得戴维南等效电路，如图 3－19(d)所示。由图 3－19(d)可得

$$I = \frac{4+1}{4+R_L} = \frac{5}{4+R_L}$$

所以，当 $R_L = 1\ \Omega$ 时，电流为

$$I = \frac{5}{4+1} A = 1\ A$$

当 $R_L = 6\ \Omega$ 时，电流为

$$I = \frac{5}{4+6} A = 0.5\ A$$

【例 3.12】　如图 3－20(a)所示的电路中，$R_1 = 10\ \Omega$，$R_2 = 10\ \Omega$，$U_S = 10\ V$，求戴维南、诺顿等效电路。

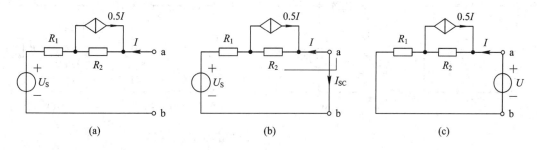

(a)　　　　　　　　　　(b)　　　　　　　　　　(c)

图 3－20　例 3.12 图

解　由图 3－20(a)所示电路可知，开路电压 U_{OC} 为
$$U_{OC} = U_{ab} = 10 \times 1.5I + 10I + 10$$
由于 ab 端开路，$I = 0$，所以
$$U_{OC} = 10\ V$$
图 3－20(b)将 a、b 端短路，可得
$$10 \times 1.5I + 10I + 10 = 0$$
$$I = -\frac{2}{5} A$$
$$I_{SC} = -I = \frac{2}{5} A$$

所以

$$R_0 = \frac{U_{OC}}{I_{SC}} = \frac{10 \times 5}{2} \Omega = 25\ \Omega$$

或由图 3-20(c)可得

$$10 \times 1.5I + 10I = U$$
$$U = 25I$$

所以

$$R = \frac{U}{I} = \frac{25I}{I} = 25 \ \Omega$$

由计算结果得到的戴维南、诺顿等效电路分别如图 3-21(a)、(b)所示。

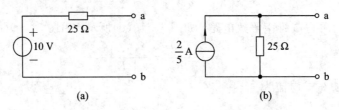

图 3-21 例 3.12 的戴维南、诺顿等效电路

【例 3.13】 如图 3-22(a)所示的电路中,已知电阻 R 消耗的功率为 15 W,$R_1 = 10 \ \Omega$,$R_2 = 10 \ \Omega$,$U_S = 10 \ V$,求电阻 R。

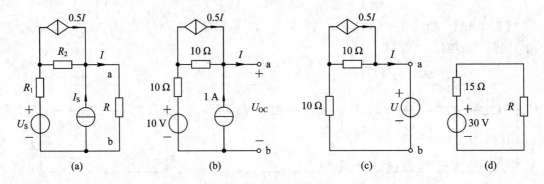

图 3-22 例 3.13 图

解 将图 3-22(a)所示电路从 a、b 处断开,可得有源二端网络如图 3-22(b)所示。由图 3-22(b)可知,a、b 端开路,$I = 0$,所以,开路电压 U_{OC} 为

$$U_{OC} = [(10 + 10) \times 1 + 10] \ V = 30 \ V$$

将图 3-22(b)所示的有源二端网络中的独立电源置零,再外加电压可得图 3-22(c)所示网络。由图 3-22(c)可得

$$U = -0.5I \times 10 - I \times 10$$

所以

$$R_0 = \frac{U}{-I} = \frac{-15I}{-I} = 15 \ \Omega$$

求得 U_{OC} 和 R_0 后可得戴维南等效电路如图 3-22(d)所示。由图 3-22(d)可得

$$P = \left(\frac{U_{OC}}{15 + R}\right)^2 R = \left(\frac{30}{15 + R}\right)^2 R = 15$$

解得

$$R = 15 \Omega$$

【**例 3.14**】　如图 3－23(a)所示的电路中，$R_1=3\ \Omega$，$R_2=12\ \Omega$，$R_3=3\ \Omega$，$R_4=4\ \Omega$，$R_5=3\ \Omega$，$U_S=6\ V$，$I_S=12\ A$，求电流 I。

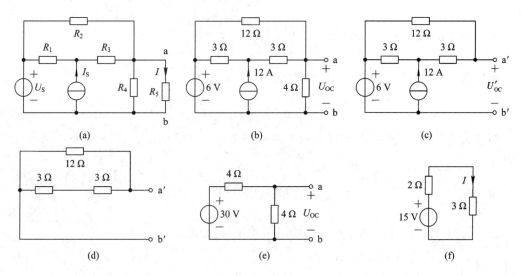

图 3－23　例 3.14 图

解　将图 3－23(a)所示电路从 a、b 处断开，可得有源二端网络如图 3－23(b)所示。为了更方便地求解，对图 3－23(b)中的 4 Ω 电阻再进行一次断开，可得如图 3－23(c)所示的有源二端网络。

由图 3－23(c)，可得

$$U'_{OC}=\left(\frac{3}{12+3+3}\times 12\times 12+6\right)\ V=30\ V$$

将图 3－23(c)所示的有源二端网络中的独立电源置零，可得图 3－23(d)所示的无源网络。由图 3－23(d)可得

$$R'_0=\frac{12\times(3+3)}{12+3+3}\ \Omega=4\ \Omega$$

将图 3－23(c)所示的有源二端网络所得的戴维南等效电路接上断开的 4 Ω 电阻，可得图 3－23(e)。由图 3－23(e)可得

$$U_{OC}=\frac{4}{4+4}\times 30\ V=15\ V$$

$$R_0=\frac{4\times 4}{4+4}\ \Omega=2\ \Omega$$

由 U_{OC} 和 R_0 可得如图 3－23(f)所示的戴维南等效电路。所以可得

$$I=\frac{15}{2+3}\ A=3\ A$$

【**例 3.15**】　如图 3－24(a)所示的电路中，N 为线性含源网络，电压表、电流表均是理想的。若当开关 S 置于"1"时，电流表的读数为 2 A，S 置于"2"时，电压表的读数为 6 V。求当开关 S 置于"3"时的电流 I。

解　理想电流表的内阻为零，因此，当开关 S 置于"1"时，等效电路如图 3－24(b)所示。电流表的读数即为短路电流 I，所以

$$I_{\mathrm{SC}} = 2\text{ A}$$

理想电压表的内阻为无穷大，因此，当开关 S 置于"2"时，等效电路如图 3-24(c) 所示。

电压表的读数即为开路电压 U_{OC}，所以

$$U_{\mathrm{OC}} = 6\text{ V}$$

由短路电流和开路电压可得等效电阻为

$$R_0 = \frac{U_{\mathrm{OC}}}{I_{\mathrm{SC}}} = \frac{6}{2}\Omega = 3\ \Omega$$

当开关 S 置于"3"时，戴维南等效电路如图 3-24(d)所示。由图 3-24(d)可得电流 I 为

$$I = \frac{6}{3+3}\text{A} = 1\text{ A}$$

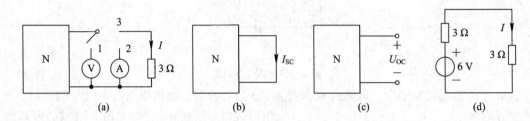

图 3-24　例 3.15 图

从上述举例可见，等效电路定理是一种非常灵活的分析方法。要想很好地掌握这种方法，必须要进行大量的练习，希望读者能在练习的过程中，认真体会、总结，以达到熟练掌握。

3.4　最大功率传输定理

在电子技术中，将电源提供的功率传输到负载需要研究两个基本问题。一是负载从给定的电源获得最大功率问题，即最大功率传输问题，通信系统最能说明这个问题，因为通信系统中要传输的电信号是微弱信号，所以应尽量使负载获得较多的功率；二是功率传输的效率问题。电力供电系统就是最好的例子，电能从发电厂产生，经传输送到每个用户，如果功率传输的效率低，则产生的功率有很大部分消耗在传输中，形成能源的浪费。

下面讨论最大功率传输问题及功率传输的效率问题。

3.4.1　电压、功率与电流之间的变化规律

电压、功率与电流之间的变化规律如图 3-25 所示。

(1) R_0 上的电压 u_0 与电流 i 的关系为

$$u_0 = iR_0 \tag{3-12}$$

式(3-12)说明，u_0 与 i 成正比，在直角坐标系中是一条过原点、斜率与 R_0 成正比的直线，如图 3-25 中的直线①所示。由图 3-25 可知，当 $R_{\mathrm{L}} = 0$ 时，电流 i 最大，$i = i_{\mathrm{SC}} = u_{\mathrm{OC}}/R_0$，$R_0$ 上的电压最大，$u_{\mathrm{OC}} = u_0$。

（2）负载 R_L 上的电压 u_L 与电流 i 的关系为

$$u_L = iR_L = u_{OC} - u_0 = u_{OC} - iR_0$$

$$(3-13)$$

式（3-13）是一条斜率为 $-R_0$ 有截距的直线，如图 3-25 中的直线②所示。当 $i=0$ 时，$u_L = u_{OC}$；当 $i = i_{SC} = u_{OC}/R_0$ 时，$u_L = 0$。

（3）电源供给电路的功率 $-P_S$ 与电流 i 的关系为

$$P_S = u_{OC} i \qquad (3-14)$$

式（3-14）是一条过原点、斜率与 u_{OC} 成正比的直线，如图 3-25 中的直线③所示。电源向电路提供的功率 P_S 与电流成正比，当 $i = i_{SC} = u_{OC}/R_0$ 时，$P_S = u_{OC} i_{SC} = u_{OC}^2/R_0$ 达到最大。

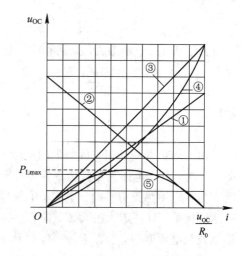

图 3-25　电压、电流和功率之间的关系

（4）R_0 的功率损耗 P_0 与电流 i 的关系为

$$P_0 = u_0 i = i^2 R_0 \qquad (3-15)$$

式（3-15）说明，P_0 与 i^2 成正比，所以是一条过原点、开口向上的抛物线，如图 3-25 中的曲线④所示。i 增大，P_0 增大，当 $i = i_{SC}$ 时，$P_0 = i_{SC}^2 R_0 = u_{OC}^2/R_0 = P_S$ 达到最大，电源提供的功率全部消耗在 R_0 上。

（5）负载 R_L 获得的功率 P_0 与电流 i 的关系为

$$P_L = u_L i = P_S - P_0 = u_{OC} i - i^2 R_0 \qquad (3-16)$$

式（3-16）说明，P_L 与 i 呈平方函数关系。$i=0$ 时，$P_L = 0$；当 $i = i_{SC}$ 时，$P_L = 0$。所以，这是一条过原点、开口向下的抛物线，如图 3-25 中的曲线⑤所示。

3.4.2　最大功率传输定理

1. 负载获得最大功率的条件

在实际工程中，大部分电子设备的供电电源，无论是直流稳压电源，还是不同波形的交流信号源，都是由两个引出端与设备相连接。对电源来说，用电设备是电源的负载；对负载来说，电源是一个有源二端网络。当负载变化时，电源传输给负载的功率也发生变化，那么，当电源和负载之间满足什么关系时，负载能够从电源获得最大的功率，其最大功率又是多少呢？这一问题往往决定着电子设备能否工作在最佳状态，这就是最大功率传输定理要回答的问题。

为了推导负载获得最大功率的条件，将有源二端网络等效为一个如图 3-26 所示的戴维南等效电路，点画线框内为戴维南等效电源，其中，R_L 为负载。

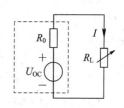

由图 3-26 可知：

$$I = \frac{U_{OC}}{R_0 + R_L} \qquad (3-17)$$

则电源传给负载的功率为

图 3-26　等效电压源与
负载

$$P_L = R_L I^2 = R_L \left(\frac{U_{OC}}{R_0 + R_L} \right)^2 \qquad (3-18)$$

为了求出 P_L 的最大值，可由 P_L 对 R_L 求导数并令其导数为零，即

$$\frac{\mathrm{d}P_L}{\mathrm{d}R_L} = U_{OC}^2 \frac{(R_0 + R_L)^2 - 2R_L(R_0 + R_L)}{(R_0 + R_L)^2} = 0 \qquad (3-19)$$

解得

$$R_L = R_0 \qquad (3-20)$$

因为当负载变化时，负载上的电流、电压也随之变化，所以负载上的功率也会变化。当 $R_L = 0$ 时，其上电压为零，功率为零；当 $R_L = \infty$ 时，其上电流为零，功率为零；而当负载既不为零也不为无穷大时，电流、电压均不为零，功率也不为零。所以，当 $R_L = R_0$ 时，功率达到极值，且一定为极大值，即 $R_L = R_0$ 是负载获得最大功率的条件。通常当 $R_L = R_0$ 时称负载与电源匹配，所以 $R_L = R_0$ 也称为最大功率匹配(match)条件。

2. 最大功率传输定理

将 $R_L = R_0$ 代入式(3-18)可得

$$P_{Lmax} = \frac{U_{OC}^2}{4R_0} = \frac{U_{OC}^2}{4R_L} \qquad (3-21)$$

如果将有源二端网络等效为一个如图 3-27 所示的诺顿等效电路，则可得最大功率

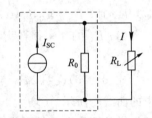

图 3-27 等效电流源与
负载

$$P_{Lmax} = \frac{1}{4} I_{SC}^2 R_0 = \frac{1}{4} I_{SC}^2 R_L \qquad (3-22)$$

最大功率传输定理(maximum power transfer theorem)：由有源线性单口网络传递给可变负载的功率为最大的条件是负载 R_L 应与戴维南等效电路或诺顿等效电路的等效电阻相等，即满足 $R_0 = R_L$ 时，称为最大功率匹配，此时负载得到的最大功率由式(3-21)或式(3-22)确定。

最大功率传递定理是在 R_L 可变的情况下得出的，如果 R_0 可变而 R_L 固定，则应使 R_0 尽量减小，才能使 R_L 获得的功率增大。当 $R_0 = 0$ 时，R_L 获得最大功率。

需要注意以下几点：

(1) 最大功率传输定理用于一端口电路给定且负载电阻可调的情况；

(2) 一端口等效电阻消耗的功率实际上一般不等于端口内部消耗的功率，因此当负载获取最大功率时，电路的传输效率并不一定是 50%；

(3) 计算最大功率问题结合戴维南定理或诺顿定理应用最方便。

【例 3.16】 如图 3-28 所示的电路中，$R_1 = 1\ \Omega$，$R_2 = 1\ \Omega$，$R_3 = 0.5\ \Omega$，$U_S = 15\ \mathrm{V}$，$U_S' = 13\ \mathrm{V}$，如电阻 R_L 可变。

(1) 求 $R_L = 0.5\ \Omega$ 时 R_L 上获得的功率；

(2) 求 $R_L = 2\ \Omega$ 时 R_L 上获得的功率；

(3) R_L 为何值时，R_L 上能获得最大功率？最大功率 P_{Lmax} 为多少？

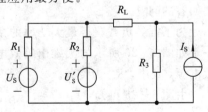

图 3-28 例 3.16 图

解 首先断开负载电阻，得有源二端网络如图 3-29(a)所示。

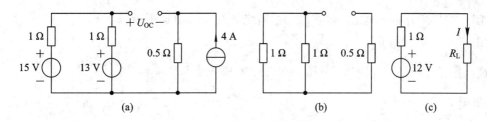

图 3 - 29　例 3.16 解题图

由图 3 - 29(a)可得

$$I_1 = \frac{15 - 13}{1 + 1} \text{A} = 1 \text{ A}$$

$$U_{\text{OC}} = I_1 \times 1 + 13 - 4 \times 0.5 = 12 \text{ V}$$

由图 3 - 29(b)可得

$$R_0 = \left(\frac{1 \times 1}{1 + 1} + 0.5 \right) \text{A} = 1 \text{ } \Omega$$

根据 U_{OC} 和 R_0 可得等效电路如图 3 - 29(c)所示。由图 3 - 29(c)可得

$$I = \frac{12}{1 + R_{\text{L}}}$$

(1) $R_{\text{L}} = 0.5\Omega$ 时：

$$I = \frac{12}{1 + 0.5} \text{A} = 8 \text{ A}$$

R_{L} 上获得的功率为

$$P_{\text{L}} = I^2 R_{\text{L}} = 8^2 \times 0.5 \text{W} = 32 \text{ W}$$

(2) $R_{\text{L}} = 2\Omega$ 时：

$$I = \frac{12}{1 + 2} \text{A} = 4 \text{ A}$$

R_{L} 上获得的功率为

$$P_{\text{L}} = I^2 R_{\text{L}} = 4^2 \times 2 \text{W} = 32 \text{ W}$$

(3) 当 $R_{\text{L}} = R_0 = 1\Omega$ 时，R_{L} 上获得的功率最大。其最大功率为

$$P_{\text{Lmax}} = \frac{U_{\text{OC}}^2}{4R_0} = \frac{12^2}{4 \times 1} \text{W} = 36 \text{ W}$$

由此例可见，无论 $R_{\text{L}} > R_0$ 或 $R_{\text{L}} < R_0$，其上的功率都比 $R_{\text{L}} = R_0$ 时小，这就是最大功率传输的含义。

【例 3.17】　如图 3 - 30(a)所示的电路中，$R_1 = 3 \text{ } \Omega$，$R_2 = 6 \text{ } \Omega$，$R_3 = 3 \text{ } \Omega$，$U_{\text{S}} = 12 \text{ V}$，如电阻 R_{L} 可变，负载 R_{L} 为何值时可获得最大功率？最大功率等于多少？

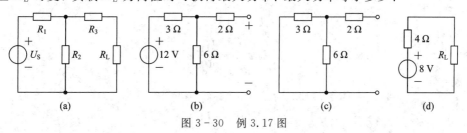

图 3 - 30　例 3.17 图

解 首先断开负载电阻，得有源二端网络如图 3-30(b)所示。

由图 3-30(b)可得

$$U_{OC} = \frac{6}{3+6} \times 12 \text{ V} = 8 \text{ V}$$

由图 3-30(c)可得

$$R_0 = \left(\frac{3 \times 6}{3+6} + 2 \right) \Omega = 4 \text{ }\Omega$$

根据 U_{OC} 和 R_0 可得戴维南等效电路如图 3-30(d)所示。所以可得负载获得最大功率的条件为 $R_L = R_0 = 4 \text{ }\Omega$。其最大功率为

$$P_{Lmax} = \frac{U_{OC}^2}{4R_0} = \frac{8^2}{4 \times 4} \text{W} = 4 \text{ W}$$

【例 3.18】 如图 3-31(a)所示的电路中，$R_1 = 5 \text{ }\Omega$，$R_2 = 15 \text{ }\Omega$，$I_S = 5 \text{ A}$，问电阻 R_L 为何值时可获得最大功率，并求出该最大功率。

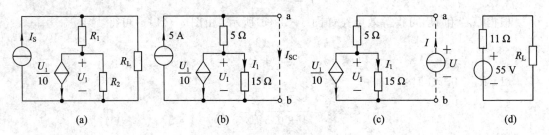

图 3-31 例 3.18 解题用图

解 断开负载电阻，得有源二端网络如图 3-31(b)所示。

由图 3-31(b)可得开路电压为

$$U_{OC} = 5 \times 5 + U_1$$

因为

$$U_1 = 15I_1$$

$$I_1 = 5 - \frac{U_1}{10}$$

所以，可解得

$$U_{OC} = 55 \text{ V}$$

采用外加电压法求等效电阻，外加电压后的电路如图 3-31(c)，由图 3-31(c)可得

$$U = 5I + U_1$$

因为

$$U_1 = 15I_1$$

$$I_1 = I - \frac{U_1}{10}$$

所以

$$I_1 = \frac{1}{2.5}I$$

$$U = 5I + 15I_1 = 11I$$

可得等效电阻

$$R_0 = \frac{U}{I} = 11\ \Omega$$

根据 U_{OC} 和 R_0 可得如图 3-31(d)所示的戴维南等效电路。

当 $R_L = 11\ \Omega$ 时可获得最大功率，其最大功率为

$$P_{Lmax} = \frac{U_{OC}^2}{4R_0} = \frac{55^2}{4 \times 11}\text{W} - 68.75\ \text{W}$$

【例 3.19】　如图 3-32(a)所示的电路中，$R_1 = 10\ \Omega$，$R_2 = 60\ \Omega$，$U_S = 30\ \text{V}$，$I_S = 1\ \text{A}$，负载电阻可任意改变，电阻为何值时可获得最大功率？求出该最大功率。

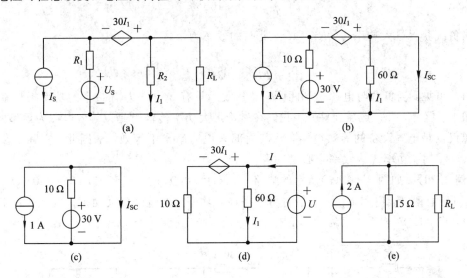

图 3-32　例 3.19 图

解　选用诺顿定理求解。将图 3-32(a)所示电路中的负载断开，可得有源二端网络，短路有源二端网络可得图 3-32(b)所示电路。由图 3-32(b)可知，短路线短路了 60Ω 电阻，因此可知 $I_1 = 0$，所以受控源的电压为零。短路后的等效电路如图 3-32(c)所示。

由图 3-32(c)可得

$$I_{SC} = \left(\frac{30}{10} - 1\right)\text{A} = 2\ \text{A}$$

采用外加电压法求等效电阻，图 3-32(b)电路令独立源置零并外加电压后可得图 3-32(d)，由图 3-32(d)可得

$$\begin{cases} U = 60I_1 \\ I = I_1 + \dfrac{U - 30I_1}{10} \end{cases}$$

可解得

$$U = 15I$$

所以

$$R_0 = \frac{U}{I} = 15\ \Omega$$

诺顿等效电路如图 3 - 32(e)所示。由图 3 - 32(e)可知，负载获得最大功率时 $R_\mathrm{L} = R_0 = 15\ \Omega$，最大功率为

$$P_\mathrm{Lmax} = \frac{1}{4} I_\mathrm{SC}^2 R_0 = \frac{1}{4} \times 2^2 \times 15\ \mathrm{W} = 15\ \mathrm{W}$$

3.4.3 功率传输效率

功率传输效率(efficiency of transmission)为负载获得的功率与电源产生的功率的比值，用 η 表示。若用 P_L 表示负载获得的功率，用 P_S 表示电源提供的功率，则 η 为

$$\eta = \frac{P_\mathrm{L}}{P_\mathrm{S}} \times 100\%$$

当负载获得最大功率时，$R_\mathrm{L} = R_0$，此时的效率为

$$\eta = \frac{P_\mathrm{Lmax}}{P_0 + P_\mathrm{Lmax}} = \frac{P_\mathrm{Lmax}}{2P_\mathrm{Lmax}} = 50\%$$

由此可见，当负载与电源达到匹配时，其效率只有 50%，即有一半的功率损耗在电源的内阻上。但是，有一点需要注意，我们在讨论最大功率传输时是以等效电源为模型的，等效电源仅仅是电气设备的等效电路，就其内部来说功率是不等效的，因此，实际上负载获得最大功率时，功率传输效率未必是 50%。

【例 3.20】 如图 3 - 33(a)所示的电路中，$R_1 = 30\ \Omega$，$R_2 = 150\ \Omega$，$U_\mathrm{S} = 360\mathrm{V}$，负载电阻 R_L 可任意改变，电阻 R_L 为何值时可获得最大功率？求出该最大功率。当负载获得最大功率时，求 360 V 电源产生的功率传输给 R_L 的百分比。

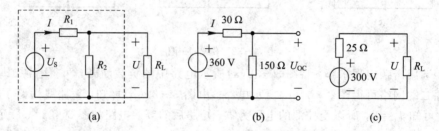

图 3 - 33 例 3.20 图

解 断开负载可得有源二端网络如图 3 - 33(b)所示电路。

由图 3 - 33(b)可得开路电压和等效电阻为

$$U_\mathrm{OC} = \frac{150}{150 + 30} \times 360\ \mathrm{V} = 300\ \mathrm{V}$$

$$R_0 = \frac{30 \times 150}{30 + 150}\Omega = 25\ \Omega$$

戴维南等效电路见图 3 - 33(c)。由图 3 - 33(c)可知，当

$$R_\mathrm{L} = R_0 = 25\ \Omega$$

时负载获得最大功率，最大功率为

$$P_\mathrm{Lmax} = \frac{U_\mathrm{OC}^2}{4R_0} = \frac{300^2}{4 \times 25}\mathrm{W} = 900\ \mathrm{W}$$

当负载获得最大功率时，电压 U 为

$$U = \frac{25}{25+25} \times 300 \text{ V} = 150 \text{ V}$$

由图 3 - 33(a)可得 360 V 电源产生的电流为

$$I = \frac{360 - U}{30} = \frac{210}{30} \text{A} = 7 \text{ A}$$

所以，360 V 电源产生的功率为

$$P_\text{S} = UI = 7 \times 360 \text{ W} = 2050 \text{ W}$$

传输百分比为

$$\eta = \frac{900}{2520} = 35.71\%$$

由例 3.20 可见，等效电源的功率传输效率是 50%，但实际电源的功率传输效率小于 50%，仅为 35.71%。

【例 3.21】　已知电路如图 3 - 34(a)所示。

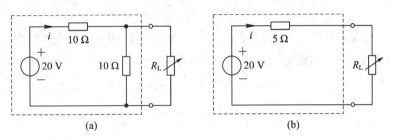

图 3 - 34　例 3.21 图

(1) 求负载 R_L 获得最大功率时的值；

(2) 计算此时 R_L 得到的功率；

(3) 当 R_L 获得最大功率时，求 20 V 电源产生的功率传递给 R_L 的百分数。

解　(1) 先求虚线框内有源线性单口网络的戴维南等效电路：

$$U_\text{OC} = 20 \times \frac{10}{20} \text{V} = 10 \text{ V}$$

$$R_0 = \frac{10 \times 10}{20} \Omega = 5 \text{ }\Omega$$

其等效电路如图 3 - 34(b)所示。因此，当 $R_\text{L} = R_0 = 5 \text{ }\Omega$ 时，R_L 获得最大功率。

(2) R_L 获得的最大功率为

$$P_\text{max} = \frac{u_\text{OC}}{4R_0} = \frac{10^2}{4 \times 5} \text{W} = 5 \text{ W}$$

(3) 当 $R_\text{L} = 5 \text{ }\Omega$ 时，其两端电压为

$$10 \times \frac{5}{5+5} \text{V} = 5 \text{ V}$$

流过 20 V 电源的电流为

$$i = \frac{20 - 5}{10} \text{A} = 1.5 \text{ A}$$

即 20 V 电源发出了 30 W 功率。负载所得功率的百分数为

$$\left|\frac{P_{\max}}{P_S}\right| = \frac{5}{30} \times 100\% = 16.67\%$$

【例 3.22】 已知图 3-35(a)所示电路中,$U_S = 16$ V,$I_S = 16$ A,$R_S = 8$ Ω,$R_1 = 4$ Ω,$R_2 = 20$ Ω,$R_3 = 9$ Ω,R_L 为何值时其上获得的功率最大?计算该最大功率 P_{Lmax}。

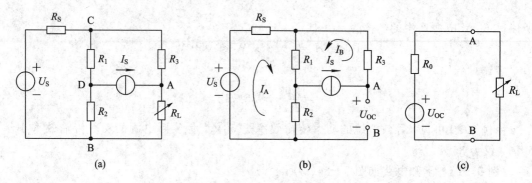

图 3-35 例 3.22 图

解 从 A、B 间断开 R_L,其电路如图 3-35(b)所示,应用回路电流法求图 3-35(b)所示的戴维南等效电路。设各回路电流参考方向如图所示,考虑到 $I_B = I_S$,I_A 回路电压方程为

$$I_A(R_S + R_1 + R_2) + I_B R_1 = U_S$$

$$I_A = \frac{U_S - I_B R_1}{R_S + R_1 + R_2} = \frac{16 - 1 \times 4}{8 + 4 + 20} = \frac{3}{8} \text{A}$$

则

$$U_{OC} = I_B R_3 + (I_A + I_B)R_1 + I_A R_2 = 1 \times 9 + \left(1 + \frac{3}{8}\right) \times 4 + \frac{3}{8} \times 20 = 22 \text{ V}$$

$$R_0 = R_S /\!/ (R_1 + R_2) + R_3 = \frac{8 \times (4 + 20)}{8 + 4 + 20} + 9 = 15 \text{ Ω}$$

图 3-35(a)的戴维南等效电路如图 3-35(c)所示,当 $R_L = R_0 = 15$ Ω 时,负载 R_L 上获得的最大功率 P_{Lmax} 为

$$P_{\text{Lmax}} = \frac{1}{4} \frac{U_{OC}^2}{R_0} = \frac{1 \times 22^2}{4 \times 15} = 8.07 \text{ W}$$

【例 3.23】 有一台最大输出功率为 40 W 的扩音机,其输出电阻为 8 Ω,现有 8 Ω、10 W 低音扬声器两只,16 Ω、20 W 高音扬声器 1 只,应如何连接?为什么不能像电灯那样全部并联?

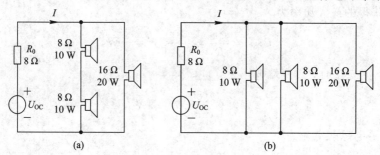

图 3-36 例 3.23 图

解　(1) 应将两只 $8\ \Omega$ 扬声器串联后，再与 $16\ \Omega$ 扬声器并联，电路如图 $3-36$(a)所示。其负载等效电阻为

$$R_{\mathrm{L}}=\frac{(8+8)\times 16}{(8+8)+16}=8\ \Omega$$

满足 $R_{\mathrm{L}}=R_0$ 时，扬声器即可获得最大功率，且各扬声器获得的功率与额定功率相等，由此可以推算出

$$I=\sqrt{\frac{40}{8}}=2.24\ \mathrm{A}$$

$$U_{\mathrm{OC}}=16I=16\times 2.24=35.84\ \mathrm{V}$$

(2) 若将 3 个扬声器并联，电路如图 $3-36$(b)所示，此时等效电阻为

$$R_{\mathrm{L}}=8\ /\!/\ 8\ /\!/\ 16=3.2\ \Omega$$

$R_{\mathrm{L}}<R_0$，若 U_{OC} 不变，则

$$I=\frac{U_{\mathrm{OC}}}{8+3.2}=3.2\mathrm{A}$$

R_{L} 获得的功率为

$$P_{\mathrm{L}}=I^2 R_{\mathrm{L}}=3.2^2\times 3.2=32.77\ \mathrm{W}$$

扬声器的端电压为

$$U_{\mathrm{L}}=U_{\mathrm{OC}}-IR_0=35.84-3.2\times 8=10.24\ \mathrm{V}$$

每只 $8\ \Omega$ 扬声器获得的功率为

$$P_8=\frac{U_{\mathrm{L}}^2}{8}=13.1\mathrm{W}>10\ \mathrm{W}$$

$8\ \Omega$ 扬声器过载，可能被烧毁。由此可见，电阻不匹配造成的后果是严重的(R_0 消耗的功率大于电阻匹配时消耗的功率，会造成扬声器被烧毁)。

【**例 3.24**】　图 $3-37$ 所示的电路是晶体管放大电路的等效电路，R_{L} 为多大时，$P_{\mathrm{L}}=P_{\mathrm{Lmax}}$？

解　从 A、B 间断开 R_{L}，求电路的输出电阻 R_0，这里应用开路短路法求 R_0。

开路时

$$u_{\mathrm{OC}}=-\beta i_{\mathrm{b}}R_{\mathrm{C}}$$

因为

$$u_{\mathrm{S}}=i_{\mathrm{b}}r_{\mathrm{be}}+i_{\mathrm{e}}R_{\mathrm{E}}$$

$$i_{\mathrm{e}}=i_{\mathrm{b}}+\beta i_{\mathrm{b}}=(1+\beta)i_{\mathrm{b}}$$

所以

$$i_{\mathrm{b}}=\frac{u_{\mathrm{S}}}{r_{\mathrm{be}}+(1+\beta)R_{\mathrm{E}}}$$

$$u_{\mathrm{OC}}=-\beta\frac{u_{\mathrm{S}}R_{\mathrm{C}}}{r_{\mathrm{be}}+(1+\beta)R_{\mathrm{E}}}$$

短路时

$$i_{\mathrm{b}}=\frac{u_{\mathrm{S}}}{r_{\mathrm{be}}+(1+\beta)R_{\mathrm{E}}}$$

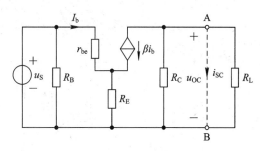

图 $3-37$　例 3.24 图

$$i_{SC} = -\beta \frac{u_S}{r_{be} + (1+\beta)R_E}$$

故

$$R_0 = \frac{u_{OC}}{i_{SC}} = R_C$$

即，当 $R_L = R_C$ 时，有 $P_L = P_{Lmax}$。

在电力电路传输系统中，传输的功率大，要求效率高，否则能量的损耗太大，所以不能工作在匹配状态；电子电信网络中，输送的功率小，不需要考虑效率问题，常常设法工作在匹配状态，使负载获得最大功率。

3.5　互易定理和电路的对偶性

3.5.1　互易定理

互易性(reciprocity)是线性电路的一种特殊性质，它广泛应用于网络的灵敏度分析、测量技术等方面。在电路理论中，阐明这一性质的理论称为互易定理。

互易定理为：对于一个仅含线性电阻的二端口网络，在只有一个激励源的情况下，当激励与响应位置互换时，同一激励产生的响应相同。其具体有三种形式，下面分别给予说明。

1. 形式一

在图 3-38(a)所示的电路中，激励为加在二端口网络 N_R 的 1-1′端的电压源 u_{S1}，响应为二端口网络 N_R 的 2-2′端的短路电流 i_2。若将其激励与响应互易，可得图 3-38(b)所示的电路。在图 3-38(b)中，激励为二端口网络 N_R 的 2-2′端的电压源 u_{S2}，响应为二端口网络 N_R 的 1-1′端的短路电流 i_1，则有

$$\frac{i_2}{u_{S1}} = \frac{i_1}{u_{S2}} \tag{3-23}$$

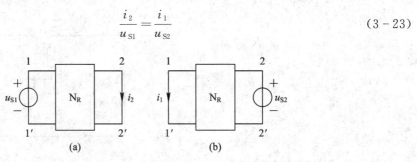

图 3-38　互易定理形式一

式(3-23)表明，互易前响应与激励的比值等于互易后响应与激励的比值，显然，若电压源 u_{S1} 与 u_{S2} 相等，则短路电流 i_2 等于 i_1。

2. 形式二

在图 3-39(a)所示的电路中，激励为加在二端口网络 N_R 的 1-1′端的电流源 i_{S1}，响应

为二端口网络 N_R 的 2-2'端的开路电压 u_2。若将其激励与响应互易，可得图 3-39(b)所示的电路。在图 3-39(b)中，激励为二端口网络 N_R 的 2-2'端的电流源 i_{S2}，响应为二端口网络 N_R 的 1-1'端的开路电压 u_1，则有

$$\frac{u_2}{i_{S1}} = \frac{u_1}{i_{S2}} \qquad\qquad (3-24)$$

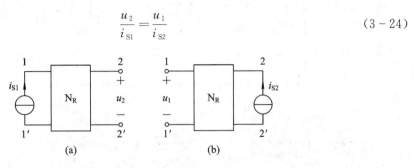

图 3-39　互易定理形式二

式(3-24)表明，互易前响应与激励的比值等于互易后响应与激励的比值。显然，若电流源 i_{S1} 与 i_{S2} 相等，则开路电压 u_2 等于 u_1。

3. 形式三

在图 3-40(a)所示的电路中，激励为加在二端口网络 N_R 的 1-1'端的电流源 i_{S1}，响应为二端口网络 N_R 的 2-2'端的短路电流 i_2。在图 3-40(b)所示的电路中，激励为二端口网络 N_R 的 2-2'端的电压源 u_{S2}，响应为二端口网络 N_R 的 1-1'端的开路电压 u_1。虽然两图中的激励与响应已变化，但仍满足互易定理，有

$$\frac{i_2}{i_{S1}} = \frac{u_1}{u_{S2}} \qquad\qquad (3-25)$$

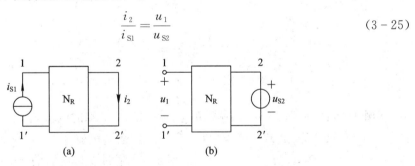

图 3-40　互易定理形式三

式(3-25)表明，互易前响应与激励的比值等于互易后响应与激励的比值，显然，若电流源 i_{S1} 的值与电压源 u_{S2} 的值相等，则短路电流 i_2 的值等于开路电压 u_1 的值。

【例 3.25】　如图 3-41(a)所示的电路中，$R_1 = 6\ \Omega$，$R_2 = 6\ \Omega$，$R_3 = 4\ \Omega$，$R_4 = 12\ \Omega$，$R_5 = 3\ \Omega$，$U_S = 30\ V$，求电流 I。

解　图 3-41(a)所示电路中的电阻不是混联电路，直接分析有一定的困难，利用互易定理形式一将其转化为图 3-41(b)。由图 3-41(b)可见，求解转化为了求短路电流。

将图 3-41(b)进一步化简为图 3-41(c)，由图 3-41(c)可知，要想求出短路电流 I，必须先求出电流 I_1、I_2 和 I_3。为了求 I_1，将图 3-41(c)等效为图 3-41(e)，由图 3-41(e)可得

$$I_1 = \frac{30}{4+4+2}\text{A} = 3\ \text{A}$$

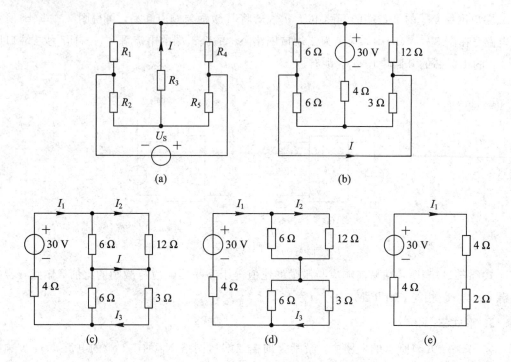

图 3-41　例 3.25 图

由图 3-41(d)可得

$$I_2 = \frac{6}{12+6} \times 3 \text{ A} = 1 \text{ A}$$

$$I_3 = \frac{6}{3+6} \times 3 \text{ A} = 2 \text{ A}$$

所以

$$I = I_3 - I_2 = (2-1) \text{ A} = 1 \text{ A}$$

【例 3.26】　如图 3-42(a)所示的电路中，当 1-1′端的电流源 $I_{S1} = 2$ A 时，测得 1-1′端的电压 $U_1 = 10$ V，2-2′端的开路电压 $U_2 = 5$ V。若将电流源 I_{S1} 接于 2-2′端，同时 1-1′端跨接一个 5 Ω 的电阻，电路如图 3-42(b)所示，求通过 5 Ω 电阻的电流 I。

解　该电路在电流源位置互换后，在 1-1′端又跨接一个 5 Ω 的电阻，电路的结构发生了变化，不能直接应用互易定理。但可利用互易定理来求解所需的量，完成戴维南等效电路。

首先，断开图 3-42(b)中 5 Ω 的电阻，得图 3-42(c)所示的有源二端网络，求开路电压 U_{OC}。比较图 3-42(a)与图 3-42(c)可知，图 3-42(a)与图 3-42(c)满足互易定理形式二，因此，开路电压为

$$U_{OC} = 5 \text{ V}$$

图 3-42(b)所示的有源二端网络只有一个电流源，将其开路可得无源网络，由于不可能知道电阻网络 N_R 中电阻的连法，因此采用外加电流法求等效电阻，外加电流后的电路如图 3-42(d)所示。由外加电流法可知，外加的电流是任意的，其两端的电压是外加电流的函数，外加的电流与其两端的电压一一对应。比较图 3-42(d)与(a)可知，其电路形式完全一样。因此，由已知条件中电流为 2 A、两端的电压为 10 V，可得等效电阻为

$$R_0 = \frac{U}{I} = \frac{U_1}{I_{S1}} = \frac{10}{2}\Omega = 5 \ \Omega$$

由此，可得等效电路如图 3 - 42(e)所示。由图 3 - 42(e)可得

$$I = \frac{5}{5+5}A = 0.5 \ A$$

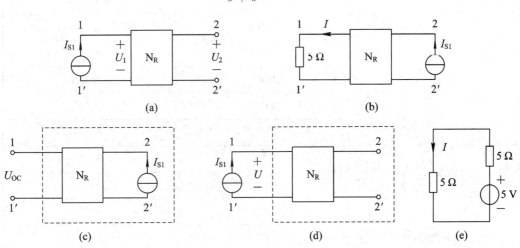

图 3 - 42　例 3.26 图

3.5.2　电路的对偶性

从前面的学习过程中可以发现，电路中的许多变量、元件、结构及定律等都是成对出现的，它们存在明显的一一对应关系，这种对应关系就称为电路的对偶特性(duality)。利用对偶特性，可以帮助我们发现对偶电路的规律；同时，可以使需要分析的电路和需要记忆的电路特性减少一半。

例如，对于电阻元件，其元件上的约束关系为欧姆定律，即

$$U = RI$$

若将表达式中的 I 和 U 对换，将电阻 R 换为电导 G，则可得欧姆定律的另一种表达式：

$$I = GU$$

这种特性就是电路的对偶性。

电路变量电流与电压对偶，电路结构节点与网孔对偶，电路定律 KCL 与 KVL 对偶。在电路分析中，将上述对偶的变量、元件、结构、定律等统称为对偶元素。互为对偶的元素其数学表达式形式相同，若将其中一式的各元素用它的对偶元素替换，则得到另一表达式。像这样具有对偶性质的关系式称为对偶关系式。

电路的对偶特性是电路的一个普遍性质，电路中存在大量对偶元素。表 3 - 1 给出电路中常见的互为对偶的元素。

应当指出，对偶电路反映了不同结构电路之间存在的对偶特性，它与等效变换是两个不同的概念。两个等效电路的对外特性完全相同，而对偶两电路的对外特性一般不相同。

利用对偶的概念，可将许多公式对应起来，注意总结和观察，对学习会大有帮助。表中列举的常用元素将在后续内容中讨论，请读者注意总结对比。

表 3 – 1 电路中的常见对偶量

	电压 u	电流 i
对偶变量	电荷 q	磁链 Ψ
	网孔电流	结点电压
对偶元件	电阻 R	电导 G
	电容 C	电感 L
	电压源 U_s	电流源 I_s
	VCCS	CCVS
	VCVS	CCCS
对偶约束关系	KCL	KVL
	$u=Ri$	$i=Gu$
对偶电路结构	串联	并联
	短路($R=0$)	开路($G=0$)
	独立结点	网孔
对偶电路方程	结点 KCL 方程	网孔 KVL 方程
对偶分析方法	结点电压法	网孔电流法

3.6 知识拓展与实际应用

3.6.1 电路设计与故障诊断

1. 电路设计

第 2 章对简单电路的设计进行了分析,这里通过举例对复杂电路的设计进行分析。

【例 3.27】 设计一个电路,该电路包含一个 5 V 电压源与 10 Ω 电阻串联的支路,一个 2 A 电流源,3 个不同的电阻及一个受 10 Ω 电阻两端电压控制的 VCCS(控制系数 $g=0.2$)。要求所设计电路中两个独立结点电压分别为 10 V 和 5 V。

解 满足要求的电路很多,这里给出一种满足要求的电路结构图,如图 3 – 43 所示。对图 3 – 43 所示电路列结点方程,有

$$\begin{cases} \left(\dfrac{1}{10}+\dfrac{1}{R_1}+\dfrac{1}{R_2}\right)U_{n1}-\dfrac{1}{R_2}U_{n2}=\dfrac{5}{10}+2 \\ -\dfrac{1}{R_2}U_{n1}+\left(\dfrac{1}{R_2}+\dfrac{1}{R_3}\right)U_{n2}=0.2U_1 \\ U_1=U_{n1}-5 \end{cases}$$

将 $U_{n1}=10$ V,$U_{n2}=5$ V 代入上式,整理得

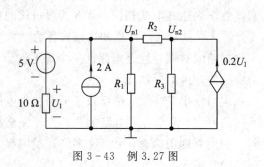

图 3 – 43 例 3.27 图

$$\begin{cases} \left(\dfrac{1}{10}+\dfrac{1}{R_1}+\dfrac{1}{R_2}\right)\times 10-\dfrac{1}{R_2}\times 5=\dfrac{5}{10}+2 \\ -\dfrac{1}{R_2}\times 10+\left(\dfrac{1}{R_2}+\dfrac{1}{R_3}\right)\times 5=0.2\times(10-5) \end{cases}$$

从上式可见，选定 R_2 的值，即可确定 R_1 和 R_3。为了简便，选定 $R_2=5\ \Omega$，经计算得 $R_1=20\ \Omega$，$R_3=2.5\ \Omega$。

【例 3.28】　已知某电路的结点电压方程为

$$\begin{cases} 5U_{n1}-2U_{n2}-U_{n3}=2 \\ -2U_{n1}+6U_{n2}-4U_{n3}=8 \\ -U_{n1}-4U_{n2}+5U_{n3}=0 \end{cases}$$

设计满足上述方程的电路。

解　由标准结点方程：

$$\begin{cases} G_{11}U_1+G_{12}U_2+G_{13}U_3=I_{S11} \\ G_{21}U_1+G_{22}U_2+G_{23}U_3=I_{S22} \\ G_{31}U_1+G_{32}U_2+G_{33}U_3=I_{S33} \end{cases}$$

可知，$G_{23}\neq G_{32}$，故电路中包含受控源，将结点方程配成标准形式，得

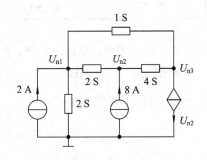

图 3-44　例 3.28 图

$$\begin{cases} 5U_{n1}-2U_{n2}-U_{n3}=2 \\ -2U_{n1}+6U_{n2}-4U_{n3}=8 \\ -U_{n1}-4U_{n2}+5U_{n3}=-U_{n2} \end{cases}$$

这样在结点 3 引入一个 VCCS，由结点方程的特点设计出电路，如图 3-44 所示。

2. 复杂电路的故障诊断

对于较复杂的电路，利用电路知识和逻辑推理来判断电阻支路开路或短路比较困难。电路故障诊断中常用一种称为故障字典法的诊断方法，这种方法首先进行电路分析，求出电路故障特征，并建立故障字典，然后将被测电路的特征测量值与故障字典对照，进行故障识别，以判断电路发生何种故障。下面举例说明。

【例 3.29】　如图 3-45 所示的电路中，$R_1=0.5\ \Omega$，$R_2=1\ \Omega$，$R_3=1\ \Omega$，$R_4=1\ \Omega$，$R_5=2\ \Omega$，$U_S=10\ V$，需要检查电阻元件是否发生虚焊（即开路）。假设最多只有一个电阻元件发生虚焊，现测得结点电压 $U_{n1}=5\ V$，$U_{n2}=8\ V$，判断该电路是否有故障，如果有，查出故障元件。

解　（1）首先进行电路分析，建立电阻开路的故障字典。对电路列结点电压方程，得

$$\begin{cases} -\dfrac{1}{R_2}\times 10+\left(\dfrac{1}{R_2}+\dfrac{1}{R_3}+\dfrac{1}{R_4}\right)U_{n1}-\dfrac{1}{R_3}U_{n2}=0 \\ -\dfrac{1}{R_1}\times 10-\dfrac{1}{R_3}U_{n1}+\left(\dfrac{1}{R_1}+\dfrac{1}{R_3}+\dfrac{1}{R_5}\right)U_{n2}=0 \end{cases}$$

将各电阻值代入，可求出电路正常工作时的结点电压 $U_{n1}=5.79\ V$，$U_{n2}=7.37\ V$。

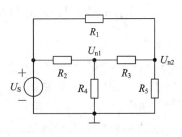

图 3-45　例 3.29 图

令电阻 $R_1 = \infty$，其余电阻不变，代入上式可解得 $U_{n1} = 4.29$ V，$U_{n2} = 2.88$ V。以此类推，分别令 $R_2 \sim R_5$ 为 ∞，计算出对应的结点电压，如表 3-2 所示。

表 3-2 电阻开路故障字典

序号	故障类别	故障特征	
		U_{n1}	U_{n2}
1	无故障	5.79 V	7.37 V
2	R_1 开路	4.29 V	2.88 V
3	R_2 开路	3.33 V	6.67 V
4	R_3 开路	5.00 V	8.00 V
5	R_4 开路	9.17 V	8.33 V
6	R_5 开路	6.25 V	8.75 V

（2）故障识别。根据测量值，在故障字典中查找所属故障类别。

根据现测得结点电压 $U_{n1} = 5$ V，$U_{n2} = 8$ V 查得，电阻 R_3 发生开路故障。

3.6.2 计算机辅助分析

Multisim 是美国国家仪器(NI)有限公司推出的以 Windows 为基础的仿真工具，适用于板级的模拟/数字电路板的设计工作。它包含了电路原理图的图形输入和电路硬件描述语言输入方式，具有丰富的仿真分析能力。

工程师们可以使用 Multisim 交互式地搭建电路原理图，并对电路进行仿真。Multisim 提炼了 SPICE 仿真的复杂内容，无须深入理解 SPICE 技术就可以很快地进行捕获、仿真和分析新的设计，这也使其更适合电子学教育。通过 Multisim 和虚拟仪器技术，PCB 设计工程师和电子学教育工作者可以完成从理论到原理图输入与仿真再到原型设计和测试这样一个完整的综合设计流程。Multisim 的安装和界面介绍请扫下列二维码进行了解学习。

Multisim 的安装　　　　Multisim 界面介绍　　　　Multisim 的基本操作

3.6.3 运用 Multisim 进行分析

【例 3.30】 借助 Multisim 仿真分析图 3-2(a)所示的电路，其中 $R_1 = 4$ Ω，$R_2 = 2$ Ω，$R_3 = 2$ Ω，$U_S = 16$ V，$I_{S1} = 4$ A，$I_{S2} = 8$ A，求 $U_{\circ}$。

解 电路中有 3 个独立源，搭建好电路，当只有电流源和电压源分别单独作用时，如图 3-46(a)、(b)、(c)所示。

仿真得到的结果与例 3.1 一致，通过仿真验证了该结果的正确性。同时接入 3 个电源，如图 3-46(d)所示，从显示结果可以看出，3 个独立源同时作用时的结果等于 3 个独立源单独作用时的叠加，即满足叠加原理。

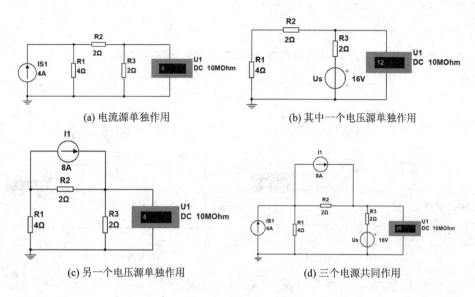

(a) 电流源单独作用　　　　　　　　　　(b) 其中一个电压源单独作用

(c) 另一个电压源单独作用　　　　　　　(d) 三个电源共同作用

图 3 - 46　例 3.30 图

【**例 3.31**】　仿真分析图 3 - 3(a) 所示的电路。

解　图 3 - 47(a)、(b) 为电路中独立源单独作用时的仿真电路，仿真结果与例题 3.2 一致。电源共同作用时如图 3 - 47(c) 所示。

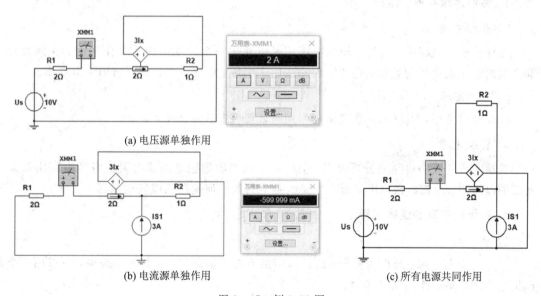

(a) 电压源单独作用

(b) 电流源单独作用　　　　　　　　　　(c) 所有电源共同作用

图 3 - 47　例 3.31 图

【**例 3.32**】　仿真分析如图 3 - 20(a) 所示的电路，求戴维南、诺顿等效电路。

解　利用 Multisim 求戴维南、诺顿等效电路的关键在于求出等效参数：开路电压 U_{OC}、短路电流 I_{SC} 和除源等效电阻 R_0。建立电路后直接测量 U_{OC} 和 I_{SC}，再利用开路电压短路电流再求出无源单口网络的等效电阻。

测量开路电压 U_{OC} 的电路如图 3 - 48(a) 所示，测量结果为 $U_{OC} = 10$ V。

测量短路电流 I_{SC} 的电路如图 3 - 48(b) 所示，测量结果为 $I_{SC} = 0.4$ A。所以

$$R_0 = \frac{U_{OC}}{I_{SC}} = \frac{10}{0.4} \; \Omega = 25 \; \Omega$$

由本例可见，求出参数后可以快速画出戴维南及诺顿等效电路。

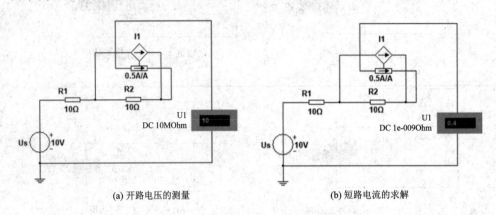

(a) 开路电压的测量　　　　　　　　(b) 短路电流的求解

图 3-48　例 3.32 图

本 章 小 结

1. 叠加定理和齐次定理

1）叠加定理

在任一线性电路中，某处电压或电流都是电路中各个独立电源单独作用时，在该处分别产生的电压或电流的叠加。叠加定理只适用于电压、电流叠加，而不适用于电功率。

2）齐次定理

在线性电路中，当只有一个激励源作用时，其响应与激励成正比。

2. 置换定理

置换定理是指在电路的分析过程中，可以用适当的理想电源或电阻去替换电路中某条支路的电压源、电流源或电阻，而不改变电路中其他任何支路的电流或电压。

3. 戴维南定理和诺顿定理

1）戴维南定理

一个含有独立源、线性受控源、线性电阻的有源二端网络，对其外部来说，可以用一个理想电压源串联一个电阻来等效。

2）诺顿定理

一个含有独立源、线性受控源、线性电阻的有源二端网络，对其外部来说，可以用一个理想电流源并联一个电阻来等效。

3）求解等效电阻的方法

（1）电阻串、并联等效法；

（2）外加电压法；

（3）外加电流法；

（4）开路短路法。

4）等效电源定理的应用

等效电源定理解题的四个步骤：

（1）将电路分为有源二端网络和待求网络两部分；

（2）求有源二端网络的开路电压或短路电流；

（3）将有源二端网络内的独立源置零，求等效电阻；

（4）画出等效电源，接上待求网络，由最简单的等效电路求出待求量。

当电路中有受控源存在时，等效电阻的求取是一个难点，此时应注意两点：

（1）独立源置零后，应保留受控源；

（2）对有源二端网络使用开路、短路法求等效电阻；对无源二端网络使用外加电源法求等效电阻 。

4．最大功率传输定理

（1）电压、功率与电流之间的变化规律。

（2）最大功率传输定理。

① 要使负载获得最大功率，需满足 $R_L = R_0$，此时 $P_L = P_{max}$。

② 负载获得最大功率的计算。

（3）功率传输效率：为负载获得的功率与电源产生的功率的比值，即 $\eta = \dfrac{P_L}{P_S} \times 100$。

5．互易定理和电路的对偶性

1）互易定理

对于一个仅含线性电阻的二端口网络，在只有一个激励源的情况下，当激励与响应位置互换时，同一激励产生的响应相同。

2）电路的对偶性

电路中的许多变量、元件、结构及定律等都是成对出现的，存在明显的一一对应关系，这种类比关系就称为电路的对偶特性，利用对偶特性可以帮助我们简化分析电路。

6．知识拓展与应用

（1）电路设计与故障诊断。

① 电路设计。

② 复杂电路的故障诊断其常用方法为故障字典法。

（2）计算机辅助分析。

（3）运用 Multisim 进行分析。

7．知识关联图

第 3 章知识关联图

习 题

一、选择题

1. 叠加定理用于计算( )。

第 3 章选择题和填空题参考答案

A. 线性电路中的电压、电流和功率   B. 线性电路中的电压和电流

C. 非线性电路中的电压、电流和功率   D. 非线性电路中的电压和电流

2. 叠加定理是( )电路的基本定理。

A. 直流   B. 正弦交流   C. 集中参数   D. 线性

3. 叠加定理的应用中,各独立源处理方法正确的是( )。

A. 不作用的电压源用开路,不作用的电流源用开路

B. 不作用的电压源用短路,不作用的电流源用开路

C. 不作用的电压源用短路,不作用的电流源用短路

D. 不作用的电压源用开路,不作用的电流源用短路

4. 叠加原理求解过程中,不作用的电压源作( )处理,电流源作( )处理。

A. 开路,开路   B. 开路,短路

C. 短路,开路   D. 短路,短路

5. 如图 3-49 所示的电路中,当 $U_S=0$ V, $I_S=4$ A 时,$I=2$ A,当 $U_S=2$ V,$I_S=0$ A 时,$I=1$ A,当 $U_S=1$ V,$I_S=8$ A 时,$I=$( )。

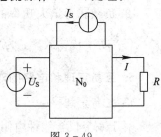

图 3-49

A. 2 A   B. 3 A   C. 2.5 A   D. 4.5 A

6. 对"戴维南定理"的描述,正确的是( )。

A. 线性无源一端口可以等效变换成一个电阻

B. 线性含源一端口可以等效变换成一个理想电压源与电阻的并联组合

C. 线性含源一端口可以等效变换成一个理想电压源与电阻的串联组合

D. 线性含源一端口可以等效变换成一个理想电流源与电阻的并联组合

7. 对"诺顿定理"的描述,正确的是( )。

A. 线性无源一端口可以等效变换成一个电阻

B. 线性含源一端口可以等效变换成一个理想电压源与电阻的并联组合

C. 线性含源一端口可以等效变换成一个理想电压源与电阻的串联组合

D. 线性含源一端口可以等效变换成一个理想电流源与电阻的并联组合

8. 根据戴维南定理,任一线性有源二端网络可以等效成一个( )和一个电阻( )的形式。

A. 电流源,串联   B. 电压源,串联

C. 电流源,并联   D. 电压源,并联

9. 根据诺顿定理,任一线性有源二端网络可以等效成一个( )和一个电阻( )的形式。

A. 电流源,串联   B. 电压源,串联

C. 电流源，并联　　　　　　　　　　　　D. 电压源，并联

10. 描述线性电路中多个独立源共同作用时所产生的响应的规律的定理是：(　　)。

A. 戴维南定理　　　　　B. 诺顿定理　　　　　C. 叠加定理　　　　　D. 互易定理

11. 图 3-50 所示的二端网络的电压、电流关系为(　　)。

A. $u=10-5i$　　　　　　　　　　　B. $u=10+5i$

C. $u=5i-10$　　　　　　　　　　　D. $u=-5i-10$

12. 图 3-51 所示二端网络的开路电压 U_{OC} 等于(　　)。

A. 15 V　　　　　　B. 16 V　　　　　　C. 18 V　　　　　　D. 22 V

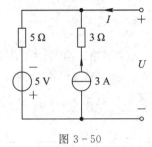　　　　　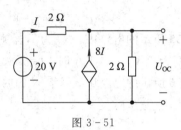

图 3-50　　　　　　　　　　　　　　　　图 3-51

13. 已知有源二端网络的开路电压为 10 V，短路电流 5 A，把一个 2 Ω 电阻接到该网络，则 R 上的电压为(　　)。

A. 8 V　　　　　　B. 6 V　　　　　　C. 5 V　　　　　　D. 4 V

14. 一个有源线性电阻网络，其端口开路电压为 30 V，当把安培表接在端口时，测得电流为 3 A，则若把 10 Ω 的电阻接在该端口时，则 10 Ω 元件两端电压为(　　)V。

A. -15　　　　　　B. 30　　　　　　C. -30　　　　　　D. 15

15. 已知有源二端网络的开路电压为 10 V，短路电流 5 A，则把一个 2 Ω 电阻接到该网络，R 上的电压为(　　)V。

A. 8　　　　　　B. 6　　　　　　C. 5　　　　　　D. 4

二、填空题

1. 叠加定理可用来计算_____电路的电压和电流，而不能用来直接计算_____。

2. 图 3-52 所示的电路中，$I_S=3$ A，$U_S=9$ V，$R_1=24$ Ω，$R_2=18$ Ω，$R_3=9$ Ω，电流 I 为_____A。

3. 图 3-53 所示的电路中，$R=5$ Ω，电压源电压恒定不变，电流源电流 I_S 可调节。当调到 $I_S=0$ A，测得 $I_X=1$ A。现将 I_S 调到 2 A，则 $I_X=$_____。

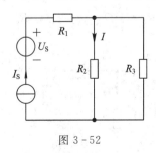　　　　　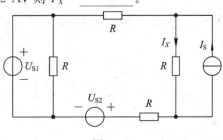

图 3-52　　　　　　　　　　　　　　　　图 3-53

4. 某直流电源开路时的端电压 $U_{OC}=9$ V，短路时电流 $I_{SC}=3$ A，外接负载为 6 Ω 的电阻时，回路电流则为_____A，负载的端电压为_____V。

5. 图 3-54(a)有源电阻网络的伏安特性如图 3-47(b)所示,则其开路电压、输入电阻、短路电流分别为 $U_{OC}=$ _____ V, $R_i=$ _____ Ω, $I_{SC}=$ _____ A。

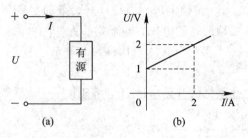

图 3-54

6. 图 3-55 所示的电路中,N_0 为不含独立源的线性网络。当 $U_S=0$ V,$I_S=1$ A 时,$I=0.5$ A,当 $U_S=2$ V,$I_S=1$ A 时,$I=1$ A。若已知 $I_S=2$ A,$I=3$ A,则 U_S 为_____V。

7. 图 3-56 所示的电路中,网络 N 的内部结构不详。电流 I_1 为____ A,I_2 为____A。

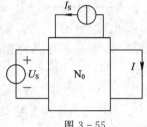

图 3-55

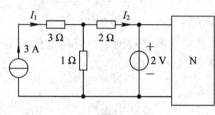

图 3-56

8. 如图 3-57 所示的电路中,P 为无源线性电阻电路,当 $u_1=5$ V 和 $u_2=3$ V 时,$i_1=2$ A;当 $u_1=20$ V 和 $u_2=15$ V 时,$i_1=6$ A;当 $u_1=20$ V,$i_1=-4$ A 时,u_2 应为____V。

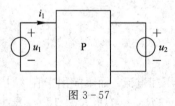

图 3-57

第 3 章分析计算题参考答案

三、分析计算题

1. 如图 3-58 所示的电路中,$R_1=4$ Ω,$R_2=2$ Ω,$R_3=2$ Ω,$U_S=16$ V,$I_{S1}=4$ A,$I_{S2}=8$ A,求 U_o。

2. 如图 3-59 所示的电路中,$R_1=5$ Ω,$R_2=18$ Ω,$R_3=4$ Ω,$R_4=6$ Ω,$R_5=12$ Ω,$U_S=165$ V,求 I。

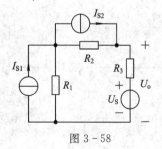

图 3-58

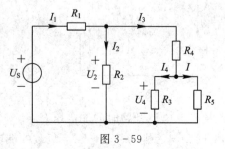

图 3-59

3. 如图 3-60 所示电路，N 是含独立源的线性电阻电路，已知当 $U_S = 6$ V，$I_S = 0$ 时，开路电压 $U_k = 4$ V；当 $U_S = 0$，$I_S = 4$ A 时，开路电压 $U_k = 0$；当 $U_S = -3$ V，$I_S = -2$ A 时，开路电压 $U_k = 2$ V。当 $U_S = 3$ V，$I_S = 3$ A 时，开路电压 U_k 等于多少？

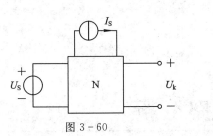
图 3-60

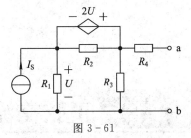
图 3-61

4. $R_1 = 2$ Ω，$R_2 = 1$ Ω，$R_3 = 3$ Ω，$R_4 = 1$ Ω，$I_S = 3$ A，试求如图 3-61 所示电路的戴维南等效电路。

5. $R_1 = 2$ Ω，$R_2 = 1$ Ω，试求图 3-62 所示二端网络的戴维南等效电阻。

6. $R_1 = R_2 = 1$ Ω，$U_{S1} = 5$ V，$U_{S2} = 1$ V，试求图 3-63 所示电路的诺顿等效电路。

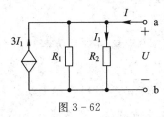
图 3-62

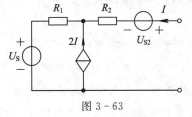
图 3-63

7. $R_1 = 3$ Ω，$R_2 = 6$ Ω，$R_3 = 4$ Ω，电路如图 3-64 所示，U_S、I_S 均未知，已知当 $R_L = 4$ Ω 时电流 $I_L = 2$ A。R_L 为何值时可获得最大功率？计算最大功率 P_{Lmax}。

8. 已知 $R_1 = 6$ Ω，$R_2 = 2$ Ω，$I_S = 4$ A，电路如图 3-65 所示，R_L 为何值时获得最大功率？求该最大功率的值。

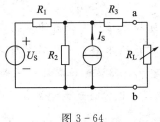
图 3-64

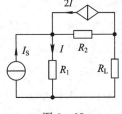
图 3-65

9. 如图 3-66(a) 所示的电路，当 1-1′端的电流源 $I_{S1} = 2$ A 时，测得 1-1′端的电压 $U_1 = 10$ V，2-2′端的开路电压 $U_2 = 5$ V。若将电流源 I_{S1} 接于 2-2′端，同时 1-1′端跨接一个 5 Ω 的电阻，电路如图 3-66(b) 所示，求通过 5 Ω 电阻的电流 I。

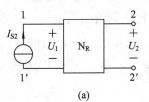
(a)

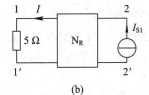
(b)

图 3-66

第4章 正弦交流电路分析

学习内容
XUEXI NEIRONG

深刻理解正弦稳态电路、正弦电压和电流、正弦稳态电路的瞬时功率、有功功率(平均功率)、无功功率、视在功率、功率因数及复功率、阻抗、导纳等概念;学习正弦稳态电路中电压、电流在时域和复数域的表示方法,理解两者的关系;掌握利用相量法分析正弦稳态电路的方法和步骤与正弦稳态电路功率的计算方法及测量方法;掌握应用 MATLAB 软件进行正弦稳态电路分析计算的方法。

学习目的
XUEXIMUDI

能根据给定的时域电路及时域模型,绘制复频域电路模型图;能采用相量法,选择合适的电路分析方法列写电路方程,对电路方程进行正确求解;能根据求解的结果,对电路进行相关解析;能根据求功能要求,设计简单的单元电路,选择满足相关性能指标的电路元件参数;能根据电路测试指标要求,设计测试方案,选择合适的电工仪表,对给定的电路进行测试;能利用 MATLAB 软件熟练地对给定电路进行计算机辅助分析计算和仿真。

在正弦激励的动态电路中,若各电压、电流均为与激励同频率的正弦波,则该电路称为正弦稳态电路。研究正弦稳态电路的分析方法,称为正弦稳态电路分析。

正弦稳态电路的分析计算,在实际上和理论上都有重要意义。在实际电力电路中,大多数问题都可以用正弦稳态分析来解决。由傅里叶分析知,任一时变信号都可以分解为一系列正弦信号之和。因此,如果掌握了线性非时变电路的正弦稳态响应,也就掌握了它对任一时变信号的响应。

本章首先介绍正弦量、正弦稳态响应等概念,之后引出相量、阻抗等概念,然后采用相量法来分析计算正弦稳态响应。

4.1 正弦交流电的基本概念

4.1.1 正弦量的三要素

一般来说，凡是随时间按正弦规律变化的物理量，都可以称为正弦量(sinusoid)。这里讲的正弦量仅限于电压和电流，专指随时间按正弦规律变化的电压和电流。

正弦量可用时间的正弦函数式表示，也可用时间的余弦函数式表示，这里采用后者。以正弦电压为例，可表示为函数式

$$u_C(t) = U_m \cos(\omega t + \theta) \tag{4-1}$$

当然，正弦量也可以用函数图像(即波形图)来表示，其中横坐标可以定为时间 t，也可定为角度 ωt，如图 4-1 所示。

正弦量的瞬时值(instantaneous-value)是对应某一时刻电压和电流的数值，一般用小写字母 i、u 表示，也可写成 $i(t)$、$u(t)$。瞬时值中的最大值称为正弦量的振幅，也称为幅值或峰值，一般用大写字母带下标 m 表示。例如，用 I_m 和 U_m 分别表示电流和电压的幅值。

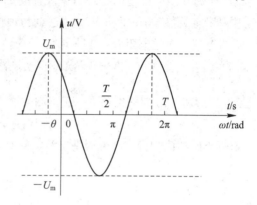

图 4-1 正弦量的波形图

正弦量在某一时刻所具有的角度 $\omega t + \theta$，称为瞬时相位角，简称为相位，记为 $\alpha(t)$。在 $t=0$ 时刻的相位称为初相角，简称初相(initial phase)。

正弦量是时间的周期函数，设周期为 T，则频率为

$$f = \frac{1}{T} \tag{4-2}$$

周期 T 的单位为秒(s)，频率 f 的单位为赫兹(Hz)。我国和世界上大多数国家的电力工业标准频率(简称工频)是 50 Hz，其周期为 0.02 s，也有少数国家(如美国、日本)采用的工频是 60 Hz。

一般交流电机、照明负载和家用电器都使用工频交流电。但在其他不同的领域内则依据各自的需要使用不同的频率。

由于余弦(或正弦)函数每经过一个周期时间，相位都增加 2π 个弧度，即

$$\omega T = 2\pi$$

于是有

$$\omega = \frac{2\pi}{T} = 2\pi f \tag{4-3}$$

可见，ω 是一个与频率成正比的物理量，称为角频率，单位为弧度/秒(rad/s)。

例如，我国电力系统提供的正弦电压工频 f 为 50 Hz，ω 则为 100π rad/s。应该指出，在作理论分析时，常把角频率简称为频率。因此，在作具体分析时，必须注意到两者的实际

区别，考虑 2π 这一常数。

振幅表明了正弦量的数值变化范围，初相表明了正弦量变化的起始进程，角频率（或频率，或周期）表明了正弦量变化的快慢。这三个参数可以完全确定一个正弦量，因此把振幅、初相和角频率（或频率，或周期）称为正弦量的三要素（也称为正弦量三特征）。

4.1.2 有效值与相位差

正弦量的瞬时值是随时间周期性变化的，是时间 t 的函数，在实际应用过程中无法用来表示一个确定的交流电；而幅值只表示正弦交流电的最大作用效果，也不能用于表示正弦交流电的作用；对于正弦交流电，其 1 个周期的平均值又为零。因此，对于正弦交流电来说，就必须选择一个合适的物理量来表征它的大小和它在电路中的功率效应，在工程技术中经常采用有效值（Effective Value）这个物理量。

周期电流 i 通过电阻 R，在一周期 T 内消耗的电能为

$$W_i = \int_0^T i^2 R \, \mathrm{d}t = R \int_0^T i^2 \, \mathrm{d}t$$

而直流电流 IR 通过同一电阻 R，在相同时间 T 内消耗的电能为

$$W_I = R I^2 T$$

令两个做功值相等，可得周期电流 i 的有效值为

$$I = \frac{1}{T} \sqrt{\int_0^T i^2 \, \mathrm{d}t} \tag{4-4}$$

由此可见，周期量的有效值就是其方均根值（RMS value，Root Mean Square value）。方均根值是周期量有效值的定义式，适用于任何波形的周期电流或电压。

设正弦电流为

$$i = I_m \cos(\omega t + \theta_i)$$

则按式（4-4），其有效值为

$$I = \frac{1}{T} \sqrt{\int_0^T I_m^2 \cos^2(\omega t + \theta_i) \, \mathrm{d}t} = \frac{1}{T} \sqrt{\int_0^T \frac{I_m^2}{2} \left[\cos(2\omega t + 2\theta_i) + 1\right] \mathrm{d}t} = \frac{1}{\sqrt{2}} I_m = 0.707 I_m$$

也就是说，正弦量的有效值等于其振幅的 $\dfrac{1}{\sqrt{2}}$，即

$$I = \frac{1}{\sqrt{2}} I_m$$

$$U = \frac{1}{\sqrt{2}} U_m \tag{4-5}$$

在电工技术中，正弦量的数值一般都是指有效值，即交流电表所测量的数据，也是有效值。由于有效值与振幅（或最大值）有确定的关系，因此它可以替代振幅而成为正弦量的三要素之一。

同类（同是电压或同是电流）的两个正弦量可用有效值来比较大小。两个正弦量可用角频率来比较变化快慢，同频的两个正弦量虽然变化快慢一样，但变化进程量有差别，这种差别用相位差来表示。

设两个同频的正弦量为

$$x_1 = X_{1m}\cos(\omega t + \theta_1)$$
$$x_2 = X_{2m}\cos(\omega t + \theta_2)$$

其相位差为

$$\varphi_{12} = (\omega t + \theta_1) - (\omega t + \theta_2) = \theta_1 - \theta_2$$

由此可知，同频正弦量之相位差等于两者初相之差，而与时间无关。如图 4 - 2 所示，φ_{12} 表示 x_1 比 x_2 在变化进程（如先达到最大值）上超前（lead）一个角度 φ_{12}。也可以说，x_2 比 x_1 在变化进程（如先达到最大值）上滞后（lag）一个角度 φ_{12}。

如果 $\varphi_{12} = 0$，则表明 x_1 与 x_2 的变化进程一致，称为同相；如果 $\varphi_{12} = \pi$，则表明 x_1 比 x_2 超前 π，称为反相。实际中还常用到一种正交的相位关系，其相位差 $\varphi_{12} = \pm \dfrac{\pi}{2}$。

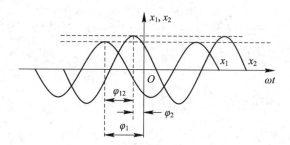

图 4 - 2　同频正弦量的相位差

相位差只反映两个物理量变化进程的差异（例如图 4 - 2 中哪个物理量先达到最大值），并不是指它们发生或出现的先后。相位差的绝对值可小于 $180°$，也可大于 $180°$，习惯上常取相位差的绝对值小于 $180°$，当不符合要求时，可加上或减去 $360°$。

【例 4.1】　设两个同频的正弦电压 $u_1 = 100\cos(100\pi t + 120°)$ V，$u_2 = 50\cos(100\pi t - 90°)$ V，试求它们的相位差，并指出哪一个超前。

解　相位差：

$$\varphi = \theta_{u1} - \theta_{u2} = 120° - (-90°) = 210°$$

即 u_1 超前 u_2 $210°$。由于相位差都限定在 $180°$ 范围内，因此题中 u_1 超前 u_2 $210°$，即 u_2 超前 u_1 $360° - 210° = 150°$。

【例 4.2】　已知电压 u 的波形如图 4 - 3 所示，电流 $i = 2\sin(100\pi t + 15°)$ A。

（1）写出 u 的函数式。

（2）i 的有效值 I 是多少？

（3）u、i 是否为同频正弦量？若为同频的，相位关系如何？

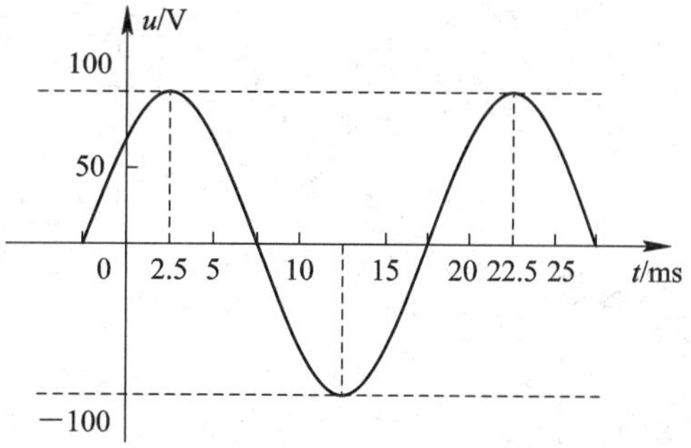

图 4 - 3　例 4.2 图

解　（1）由图 4 - 3，有

$$U_m = 100 \text{ V}$$
$$T = (22.5 - 2.5) \text{ ms} = 20 \text{ ms} = 0.02 \text{ s}$$
$$\omega = \frac{2\pi}{T} = \frac{2\pi}{0.02}\text{rad/s} = 100\pi \text{ rad/s}$$

在 $t = 2.5$ ms $= 0.0025$ s 时，有

$$100 = 100\cos(100\pi \times 0.0025 + \theta_u)$$
$$\cos(100\pi \times 0.0025 + \theta_u) = 1$$

即

$$\cos\left(\frac{\pi}{4}+\theta_u\right)=1$$

$$\frac{\pi}{4}+\theta_u=0$$

得

$$\theta_u=-\frac{\pi}{4}\,\mathrm{rad}=-45°$$

所以电压 u 的表达式为

$$u=100\cos\left(100\pi t-\frac{\pi}{4}\right)\mathrm{V}$$

（2）由于

$$I_m=2\ \mathrm{A}$$

因此

$$I=\frac{1}{\sqrt{2}}I_m=\frac{2}{\sqrt{2}}\mathrm{A}=\sqrt{2}\ \mathrm{A}$$

（3）u、i 有相同角频率 100π rad/ s，是同频的正弦量。电流 i 的余弦函数式为

$$i=2\sin(100\pi t+15°)\mathrm{A}=2\cos(100\pi t-75°)\mathrm{A}$$

其初相为

$$\theta_i=-75°$$

所以 u 与 i 的相位差为

$$\varphi=\theta_u-\theta_i=-45°-(-75°)=30°$$

即 u 超前 $i30°$。

4.1.3　同频正弦量的计算

设同频的两个正弦量为

$$x_1=X_{1m}\cos(\omega t+\theta_1)$$
$$x_2=X_{2m}\cos(\omega t+\theta_2)$$

其和为

$$x=x_1+x_2=X_{1m}\cos(\omega t+\theta_1)+X_{2m}\cos(\omega t+\theta_2)$$
$$=X_{1m}(\cos\theta_1\cos\omega t-\sin\theta_1\sin\omega t)+X_{2m}(\cos\theta_2\cos\omega t-\sin\theta_2\sin\omega t)$$
$$=(X_{1m}\cos\theta_1+X_{2m}\cos\theta_2)\cos\omega t-(X_{1m}\sin\theta_1+X_{2m}\sin\theta_2)\sin\omega t$$
$$=X_m\cos(\omega t+\theta)$$

其中：

$$X_m=\sqrt{(X_{1m}\cos\theta_1+X_{2m}\cos\theta_2)^2+(X_{1m}\sin\theta_1+X_{2m}\sin\theta_2)^2}$$
$$\theta=\arctan\frac{X_{1m}\sin\theta_1+X_{2m}\sin\theta_2}{X_{1m}\cos\theta_1+X_{2m}\cos\theta_2}$$

由此可知，同频的两个正弦量之和仍然是一个正弦量，且频率与原正弦量的频率相同。因此，求同频正弦量之和，只需求出该和的两个要素（振幅或有效值、初相），这是利用相量法计算正弦量之和的理论基础。

4.1.4　正弦稳态响应

输入为正弦量的动态电路称为正弦动态电路。如果正弦动态电路的稳态响应分量是正弦量，则称这种响应为正弦稳态响应；工作在这种状态下的电路称为正弦稳态电路。那么，在什么情况下才能产生正弦稳态响应呢？

一个线性时不变正弦动态电路，按经典法，其响应为

$$y = y_h + y_p$$

其中，y_h 为固有响应，y_p 为强制响应。y_h 的函数形式取决于电路的固有频率，y_p 的函数形式取决于输入的函数形式。正弦动态电路的各输入是正弦量，y_p 是若干与各输入同频的正弦量之和。当各输入正弦量的频率相同时，y_p 就是若干同频正弦量之和，是与输入同频的正弦量。正弦动态电路的各固有频率都是复数，若它们都具有负实部，则当时间 $t \to \infty$ 时，y_h 各项都趋于零。

综上所述，一个线性非时变的正弦动态电路，只有在下面三个条件下才能产生正弦稳态响应。

(1) 电路的固有频率都具有负实部。

(2) 电路的输入都是同频的正弦量。

(3) 工作频率为 ω，$\pm j\omega$ 不能是系统的特征根。

在这三个条件下产生的正弦稳态响应是频率与输入正弦量的频率相同的稳态响应。

4.2　正弦交流电的相量表示

分析正弦稳态电路，最主要的任务就是计算正弦稳态响应。用经典法计算正弦稳态响应比较烦琐，为此这里引入相量的概念，用相量分析法分析正弦稳态电路。相量分析法具有计算简化、规律性强等特点。

一个正弦量是由它的幅值、角频率和初相三个要素共同决定的。对于线性电路而言，如果电路中的所有电源均为同一频率的正弦量，那么电路中各支路的电流和电压也将是与电源频率相同的正弦量。因此，在正弦电路的稳态分析中，只需两个要素就可以确定各个电压与电流，处于这种稳定状态的电路就称为正弦稳态电路。电力工程中遇到的大多数问题都可以按正弦稳态电路进行分析处理。对于这样的电路，如果直接用正弦电压或电流的瞬时表达式进行计算，则三角函数的计算相当复杂。为了解决这一问题，对正弦稳态电路的分析常采用相量(phasor)运算的方法来进行，这种方法称为相量法。相量就是与时间无关、用于表示正弦量幅值和初相的复数。用复数(相量)的运算代替正弦量的运算，可以简化正弦稳态电路的分析与计算。本节先复习一下有关复数的知识。

4.2.1　复数及复数运算

复数由实部(real part)和虚部(imaginary part)组成，对应于复平面上的一个点或一条有向线段。如图 4 - 4 所示，复数 A 在复平面实轴 $+1$ 上的投影为 a_1，在虚轴 $+j$ 上的投影为 a_2；有向线段 OA 的长度为 a，有向线段与实轴 $+1$ 的

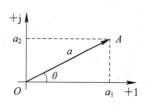

图 4 - 4　复数的表示

夹角为 θ。

复数 A 可以用以下几种形式来表示。

(1) 代数形式：

$$A = a_1 + ja_2 \qquad\qquad (4-6)$$

式中，a_1 为复数 A 的实部；a_2 为复数 A 的虚部；$j = \sqrt{-1}$ 为虚数的单位，相当于数学中的 i，电路分析中用符号 j 表示，是为了避免与电流 i 相混淆。

(2) 三角函数形式。

由图 4-4 可得

$$A = a\cos\theta + ja\sin\theta = a(\cos\theta + j\sin\theta) \qquad\qquad (4-7)$$

式中，a 称为复数 A 的模(modulus)，θ 称为复数 A 的辐角(argument)。

(3) 指数形式。

根据欧拉公式：

$$e^{j\theta} = \cos\theta + j\sin\theta \qquad\qquad (4-8)$$

可以把复数 A 写成指数形式：

$$A = a\,e^{j\theta} \qquad\qquad (4-9)$$

(4) 极坐标形式：

$$A = a\angle\theta \qquad\qquad (4-10)$$

它是复数的三角函数形式和指数形式的工程简写。

在复数的三角函数式、指数式和极坐标式中规定 $-\pi \leqslant \theta \leqslant \pi$，复数与相量和复平面上的有向线段间就形成了一一对应关系，此时，复数的几种形式间就可以相互转换了，且转换的形式是唯一的。例如：

$$A = a_1 + ja_2 = a(\cos\theta + j\sin\theta) = a\,e^{j\theta} = a\angle\theta$$

其中，$a = \sqrt{a_1^2 + a_2^2}$，$\theta = \arctan\dfrac{a_2}{a_1}$，$a_1 = a\cos\theta$，$a_2 = a\sin\theta$。

对复数进行加减运算，用复数的代数形式较为方便。例如有两个复数：

$$F_1 = a_1 + jb_1, \quad F_2 = a_2 + jb_2$$

则

$$F_1 \pm F_2 = (a_1 + jb_1) \pm (a_2 + jb_2) = (a_1 \pm a_2) + j(b_1 \pm b_2)$$

即复数的加、减运算满足实部和实部相加减，虚部和虚部相加减。

复数的相加和相减运算也可以按平行四边形法在复平面上用相量的相加和相减求得，如图 4-5 所示。

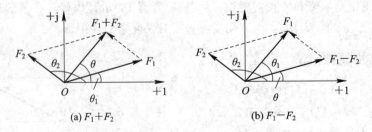

图 4-5　复数的加减

利用两个复数的代数和与差的图解对复数进行乘、除运算时应用极坐标形式（或指数形式）较为方便。例如，有两个复数：

$$F_1 = |F_1| \angle \theta_1$$
$$F_2 = |F_2| \angle \theta_2$$

则

$$F_1 F_2 = |F_1| \angle \theta_1 |F_2| \angle \theta_2 = |F_1| |F_2| \angle (\theta_1 + \theta_2)$$
$$\frac{F_1}{F_2} = \frac{|F_1| \angle \theta_1}{|F_2| \angle \theta_2} = \frac{|F_1|}{|F_2|} \angle (\theta_1 - \theta_2)$$

即在复数相乘、除时，就是将复数的模与模相乘、除，辐角与辐角相加、减。

两个复数相乘、除也可以在复平面上进行计算，如图 4 - 6(a)、(b)所示。从图 4 - 6 (a)、(b)中可以看出，复数乘、除表示为模的放大或缩小，辐角表示为逆时针旋转或顺时针旋转。

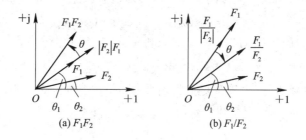

图 4 - 6 复数乘除法的图解

有两个复数 F_1、F_2，若 $F_1 = F_2$，则必有这两个复数的实部与实部相等，虚部与虚部相等，或模与模相等，辐角与辐角相等。反之，若两个复数 F_1、F_2 的实部与实部相等，虚部与虚部相等，或模与模相等，辐角与辐角相等，则可判断这两个复数也相等，即 $F_1 = F_2$。

同时应注意，两个复数可相等，但是不能比较大小。

在复数的运算中，$e^{j\theta} = 1\angle\theta$ 是一个模为 1、辐角为 θ 的复数。任意复数 $G = |G|e^{j\theta}$ 乘以 $e^{j\theta}$ 等于把复数 G 逆时针（或顺时针）旋转一个角度 θ，而它的模不变。因此，$e^{j\theta}$ 称为旋转因子。$e^{j\frac{\pi}{2}} = j$，$e^{-j\frac{\pi}{2}} = -j$，$e^{j\pi} = -1$ 等都可以看成旋转因子。

(1) 当一个复数乘以 j，相当于这个复数的模不变，逆时针旋转 90°。

(2) 当一个复数乘以 −j，相当于这个复数的模不变，顺时针旋转 90°。

(3) 当一个复数乘以 −1，相当于这个复数的模不变，逆时针（或顺时针）旋转 180°。

正弦稳态电路分析中经常会用到复数的代数形式与极坐标形式，它们之间的相互转换应熟练掌握，也可以利用某些计算器直接进行两种形式的相互转换。

【例 4.3】 复数 $5\angle 47° + 10\angle -25° = ?$

解 $5\angle 47° + 10\angle -25° = (3.41 + j3.657) + (9.063 - j4.226)$

$$= 12.47 - j0.569 = 12.48\angle -2.61°$$

本题说明进行复数的加减运算时应先把极坐标（三角、指数）形式转为代数形式。

【例 4.4】 复数 $220\angle 35° + \dfrac{(17 + j9)(4 + j6)}{20 + j5} = ?$

解 原式 $=180.2+\mathrm{j}126.2+\dfrac{19.24\angle27.9°\times7.211\angle56.3°}{20.62\angle14.04°}$

$=180.2+\mathrm{j}126.2+6.728\angle70.16°$

$=180.2+\mathrm{j}126.2+2.238+\mathrm{j}6.329$

$=182.5+\mathrm{j}132.5=225.5\angle36°$

本题说明进行复数的乘除运算时应先把代数形式转为极坐标(指数)形式。

4.2.2 正弦量的相量表示法

根据欧拉公式:

$$\mathrm{e}^{\mathrm{j}\theta}=\cos\theta+\mathrm{j}\sin\theta$$

可以把 $\cos\theta$ 与 $\sin\theta$ 分别看作复数 $\mathrm{e}^{\mathrm{j}\theta}$ 的实部与虚部,即

$$\cos\theta=\mathrm{Re}\left[\mathrm{e}^{\mathrm{j}\theta}\right],\ \sin\theta=\mathrm{Im}\left[\mathrm{e}^{\mathrm{j}\theta}\right]$$

其中,Re 与 Im 分别表示这个复数的实部与虚部的运算。若 $\theta=\omega t+\psi_u$,则复函数:

$$\mathrm{e}^{\mathrm{j}(\omega t+\psi_u)}=\cos(\omega t+\psi_u)+\mathrm{j}\sin(\omega t+\psi_u)$$

如果正弦电压 $u(t)=U_m\cos(\omega t+\psi_u)$,则

$$u(t)=U_m\cos(\omega t+\psi_u)=\mathrm{Re}\left[U_m\mathrm{e}^{\mathrm{j}(\omega t+\psi_u)}\right]=\mathrm{Re}\left[U_m\mathrm{e}^{\mathrm{j}\psi_u}\mathrm{e}^{\mathrm{j}\omega t}\right]$$

上式表明,正弦函数 $u(t)$ 等于复指数函数 $U_m\mathrm{e}^{\mathrm{j}(\omega t+\psi_u)}$ 的实部,该指数函数包含了正弦量的三要素:角频率 ω、幅值 U_m 和初相位 ψ_u。

若定义

$$\dot{U}_m=U_m\mathrm{e}^{\mathrm{j}\psi_u}=U_m\angle\psi_u \tag{4-11}$$

则正弦电压可表示为

$$u(t)=\mathrm{Re}\left[U_m\mathrm{e}^{\mathrm{j}\psi_u}\mathrm{e}^{\mathrm{j}\omega t}\right]=\mathrm{Re}\left[\dot{U}_m\mathrm{e}^{\mathrm{j}\omega t}\right] \tag{4-12}$$

相量法有赖于正弦量的相量(phasor)表示。设正弦量为

$$x(t)=X_m\cos(\omega t+\theta)$$

根据欧拉公式有

$$\mathrm{e}^{\mathrm{j}(\omega t+\theta)}=\cos(\omega t+\theta)+\mathrm{j}\sin(\omega t+\theta)$$

其中,$\mathrm{j}=\sqrt{-1}$,为虚数单位。于是

$$x(t)=\mathrm{Re}\left[X_m\mathrm{e}^{\mathrm{j}(\omega t+\theta)}\right]=\mathrm{Re}\left[X_m\mathrm{e}^{\mathrm{j}\theta}\mathrm{e}^{\mathrm{j}\omega t}\right]$$

其中,Re 表示取复数实部,式中的复常数 $X_m\mathrm{e}^{\mathrm{j}\theta}$ 称为正弦量 $x(t)$ 的振幅相量,记为 $\dot{X}_m$,即振幅相量:

$$\dot{X}_m=X_m\mathrm{e}^{\mathrm{j}\theta} \tag{4-13}$$

正弦量有三个要素,而振幅相量只表征其中两个要素。正弦量是时间的实函数,振幅相量是复常数。因此,正弦量 $x(t)$ 与相量 $\dot{X}_m$ 不相等,不能写成 $x(t)=\dot{X}_m$,$x(t)$ 与 $\dot{X}_m$ 有一一对应的关系,可以表示为 $x(t)\Leftrightarrow\dot{X}_m$,$x(t)$ 与 $\dot{X}_m$ 有下述关系式:

$$x(t)=\mathrm{Re}(\dot{X}_m\mathrm{e}^{\mathrm{j}\omega t}) \tag{4-14}$$

把振幅相量除以 $\sqrt{2}$,所得复常数为正弦量的有效值相量,记为 $\dot{X}$,即有效值相量:

$$\dot{X}=\frac{1}{\sqrt{2}}\dot{X}_m=X\mathrm{e}^{\mathrm{j}\theta} \tag{4-15}$$

作为复数的相量，可用复平面上的有向线段来表示，如图 4-7 所示。相量的这种图示称为相量图。相量也可以简写为

$$\dot{X} = X \angle \theta$$

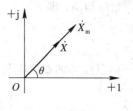

图 4-7 相量图

振幅相量与 $e^{j\omega t}$ 的乘积为一复函数，这个复函数的实部就是正弦量。从相量图上可以看出，振幅相量与 $e^{j\omega t}$ 的乘积表现为一以角速度 ω 作逆时针方向旋转的相量，该旋转相量在实轴上的投影就是正弦量。

【例 4.5】 三个同频的正弦量 $u_1 = 50\cos(\omega t + 30°)$ V，$i_2 = 4\sqrt{2}\sin(\omega t + 45°)$ A，i_3 的有效值相量为 $\dot{I}_3 = (5 - j5)$ A。作出它们的相量图，并说明三者的相位关系。

解 因为

$$u_1 = 50\cos(\omega t + 30°) = 35.4\sqrt{2}\cos(\omega t + 30°) \text{ V}$$

$$i_2 = 4\sqrt{2}\sin(\omega t + 45°) = 4\sqrt{2}\cos(\omega t - 45°) \text{ A}$$

$$\dot{I}_3 = 5 - j5 = 5\sqrt{2}\angle(-45°) \text{ A}$$

有

$$\dot{U}_1 = 35.4\angle 30° \text{ V}$$

$$\dot{I}_2 = 4\angle(-45°) \text{ A}$$

$$\dot{I}_3 = 7.07\angle(-45°) \text{ A}$$

所以 3 个有效值的相量图如图 4-8 所示。

三个正弦量的相位关系为：i_2 与 i_3 同相，它们滞后 u_1 75°。在相量图上，三者的相位关系十分直观。应当注意，在相量图上看相位关系时，以逆时针方向为正（超前）。

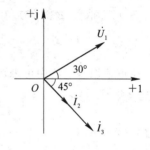

图 4-8 例 4.5 图

4.3 正弦交流电路中的电阻、电容和电感

为了用相量法分析正弦稳态电路，本节将建立相量模型的概念，并认识相量模型中的两类约束关系。

4.3.1 电阻元件

将电阻元件两端电压和流过的电流取关联参考方向时，VCR 为

$$u = Ri$$

在正弦稳态电路中可表示为

$$U_m\cos(\omega t + \theta_u) = RI_m\cos(\omega t + \theta_i) \tag{4-16}$$

根据式（4-16）得

$$\text{Re}[\dot{U}_m e^{j\omega t}] = \text{Re}[R\dot{I}_m e^{j\omega t}]$$

有

$$\dot{U}_m = R\dot{I}_m \quad \text{或} \quad \dot{U} = R\dot{I}$$

这就是电阻元件 VCR 的相量形式，它表明电阻元件两端电压与流过的电流大小成正

比，相位相同，即

$$U_m = RI_m \quad 或 \quad U = RI$$
$$\theta_u = \theta_i$$

电阻元件的端电压与流过的电流的波形图及电压、电流相量图如图 4-9 所示。

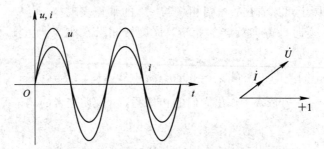

图 4-9 电阻元件的 u、i 波形（即相量图）

4.3.2 电容元件

在 u、i 取关联参考方向下，电容元件的 VCR 为

$$i = C \frac{\mathrm{d}u}{\mathrm{d}t}$$

在正弦稳态电路中可表示为

$$I_m \cos(\omega t + \theta_i) = C \frac{\mathrm{d}}{\mathrm{d}t} [U_m \cos(\omega t + \theta_u)]$$

根据式（4-16）有

$$\mathrm{Re}[\dot{I}_m \mathrm{e}^{j\omega t}] = C \frac{\mathrm{d}}{\mathrm{d}t} \mathrm{Re}[\dot{U}_m \mathrm{e}^{j\omega t}] = C\mathrm{Re}\left[\frac{\mathrm{d}}{\mathrm{d}t}(\dot{U}_m \mathrm{e}^{j\omega t})\right]$$
$$= C\mathrm{Re}[j\omega \dot{U}_m \mathrm{e}^{j\omega t}] = \mathrm{Re}[j\omega C \dot{U}_m \mathrm{e}^{j\omega t}]$$

所以

$$\dot{I}_m = j\omega C \dot{U}_m \quad 或 \quad \dot{I} = j\omega C \dot{U}$$

这就是电容元件 VCR 的相量形式，它表明电容元件两端电压与流过的电流大小成正比，电流相位超前电压 90°，即

$$I_m = \omega C U_m \quad 或 \quad I = \omega C U$$
$$\theta_i = \theta_u + 90°$$

电容元件的端电压与流过的电流的波形图及电压、电流相量图如图 4-10 所示。

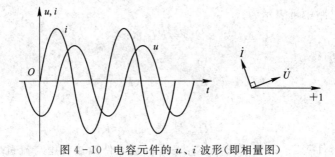

图 4-10 电容元件的 u、i 波形（即相量图）

4.3.3　电感元件

在关联参考方向下，电感元件的 VCR 为

$$u = L \frac{\mathrm{d}i}{\mathrm{d}t}$$

与电容元件的 VCR 的讨论相似，根据对偶性可得其 VCR 的相量形式为

$$\dot{U}_m = \mathrm{j}\omega L \dot{I}_m \quad 或 \quad \dot{U} = \mathrm{j}\omega L \dot{I} \qquad (4-17)$$

它表明电感元件两端电压与流过的电流大小成正比，电压相位超前电流 $90°$，即

$$U_m = \omega L I_m \quad 或 \quad U = \omega L I$$

$$\theta_u = \theta_i + 90°$$

电感元件的端电压与流过的电流的波形图及电压、电流相量图如图 $4-11$ 所示。

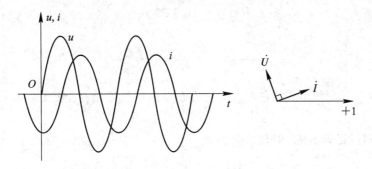

图 $4-11$　电感元件的 u、i 波形（即相量图）

【例 4.6】　电路如图 $4-12$ 所示，已知 $u_s = 120\sqrt{2}\cos(1000t + 90°)$ V，$R = 15\ \Omega$，$L = 30$ mH，$C = 83.3\ \mu\mathrm{F}$，求 i_R、i_L、i_C。

解　根据 VCR 相量形式得

$$\dot{I}_R = \frac{\dot{U}_s}{R} = \frac{120\angle 90°}{15} \mathrm{A} = 8\angle 90° \mathrm{A}$$

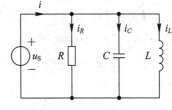

图 $4-12$　例 4.6 图

$$\dot{I}_C = \mathrm{j}\omega C \dot{U}_s = \mathrm{j}1000 \times 83.3 \times 10^{-6} \times 120\angle 90° \mathrm{A} = 10\angle 180° \mathrm{A}$$

$$\dot{I}_L = \frac{\dot{U}_s}{\mathrm{j}\omega L} = \frac{120\angle 90°}{\mathrm{j}1000 \times 30 \times 10^{-3}} \mathrm{A} = 4\angle 0° \mathrm{A}$$

根据 KCL 相量形式有

$$\dot{I} = \dot{I}_R + \dot{I}_C + \dot{I}_L = (8\angle 90° + 10\angle 180° + 4\angle 0°)\ \mathrm{A} = (-6 + \mathrm{j}8)\ \mathrm{A} = 10\angle 127° \mathrm{A}$$

所以

$$i_R = 8\sqrt{2}\cos(1000t + 90°)\ \mathrm{A}$$

$$i_L = 4\sqrt{2}\cos 1000t\ \mathrm{A}$$

$$i_C = 10\sqrt{2}\cos(1000t + 180°)\ \mathrm{A}$$

$$i = 10\sqrt{2}\cos(1000t + 127°)\ \mathrm{A}$$

各电流的相量图如图 $4-13$ 所示。

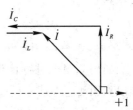

图 $4-13$　电流的相量图

4.3.4 基尔霍夫定律的相量形式

在正弦稳态电路中，各部分的电压、电流是同频的正弦量。因此，基尔霍夫定律方程中涉及的电压（或电流）的求和运算，必然都是同频正弦量的求和运算。

设正弦稳态电路中各正弦量的角频率为 ω，KCL、KVL 的形式为

$$\sum_k I_{km}\cos(\omega t + \theta_k) = 0$$

$$\sum_k U_{km}\cos(\omega t + \theta_k) = 0$$

对于 KCL，据式（4-16）有

$$\sum_k \mathrm{Re}\left[\dot{I}_{km}\,\mathrm{e}^{\mathrm{j}\omega t}\right] = 0$$

$$\mathrm{Re}\left[\left(\sum_k \dot{I}_{km}\right)\mathrm{e}^{\mathrm{j}\omega t}\right] = 0$$

所以

$$\sum_k \dot{I}_{km} = 0 \quad 或 \quad \sum_k \dot{I}_k = 0 \qquad (4-18)$$

这就是 KCL 的相量形式，它表明正弦稳态电路中任意结点上流出（或流入）的正弦电流的相量代数和为零。

同样地，可以得到 KVL 的相量形式为

$$\sum_k \dot{U}_{km} = 0 \quad 或 \quad \sum_k \dot{U}_k = 0 \qquad (4-19)$$

它表明在正弦稳态电路中沿任意回路绕行一周，各部分正弦电压降（或电压升）的相量代数和为零。

【例 4.7】 图 4-14 所示为正弦稳态电路中的一个结点，已知 $i_1 = 10\sqrt{2}\cos(\omega t + 60°)$ A，$i_2 = 5\sqrt{2}\cos(\omega t - 90°)$ A，求 i_3。

解 根据 KCL 相量形式有

$$-\dot{I}_1 - \dot{I}_2 + \dot{I}_3 = 0$$

即

$$\dot{I}_3 = \dot{I}_1 + \dot{I}_2$$

又

$$\dot{I}_1 = 10\mathrm{e}^{\mathrm{j}60°}\,\mathrm{A}, \quad \dot{I}_2 = 5\mathrm{e}^{-\mathrm{j}90°}\,\mathrm{A}$$

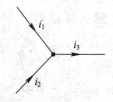

图 4-14 例 4.7 图

代入算式，得

$$\dot{I}_3 = 10\mathrm{e}^{\mathrm{j}60°} + 5\mathrm{e}^{-\mathrm{j}90°} = (5 + \mathrm{j}8.66) + (-\mathrm{j}5)$$
$$= 5 + \mathrm{j}3.66 = 6.2\angle 36.2°\,\mathrm{A}$$

如用相量图进行计算，则根据矢量合成的多边形法则，可作出如图 4-15 所示的相量合成图。从图上的几何关系可以求出 $\dot{I}_3$ 的模与辐角（约为 6.2 A 和 36.2°）。

将相量化为正弦量，所求 $i_3 = 6.2\sqrt{2}\cos(\omega t + 36.2°)$ A。

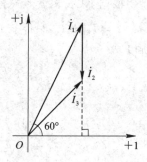

图 4-15 例 4.7 分析图

4.4　阻抗与导纳

电阻、电感、电容三种元件的 VCR 相量形式分别为 $\dot{U}=R\dot{I}$，$\dot{U}=j\omega L\dot{I}$，$\dot{I}=j\omega C\dot{U}$。它们都表现为电压相量与电流相量成正比，差别只在于复比例系数上。这种特性也可以引申到一个无独立源的二端网络，并根据这种特性引出两个重要的概念：阻抗与导纳。

4.4.1　阻抗和导纳的基本概念

图 4-16 中的 N_0 是不含独立源的线性定常二端网络。设 N_0 的工作角频率为 ω，取关联参考方向的端子电压、电流分别为

$$u=\sqrt{2}U\cos(\omega t+\theta_u)$$
$$i=\sqrt{2}I\cos(\omega t+\theta_i)$$

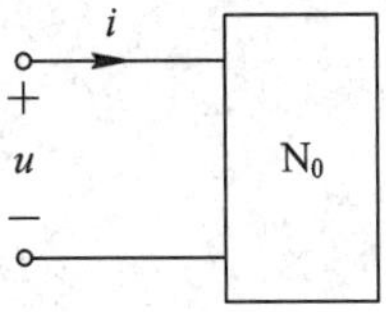

则电压相量、电流相量分别为

$$\dot{U}=Ue^{j\theta_u}$$
$$\dot{I}=Ie^{j\theta_i}$$

图 4-16　无源二端网络

无独立源的线性非时变二端网络 N_0，当其端子电压、端子电流取关联参考方向(如图 4-16 所示)时，电压相量与电流相量之比称为 N_0 的阻抗(Impedance)，其倒数称为 N_0 的导纳(admittance)。记阻抗为 Z，导纳为 Y，即

$$Z=\frac{\dot{U}}{\dot{I}}=\frac{U\angle\theta_u}{I\angle\theta_i}=\frac{U}{I}\angle\theta_u-\theta_i=|Z|\angle\theta_Z \tag{4-20}$$

$$Y=\frac{\dot{I}}{\dot{U}}=\frac{I\angle\theta_i}{U\angle\theta_u}=\frac{I}{U}\angle\theta_i-\theta_u=|Y|\angle\theta_Y \tag{4-21}$$

一般来说，Z、Y 是复数，$|Z|$、θ_Z、$|Y|$、θ_Y 分别称为阻抗模、阻抗角、导纳模与导纳角。

显然，同一个无独立源二端网络 N_0 的 Z 与 Y 是互为倒数的，$|Z|$ 与 $|Y|$ 也互为倒数，θ_Z 与 θ_Y 则互为相反数。

当 N_0 分别为电阻元件 R、电感元件 L、电容元件 C 时，其阻抗、导纳如表 4-1 所示。

表 4-1　3 个基本元件的阻抗和导纳

元件	阻抗 Z	导纳 Y
R	R	G
L	$X_L=\omega L$	$B_L=\dfrac{1}{\omega L}$
C	$X_C=\dfrac{1}{\omega C}$	$B_C=\omega C$

表 4-1 中，X_L、X_C 分别称为感抗、容抗；B_L、B_C 分别称为感纳、容纳。

【例 4.8】　试求图 4-17 中的阻抗。

解 求无独立源二端网络的阻抗(或导纳)一般用外施电源法,即设端子电压(或电流)已知,求出端子电流(或电压),作相量比即可解答。

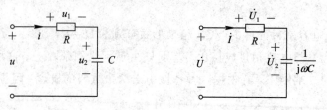

图 4-17 例 4.8 图   图 4-18 例 4.8 图的相量模型

由图 4-18 相量模型可知

$$\dot{U} = \dot{U}_1 + \dot{U}_2$$

而

$$\dot{U}_1 = R\dot{I}, \quad \dot{U}_2 = \frac{1}{j\omega C}\dot{I}$$

有

$$\dot{U} = R\dot{I} + \frac{1}{j\omega C}\dot{I} = \left(R + \frac{1}{j\omega C}\right)\dot{I}$$

所以

$$Z = \frac{\dot{U}}{\dot{I}} = R + \frac{1}{j\omega C}$$

4.4.2 阻抗的串联与并联

1. *RLC* 串联电路

RLC 串联电路如图 4-19(a)所示,其相量模型如图 4-19(b)所示,由基尔霍夫定律的相量形式及元件的 VCR 相量形式可得

$$\dot{U} = \dot{U}_R + \dot{U}_L + \dot{U}_C = Z_R\dot{I} + Z_L\dot{I} + Z_C\dot{I} = \left(R + j\omega L - j\frac{1}{\omega C}\right)\dot{I} = Z\dot{I}$$

其中:

$$Z = Z_R + Z_L + Z_C = R + j\omega L - j\frac{1}{\omega C} = R + j\left(\omega L - \frac{1}{\omega C}\right) = R + jX$$

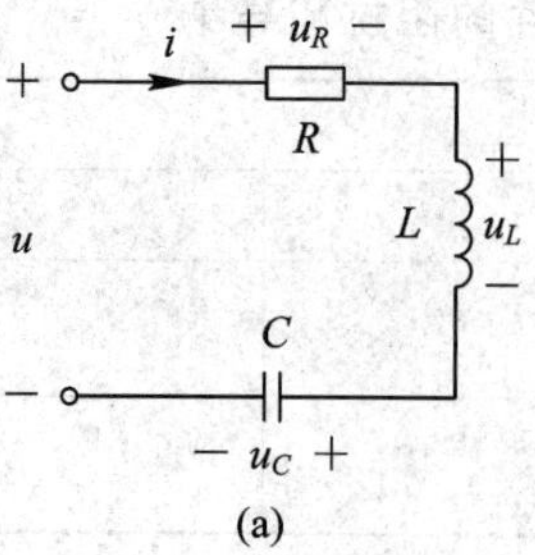

图 4-19 *RLC* 串联电路和它的相量图

Z 称为 RLC 串联电路的等效阻抗。串联的等效阻抗为各阻抗之和，其形式类同于电阻串联电路。等效阻抗的虚部是串联电路的总电抗，用于表示其数值等于感抗和容抗之和，单位为欧姆(Ω)，即

$$X = X_L + X_C = \omega L - \frac{1}{\omega C}$$

当 $X > 0$ 时，表示串联电路呈感性；当 $X < 0$ 时，表示串联电路呈容性；当 $X = 0$ 时，表示电路呈纯电阻性。

2. RLC 并联电路

如图 $4-20(a)$ 所示的 RLC 并联电路，可得出它的两种相量模型，如图 $4-20(b)$、(c) 所示。

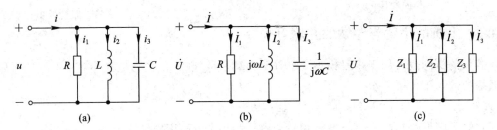

图 $4-20$　RLC 并联电路和它的相量图

由相量模型可得

$$\dot{I}_1 = \frac{\dot{U}}{Z_1} = Y_1 \dot{U} = G \dot{U}$$

$$\dot{I}_2 = \frac{\dot{U}}{Z_2} = Y_2 \dot{U} = -j\frac{1}{\omega L}\dot{U} = jB_L \dot{U}$$

$$\dot{I}_3 = \frac{\dot{U}}{Z_3} = Y_3 \dot{U} = j\omega C \dot{U} = jB_C \dot{U}$$

根据基尔霍夫定律有

$$\dot{I} = \dot{I}_1 + \dot{I}_2 + \dot{I}_3 = \left(\frac{1}{Z_1} + \frac{1}{Z_2} + \frac{1}{Z_3}\right)\dot{U} = (Y_1 + Y_2 + Y_3)\dot{U}$$

并联电路的总的等效阻抗为

$$Z = \frac{\dot{U}}{\dot{I}} = \frac{1}{\dfrac{1}{Z_1} + \dfrac{1}{Z_2} + \dfrac{1}{Z_3}}$$

等效导纳为

$$Y = \frac{\dot{I}}{\dot{U}} = Y_1 + Y_2 + Y_3$$

将 Y_1、Y_2、Y_3 代入上式，可得导纳为

$$Y = G + j\left(\omega C - \frac{1}{\omega L}\right) = G + jB$$

上式表明，并联电路的导纳一般也是复数，其实部为并联电路的电导，其虚部为并联

电路的电纳。

从以上对 RLC 元件的串、并联电路的分析可以看出，只要将各个元件都看成是一个阻抗(或导纳)，那么它们与电阻元件的串、并联特点是一样的。这个结论可以推广到复杂的串并联电路，如图 4－21 所示的电路，就可以写出其阻抗串联、并联、分压、分流等关系如下：

$$Z_{AB} = \frac{Z_2 Z_3}{Z_2 + Z_3}, \quad Z = Z_1 + Z_{AB}$$

$$\dot{I}_1 = \frac{\dot{U}}{Z}, \quad \dot{I}_2 = \frac{Z_3}{Z_2 + Z_3} \dot{I}_1, \quad \dot{I}_3 = \frac{Z_2}{Z_2 + Z_3} \dot{I}_1$$

$$\dot{U}_{AB} = \frac{Z_2 Z_3}{Z_2 + Z_3} \dot{I}_1, \quad \dot{U}_{AB} = \frac{Z_{AB}}{Z_1 + Z_{AB}} \dot{U}$$

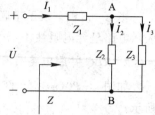

图 4－21　阻抗的串、并联

4.4.3　阻抗的串联与导纳的并联互换

等效的概念也可用于相量模型。如图 4－22 所示，在正弦稳态电路中，一个线性无源二端网络的输入阻抗可表示为

$$Z = R + jX$$

它的最简形式相当于一个电阻和一个电抗相串联，而用导纳表示为

$$Y = G + jB$$

它相当于一个电导与电纳相并联。可见，同一电路可以有串联和并联两种模型等效的电路模型，如图 4－23 所示。

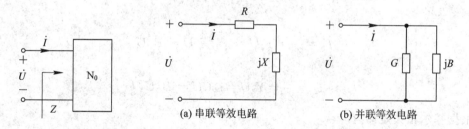

图 4－22　无源二端网络　　　　　　图 4－23　串联和并联等效电路

设 $Z = R + jX$ ，则

$$Y = \frac{1}{Z} = \frac{1}{R + jX} = \frac{R - jX}{R^2 + X^2} = \frac{R}{R^2 + X^2} + j\frac{-X}{R^2 + X^2} = G + jB$$

显然，等效并联电路的电导和电纳分别为

$$G = \frac{R}{R^2 + X^2}, \quad B = \frac{-X}{R^2 + X^2} \tag{4-22}$$

应该注意：一般情况下 G 并非 R 的倒数，B 也并非 Y 的倒数。同理，若已知 $Y = G + jB$，则有串联模型的电阻和电抗为

$$R = \frac{G}{G^2 + B^2}, \quad X = \frac{-B}{B^2 + G^2} \tag{4-23}$$

一般情况下 R 并非 G 的倒数，Y 也并非 B 的倒数。由式(4-22)和式(4-23)知 R、G、X、B 都是 ω 的函数，只有在某一指定频率时，才能确定它们的数值及正负号。

如图 4-24(a)所示的串联电路中，若 $\omega=1$ rad/s，$R=1\ \Omega$，$jX=j1\ \Omega$，则与之等效的并联电路的 4-24(b)中的 $G=\dfrac{1}{1+1}$ S $=\dfrac{1}{2}$ S，$B=-\dfrac{1}{2}$ S。

反之，图 4-25(a)所示的并联电路中，若 $\omega=1$ rad/s，$G=1$ S，$jB=j1$ S，则与之等效的串联电路 4-25(b)中的 $R=\dfrac{1}{2}\ \Omega$，$X=-\dfrac{1}{2}\ \Omega$。

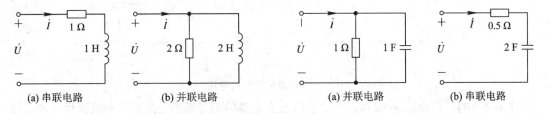

(a) 串联电路	(b) 并联电路

图 4-24　相量模型的等效(1)

(a) 并联电路	(b) 串联电路

图 4-25　相量模型的等效(2)

【例 4.9】　在图 4-26 中有两个阻抗 $Z_1=(3+j4)\Omega$ 和 $Z_2=(8-j6)\Omega$，它们并联后接在 $\dot{U}=220\angle 0°$ V 的电源上，试计算电路中的电流 $\dot{I}_1$、$\dot{I}_2$ 和 $\dot{I}$。

解　$Z_1=(3+j4)\Omega=5\angle 53°\ \Omega$

$$Z_2=(8-j6)\Omega=10\angle(-37°)\ \Omega$$

$$Z=\frac{Z_1 Z_2}{Z_1+Z_2}=\frac{5\angle 53°\times 10\angle(-37°)}{(3+j4)+(8-j6)}\Omega=\frac{50\angle 16°}{11-j2}\Omega$$

$$=\frac{50\angle 16°}{11.18\angle -10.5°}\Omega=4.47\angle 26.5°\ \Omega$$

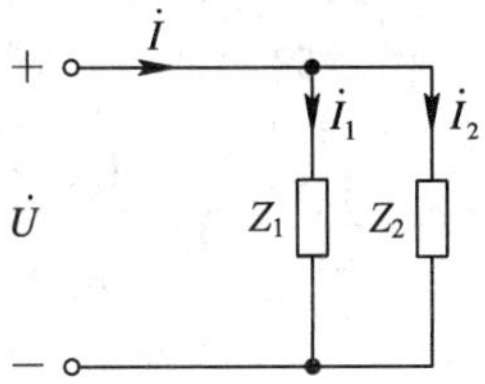

图 4-26　例 4.9 图

$$\dot{I}_1=\frac{\dot{U}}{Z_1}=\frac{220\angle 0°}{5\angle 53°}A=44\angle(-53°)A$$

$$\dot{I}_2=\frac{\dot{U}}{Z_2}=\frac{220\angle 0°}{10\angle -37°}A=22\angle 37°A$$

$$\dot{I}=\frac{\dot{U}}{Z}=\frac{220\angle 0°}{4.47\angle 26.5°}A=49.2\angle(-26.5°)A$$

可用 $\dot{I}=\dot{I}_1+\dot{I}_2$ 进行验算。电流与电压的相量图的画法与图 4-15 一样，由读者仿照图 4-15 自行画出。

4.4.4　相量模型应用

如图 4-27(a)所示的这类电路模型中，各元件用其基本特性参数(R、C、L 等)表征其特性，各电压、电流都是时间的正弦函数，这种模型称为时域模型。为了方便使用相量法，正弦稳态电路将采用相量模型(phasor model)。在相量模型中，各元件用其导出特性参数——阻抗或导纳来表征其特性，各电压、电流都以相量形式出现。以图 4-27(a)所示正弦稳态电路的时域模型来说，其相量模型如图 4-27(b)所示。

在相量模型中的各元件特性，同时都用阻抗表示或者同时都用导纳表示。如果在一个模型中，把阻抗和导纳同时混用，在列写方程时容易出错。图 4-27(b)所示的相量模型，都是用阻抗表示正弦稳态电路从时域模型变换为相量模型，使两类约束关系从代数式、微分式变换为全是代数式，而且与电阻性电路的两类约束关系相类似。因此，利用相量模型来分析正弦稳态电路，可以避开微分方程，同时还能利用电阻性电路的分析方法进行分析。

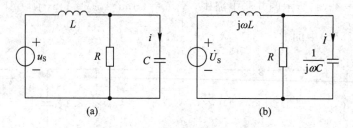

图 4-27 相量模型的应用

【例 4.10】 作出图 4-27(a)所示正弦稳态电路的相量模型，并利用相量模型求出电流相量 $\dot{I}$ 的表达式。

解 设 u_S 的角频率为 ω，则 L、R、C 一个元件的阻抗分别为 $j\omega L$、R、$\dfrac{1}{j\omega C}$，因此可以作出如图 4-27(b)所示的相量模型。

仿电阻串联、并联电路的分析方法，有

$$\dot{I} = \frac{\dot{U}_S}{j\omega L + \dfrac{R \times \dfrac{1}{j\omega C}}{R + \dfrac{1}{j\omega C}}} \times \frac{R}{R + \dfrac{1}{j\omega C}} = \frac{R\dot{U}_S}{j\omega RL + \dfrac{L}{C} + \dfrac{R}{j\omega C}} = \frac{j\omega LCR\dot{U}_S}{RC(1-\omega^2 L^2) + j\omega L^2}$$

【例 4.11】 计算图 4-28 所示相量模型中的电压相量 $\dot{U}$。

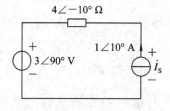

图 4-28 例 4.11 图

解 据 KVL 和 VCR，有

$$\dot{U} = [(4\angle -10°) \times (1\angle 10°) + 3\angle 90°]\,\text{V}$$
$$= (4\angle 0° + 3\angle 90°)\,\text{V}$$
$$= (4+j3)\,\text{V} = 5\angle 36.9°\,\text{V}$$

4.5 正弦稳态电路的相量分析

得到电路的相量模型后，正弦稳态电路的分析与计算就与解直流电路的方法一样，采用相量分析法，也就是可以用直流电路的分析方法分析正弦稳态电路。电路的基本变量是电压相量与电流相量，所分析的对象是相量模型。

4.5.1 简单正弦稳态电路的相量分析

简单的相量分析是利用相量模型来计算正弦稳态响应,简称相量法。相量分析的步骤一般分为 3 步,即

第 1 步,将时域模型变换为相量模型;

第 2 步,用相量模型计算所欲求正弦的相量;

第 3 步,根据所得相量结果写出所求的正弦量。

通过前面的学习已经知道,当正弦稳态电路中引入相量、阻抗和导纳这些概念之后,正弦稳态电路中的三角函数运算(KCL、KVL)变成了复数运算,微积分方程(VCR)变成了复代数方程,两类约束的相量形式与电阻电路中相应的表达式在形式上是完全相同的,即

电阻电路中正弦稳态电路(相量分析)中

$$\text{KCL:} \sum i = 0 \qquad\qquad \text{KCL:} \sum \dot{I} = 0$$

$$\text{KVL:} \sum u = 0 \qquad\qquad \text{KVL:} \sum \dot{U} = 0$$

$$\text{VCR:} u = Ri \ \text{或} \ i = Gu \qquad\qquad \text{VCR:} \dot{U} = Z\dot{I} \ \text{或} \ \dot{I} = Y\dot{U}$$

因此,只要将变量 u 和 i 对应为相量 $\dot{U}$ 和 $\dot{I}$,并将元件 R 或 G 对应为阻抗 Z 或导纳 Y,电阻电路中所有的定理、公式和分析方法都可推广应用于正弦稳态电路的相量模型之中。

用相量法分析正弦稳态电路时的一般步骤如下:

(1)画出与时域电路相对应的电路相量模型(有时可省略电路相量模型图),其中正弦电压、电流用相量表示为

$$u(t) = \sqrt{2} U \cos(\omega t + \psi_u) \rightarrow \dot{U} = U \angle \psi_u$$

$$i(t) = \sqrt{2} I \cos(\omega t + \psi_i) \rightarrow \dot{I} = I \angle \psi_i$$

元件用阻抗(或导纳)表示为

$$R \rightarrow R \qquad (\text{或} \ G)$$

$$L \rightarrow j\omega L \qquad \left(\text{或} \frac{1}{j\omega L}\right)$$

$$G \rightarrow \frac{1}{j\omega C} \qquad (\text{或} \ j\omega C)$$

(2)仿照直流电阻电路的分析方法,根据相量形式的两类约束建立电路方程,用复数的运算法则求解方程,解出待求各电流、电压的相量表达式。

(3)根据计算所得的电压、电流相量,变换为时域中的实函数形式(根据需要),即

$$\dot{U} = U \angle \psi_u \rightarrow u(t) = \sqrt{2} U \cos(\omega t + \psi_u)$$

$$\dot{I} = I \angle \psi_i \rightarrow i(t) = \sqrt{2} I \cos(\omega t + \psi_i)$$

注意:相量分析法只能在单一频率正弦电源作用下的线性时不变正弦稳态电路中使用。

【例 4.12】 有一线圈与电容器串联的电路,已知线圈电阻 $R = 15 \ \Omega$(漏导忽略不计),$L = 12 \ \text{mH}$,$C = 5 \ \mu\text{F}$,电路两端加有正弦电压 $u_S = 100\sqrt{2} \cos 5000t \ \text{V}$。求电路中的电流 i 和线圈两端电压 u。

解 由已知条件可绘出电路时域模型如图 4 - 29(a)所示，相量模型如图 4 - 29(b)所示。

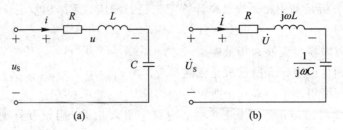

图 4 - 29 例 4.12 图

相量模型中：

$$\dot{U}_S = \frac{100\sqrt{2}}{\sqrt{2}} \angle 0° \text{V} = 100 \text{ V}$$

$$j\omega L = j5000 \times 12 \times 10^{-3} = j60 \text{ } \Omega$$

$$\frac{1}{j\omega C} = \frac{1}{j5000 \times 5 \times 10^{-6}} = -j40 \text{ } \Omega$$

因此，有

$$\dot{I} = \frac{\dot{U}_S}{R + j\omega L + \dfrac{1}{j\omega C}}$$

$$= \frac{100}{15 + j60 - j40}\text{A} = \frac{100}{15 + j20}\text{A} = \frac{100}{25\angle 53.1°}\text{A} = 4\angle(-53.1°)\text{A}$$

$$\dot{U} = (R + j\omega L)\dot{I} = (15 + j60) \times 4\angle(-53.1°)\text{V}$$

$$= 61.8\angle 76° \times 4\angle(-53.1°)\text{V} = 247\angle 22.9°\text{V}$$

所以

$$i = 4\sqrt{2}\cos(5000t - 53.1°) \text{ A}$$

$$u = 247\sqrt{2}\cos(5000t + 22.9°) \text{ V}$$

【例 4.13】 电路如图 4 - 30(a)所示，其中 $u_S = 40\sqrt{2}\cos 3000t \text{V}$，求 i、i_C 和 i_L。

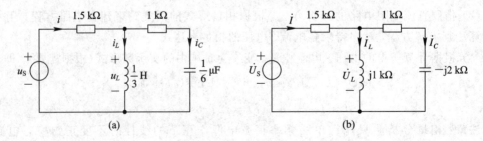

图 4 - 30 例 4.13 图

解 相量模型如图 4 - 30(b)所示，其中

$$\dot{U}_S = 40\angle 0° \text{V}$$

$$j\omega L = j3000 \times \frac{1}{3}\Omega = j1000\Omega = j1k\Omega$$

$$\frac{1}{j\omega C} = \frac{1}{j3000 \times \frac{1}{6} \times 10^{-6}}\Omega = -j2000\Omega = -j2k\Omega$$

混联电路总输入阻抗为

$$Z = \left(1.5 + \frac{j1(1-j2)}{j1+1-j2}\right)k\Omega = \left(1.5 + \frac{1+j3}{2}\right)k\Omega = (2+j1.5)\,k\Omega = 2.5\angle 36.9°k\Omega$$

$$\dot{I} = \frac{\dot{U}_s}{Z} = \frac{40}{2+j1.5}mA = \frac{40}{2.5\angle 36.9°}mA = 16\angle(-36.9°)mA$$

由分流公式得

$$\dot{I}_C = \frac{j\omega L}{j\omega L + \left(1 + \frac{1}{j\omega C}\right)}\dot{I} = \frac{j1}{j1+(1-j2)}\dot{I} = \frac{j}{1-j} \times 16\angle(-36.9°)mA = \frac{16}{\sqrt{2}}\angle 98.1°mA$$

$$\dot{I}_L = \frac{1 + \frac{1}{j\omega C}}{j\omega L + \left(1 + \frac{1}{j\omega C}\right)}\dot{I} = \frac{1-j2}{j1+(1-j2)}\dot{I} = \frac{1-j2}{1-j} \times 16\angle(-36.9°)$$

$$= \frac{\sqrt{5}}{\sqrt{2}} \times 16\angle(-55.3°)mA = 25.3\angle(-55.3°)mA$$

于是得

$$i(t) = 16\sqrt{2}\cos(3000t - 36.9°)\,mA$$

$$i_C(t) = 16\cos(3000t + 98.1°)\,mA$$

$$i_L(t) = 16\sqrt{5}\cos(3000t - 55.3°)\,mA$$

【例 4.14】　用于某雷达指示器的相移电路如图 4-31(a)所示。试证明在正弦电压 u_s 作用下，如果 $R = \frac{1}{\omega C}$，则正弦电路 u_1、u_2、u_3、u_4 的有效值相等，相位依次相差 90°（参考点如图所示）。

解　因为 $\frac{1}{\omega C} = R$，可作出如图 4-31（b）所示的电路相量模型。由此可得

$$\dot{U}_1 = \frac{1}{2}\dot{U}_s$$

$$\dot{U}_2 = \dot{U}_{21} + \dot{U}_1 = -\frac{R}{R-jR}\dot{U}_s + \frac{1}{2}\dot{U}_s = \left(\frac{-1}{1-j} + \frac{1}{2}\right)\dot{U}_s$$

$$= -\frac{1}{2}j\dot{U}_s = \frac{1}{2}U_s\angle -90°$$

$$\dot{U}_3 = -\frac{1}{2}\dot{U}_s = \frac{1}{2}U_s\angle 180°$$

$\dot{U}_4$ 和 $\dot{U}_2$ 的相位相反。因此，u_1、u_2、u_3、u_4 的有效值都是 u_s 的一半，相位依次相差 90°。四个电位的相量图如图 4-32 所示。

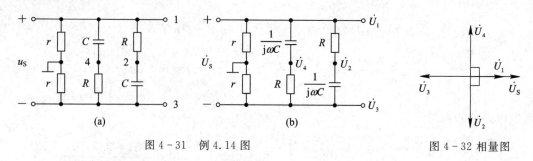

图 4-31 例 4.14 图   图 4-32 相量图

4.5.2 复杂正弦稳态电路的分析

对结构较为复杂的电路,可以进一步应用电阻电路中的方程分析法、线性叠加与等效变换等方法进行分析。以下通过例题,说明如何求解复杂正弦稳态电路在同频率正弦电源作用下的正弦稳态响应。

1. 应用网孔电流法分析正弦交流电路

例 4.12、例 4.13、例 4.14 为阻抗串并联电路,分析方法与电阻串并联电路的方法相似。下面通过具体例子说明正弦稳态电路的网孔电流法。

【**例 4.15**】 如图 4-33(a)所示的正弦稳态电路,已知 $u_S = 10\sqrt{2}\cos 10^3 t$ V,求电流 i_1 和 i_2。

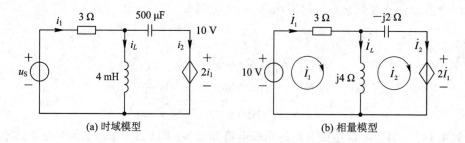

(a) 时域模型   (b) 相量模型

图 4-33 例 4.15 图

解 作相量模型如图 4-33 (b)所示。其中:

$$Z_L = j\omega L = j10^3 \times 4 \times 10^{-3} \ \Omega = j4 \ \Omega$$

$$Z_C = \frac{1}{j\omega C} = -j\ \frac{1}{10^3 \times 500 \times 10^{-6}} \ \Omega = -2j \ \Omega$$

下面用网孔电流法进行计算。取网孔电流如图 4-33 (b)所示,电路方程为

$$3\dot{I}_1 + j4(\dot{I}_1 - \dot{I}_2) = 10 \tag{4-24}$$

$$-j2\dot{I}_2 + 2\dot{I}_1 + j4(\dot{I}_2 - \dot{I}_1) = 0 \tag{4-25}$$

由式(4-25)可得

$$(2 - j4)\dot{I}_1 + j2\dot{I}_2 = 0 \tag{4-26}$$

式(4-26)乘以 2 再与式(4-24)相加得

$$(7 - j4)\dot{I}_1 = 10$$

即

$$\dot{I}_1 = \frac{10}{7 - j4}A = 1.24\angle 29.7°A$$

代入式(4-26)得

$$\dot{I}_2 = (2 - j4)\times\frac{10}{7 - j4}\times\frac{1}{-j2}A = \frac{20 + j30}{13}A = 2.77\angle 56.3°$$

所以

$$i_1 = 1.24\sqrt{2}\cos(1000t + 29.7°)\,A$$
$$i_2 = 2.77\sqrt{2}\cos(1000t + 56.3°)\,A$$

本节列写相量模型的网孔方程的方法，原则上和第 2 章直流电路中列写网孔方程的方法一样。

2. 应用结点电位法分析正弦交流电路

【例 4.16】　电路相量模型如图 4-34 所示。试列出其结点电压相量方程并求解。

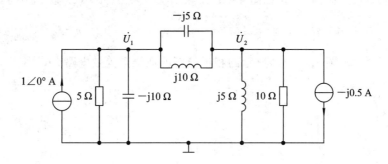

图 4-34　例 4.16 图

解　图中已标出两个独立结点电压 $\dot{U}_1$、$\dot{U}_2$ 及参考结点，结点电压方程如下：

$$\begin{cases} \dfrac{\dot{U}_1}{5} + \dfrac{\dot{U}_1}{-j10} + \dfrac{\dot{U}_1 - \dot{U}_2}{j10} + \dfrac{\dot{U}_1 - \dot{U}_2}{-j5} = 1\angle 0° \\ \dfrac{\dot{U}_2}{10} + \dfrac{\dot{U}_2}{j5} + \dfrac{\dot{U}_2 - \dot{U}_1}{-j5} + \dfrac{\dot{U}_2 - \dot{U}_1}{j10} = j0.5 \end{cases}$$

将上述方程整理得

$$\begin{cases} (2 + j2)\dot{U}_1 - j\dot{U}_2 = 10 \\ -j\dot{U}_1 + (1 - j)\dot{U}_2 = j5 \end{cases}$$

解此方程组可得

$$\dot{U}_1 = (1 - j2)\,V, \quad \dot{U}_2 = (-2 + j4)\,V$$

本节列写相量模型的结点方程的方法，原则上和第 2 章直流电路中列写结点方程的方法一样。

3. 应用戴维南定理分析正弦交流电路

【例 4.17】　用戴维南定理求图 4-35(a)所示的相量模型中的 $\dot{I}$。

解　(1) 根据图 4-35(b)，求得开路电压 $\dot{U}_{OC}$ 为

$$\dot{U}_{OC} = \frac{-j2}{1+j-j2} \times 4\angle 0°V = \frac{-j8}{1-j}V = 4\sqrt{2}\angle -45°V$$

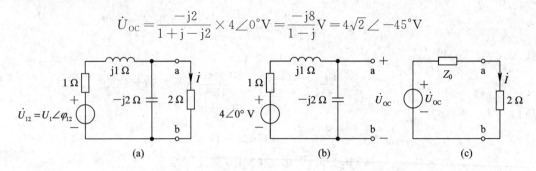

图 4 – 35　例 4.17 图

（2）根据图 4 – 35(b)，将电压源设为零，计算出 Z_0 为

$$Z_0 = \frac{(1+j)(-j2)}{1+j-j2}\Omega = 2\ \Omega$$

（3）作出原电路的等效电路如图 4 – 35(c)所示，由图 4 – 35 (c)得

$$\dot{I} = \frac{\dot{U}_{OC}}{Z_0+2} = \frac{4\sqrt{2}\angle -45°}{2+2}A = \sqrt{2}\angle -45°A$$

【例 4.18】　试求图 4 – 36(a)所示的相量模型的戴维南等效电路。

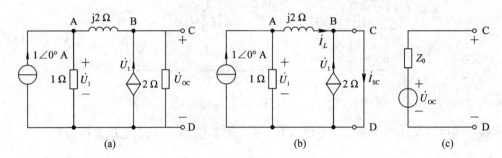

图 4 – 36　例 4.18 图

解　（1）用结点法求开路电压 $\dot{U}_{OC}$，结点方程为

结点 A：

$$\frac{\dot{U}_A}{1} + \frac{\dot{U}_A - \dot{U}_B}{j2} = 1$$

结点 B：

$$\frac{\dot{U}_B}{2} + \frac{\dot{U}_B - \dot{U}_A}{j2} = \dot{U}_1$$

其中：

$$\dot{U}_1 = \dot{U}_A$$

联立求解得

$$\dot{U}_B = 2\ V$$

所以

$$\dot{U}_{OC} = \dot{U}_B = 2\ V$$

（2）由图 4-36（b）求出短路电路 $\dot{I}_{SC}$。

$$\dot{I}_{SC} = \dot{I}_L + \dot{U}_1$$

$$\dot{I}_L = \frac{1}{1+j2} \times 1\angle0° = \frac{1}{1+j2}$$

$$\dot{U}_1 = \frac{1 \times j2}{1+j2} \times 1\angle0°$$

所以

$$\dot{I}_{SC} = \dot{I}_L + \dot{U}_1 = \left(\frac{1}{1+j2} + \frac{j2}{1+j2}\right)A = 1\ A$$

用短路法求戴维南等效电路的串联阻抗 Z_0 为

$$Z_0 = \frac{\dot{U}_{OC}}{\dot{I}_{SC}} = \frac{2}{1}\Omega = 2\ \Omega$$

于是可得出戴维南等效电路如图 4-36（c）所示。

4.6　正弦稳态电路的功率

正弦稳态分析中，功率是个很重要的概念。本节将介绍有关正弦稳态功率的几个物理量及其计算方法，同时，电子技术中最大功率传输问题本节也将进行讨论。

4.6.1　瞬时功率

设二端网络 N 的端子电压、电流取关联参考方向，如图 4-37 所示，则 N 的吸收功率为

$$p = ui$$

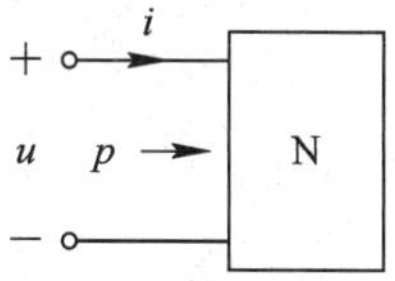

图 4-37　二端网络的功率

由于 u、i 都是时变的，p 也必然是时变的，故称 p 为 N 所吸收的瞬时功率。

以 i 为参考正弦量（即设 i 的初相 $\theta_i = 0°$），u 与 i 的相位差为 φ（即 u 的初相 $\theta_u = \varphi$），有

$$i = I_m\cos\omega t$$
$$u = U_m\cos(\omega t + \varphi)$$

得

$$p = U_m\cos(\omega t + \varphi)I_m\cos\omega t = U_m I_m \frac{1}{2}[\cos\varphi + \cos(2\omega t + \varphi)]$$

$$= UI[\cos\varphi + \cos\varphi\cos2\omega t - \sin\varphi\sin2\omega t]$$

$$= UI\cos\varphi(1 + \cos2\omega t) + UI\sin\varphi\cos(2\omega t + 90°)$$

$$= p_1 + p_2 \tag{4-27}$$

其中：

$$p_1 = UI\cos\varphi(1 + \cos2\omega t) \tag{4-28}$$

$$p_2 = UI\sin\varphi\cos(2\omega t + 90°) \tag{4-29}$$

当 $0°\leqslant|\varphi|\leqslant90°$ 时，$p_1\geqslant0$，表明 N 在吸收功率；当 $90°\leqslant|\varphi|\leqslant180°$ 时，$p_1\leqslant0$，表明

N 在发出功率。当 N 一定时，φ 也是常数，换句话说，p_1 为一单向传播的功率，因此，称 p_1 为有功分量。分量 p_2 则不一样，它是正弦量，时正时负，是双向传播的功率，且正、负两半周对称，其传播效果为零，因此，称 p_2 为无功分量。图 4-38 绘出了 u、i、p 及 p_1、p_2 的波形图（取 $\varphi = 45°$，$p_1 \geqslant 0$）。

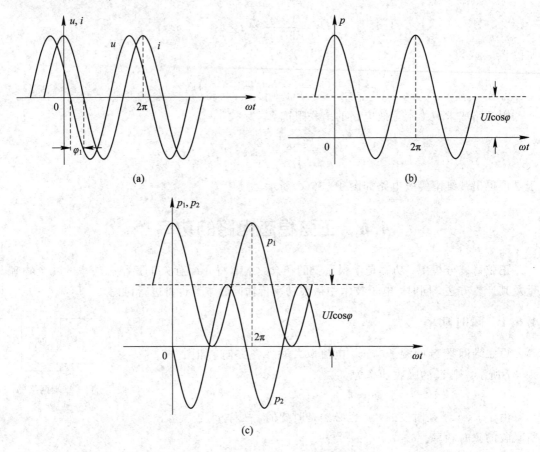

图 4-38　瞬时功率波形图

4.6.2　有功功率、无功功率和视在功率

瞬时功率在一个周期内的平均值称为平均功率（average power），记为 P，即

$$P = \frac{1}{T} \int_0^T p(t) \, \mathrm{d}t \tag{4-30}$$

由于 p_2 的平均值为零，P 就是 p_1 的平均值，即

$$P = \frac{1}{T} \int_0^T p_1(t) \, \mathrm{d}t = UI\cos\varphi \tag{4-31}$$

故又称 P 为有功功率（active power）。

无功分量 p_2 表示 N 与外电路在交换功率，取其振幅 $UI\sin\varphi$ 定义为无功功率（reactive power），记为 Q，即

$$Q = UI\sin\varphi \tag{4-32}$$

它可用以表明 N 与外电路交换功率的规模。

为了区分有功功率与无功功率，P 的单位为瓦［特］(W)，Q 的单位则用乏(var，volt amper reactive)。

在电工技术中，把电压电流有效值的乘积称为视在功率(apparent power)，记作 S，即

$$S = UI \tag{4-33}$$

S 的单位为伏安(V·A)。

平均功率与视在功率的比称为功率因数(power factor)，记为 λ，即

$$\lambda = \frac{P}{S} = \cos\varphi \tag{4-34}$$

λ 是一个无量纲的数。对负载来说，电压电流相位差 φ 就等于负载的阻抗角 θ_z。由于 $0° \leqslant |\theta_z| \leqslant 90°$，有 $0 \leqslant \lambda \leqslant 1$。功率因数能表示功率传输质量的好坏，$\lambda = 1$ 时，有 $P = UI$，$Q = 0$，功率全部在定向传输而无往返，传输质量最好；$\lambda = 0$ 时，有 $P = 0$，$Q = UI$，功率全部在往返而无定向传输，传输质量最差。

φ 也称为功率因数角。对于负载来说，由于 $\varphi = \theta_z$，因此，当负载为感性时，$\varphi = \theta_z > 0$；当负载为容性时，$\varphi = \theta_z < 0$。无论 φ 是正或是负，$\cos\varphi$ 总为正值，单给出功率因数 λ 值不能体现负载的性质，因此，在给出负载功率因数值时，后边还要同时加上"感性"（也可以是"滞后 lag"，指电流滞后电压）或"容性"（也可是"超前 lead"，指电流超前电压）字样。

4.6.3　复功率

设二端网络 N 的端子电压电流取关联参考方向，且电压相量和电流相量分别为

$$\dot{U} = Ue^{j\theta_u}$$

$$\dot{I} = Ie^{j\theta_i}$$

定义 N 吸收的复功率(complex power)为 $\dot{U}$ 与 $\dot{I}$ 的共轭复数 $\dot{I}^*$ 之积，并记为 $\bar{S}$，即

$$\bar{S} = \dot{U}\dot{I}^* \tag{4-35}$$

复功率的单位为伏安(V·A)。

显然，有

$$\bar{S} = \dot{U}\dot{I}^* = UIe^{j(\theta_u - \theta_i)} = Se^{j\varphi}$$
$$= S(\cos\varphi + j\sin\varphi) = P + jQ \tag{4-36}$$

可见，N 吸收的复功率 $\bar{S}$ 的模为视在功率 S，其辐角为功率因数角，其实部为 N 吸收的平均功率 P，其虚部为 N 吸收的无功功率 Q。一个二端网络（或元件），当求得其电压电流相量后，就可按式(4-36)求得其复功率。

一个正弦稳态网络，可以证明有

$$\sum \bar{S} = \sum \dot{U}\dot{I}^* = 0 \tag{4-37}$$

进而有

$$\sum P = 0 \quad \sum Q = 0 \tag{4-38}$$

式(4-37)和式(4-38)表明，正弦稳态电路平均功率、无功功率、复功率是守恒的。

【例 4.19】　电路如图 4-39 所示，已知 $\dot{I}_1 = (100+j50)$A，$\dot{I}_4 = (50-j50)$A，$\dot{U}_1 = (500+j0)$V，$\dot{U}_4 = (200+j200)$V，试求每一元件吸收的复功率，并计算整个电

路的复功率。

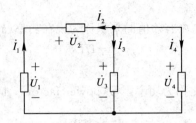

图 4-39 例 4.19 图

解　$\bar{S}_1 = \dot{U}_1(-\dot{I}_1{}^*) = 500(-100+j50)\ \text{V}\cdot\text{A} = (-50\ 000+j25\ 000)\ \text{V}\cdot\text{A}$

$\bar{S}_2 = -\dot{U}_2(\dot{I}_2{}^*) = -(\dot{U}_1-\dot{U}_4)(-\dot{I}_1{}^*)$

$\qquad = -(500-200-j200)(-100+j50)\ \text{V}\cdot\text{A} = (20\ 000-j35\ 000)\ \text{V}\cdot\text{A}$

$\bar{S}_3 = \dot{U}_3(\dot{I}_3{}^*) = \dot{U}_4(\dot{I}_1{}^* - \dot{I}_4{}^*)$

$\qquad = (200+j200)(100-j50-50-j50)\ \text{V}\cdot\text{A} = (30\ 000-j10\ 000)\ \text{V}\cdot\text{A}$

$\bar{S}_4 = \dot{U}_4\dot{I}_4{}^* = (200+j200)(50+j50)\ \text{V}\cdot\text{A} = (0+j20\ 000)\ \text{V}\cdot\text{A}$

即

$$P_1 = -50\ 000\ \text{W},\quad P_2 = 20\ 000\ \text{W},\quad P_3 = 30\ 000\ \text{W},\quad P_4 = 0\ \text{W}$$

$$Q_1 = 25\ 000\ \text{var},\quad Q_2 = -35\ 000\ \text{var},\quad Q_3 = -10\ 000\ \text{var},\quad Q_4 = 20\ 000\ \text{var}$$

电路总的复功率为

$$\bar{S} = \sum_{i=1}^4 \bar{S}_i = 0$$

即

$$P = \sum_{i=1}^4 P_i = 0,\quad Q = \sum_{i=1}^4 Q_i = 0$$

4.7　功率因数的提高

4.7.1　提高功率因数的意义

当电力公司向大型工业用户提供电能时，往往在其费率表中包含一个功率因数条款，每当功率因数值低于规定值（一般是 0.85 滞后），用户就需要支付额外的费用（很少有用户的功率因数是超前的）。系统的功率因数取决于负载的性质，例如白炽灯、电烙铁、电阻炉等用电设备，可以看作是纯电阻负载，它们的功率因数为 1。但是，日常生活和生产中广泛应用的异步电动机、感应炉和日光灯等用电设备都属于感性负载，它们的电流均滞后电源电压，在一般情况下功率因数总是小于 1。

在实际应用中，如果功率因数过低会引起以下两个主要的问题。

（1）电源设备的容量不能得到充分的利用。

例如，若电源设备的容量 $S_N = U_N I_N = 1000\ \text{kV}\cdot\text{A}$，此时若用户的 $\cos\varphi = 1$，则电源发出的有功功率 $P = U_N I_N \cos\varphi = 1000\ \text{kW}$，此时电路无须提供无功功率，就可带动 100 台

10 kW 的电炉工作；若用户的 $\cos\varphi$ 降为 0.6，则电源发出的有功功率 $P = U_N I_N \cos\varphi = 600$ kW，而电路需提供的无功功率 $Q = U_N I_N \sin\varphi = 800$ kvar，此时，只能带 60 台 10 kW 的电炉工作。

可见，功率因数 $\cos\varphi$ 越低，发电设备的利用率就越低，所以提高电路的 $\cos\varphi$ 可使发电设备的容量得到充分的利用。

（2）增加线路和发电机绕组的功率损耗。

设输电线和发电机绕组的电阻为 r。由于 $P = U_N I_N \cos\varphi$（P、U_N 为定值）时，则线路电流为

$$I_N = \frac{P}{U_N \cos\varphi}$$

可以看出，功率因数越低，输电线路中的电流就越大，这将增加输电线上的电压降，从而导致用户端电压下降，影响供电质量；同时 $\Delta P = I_N^2 r$ 线路中损耗的功率也大大增加，浪费电能，降低电网的输电效率；线路电流增大，相应地电路导线的横截面积必须增大，对金属资源也是一种浪费；更为严重的是电流增大将导致发电机绕组的损耗增大，亦会造成发电机的过热引发绝缘等级下降等安全问题。

4.7.2　提高功率因数的方法

功率因数过低，就需要想办法进行补偿，以提高电路的功率因数。补偿采取的原则是：必须保证原负载的工作状态不变，即加至负载上的电压和负载的有功功率应保持不变。

常用最简单的提高功率因数的方法就是在负载两端并联一个适当的电容，以使整体的功率因数得到提高，同时也不影响负载的正常工作。从物理意义上讲，提高功率因数就是用电容的无功功率去补偿感性负载的无功功率，使电源输出的无功功率减少，功率因数角 φ 也相应变小。一般情况下，不必将功率因数提高到 1，提高到 1 将使电容量增大很多，致使设备的投资过大。通常功率因数达到 0.9 左右即可。

用相量图也可以分析说明负载并联电容后功率因数提高的情况，如图 4-40 所示。

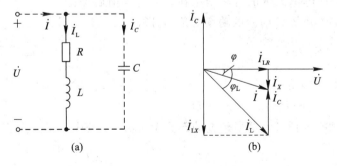

(a)　　　　　　　　　　　(b)

图 4-40　功率因数提高

在图 4-40(a)所示的电路中，感性负载 Z_L 由电阻 R 和电感 L 组成，通过导线与电压为 $\dot{U}$ 的电源相联。并联电容之前，电路中的电流就是负载电流 $\dot{I}_L$，这时电路的阻抗角为 φ_L；并联电容 C 后，由于负载 Z 的性质和电源电压 $\dot{U}$ 均保持不变，故负载电流 $\dot{I}_L$ 也不变，这时电容 C 中的电流 $\dot{I}_C$ 超前电压 $\dot{U}90°$，它与负载电流 $\dot{I}_L$ 相加后成为电路的总电流，

即 $\dot{I}=\dot{I}_L+\dot{I}_C$。

在图 4-40(b)所示的该电路的相量图中,若将负载电流 $\dot{I}_L$ 分解成与电压 $\dot{U}$ 同相的有功分量 $\dot{I}_{LR}$ 和与电压 $\dot{U}$ 相垂直的无功分量 $\dot{I}_{LX}$,可以看出,电容的无功电流 $\dot{I}_C$ 抵消了部分 $\dot{I}_{LX}$,使整个电路的无功分量减小为 $\dot{I}_X$,而电路的有功电流分量就是负载电流的有功分量,它在并联电容前后并没有改变。由于无功分量的减少,使总电流 $\dot{I}$ 较并联电容前的 $\dot{I}_L$ 减少了,整个电路的阻抗角从并联电容前的 φ_L 减少为 φ,即减少了总电压 $\dot{U}$ 与总电流 $\dot{I}$ 的相位差,从而使电路的功率因数得到了提高。

并联电容 C 的数值计算方法如下所述。

方法一:并入电容后,由图 4-40(a),根据 KCL 有

$$\dot{I}=\dot{I}_L+\dot{I}_C$$

令 $\dot{U}=U\angle 0°$(参考相量),则

$$\dot{I}=I\angle\varphi,\quad \dot{I}_L=I_L\angle\varphi_L,\quad \dot{I}_C=I_C\angle 90°=\omega CU\angle 90°$$

由图 4-40(b)中的电流三角形得

$$I_C=I_L\sin\varphi_L-I\sin\varphi \tag{4-39}$$

同时,并联 C 前后的有功功率 P 保持不变,所以有

$$I_L=\frac{P}{U\cos\varphi_L}$$

$$I=\frac{P}{U\cos\varphi}$$

代入式(4-39)得

$$\omega CU=\frac{P}{U\cos\varphi_L}\sin\varphi_L-\frac{P}{U\cos\varphi}\sin\varphi \tag{4-40}$$

方法二:设负载吸收的有功功率为 P,由于并联电容并不消耗有功功率,因此电源提供的有功功率在并联电容前后保持不变。由图 4-41 中并联 C 前后的功率三角形可得

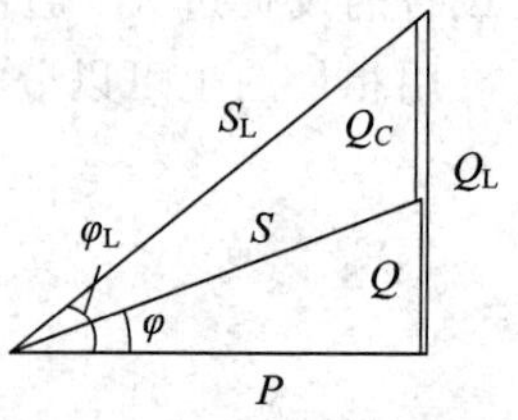

并联电容前的无功功率为

$$Q_L=P\tan\varphi_L$$

并联电容后的无功功率为

$$Q=P\tan\varphi=Q_L+Q_C$$

图 4-41 并联 C 前后的功率三角形

电容的无功功率补偿了负载所消耗的部分无功功率,其中电容的无功功率为

$$Q_C=-I_C^2X_C=-\frac{U^2}{X_C}=-\omega CU^2$$

由以上 3 式可得

$$P\tan\varphi=P\tan\varphi_L-\omega CU^2$$

因此

$$C=\frac{P}{\omega U^2}(\tan\varphi_L-\tan\varphi) \tag{4-41}$$

应当指出,在电力系统中,$\cos\varphi$ 通常为 0.9 左右,提高功率因数具有重大的经济价值。

但在电子系统、通信系统中，因为通信系统的信号源都是弱信号，往往不考虑功率因数，而是考虑负载吸收的最大功率。

【例 4.20】　在图 4 - 42 中，已知 $u = 10\sqrt{2}\cos 1000t$，$i = 2\sqrt{2}\cos(1000t - 45°)$，求 N 吸收的有功功率 P、无功功率 Q，功率因数 λ。

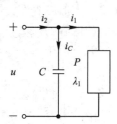

图 4 - 42　例 4.20 图

解　$P = UI\cos\varphi = 10 \times 2 \times \cos45°\text{W} = 14.14\ \text{W}$

$Q = UI\sin\varphi = 10 \times 2 \times \sin45°\text{var} = 14.14\ \text{var}$

$$\lambda = \frac{P}{S} = \cos\varphi = \cos45° = 0.707 (感性，滞后，lag)$$

【例 4.21】　如图 4 - 43 所示电路中，已知 $U = 380\ \text{V}$，$P = 20\ \text{kW}$，$\lambda = 0.6$（感性），工作频率 $f = 50\ \text{Hz}$。为使功率因数提高到 0.9，并联电容 C 是多少？

解　设并联 C 之前的功率因数角为 φ_1，并联 C 之后为 φ_2。由已知 $\cos\varphi_1 = \lambda_1 = 0.6$，$\cos\varphi_2 = \lambda_2 = 0.9$，得

$$\varphi_1 = 53.1°，\quad \varphi_2 = 25.8°$$

又 $P_1 = UI\cos\varphi_1$，$P_2 = UI\cos\varphi_2$，得

$$I_1 = \frac{P_1}{U\cos\varphi_1} = \frac{20 \times 10^3}{380 \times 0.6}\text{A} = 87.7\ \text{A}$$

$$I_2 = \frac{P_2}{U\cos\varphi_2} = \frac{20 \times 10^3}{380 \times 0.9}\text{A} = 58.5\ \text{A}$$

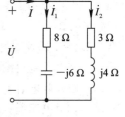

图 4 - 43　例 4.21 图

参照图 4 - 38(c)，有

$$I_C = I_1\sin\varphi_1 - I_2\sin\varphi_2 = (87.7\sin53.1° - 58.5\sin25.8°)\ \text{A} = 44.7\ \text{A}$$

所以

$$C = \frac{I_C}{\omega U} = \frac{44.7}{2\pi \times 50 \times 380}\text{F} = 374 \times 10^{-6}\text{F}$$

当 $\varphi_2 = -25.8°$ 时，可计算得 $C = 8 \times 10^{-6}\text{F}$，也满足此题要求。

【例 4.22】　如图 4 - 44 所示的正弦稳态电路中，已知 $u = 220\sqrt{2}\cos(314t)$，求电路的有功功率 P、无功功率 Q、视在功率 S、功率因数 $\cos\varphi$。

解　设 $\dot{U} = 220\angle 0°\text{V}$，则支路电流为

$$\dot{I}_1 = \frac{220\angle 0°}{8 - \text{j}6}\text{A} = 22\angle 36.90°\text{A}$$

$$\dot{I}_2 = \frac{220\angle 0°}{3 + \text{j}4}\text{A} = 44\angle -53.1°\text{A}$$

总电流为

$$\dot{I} = \dot{I}_1 + \dot{I}_2 = (22\angle 36.90° + 44\angle -53.1°)\text{A}$$
$$= [(17.6 + \text{j}13.2) + (26.4 - \text{j}35.2)]\text{A}$$
$$= (44 - \text{j}22)\text{A} = 49.2\angle -26.56°\text{A}$$

求功率有以下两种方法：

方法一：

$$P = UI\cos\varphi = (220 \times 49.2\cos26.56°)\text{kW} = 9.68\ \text{kW}$$

$$Q = UI\sin\varphi = (220 \times 49.2\sin 26.56°)\text{kvar} = 4.84 \text{ kvar}$$
$$S = UI = (220 \times 49.2)\text{kV} \cdot \text{A} = 10.824 \text{ kV} \cdot \text{A}$$
$$\cos\varphi = \cos 26.56° = 0.894$$

方法二：

$$P = I_1^2 R_1 + I_2^2 R_2 = (22^2 \times 8 + 44^2 \times 3)\text{kW} = 9.68 \text{ kW}$$
$$Q = -I_1^2 X_C + I_2^2 X_L = (-22^2 \times 6 + 44^2 \times 4)\text{kvar} = 4.84 \text{ kvar}$$
$$S = \sqrt{P^2 + Q^2} = \sqrt{9.68^2 + 4.84^2} \text{ kV} \cdot \text{A} = 10.823 \text{ kV} \cdot \text{A}$$
$$\cos\varphi = \frac{P}{S} = \frac{9.68}{10.823} = 0.894$$

【例 4.23】 如图 4-40(a)所示的电路中，已知 $f = 50$ Hz，$U = 220$ V，$P = 10$ kW，线圈的功率因数 $\cos\varphi = 0.6$，采用并联电容方法提高功率因数，要使功率因数提高到 0.9，应并联多大的电容 C？并联前后电路的总电流各为多大？如将 $\cos\varphi$ 从 0.9 提高到 1，还需并多大的电容？

解 由于 $\cos\varphi_1 = 0.6 \Rightarrow \varphi_1 = 53.1°$，$\cos\varphi_2 = 0.9 \Rightarrow \varphi_2 = 18°$，因此并联电容 C 为

$$C = \frac{P}{\omega U^2}(\tan\varphi_1 - \tan\varphi_2) = \left[\frac{10 \times 10^3}{314 \times 220^2} \times (\tan 53.1° - \tan 18°)\right]\mu\text{F} = 656 \ \mu\text{F}$$

未并电容时，电路中的电流为

$$I = I_L = \frac{P}{U\cos\varphi_1} = \frac{10 \times 10^3}{220 \times 0.6}\text{A} = 75.8 \text{ A}$$

并联电容后，电路中的电流为

$$I = \frac{P}{U\cos\varphi_2} = \frac{10 \times 10^3}{220 \times 0.9}\text{A} = 50.5 \text{ A}$$

通过以上计算可以看出，并联电容后，视在功率、总电流都减小了，这样既提高了电源设备的利用率，也减少了传输线上的损耗。

功率因数从 0.9 提高到 1，所需增加的电容值为

$$C = \frac{P}{\omega U^2}(\tan\varphi_1 - \tan\varphi_2) = \left[\frac{10 \times 10^3}{314 \times 220^2} \times (\tan 18° - \tan 0°)\right]\mu\text{F} = 213.6 \ \mu\text{F}$$

可见，如果 $\cos\varphi \approx 1$ 时再继续提高，则所需电容值很大，其经济性会很差，所以一般功率因数没有必要提高到 1。

【例 4.24】 已知电源 $U_N = 220$ V，$f = 50$ Hz，$S_N = 10$ kV·A，$\cos\varphi = 0.5$，向 $P_N = 6$ kW，$U_N = 220$ V 的感性负载供电。

(1) 该电源供出的电流是否超过其额定电流？

(2) 如并联电容 C 将 $\cos\varphi$ 提高到 0.9，电源是否还有富余的容量？

解 (1) 电源提供的电流为

$$I = \frac{P_N}{U_N\cos\varphi_1} = \frac{6 \times 10^3}{220 \times 0.5}\text{A} = 54.54 \text{ A}$$

电源的额定电流为

$$I_N = \frac{S_N}{U_N} = \frac{10 \times 10^3}{220}\text{A} = 45.45 \text{ A}$$

由于 $I > I_N$，因此该电源供出的电流超过了其额定电流。

（2）如将 $\cos\varphi$ 提高到 0.9，则电源提供的电流为

$$I=\frac{P_N}{U_N\cos\varphi_2}=\frac{6\times10^3}{220\times0.9}\text{A}=30.3\text{ A}$$

由于 $I<I_N$，因此该电源还有富余的容量，即还有能力再带负载。所以提高电网功率因数后，将提高电源的利用率。

4.7.3　日光灯电路分析

日光灯一般由灯管、启辉器和镇流器组成，其电器连接图与电路模型如图 4-45 所示。

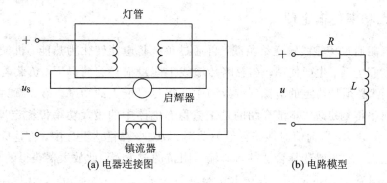

(a) 电器连接图　　　　　　　　　　(b) 电路模型

图 4-45　日光灯电器连接图及其电路模型

【例4.25】　已知交流电压源的有效值为 220 V，频率 $f=50$ Hz，日光灯的功率为 60 W，灯管的电阻 $R=550\ \Omega$。

（1）求镇流器的电感 L 和日光灯的功率因数。

（2）现将 100 个这样的日光灯并联到交流电源上，若把并联电路的功率因数提高到 0.9，应并联多大的电容？

解　（1）由于 $P=RI^2$，因此

$$I=\sqrt{\frac{P}{R}}=\sqrt{\frac{60}{550}}\text{A}=0.33\text{ A}$$

根据 $P=UI\cos\theta$，得功率因数

$$\lambda=\frac{P}{UI}=\frac{60}{220\times0.33}=0.826$$

日光灯电路的阻抗 $Z=R+j\omega L$，由阻抗三角形可得

$$\cos\theta=\frac{R}{|Z|}=\frac{R}{\sqrt{R^2+(\omega L)^2}}=0.826$$

将 $\omega=2\pi f=2\pi\times50=100\pi\text{rad/s}$，$R=550\ \Omega$ 代入上式，解得 $L=1.2$ H。

（2）每个日光灯电路的无功功率为

$$Q=UI\sin\theta=220\times0.33\times\sqrt{1-0.826^2}\text{ var}=40.92\text{ var}$$

100 个日光灯并联时的无功功率为

$$Q_0=100Q=4092\text{ var}$$

并联电容后，功率因数提高到 $\cos\theta_1=0.9$，总的平均功率变为

$$P_0=100P=6000\text{ W}$$

而无功功率将变为

$$Q_1 = UI_1\sin\theta_1 = \frac{P_0}{\cos\theta_1}\sin\theta_1 = P_0\tan\theta_1 = 6000 \times \tan(\arccos 0.9)\,\text{var} = 2906\,\text{var}$$

可见，并联电容 C 应补偿的无功功率为

$$\Delta Q = Q_1 - Q_0 = (2906 - 4092)\,\text{var} = -1186\,\text{var}$$

而电容的无功功率为 $-\omega CU^2$，因此

$$C = -\frac{\Delta Q}{\omega U^2} = \frac{1186}{2\pi \times 50 \times 220^2}\,\text{F} = 77.999 \times 10^{-6}\,\text{F} = 77.999\,\mu\text{F}$$

4.7.4 最大功率传输定理

电源的电能通过传输线输送给负载，再通过负载将电能转化为热能、机械能等其他形式的能量供人们生活、生产使用。在忽略传输线上能量损耗的前提下，负载若要尽可能多地获得能量，就必须从给定的电源(信号源)中获得尽可能大的功率。第 3 章讨论了电阻电路中的最大功率传输定理。本节介绍的是正弦稳态电路中的最大功率传输定理，即在正弦稳态电路中，负载 Z_L 取何值时能获得最大功率。例如，在雷达设计中，雷达天线接收到的信号要进行放大，就需要选择合适的具有输入阻抗的放大器，此放大器获得的功率最大。

如图 4-46 所示的电路中，交流电压源的电压 $\dot{U}_S = U_S e^{j\theta_S}$，内阻抗 $Z_S = R_S + jX_S$，负载的阻抗 $Z_L = R_L + jX_L$，讨论当 Z_L 取何值时，负载能获得最大功率。

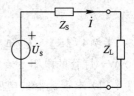

图 4-46 最大功率传输

由图 4-46 可知，电路电流为

$$\dot{I} = \frac{\dot{U}_S}{Z_L + Z_S} = \frac{U_S e^{j\theta_S}}{(R_L + R_S) + j(X_L + X_S)}$$

电流有效值为

$$I = \frac{U_S}{\sqrt{(R_L + R_S)^2 + (X_L + X_S)^2}}$$

由此可得负载获得的功率为

$$P_L = R_L I^2 = \frac{R_L U_S^2}{(R_L + R_S)^2 + (X_L + X_S)^2}$$

调节 Z_L，即调节 R_L 和 X_L，使 P_L 最大。先考虑调节 X_L，显然 $X_L = -X_S$ 时，功率表达式的分母最小，P_L 获极大值，为

$$P_L = \frac{R_L U_S^2}{(R_L + R_S)^2}$$

再考虑调节 R_L，仅当 $R_L = R_S$ 时，P_L 获最大值：

$$P_{L\max} = \frac{U_S^2}{4R_S} \tag{4-42}$$

综上所述，当 $Z_L = R_S - jX_S = Z_S^*$ 时，负载可获得最大功率。这就是正弦稳态电路中的最大功率传输定理。$Z_L = Z_S^*$ 称为匹配条件。因 Z_L 与 Z_S 互为共轭，故又称其为共轭匹配。在共轭匹配时，负载获得的最大功率由式(4-42)所决定。

值得注意的是，在电力工程设计中不能采用共轭匹配。否则不但造成大量能量浪费，而且会损坏电源设备。

【例 4.26】 在图 $4-47$(a)中，$R=5\ \Omega$，$X_L=5\ \Omega$，$X_C=-2\ \Omega$，$\dot{U}_S=-5\sqrt{2}\angle 45°\mathrm{V}$，$\dot{I}_S=2\angle 0°\mathrm{A}$。$Z_L$ 取何值时能获得最大功率 P_{max}？最大功率是多少？

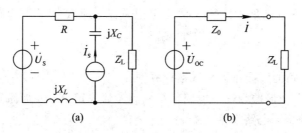

(a)　　　　　(b)

图 $4-47$　例 4.26 图

解　先利用戴维南定理求出图 $4-47$（a）的等效电路。图中有

$$\dot{U}_{OC}=R\dot{I}_S+\dot{U}_S+\mathrm{j}X_L\dot{I}_S=(5\times 2-5\sqrt{2}\angle 45°+\mathrm{j}5\times 2)\ \mathrm{V}=5\sqrt{2}\angle 45°\mathrm{V}$$

因为

$$Z_0=R+\mathrm{j}X_L=(5+\mathrm{j}5)\ \Omega$$

于是当 $Z_L=Z_0^*=5-\mathrm{j}5\Omega$ 时，可获最大功率为

$$P_{max}=\frac{U_{OC}^2}{4R}=\frac{(5\sqrt{2})^2}{4\times 5}=2.5\ \mathrm{W}$$

在实际工程中，Z_L 的实部、虚部往往不能分开单独调节，否则达不到共轭匹配要求。但是，采用一定的方法（如加入理想变化的元件）可以调节 Z_L 的模（此时 Z_L 的辐角为定值不变）。可以推证，在这种情况下，负载获得极大功率（不是最大功率）的条件是"模匹配"，即

$$|Z_L|=|Z_0|$$

4.8　交流电路中的谐振

含有两种不同储能性质元件的电路，在某一频率的正弦激励下，可以产生一种重要的现象——谐振。能发生谐振的电路称为谐振电路（resonance circuit）。谐振是电路中发生的特殊现象，在无线电、通信工程中有着广泛的应用，但在电力电子系统中，谐振通常会对系统造成危害，应设法加以避免。

4.8.1　*RLC* 串联谐振电路

1. 谐振的条件和特征

RLC 串联电路是一种最基本的谐振电路，如图 $4-48$ 所示。设电路中的电源是角频率为 ω 的正弦电压源，其相量为 $\dot{U}_S$，初相角为零。

由图 $4-48$ 所示的 *RLC* 串联电路的输入阻抗：

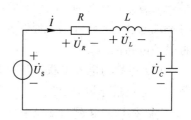

图 $4-48$　*RLC* 串联谐振电路

$$Z(j\omega) = R + j\left(\omega L - \frac{1}{\omega C}\right) \qquad (4-43)$$

可知，若

$$\omega L = \frac{1}{\omega C}$$

则输入阻抗的虚部为零。满足式(4-43)的 ω 值记为 ω_0，即 RLC 串联电路产生谐振的条件为

$$\omega_0 = \frac{1}{\sqrt{LC}} \text{ 或 } f_0 = \frac{1}{2\pi\sqrt{LC}} \qquad (4-44)$$

式中，ω_0 和 f_0 为电路的谐振角频率或谐振频率。

由式(4-44)可见，谐振频率由电路的结构和参数决定，与外加激励无关。当外加激励的频率等于谐振频率时，电路发生谐振。

RLC 串联电路发生谐振时的感抗和容抗在数值上相等，其值称为 RLC 串联谐振电路的特性阻抗，记为 ρ，即

$$\rho = \omega_0 L = \frac{1}{\omega_0 C} = \sqrt{\frac{L}{C}} \qquad (4-45)$$

式中，ρ 的单位为欧姆(Ω)，它仅由电路参数 L 和 C 决定，与外加激励无关。

工程上常用特性阻抗 ρ 与电阻的比值来表征谐振电路的性能，并称此比值为 RLC 串联电路的品质因数(quality factor)，记为 Q，即

$$Q = \frac{\rho}{R} = \frac{\omega_0 L}{R} = \frac{1}{\omega_0 RC} = \frac{1}{R}\sqrt{\frac{L}{C}} \qquad (4-46)$$

品质因数 Q 由电路参数 R、L、C 共同决定，是一个量纲为 1 的物理量。由于实际电路中 R 值很小，因此 Q 值一般很大，可以在几十到几百之间。

当 RLC 串联电路发生谐振时，表现出如下特征：

(1) 阻抗模为最小值，电感、电容串联环节的阻抗为零，相当于短路。

由式(4-43)可知

$$|Z(j\omega)| = \sqrt{R^2 + \left(\omega L - \frac{1}{\omega C}\right)^2} \qquad (4-47)$$

由此可绘出输入阻抗的幅频特性如图 4-49 所示，$\omega L - \frac{1}{\omega C}$ 随 ω 变化的情况用虚线绘在同一图中。由图 4-49 可见，当 $\omega = \omega_0$ 时，$|Z| = R$ 达到最小值。而在 ω 大于或小于 ω_0 时，$|Z|$ 均呈增大趋势，但当 $\omega < \omega_0$ 时，容抗占优势，电路将呈现电容性；当 $\omega > \omega_0$ 时，感抗占优势，电路将呈现电感性。

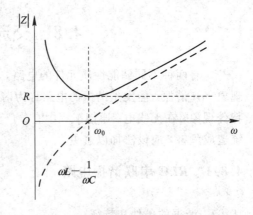

图 4-49 RLC 串联电路输入阻抗幅频特性曲线

(2) 电感与电容串联电路两端电压为零，电阻两端电压等于电源电压。

当 $|Z(j\omega)|$ 达到最小值 $|Z(j\omega_0)| = R$ 时，在端口电压有效值 U_s 不变的情况下，电路中的电流在谐振时达到最大值，且与端口电压 $\dot{U}_s$ 同相位，即

$$\dot{I}_0 = \frac{\dot{U}_S}{R}$$

实验时，可根据此特点判别串联电路是否发生了谐振。此时，R、L、C 元件上的电压分别为

$$\dot{U}_{R0} = R\dot{I}_0 = \dot{U}_S$$

$$\dot{U}_{L0} = j\omega_0 L\dot{I}_0 = jQ\dot{U}_S$$

$$\dot{U}_{C0} = \frac{1}{j\omega_0 C}\dot{I}_0 = -jQ\dot{U}_S$$

可见，RLC 串联电路发生谐振时，电阻上的电压等于端口电源的电压，且此时达到最大值，电感和电容上的电压等于端口电压的 Q 倍且相位相反，对外而言，这两个电压互相抵消，LC 串联电路相当于短路。由于 Q 值一般较大，从而使电感和电容上产生高电压，因此串联谐振也称为电压谐振。在无线电通信工程中，经常用串联谐振时电感或电容上的电压为输入电压几十到几百倍的特点来提高微弱信号的幅值。

（3）电路的无功功率为零，有功功率与视在功率相等。

RLC 串联电路发生谐振时，无功功率、有功功率和视在功率分别如下：

$$Q = U_S I_0 \sin\varphi = Q_L + Q_C = \omega_0 L I_0^2 - \frac{1}{\omega_0 C}I_0^2 = 0$$

$$P = U_S I_0 \cos\varphi = U_S I_0 = R I_0^2 = \frac{U_S^2}{R}$$

$$S = U_S I_0 = P$$

这表示谐振时电路与电源之间没有能量交换，电源提供的能量全部消耗在电阻上。电感与电容之间周期性地进行磁场能量与电场能量的交换，且这一能量的总和为一常量。

2. 电路的选频特性

谐振电路的输出电压可以取自电阻、电容或电感。取自电阻时，电压随频率变化的情况与电流随频率变化的情况相似。以图 4-48 所示电路为例并结合图 4-49 所示的输入阻抗幅频特性，很容易得出电流幅频特性，即谐振曲线（resonance curve），如图 4-50 所示。图中显示了 $R = 2\ \Omega(Q = 25)$ 时和 $R = 0.5\ \Omega(Q = 100)$ 时的两条曲线，其中 $L = 25\ \mathrm{mH}$，$C = 10\ \mu\mathrm{F}$。两相比较，当 Q 较大时，曲线较为尖锐，这是由于当 L、C 为定值而 R 较小时，R 在阻抗中居弱势，电流随频率变化就较为明显。这样就能较好地选择某一频率而排除其他频率成分，这种性质称为电路的选择性（selectivity）。Q 值越高，选择性越强，收音机就是利用这一性质选择需要收听的电台。但选择性并非越高越好，还需要考虑通频带 BW 这一技术指标。RLC 电路具有带通的性质，其通频带是由半功率点频率规定的，半功率点频率为电流下降至谐振电流 I_0 的 $1/\sqrt{2}$ 时的频率，如图 4-51 所示。显然，存在两个半功率点频率 ω_1 和 ω_2，分别称为上、下半功率点频率，而通频带为

电容两端的最高电压出现在谐振频率之前，而电感两端的最高电压则出现在谐振频率之后。图 4-50 中 $R = 2\ \Omega$ 的 RLC 串联电路的各响应随 ω 变化的曲线如图 4-52 所示。以 U_L 为例，谐振频率时电流达到最大，频率增加电流虽然下降，但感抗 ωL 却是增长的，因而 U_L 的最大值是可以发生在谐振频率之后的。类似地，也可理解为何 U_C 的最大值发生在

谐振频率之前。实际工程应用中常忽略这一差别，认为谐振时电容和电感的电压达到最大值。

$$BW = \omega_2 - \omega_1 \tag{4-48}$$

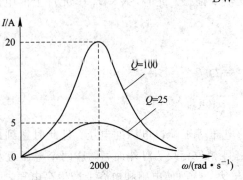

图 4-50　谐振曲线

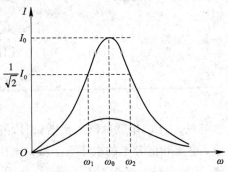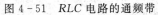

图 4-51　RLC 电路的通频带

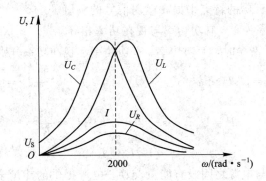

图 4-52　RLC 串联电路各电流、电压的幅频特性曲线

谐振时电流为

$$I_0 = \frac{U_S}{R}$$

其他情况时电流为

$$I = \frac{U_S}{\sqrt{R^2 + \left(\omega L - \dfrac{1}{\omega C}\right)^2}}$$

根据半功率点频率的定义，由以上两式可得到频率为 ω_1、ω_2 时的关系式，即

$$\frac{I}{I_0} = \frac{R}{\sqrt{R^2 + \left(\omega L - \dfrac{1}{\omega C}\right)^2}} = \frac{1}{\sqrt{2}} \tag{4-49}$$

由此可得

$$\omega L - \frac{1}{\omega C} = \pm R$$

$$\omega^2 \mp \frac{R}{L}\omega - \frac{1}{LC} = 0$$

解得

$$\omega = \pm \frac{R}{2L} \pm \sqrt{\left(\frac{R}{2L}\right)^2 + \frac{1}{LC}}$$

由于 ω 必须为正值，因此得上、下半功率点频率为

$$\omega_2 = \frac{R}{2L} + \sqrt{\left(\frac{R}{2L}\right)^2 + \frac{1}{LC}} \tag{4-50a}$$

$$\omega_1 = -\frac{R}{2L} + \sqrt{\left(\frac{R}{2L}\right)^2 + \frac{1}{LC}} \tag{4-50b}$$

由式（4-48）可得

$$BW = \omega_2 - \omega_1 = \frac{R}{L} \tag{4-51}$$

即通频带的宽度与电路参数 R、L 有关。根据式（4-46）可得品质因数 Q 与通频带的关系为

$$Q = \frac{\omega_0}{BW} \tag{4-52}$$

综合有关公式可得

$$BW = \omega_2 - \omega_1 = \frac{\omega_0}{Q} = \frac{R}{L} \tag{4-53}$$

式（4-53）表明：对一定的 ω_0 来说，品质因数越高，通频带越窄。

若把式（4-50a）、式（4-50b）相乘，则由式（4-44）可得

$$\omega_0 = \sqrt{\omega_1 \omega_2} \tag{4-54}$$

【例 4.27】　设计一 RLC 串联电路，谐振频率为 10^4 Hz，通频带为 100 Hz，串联电阻和负载电阻分别为 10 Ω 和 15 Ω。通频带起止频率是多少？

解　电路总电阻为 $(10+15)\Omega = 25$ Ω，则

$$Q = \frac{\omega_0}{\omega_2 - \omega_1} = \frac{f_0}{f_2 - f_1} = \frac{10^4}{100} = 100$$

所需电感为

$$L = \frac{QR}{\omega_0} = 39.8 \text{ mH}$$

所需电容为

$$C = \frac{1}{\omega_0 RQ} = 6.36 \text{ nF}$$

由式（4-50a）和式（4-50b）可得，以频率 f 和品质因数 Q 表示的上、下半功率点频率（以 Hz 计）的公式为

$$f_1 = f_0 \left(-\frac{1}{2Q} + \sqrt{\frac{1}{4Q^2} + 1}\right), \quad f_2 = f_0 \left(\frac{1}{2Q} + \sqrt{\frac{1}{4Q^2} + 1}\right)$$

当 Q 值较高时，$\frac{1}{4Q^2} \ll 1$，故得

$$f_1 \approx f_0 \left(-\frac{1}{2Q} + 1\right) = 9950 \text{ Hz}, \quad f_2 \approx f_0 \left(\frac{1}{2Q} + 1\right) = 10\,050 \text{ Hz}$$

通频带为 9950～10 050 Hz。

串联谐振电路仅适用于信号源内阻较小的情况，如果信号源内阻较大，将使电路 Q 值过低，电路的频率选择性变差，此时，可采用并联谐振电路。

4.8.2 *GLC* 并联谐振电路

1. 谐振条件和特征

GLC 并联电路如图 4-53 所示。外施正弦电流源 $\dot{I}_S$，其角频率为 ω，初相角为零。

GLC 并联电路的输入导纳为

$$Y(j\omega) = G + j\left(\omega C - \frac{1}{\omega L}\right) \qquad (4-55)$$

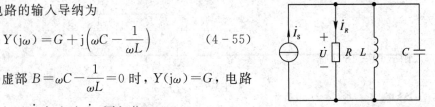

图 4-53 *GLC* 并联谐振电路

当输入导纳虚部 $B = \omega C - \dfrac{1}{\omega L} = 0$ 时，$Y(j\omega) = G$，电路

呈电阻性，端口电压 $\dot{U}$ 与电流 $\dot{I}_S$ 同相位。

因此得出 *GLC* 并联电路产生谐振的条件为

$$\omega_0 = \frac{1}{\sqrt{LC}} \quad \text{或} \quad f_0 = \frac{1}{2\pi\sqrt{LC}} \qquad (4-56)$$

式中，ω_0 和 f_0 为电路的谐振角频率或谐振频率。

因此，谐振频率由电路的结构和参数决定，与外加激励无关。当外加激励的频率等于谐振频率时，电路发生谐振。

GLC 并联电路的品质因数定义为

$$Q = \frac{\omega_0 C}{G} = \frac{1}{\omega_0 G L} = \frac{1}{G}\sqrt{\frac{C}{L}} \qquad (4-57)$$

GLC 并联电路谐振时，电路表现的特征如下：

(1) 导纳模为最小值，电感与电容并联环节的导纳为零，相当于开路。

由式(4-55)可得

$$|Y(j\omega)| = \sqrt{G^2 + \left(\omega C - \frac{1}{\omega L}\right)^2} \qquad (4-58)$$

谐振时，有

$$|Y(j\omega_0)| = \sqrt{G^2 + \left(\omega_0 C - \frac{1}{\omega_0 L}\right)^2} = G$$

上式说明，$|Y(j\omega_0)| = G$ 为 $|Y(j\omega)|$ 的最小值。

(2) 电感与电容并联电路的总电流为零，电阻电流等于电源电流。

当 $|Y(j\omega)|$ 达到最小值 $|Y(j\omega_0)| = G$ 时，若电源电流有效值 I_S 不变，电路中的电压在谐振时达到最大值，且与电源电流 $\dot{I}_S$ 同相位，即

$$U = |Z(j\omega_0)| I_S = \frac{1}{|Y(j\omega_0)|} I_S = \frac{1}{G} I_S = R I_S$$

实验时，可根据此特点判别并联电路是否发生了谐振。此时，R、L、C 元件流过的电流分别为

$$\dot{I}_{R0} = G\dot{U}_0 = \dot{I}_S, \quad \dot{I}_{L0} = \frac{1}{j\omega_0 L}\dot{U}_0 = -jQ\dot{I}_S, \quad \dot{I}_{C0} = j\omega_0 C\dot{U}_0 = jQ\dot{I}_S$$

可见，*GLC* 并联电路发生谐振时，电阻上的电流等于端口电源的电流，电感和电容上的电流均为电源电流的 Q 倍且相位相反，对外而言，这两个电流互相抵消，*LC* 并联电路相

当于开路。如果 Q 值很大，将在电感和电容上产生过电流，因此并联谐振也称为电流谐振。在无线电工程和电子技术中，常用并联谐振时阻抗最大(导纳最小)的特点来选择信号或消除干扰。

(3) 电路的无功功率为零，有功功率与视在功率相等。

GLC 并联电路发生谐振时，无功功率、有功功率和视在功率分别如下：

$$Q = U_0 I_S \sin\varphi = Q_L + Q_C = \frac{1}{\omega_0 L} U_0^2 - \omega_0 C U_0^2 = 0$$

$$P = U_0 I_S \cos\varphi = U_0 I_S = G U_0^2 = R I_S^2$$

$$S = U_0 I_S = P$$

说明谐振时电路与电源之间没有能量交换，电源所提供的能量全部由电阻消耗掉。电感与电容之间周期性地进行磁场能量与电场能量的交换，且这一能量的总和为常量。

2. 电路的选频特性

图 4-53 所示的电流源激励 GLC 并联电路与图 4-48 所示的电压源激励 RLC 串联电路是对偶电路，它们的频率特性也存在对偶关系，可以推得通频带为

$$\mathrm{BW} = \frac{\omega_0}{Q} = \frac{G}{C} \tag{4-59}$$

因此，对一定的 ω_0 来说，电导越小或者品质因数越大，通频带越窄。

并联谐振电路半功率点频率的计算公式仍如式(4-50a)、式(4-50b)所示。

由对偶关系可知，当频率低于 ω_0 时，电路呈现电感性，$\dot{I}_S$ 滞后 $\dot{I}_R$，即 $\dot{I}_S$ 滞后 $\dot{U}$；当频率高于 ω_0 时，电路呈现电容性。

【例 4.28】　GLC 并联电路如图 4-54 所示，其中，$G = 0.1\ \mathrm{S}$, $L = 25\ \mu\mathrm{H}$, $C = 100\ \mu\mathrm{F}$。已知外施电流源电流有效值为 10 A，若电路处于谐振，试求各支路电流和电压的有效值。

解　谐振时外施电流全部流经电阻，产生的电压为 $(10 \times 10)\ \mathrm{V} = 100\ \mathrm{V}$。

电感电流、电容电流均为外施电流的 Q 倍，而

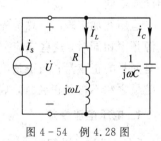

图 4-54　例 4.28 图

$$Q = \omega_0 RC = \frac{RC}{\sqrt{LC}} = R\sqrt{\frac{C}{L}} = 20$$

故得这两支路的电流均为 $(20 \times 10)\ \mathrm{A} = 200\ \mathrm{A}$。

【例 4.29】　图 4-55 所示为实际电感线圈和电容并联的谐振电路模型，求电路的谐振频率及谐振时的阻抗。

解　图 4-55 所示电路的输入导纳为

$$Y(\mathrm{j}\omega) = \frac{1}{R + \mathrm{j}\omega L} + \mathrm{j}\omega C$$

$$= \frac{R}{R^2 + (\omega L)^2} + \mathrm{j}\left[\omega C - \frac{\omega L}{R^2 + (\omega L)^2}\right]$$

电路发生谐振时，端口电压与电流同相位，输入导纳的虚部为零，即

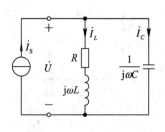

图 4-55　例 4.29 图

$$\omega C = \frac{\omega L}{R^2 + (\omega L)^2}$$

解得谐振频率为

$$\omega_0 = \sqrt{\frac{1}{LC} - \frac{R^2}{L^2}}$$

谐振时的导纳为

$$Y(j\omega_0) = \frac{R}{R^2 + (\omega L)^2} = \frac{RC}{L}$$

谐振时的阻抗为

$$Z(j\omega_0) = \frac{1}{Y(j\omega_0)} = \frac{L}{RC}$$

实际电感线圈中的电阻很小，当 $R \ll \sqrt{\dfrac{L}{C}}$ 时，$\omega_0 \approx \dfrac{1}{\sqrt{LC}}$，$Z(j\omega_0) \to \infty$，端口处相当于开路。

4.9 多频率正弦稳态电路的计算

4.9.1 正弦稳态的叠加

叠加定理在计算多个正弦电压作用下线性非时变电路的稳态响应时，各正弦电源频率相同或不同。

运用叠加定理时，总是先分别计算出各正弦电源单独作用时的稳态响应分量。当正弦电源频率相同时，这些响应分量的频率是相同的，由 4.2 节分析可知，所求正弦稳态响应仍是同频的正弦量；当正弦电源频率不相同时，这些响应分量的频率不相同，不同频率的正弦量之和不再是正弦量，响应波形视具体情况而定。

1. 电压电流叠加

【例 4.30】 已知 $u_{S1} = 5\sqrt{2}\cos 2t$，$u_{S2} = 10\sqrt{2}\cos(2t + 90°)$，试用叠加定理求图 4-56 (a) 所示电路的 $i(t)$。

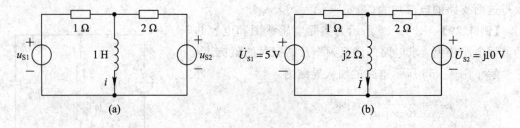

图 4-56 例 4.30 图

解 两电源的频率相同，作出 $\omega = 2$ rad/s 的相量模型，如图 4-56(b) 所示。根据叠加定理，$\dot{I}'$ 和 $\dot{I}''$ 分别是图 4-56(b) 中 $\dot{U}_{S1} = 0$ 和 $\dot{U}_{S2} = 0$ 时的 $\dot{I}$，即

$$\dot{I}' = \frac{\dot{U}_{S2}}{2 + \dfrac{\mathrm{j}2 \times 1}{1 + \mathrm{j}2}} \times \frac{1}{1 + \mathrm{j}2} = \frac{\mathrm{j}10}{2 + \mathrm{j}6}\mathrm{A} = \frac{\mathrm{j}5}{1 + \mathrm{j}3}\mathrm{A} = (1.5 + \mathrm{j}0.5)\,\mathrm{A}$$

$$\dot{I}'' = \frac{\dot{U}_{S1}}{1 + \dfrac{\mathrm{j}2 \times 2}{2 + \mathrm{j}2}} \times \frac{2}{2 + \mathrm{j}2} = \frac{10}{2 + \mathrm{j}6}\mathrm{A} = \frac{5}{1 + \mathrm{j}3}\mathrm{A} = (0.5 - \mathrm{j}1.5)\,\mathrm{A}$$

故 $\dot{I} = \dot{I}' + \dot{I}'' = (1.5 + \mathrm{j}0.5 + 0.5 - \mathrm{j}1.5)\,\mathrm{A} = (2 - \mathrm{j})\,\mathrm{A} = 2.24\angle(-26.6°)\,\mathrm{A}$

$$i = 2.24\sqrt{2}\cos(2t - 26.6°)\,\mathrm{A}$$

【**例 4.31**】　电路如图 4-57 所示，求电流 i。

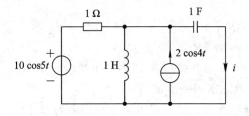

图 4-57　例 4.31 图

解　本题中两个独立源的频率不同，因此，此题不符合相量法使用条件——单一频率。但若只求某一电源单独作用的响应，则仍可用相量法。

使用叠加定理求电流 i，分别做出两个电源单独作用的相量模型，如图 4-58 所示，注意两相量模型工作的频率不同。

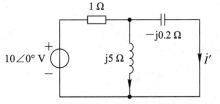　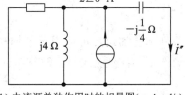

(a) 电压源单独作用时的相量图(ω=5 rad/s)　　(b) 电流源单独作用时的相量图(ω=4 rad/s)

图 4-58　例 4.31 图

由图 4-58(a)得，$10\cos 5t\,\mathrm{V}$($\omega = 5$ rad/s)单独作用时的 i' 为

$$\dot{I}'_{\mathrm{m}} = \frac{10}{1 + \dfrac{\mathrm{j}5(-\mathrm{j}0.2)}{\mathrm{j}5 - \mathrm{j}0.2}} \times \frac{\mathrm{j}5}{\mathrm{j}5 - \mathrm{j}0.2}\mathrm{A} = \frac{250}{24 - \mathrm{j}5}\mathrm{A} = 10.2\angle 11.8°\mathrm{A}$$

$$i' = 10.2\cos(5t + 11.8°)\,\mathrm{A}$$

由图 4-58(b)得，当 $2\cos 4t$($\omega = 4$rad/s)单独作用时，有

$$\dot{I}''_{\mathrm{m}} = 2\angle 0° \times \frac{\mathrm{j}4}{1 + \dfrac{1}{\mathrm{j}4} + \mathrm{j}4}\mathrm{A} = 2\angle 0° \times \frac{16}{15 - \mathrm{j}4}\mathrm{A} = 2.06\angle 14.9°\mathrm{A}$$

$$i'' = 2.06\cos(4t + 14.9°)\,\mathrm{A}$$

所以

$$i = i' + i'' = [10.2\cos(5t + 11.8°) + 2.06\cos(4t + 14.9°)]\,\mathrm{A}$$

需要注意的是，因为两个电流的频率不同，所以不能把它们的分相量相加。线性非时变电路在周期性非正弦激励下的稳态响应也可以利用本题的方法计算：先把非正弦周期信号分解为傅里叶级数，然后分别求出不同谐波分量单独作用时的稳态响应，用叠加定理便可求出总响应。

2. 平均功率的叠加

下面讨论多个电源作用下的功率计算。如图 4-59 所示的电路，由叠加定理可知

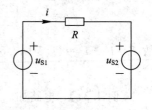

图 4-59　两个电源作用的电路

$$i = i_1 + i_2$$

其中，i_1、i_2 分别是 u_{S1}、u_{S2} 单独作用时产生的电流。其瞬时功率为

$$\begin{aligned} p &= i^2 R = R i_1^2 + 2R i_1 i_2 + R i_2^2 \\ &= p_1 + p_2 + 2R i_1 i_2 \end{aligned}$$

其中，p_1、p_2 分别是 u_{S1}、u_{S2} 单独作用在 R 中产生的瞬时功率。一般来说，$i_1 i_2 \neq 0$，因此，$p \neq p_1 + p_2$，也就是说瞬时功率不能叠加。

若 p 为周期函数，周期为 T，则一周内的平均功率为

$$P = \frac{1}{T} \int_0^T p \, \mathrm{d}t = \frac{1}{T} \int_0^T (p_1 + p_2 + 2R i_1 i_2) \, \mathrm{d}t = P_1 + P_2 + \frac{2R}{T} \int_0^T i_1 i_2 \mathrm{d}t \quad (4-60)$$

式中，P_1、P_2 分别是 u_{S1}、u_{S2} 单独作用时在 R 中产生的平均功率。

显然，若

$$\int_0^T i_1 i_2 \mathrm{d}t = 0 \qquad\qquad (4-61)$$

成立，则

$$P = P_1 + P_2 \qquad\qquad (4-62)$$

即在一定条件下叠加定理可适用于平均功率。

正弦稳态下，若要使式(4-61)成立，应满足什么条件？

设

$$i_1 = I_{1\mathrm{m}} \cos(\omega_1 t + \theta_1), \quad i_2 = I_{2\mathrm{m}} \cos(\omega_2 t + \theta_2)$$

若 $\omega_1 \neq \omega_2$，且 $\omega_2 = r\omega_1$（r 为有理数），则存在一个公周期 $T_{\mathrm{C}} = m T_1 = n T_2$ 且为整数，T_1、T_2 分别是 i_1、i_2 的周期。因此，有

$$\int_0^{T_{\mathrm{C}}} i_1 i_2 \mathrm{d}t = I_{1\mathrm{m}} I_{2\mathrm{m}} \int_0^{\frac{2\pi}{\omega_{\mathrm{C}}}} \cos(m\omega t + \theta_1) \cos(n\omega t + \theta_2) \, \mathrm{d}t$$

$$= \begin{cases} \dfrac{I_{1\mathrm{m}} I_{2\mathrm{m}} \cos(\theta_1 - \theta_2)}{\omega} & (m = n) \\ 0 & (m \neq n) \end{cases} \qquad (4-63)$$

由此可见，若 $m = n$（$\omega_1 = \omega_2$），则叠加定理对平均功率不适用；若 $m \neq n$，则叠加定理对平均功率适用。这就是说，多个不同频率的正弦量所产生的平均功率等于每一个正弦量单独作用所产生的平均功率的总和。

设流过电阻 R 的电流可表示为

$$i(t) = I_0 + I_{1\mathrm{m}} \cos(\omega_1 t + \theta_1) + I_{2\mathrm{m}} \cos(\omega_2 t + \theta_2) + \cdots + I_{N\mathrm{m}} \cos(\omega_N t + \theta_N)$$

$$(4-64)$$

其中，I_0 为直流电流（可视为频率为零）；ω_1，ω_2，$\cdots$，ω_N 各不相同，且比值为有理数。由叠加定理可得一个公周期内的平均功率为

$$P = I_0^2 R + I_1^2 R + I_2^2 R + \cdots + I_N^2 R = P_0 + P_1 + P_2 + \cdots + P_N \qquad (4-65)$$

其中，I_0 为直流分量，I_1，I_2，$\cdots$，I_N 为各不同频率正弦电流的有效值。

4.9.2　非正弦量的有效值和功率

周期性非正弦量的有效值定义为与直流电流（电压）数值相等的常数，该直流电流（电压）与周期性非正弦量在电阻 R 上的平均功率相等，若用 I 表示该直流电流，则由式（4-65）得

$$I^2 R = \sum_{i=0}^{N} P_i = R \sum_{i=0}^{N} I_i^2$$

因此

$$I = \sqrt{\sum_{i=0}^{N} I_i^2} \qquad (4-66)$$

这就是式（4-64）给出的周期性非正弦量 i 的有效值 I 的计算公式。同理，若以 U 代表周期性非正弦量 u 的有效值，则

$$U = \sqrt{\sum_{i=0}^{N} U_i^2} \qquad (4-67)$$

所以，周期性非正弦量的有效值等于直流分量的平方与各频率分量的有效值的平方和的平方根，周期性非正弦量在用傅里叶级数分解出它的直流分量和各次谐波之后，可利用式（4-66）和式（4-67）计算周期性非正弦量的有效值。

【例 4.32】　如图 4-59 所示的电路中，$R=100\ \Omega$。试分别计算以下这 3 种情况下 R 的平均功率 P。

（1）$u_{S1}=100\cos(100\pi t+60°)\ \text{V}$，$u_{S2}=50\cos100\pi t\ \text{V}$；

（2）$u_{S1}=100\cos(100\pi t+60°)\ \text{V}$，$u_{S2}=50\ \text{V}$；

（3）$u_{S1}=100\cos(100\pi t+60°)\ \text{V}$，$u_{S2}=50\cos150\pi t\ \text{V}$。

解　（1）由于 u_{S1}、u_{S2} 频率相同，因此不能使用功率叠加，但可利用叠加定理计算电流。由 u_{S1}、u_{S2} 分别作用时产生的电流可以相量表示为

$$\dot{I}' = \frac{1}{\sqrt{2}}\angle 60°\text{A}, \quad \dot{I}'' = \frac{-1}{2\sqrt{2}}\angle 0°\text{A}$$

因而

$$\dot{I} = \dot{I}' + \dot{I}'' = \text{j}\frac{\sqrt{3}}{2\sqrt{2}}\text{A}$$

所以

$$P = \left(\frac{\sqrt{3}}{2\sqrt{2}}\right)^2 \times 100\text{W} = \frac{300}{8}\text{W} = 37.5\ \text{W}$$

（2）由于 u_{S1}、u_{S2} 频率不同，因此可以使用平均功率叠加，u_{S1} 和 u_{S2} 分别单独作用时有

$$P_1 = \frac{U_{S1}^2}{R} = \frac{(100/\sqrt{2})^2}{100}\text{W} = 50\ \text{W}, \quad P_2 = \frac{U_{S2}^2}{R} = \frac{50^2}{100}\text{W} = 25\ \text{W}$$

故得

$$P = P_1 + P_2 = 75 \text{ W}$$

平均功率 P 是瞬时功率 p 在 $T_1 = \dfrac{2\pi}{\omega_1} = \dfrac{2\pi}{100\pi}\text{s} = \dfrac{1}{50}\text{s}$ 期间的平均功率。

（3）由于 u_{S1}、u_{S2} 频率不同，因此其比值 $\omega_2 / \omega_1 = 1.5$ 为有理数。u_{S1}、u_{S2} 分别单独作用时，有

$$P_1 = \frac{U_{S1}^2}{R} = \frac{(100/\sqrt{2})^2}{100}\text{W} = 50 \text{ W}, \quad P_2 = \frac{U_{S2}^2}{R} = \frac{(50/\sqrt{2})^2}{100}\text{W} = 12.5 \text{ W}$$

故得

$$P = P_1 + P_2 = 67.5 \text{ W}$$

平均功率 P 是瞬时功率 p 在 $2T_1$（或 $3T_2$）期间 $\left(\dfrac{1}{25}\text{ s 期间}\right)$ 的平均功率。

【例 4.33】 二端网络端口电压和电流符合关联参考方向，且

$$u = (100 + 100\cos t + 50\cos 2t + 30\cos 3t) \text{ V}$$
$$i = [10\cos(t - 60°) + 2\cos(3t - 135°)] \text{ A}$$

求二端网络吸收的功率，并求出 u、i 的有效值。

解 运用叠加定理计算平均功率，每种频率成分的平均功率为 $UI\cos(\theta_u - \theta_i)$，因此，在电压电流都含有多种频率成分时

$$P = U_0 I_0 + U_1 I_1 \cos(\theta_{u1} - \theta_{i1}) + U_2 I_2 \cos(\theta_{u2} - \theta_{i2}) + \cdots + U_N I_N \cos(\theta_{uN} - \theta_{iN})$$

所以

$$P = \left[100 \times 0 + \left(\frac{100}{\sqrt{2}} + \frac{10}{\sqrt{2}}\right)\cos 60° + \left(\frac{50}{\sqrt{2}} \times 0\right) + \frac{30}{\sqrt{2}} \times \frac{2}{\sqrt{2}}\cos 135°\right] \text{W}$$
$$= (250 - 21.2) \text{ W} = 228.8 \text{ W}$$

电压的有效值为

$$U = \sqrt{\sum U_N^2} = \sqrt{100^2 + \frac{100^2}{2} + \frac{50^2}{2} + \frac{30^2}{2}} \text{ V} = \sqrt{\frac{33\,400}{2}} \text{V} = 129.2 \text{ V}$$

电流的有效值为

$$I = \sqrt{\sum I_N^2} = \sqrt{\frac{10^2}{2} + \frac{2^2}{2}} \text{ A} = \sqrt{52} \text{A} = 7.21 \text{ A}$$

需要说明的是，不存在等价相位使 $P = UI\cos\theta$ 成立。

4.10　知识拓展与实际应用

4.10.1　运用 MATLAB 进行复数运算

采用相量法可以将正弦稳态电路的分析转化为复数运算，从而简化了正弦电路分析。然而，手工进行复数运算仍然比较繁杂，利用电路理论结合 MATLAB 可以更方便地分析正弦稳态电路，在 MATLAB 环境中可以快速进行复数的四则运算和矩阵运算。

下面介绍复数在 MATLAB 中的表示及运算。

1. 复数的直角坐标形式

在 MATLAB 中，复数的直角坐标显示为 a+bi，有两种方法可以得到复数：

(1) 利用命令 C＝complex(a，b)，其中，a、b 分别表示复数实部和虚部实数，当虚部为零时，可以写为 C＝complex(a)。例如：

在 MATLAB 的命令窗口输入 I＝complex(3，4)，得到

  I＝

    3.0000＋4.0000i

输入 U＝complex(10)，得到

  U＝

    10

这时，虽然 U＝10，但其数据类型仍为复数。

(2) 利用命令 C＝a+b*i 或 C＝a+b*j，其中，a、b 分别为用于表示复数实部和虚部的实数，当虚部为零时，写为 C＝complex(a)。例如，输入 C1＝1+3*i (或 C＝1+3*j)，得

  C1 ＝

    1.0000 ＋3.0000i

2. 复数的极坐标表示

在 MATLAB 中，复数的极坐标用一组有序对，即[Theta，R]来表示，其中 Theta 表示复数的辐角，单位为弧度。如果已知一个复数的模和辐角(弧度)，可以用命令 Z＝R*exp(i*Theta)来输入该复数，但显示的仍是直角坐标形式。例如，输入如下命令：

  Theta ＝ 53.1301 * pi/180;

   R＝ 5;

   Z＝R * exp(i * Theta)

则有

  Z＝

    3.0000 ＋4.000 0i

3. 复数的运算

在 MATLAB 中，参与运算的复数变量都是以直角坐标形式表示的，复数的四则运算(加、减、乘、除)都与一般的实数一样，其运算符分别为"＋""－""*""/"。其他运算(如指数运算、对数运算、矩阵运算)也都与实数运算相同。另外，复数有一些特殊的运算，如求复数的虚部、实部、模、辐角，复数的直角坐标与极坐标的相互转化等，下面一一介绍。

P＝angle(Z)：将复数 Z 的辐角返回给 P(辐角的单位为弧度)。

Y＝abs(X)：将复数 X 的模返回给变量 Y。

X＝real(Z)：计算复数 Z 的实部并返回给变量 X。

Y＝imag(Z)：计算复数 Z 的虚部并返回给变量 Y。

[THETA，RHO] ＝ cart2pol(X，Y)：将复数的直角坐标转化为极坐标，其中 X、Y 分别为复数的实部和虚部，THETA 和 RHO 分别为转化后极坐标的辐角(单位为弧度)和模。

[X，Y] ＝ pol2cart(THETA，RHO)：将复数的极坐标转化为直角坐标，各变量的意

义同函数"cart2pol"。

利用上述函数和运算法可以方便地进行电路的相量分析。

4.10.2 运用 MATLAB 进行相量分析

【例 4.34】 电路如图 4-60(a)所示,已知 $u_S(t) = 6\sqrt{2}\cos(2t)\mathrm{V}$, $i_S(t) = 2\sqrt{2}\cos(2t)\mathrm{A}$, 试用网孔分析法求电压 $u_R(t)$。

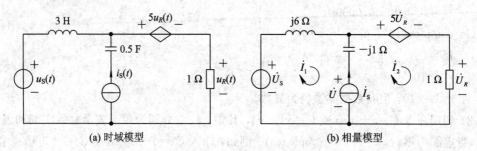

图 4-60 例 4.34 图

解 将时域模型转化成相量模型,选择网孔电流方向建立网孔方程,再利用 MATLAB 的复数运算和矩阵运算功能求解出网孔电流,从而进一步求出 $u_R(t)$。

标有网孔电流方向的相量模型如图 4-60(b)所示,假设电流源两端的电压为 $\dot{U}$,网孔电流方程及其补充方程为

$$\begin{cases} (\mathrm{j}5)\dot{I}_1 + (\mathrm{j}1)\dot{I}_2 = -\dot{U} + 6\angle 0° \\ (\mathrm{j}1)\dot{I}_1 + (-\mathrm{j}1+1)\dot{I}_2 = -5\dot{U}_R + \dot{U} \\ -\dot{I}_1 + \dot{I}_2 = 2\angle 0° \\ \dot{I}_2 - \dot{U}_R = 0 \end{cases}$$

将上述方程组化为矩阵形式,有

$$\begin{bmatrix} \mathrm{j}5 & \mathrm{j} & 1 & 0 \\ \mathrm{j} & 1-\mathrm{j} & -1 & 5 \\ -1 & 1 & 0 & 0 \\ 0 & 1 & 0 & -1 \end{bmatrix} \begin{bmatrix} \dot{I}_1 \\ \dot{I}_2 \\ \dot{U} \\ \dot{U}_R \end{bmatrix} = \begin{bmatrix} 6\angle 0° \\ 0 \\ 2\angle 0° \\ 0 \end{bmatrix}$$

利用 MATLAB 求解上述方程如下:

≫ A = [5*j j 1 0; j 1−j −1 5; −1 1 0 0; 0 1 0 −1]

≫ I = [6 0 2 0]';

≫ Y = inv(A) * I

Y =

    −0.5 + 0.5i

    1.5 + 0.5i

    9.0 + 1.0i

$$1.5 + 0.5i$$

即

$$\dot{U}_R = (1.5 + j0.5)\text{V}$$

利用以下语句将 $\dot{U}_R$ 转化为极坐标形式:

>>[THETA, RHO] = cart2pol(1.5, 0.5)

THETA =

0.32

RHO=

1.6

其中, 辐角的单位为弧度(rad), 可以通过如下语句转化为角度:

>>THETA_dec = THETA * 180/ pi

THETA_dec =

18.4

即

$$\dot{U}_R = (1.5000 + 0.5000\text{j})\,\text{V} = 1.6\angle 18.4°\text{V}$$

则

$$u_R(t) = 1.6\sqrt{2}\cos(2t + 18.4°)\,\text{V} = 2.26\cos(2t + 18.4°)\,\text{V}$$

【例 4.35】　电路如图 4-61(a)所示, 已知 $u_S(t) = 20\sqrt{2}\cos(4t)\text{V}$, 试用结点分析法求电流 $i_X(t)$。

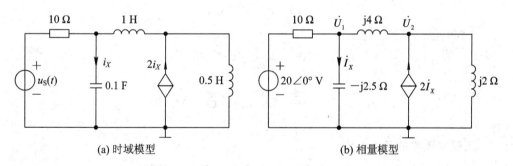

(a) 时域模型　　　　　　　　　　　　(b) 相量模型

图 4-61　例 4.35 图

解　将时域模型转化成相量模型, 标出独立结点的结点电压, 建立结点方程及补充方程, 利用 MATLAB 可以直接求出 $\dot{I}_X$, 进而求出 $i_X(t)$。

结点电压方程和补充方程组成的方程组为

$$\begin{cases} \left(\dfrac{1}{10} + \dfrac{1}{j4} + \dfrac{1}{-j2.5}\right)\dot{U}_1 - \dfrac{1}{j4}\dot{U}_2 = \dfrac{20\angle 0°}{10} \\[2mm] -\dfrac{1}{j4}\dot{U}_1 + \left(\dfrac{1}{j4} + \dfrac{1}{j2}\right)\dot{U}_2 - 2\dot{I}_X = 0 \\[2mm] \dot{U}_1 + (\text{j}2.5)\dot{I}_X = 0 \end{cases}$$

将上述方程化简并写成矩阵形式, 得

$$\begin{bmatrix} 2+j3 & j5 & 0 \\ j1 & -j3 & -8 \\ 1 & 0 & j2.5 \end{bmatrix} \begin{bmatrix} \dot{U}_1 \\ \dot{U}_2 \\ \dot{I}_X \end{bmatrix} = \begin{bmatrix} 2 \\ 0 \\ 0 \end{bmatrix}$$

在 MATLAB 命令窗口中，输入以下语句：

≫A＝[2＋3＊j 5＊j 0；j －3＊j －8；1 0 2.5 ＊ j]；

≫Y＝inv(A)＊I

Y＝

    18.0000＋6.0000i

    －13.2000－4.4000i

    －2.4000＋7.2000i

即 $\dot{I}_X = (-2.4+j7.2)A = 1.6\angle 18.4°A$

≫[THETA，RHO]＝cart2pol(－2.4，7.2)

THETA ＝

    1.9

RHO ＝

    7.6

≫THETA_dec＝THETA ＊ 180/pi

THETA_dec ＝

    108.4

即 $i_X(t) = 7.6\angle 108.4°A$

时域表示为

$$i_X(t) = 7.6\sqrt{2}\cos(4t + 108.4°)A$$

本 章 小 结

1. 正弦交流电的基本概念

(1) 正弦量的三要素：振幅、初相和角频率(或频率，或周期)。

(2) 有效值与相位差。

① 周期量的有效值：与周期电流(或电压)的做功能力等效的直流电流(或电压)的值，就称为周期电流(或电压)的有效值。

② 相位差反映两个物理量变化进程的差异，同频正弦量之相位差等于二者初相之差，而与时间无关，即 $\varphi_{12} = (\omega t + \theta_1) - (\omega t + \theta_2) = \theta_1 - \theta_2$。

(3) 同频正弦量的计算。

同频的两个正弦量之和仍然是一个正弦量，且频率与原正弦量的频率相同。因此求同频正弦量之和，只需求出该和的两个要素(振幅或有效值、初相)。

(4) 正弦稳态响应。

正弦动态电路的稳态响应分量如果也是正弦量，则称这种响应为正弦稳态响应。

2. 正弦交流电的向量表示

（1）复数及复数运算。

① 复数由实部和虚部组成，对应于复平面上的一个点或一条有向线段。

② 复数有代数形式、三角函数形式、指数形式、极坐标形式。

（2）正弦量的相量表示法。

3. 正弦交流电路中的电阻、电容和电感

（1）电阻元件的相量表示法：

$$\dot{U}_{\mathrm{m}} = R\dot{I}_{\mathrm{m}} \text{ 或 } \dot{U} = R\dot{I}$$

（2）电容元件的相量表示法：

$$\dot{I}_{\mathrm{m}} = \omega C\dot{U}_{\mathrm{m}} \text{ 或 } \dot{I} = \mathrm{j}\omega C\dot{U}$$

（3）电感元件的相量表示法：

$$\dot{U}_{\mathrm{m}} = \mathrm{j}\omega L\dot{I}_{\mathrm{m}} \text{ 或 } \dot{U} = \mathrm{j}\omega L\dot{I}$$

（4）基尔霍夫定律的相量形式：

$$\sum_k \dot{I}_{k\mathrm{m}} = 0 \text{ 或 } \sum_k \dot{I}_k = 0$$

和

$$\sum_k \dot{U}_{k\mathrm{m}} = 0 \text{ 或 } \sum_k \dot{U}_k = 0$$

4. 阻抗与导纳

（1）阻抗和导纳的基本概念。

阻抗和导纳的定义为：无独立源的线性非时变二端网络 N_0，当其端子电压、端子电流取关联参考方向时，电压相量与电流相量之比称为 N_0 的阻抗，其倒数则称为 N_0 的导纳。分别记阻抗为 Z，导纳为 Y。

（2）阻抗的串联与并联。

① 串联的等效阻抗为各阻抗之和，其形式类似于电阻串联电路。

② 并联的等效阻抗也类似于电阻并联电路。

（3）阻抗的串联与导纳的并联互换。

（4）相量模型的应用。

5. 正弦稳态电路的相量分析

（1）简单正弦稳态电路的相量分析。

简单正弦稳态电路的相量分析分 3 步：

第 1 步，将时域模型变换为相量模型。

第 2 步，用相量模型计算所求正弦的相量。

第 3 步，根据所得相量结果写出所求的正弦度。

（2）复杂正弦稳态电路的分析。

① 应用网孔电流法分析正弦交流电路。

② 应用结点电压法分析正弦交流电路。

③ 利用戴维南定理分析正弦交流电路。

6. 正弦稳态电路的功率

（1）瞬时功率。

正弦稳态电路的瞬时功率为 $p=ui$，由于 u、i 都是时变的，p 也必然是时变的，故称 p 为 N 所吸收的瞬时功率。

（2）有功功率、无功功率和视在功率。

① 交流电的瞬时功率不是一个恒定值，功率在一个周期内的平均值叫作有功功率，计算式为

$$P = S\cos\varphi = UI\cos\varphi$$

② 把与电源交换能量的振幅值叫作无功功率（并没有真正地消耗能量），计算式为

$$Q = S\sin\varphi = UI\sin\varphi$$

③ 在具有电阻和电抗的电路内，电压与电流的乘积叫作视在功率，计算式为

$$S = \sqrt{P^2 + Q^2}$$

（3）复功率。复功率定义为 $\dot{U}$ 与 $\dot{I}$ 的共轭复数 $\dot{I}^*$ 之积，即 $\bar{S} = \dot{U}\dot{I}^*$。

7. 功率因数的提高

（1）提高功率因数的意义。

① 使电源设备的容量能得到充分利用。

② 减少线路和发电机绕组的功率损耗。

（2）提高功率因数的方法。

可通过并联电容的方法提高功率因数。

（3）最大功率传递定理。

当 $Z_L = R_S - jX_S = Z_S^*$ 时，负载可获得最大功率。

8. 交流电路中的谐振

电路发生谐振时的感抗和容抗在数值上相等，即 $\omega L = \dfrac{1}{\omega C}$。

（1）RLC 串联谐振电路。

① 阻抗模为最小值，电感，电容串联环节的阻抗为零，相当于短路。

② 电感与电容串联电路两端电压为零，电阻两端电压等于电源电压。

③ 电路的无功功率为零，有功功率与视在功率相等。

（2）GLC 并联谐振电路。

① 导纳模为最小值，电感与电容并联环节的导纳为零，相当于开路。

② 电感与电容并联电路的总电流为零，电阻电流等于电源电流。

③ 电路的无功功率为零，有功功率与视在功率相等。

9. 知识拓展与实际应用

（1）运用 MATLAB 进行复数运算。

① 复数的直角坐标形式；

② 复数的极坐标表示；

③ 复数的运算。

（2）运用 MATLAB 进行相量分析。

10. 知识关联图

第 4 章知识关联图

习　　题

一、选择题

1. 两个正弦量分别为 $i_1 = 10\sin\left(100\pi t + \dfrac{3\pi}{4}\right)$ A，$i_2 = 10\sin\left(100\pi t - \dfrac{\pi}{2}\right)$ A，则它们的相位差为（　　）。

第 4 章选择题和
填空题参考答案

A. $\dfrac{3\pi}{4}$　　　　　　B. $\dfrac{5\pi}{4}$　　　　　　C. $\dfrac{\pi}{2}$　　　　　　D. $-\dfrac{\pi}{2}$

2. 下列选项（　　）是正弦表达式 $i = I_m\sin(\omega t - \theta_i)$ A 的有效值相量表示形式。

A. $\dfrac{I_m}{\sqrt{2}}\angle\theta_i$　　　B. $-\dfrac{I_m}{\sqrt{2}}\angle\theta_i$　　　C. $I_m\angle\theta_i$　　　D. $-I_m\angle\theta_i$

3. 某正弦电压有效值为 380 V，频率为 50 Hz，计时始数值等于 380 V，其瞬时值表达式为（　　）。

A. $u = 380\sin 314t$ V　　　　　　B. $u = 537\sin(314t + 45°)$ V

C. $u = 380\sin(314t - 90°)$ V　　　　D. 以上都不对

4. 交流电压表、电流表测量数据为（　　），交流设备名牌标注的电压、电流均为（　　）。

A. 幅值，幅值　　　B. 幅值，有效值　　　C. 有效值，有效值　　　D. 不确定

5. 已知 $i_1 = 10\sin(314t + 90°)$ A，$i_2 = 10\sin(628t + 30°)$ A，则（　　）。

A. i_1 超前 i_2 60°　　　　B. i_1 滞后 i_2 60°

C. 相位差无法判断　　　　D. i_1 滞后 i_2 30°

6. 图 4 - 62 中，若 $u = 10\sqrt{2}\sin(\omega t + 45°)$ V，$i = 5\sqrt{2}\sin(\omega t + 15°)$ A，则 Z 为（　　）。

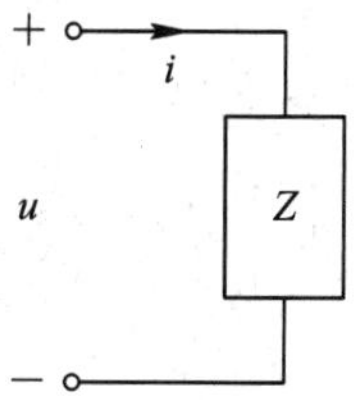

A. $2\angle 0°\,\Omega$　　　　　　　　B. $2\sqrt{2}\angle 0°\,\Omega$

C. $2\angle 30°\,\Omega$　　　　　　　　D. $2\sqrt{2}\angle 30°\,\Omega$

图 4 - 62

7. 相量（　　）。

A. 等于正弦量　　　　　　　　B. 是正弦量的一种有对应关系的表示法

C. 是直流信号的一种表示法　　　D. 是周期信号

8. 正弦量有效值的定义所依据的是正弦量与直流量的（　　）。

A. 平均效应等效　　　　　　　　　　B. 能量等价效应等效

C. 平均值等效　　　　　　　　　　　D. 时间上等效

9. 正弦量经过积分后相位会发生变化，对应的相量的辐角较之原来（　　）。

A. 超前 90°　　　　B. 滞后 90°　　　　　C. 超前 180°　　　　D. 不变

10. 已知一个 $20\ \Omega$ 的电容上流过电流 $i = 0.2\cos(\omega t + 45°)$ A，则其电压为（　　）。

A. $4\cos(\omega t + 45°)$　　　　　　　B. $4\cos(\omega t - 45°)$

C. $4\cos(\omega t - 135°)$　　　　　　 D. $4\cos(\omega t + 135°)$

11. 在 RLC 串联电路中，调节电容值时，（　　）。

A. 电容调大，电路的电容性增强　　　B. 电容调小，电路的电感性增强

C. 无法确定　　　　　　　　　　　　D. 电容调小，电路的电容性增强

12. 电阻与电感元件并联，它们的电流有效值分别为 3 A 和 4 A，则它们总的电流有效值为（　　）。

A. 7 A　　　　　　B. 6 A　　　　　　C. 4 A　　　　　　D. 5 A

13. 在 RL 串联电路中，$U_R = 16$ V，$U_L = 12$ V，则总电压为（　　）。

A. 28 V　　　　　B. 20 V　　　　　C. 2 V　　　　　D. 4 V

14. 下列说法中不正确的是（　　）。

A. 一端口的阻抗角等于其电压和电流的相位差

B. 功率因数等于阻抗角的余弦

C. 阻抗模等于电压的有效值除以电流的有效值

D. 阻抗等于电压的相量除以电流的相量

E. 以上说法不全对

15. 已知 $\dot{I} = 10\angle 30°$ A，则 $\mathrm{j}\dot{I}$ 对应的时间函数为（　　）。

A. $10\sin(\omega t + 30°)\,10\sin(\omega t + 30°)$ A　　 B. $10\sin(\omega t + 120°)$ A

C. $14.14\sin(\omega t - 60°)$ A　　　　　　　　　 D. $14.14\sin(\omega t + 120°)$ A

16. 图 4-63 所示为某正弦电流电路的一部分，已知电流表 Ⓐ₁、Ⓐ₂、Ⓐ₃ 的读数均为 10 A，则电流表 Ⓐ 的读数为（　　）。

A. 30 A　　　　B. $10\sqrt{5}$ A　　　　C. 0　　　　D. 10 A

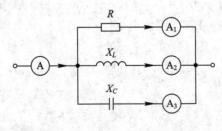

图 4-63

17. 在 RLC 并联的正弦电路中，若 $G = 10$S，$B_L = 10$S，$B_C = 15$S，则该电路是（　　）电路。

A. 电阻性　　　　　B. 电感性　　　　　C. 电容性　　　　　D. 以上说法都不正确

18. 复阻抗 $Z = 12 - 16\mathrm{j}$ 的电路的端口电压与电流的有效值之比是（　　）。

A. 4   B. 16   C. 12   D. 20

19. 已知电路复阻抗 $Z=(3-j4)\,\Omega$，则该电路一定呈(　　)。

A. 感性   B. 容性   C. 阻性   D. 容性或感性

20. RLC 串联电路中，电路的性质取决于(　　)。

A. 电路的外加电压的大小   B. 电路的电流大小

C. 电路各元件参数和电源频率   D. 电路的功率因数

21. RLC 串联电路在 f_0 时发生谐振，当频率增加到 $2f_0$ 时，电路性质呈(　　)。

A. 电阻性   B. 电感性   C. 电容性   D. 无法判断

22. 在 RLC 串联谐振电路中，增大电阻 R 时，将使(　　)。

A. 谐振频率降低   B. 电流谐振曲线变尖锐

C. 谐振频率升高   D. 电流谐振曲线变平坦

二、填空题

1. 已知 $i=14.14\sin(\omega t+\pi/3)$ A，其电流有效值为____A，初相位为____。

2. 两个同频率的正弦电流 $i_1(t)$ 和 $i_2(t)$ 的初相角分别为 $\varphi_1=150°$，$\varphi_2=-100°$，这两个电流的相位关系是____超前____，超前的角度为____。

3. 已知正弦电流的初相角为 $30°$，在 $t=0$ 的瞬时值为 17.32 A，经过 $\dfrac{1}{120}$ s 后电流第一次下降为 0，则其频率为____ Hz。

4. 已知正弦电流的初相角为 $30°$，在 $t=0$ 的瞬时值为 5 A，经过 $\dfrac{1}{300}$ s 后电流第一次下降为 0，其振幅 I_m 为____ A。

5. 已知正弦电流的初相角为 $90°$，在 $t=0$ 的瞬时值为 17.32 A，经过 0.5×10^{-3} s 后电流第一次下降为 0，则其频率为____ Hz。

6. 某直流电动机的端电压为 220 V 时，吸收功率 4.4 kW，则电流为____A，1h 消耗的电能为____kW·h。

7. 已知单相交流电路中某负载视在功率为 5 kV·A，有功功率为 4 kW，则其无功功率 Q 为____var。

8. 如图 4-64 所示，无源二端网络的电压 $u=100\sqrt{2}\sin(100t+30°)$ V，$i=-20\sqrt{2}\cdot\sin(100t-90°)$ A，则其阻抗模 $|Z|=$____Ω，阻抗角 $\varphi=$____，吸收的有功功率 $P=$____W，无功功率 $Q=$____var。

9. 如图 4-65 所示，$R_1=2\,\Omega$，$L=1$H，$u=30\cos10t$，$i=5\cos10t$，确定方框内无源二端网络的等效元件____。

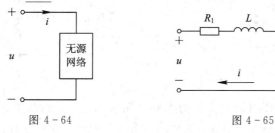

图 4-64   图 4-65

10. 已知电导 $G=0.4$ S、感纳 $B_L=0.8$ S，容纳 $B_C=0.5$ S 三者并联，则网络的阻抗模 $|Z|=$ ____ Ω，阻抗角 $\varphi_2=$ ____ ，该网络为 ____ 性的。

11. 如图 4-66 所示的正弦交流电路中，已知 $Z=10+\mathrm{j}50\,\Omega$，$Z_1=400+\mathrm{j}1000\,\Omega$。当 β 取 -41 时，$\dot{I}$ 和 $\dot{U}$ 的相位差为 ____ 。

12. 如图 4-67 所示的电路中，已知电压 $U_R=8$ V，$U_L=2$ V，$U_C=2$ V，则总电压 $U=$ ____ V。

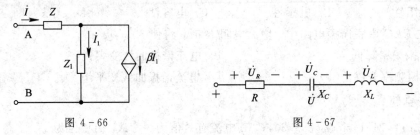

图 4-66   图 4-67

13. 图 4-68 所示的正弦电流电路中，电流表Ⓐ₁、Ⓐ₂的读数皆为 5 A，则电流表Ⓐ的读数为 ____ 。

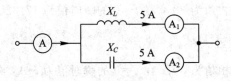

图 4-68

14. 图 4-69 所示的正弦电流电路中，电压表Ⓥ的读数为 30 V，则电流表Ⓐ的读数为 ____ A，电压表Ⓥ₁、Ⓥ₂、Ⓥ₃、Ⓥ₄的读数各为 ____ V、 ____ V、 ____ V、 ____ V。

15. 一电源输出电压为 220 V，最大输出功率为 20 kV·A，当负载额定电压 $U=220$ V，额定功率 $P=4$ kW，功率因数 $\cos\varphi=0.8$，则该电源最多可带负载的个数为 ____ 。

16. 图 4-70 所示的电路中，已知电流有效值 $I=2$ A，有效值 U 为 100 V，则电阻 R 为 ____ Ω。

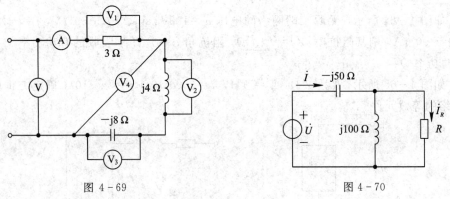

图 4-69   图 4-70

17. 将 $R=2\ \Omega$，$L=3$ H，$C=0.2$ F 的串联电路接到 $u(t)=10\sqrt{2}\sin(t-15°)$ V 的电压源上，网络吸收的有功功率为 ____ W，无功功率为 ____ var。

18. 如图 4-71 所示的正弦稳态电路中，若电压表读数为 50 V，电流表读数为 1 A，功率表读数为 30 W，则电阻 R 为____Ω，ωL 为____Ω。

19. 如图 4-72 所示的电路为荧光灯的 R、L 串联电路模型。将此电路接于 50 Hz 的正弦交流电压源上，测得端电压为 220 V，电流为 0.4 A，功率为 40 W。电路中电阻 R 为____Ω，ωL 为____Ω，电路吸收的无功功率 Q 为____var。

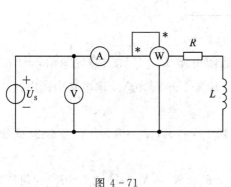
图 4-71

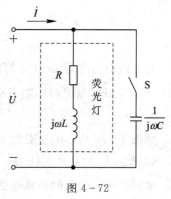
图 4-72

20. 某 R、L、C 串联电路的 $L=80$ mH，$C=2$ μF，$R=2$ Ω。该电路的品质因数近似为____。

21. 如图 4-73 所示的电路中，当 $Z_L =$ _____Ω 时，Z_L 获得最大功率。

22. 如图 4-74 所示的正弦稳态电路中，若 $\dot{I}_S = 10\angle 0°$ A，$R_1 = 20$ Ω，$\dot{I} = 4\angle 60°$，则 Z_L 两端的电压 $\dot{U}_L$ 为____V，Z_L 消耗的平均功率 P 为____W。

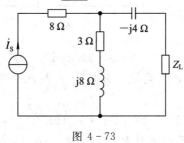
图 4-73

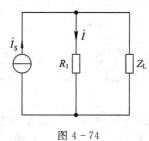
图 4-74

三、分析计算题

1. 电路如图 4-75 所示，已知 $u_s = 120\sqrt{2}\cos(1000t + 90°)$ V，$R=15$ Ω，$L=30$ mH，$C=83.3$ μF，求 i_R，i_L，i_C 和 i。

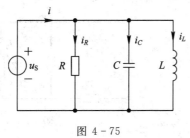
图 4-75

第 4 章分析计算
题参考答案

2. 计算图 4 - 76 所示的相量模型中的电压向量 $\dot{U}$。

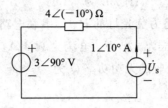

图 4 - 76

3. 有一线圈与电容器串联的电路，已知线圈电阻 $R = 15\ \Omega$（漏导忽略不计），$L = 12\ \text{mH}$，$C = 5\ \mu\text{F}$，电路两端加有正弦电压 $u_s = 100\sqrt{2}\cos 5000t\ \text{V}$。求电路中的电流 i 和线圈两端电压 u。

4. 如图 4 - 77 所示的正弦稳态电路中，已知 $I_C = 6\ \text{A}$，$I_R = 8\ \text{A}$，$X_L = 6\ \Omega$，$\dot{U}$ 和 $\dot{I}$ 同相。求 R、X_C、U 及电路消耗的平均功率。

5. 如图 4 - 78 所示的正弦稳态电路中，已知 $R_1 = X_1 = X_2 = 10\ \Omega$。当 R_2 为何值时，$\dot{U}$ 与 $\dot{I}_1$ 的相位差为 $90°$？此时电路总等效阻抗为多少？

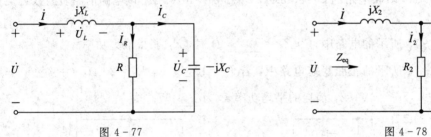

图 4 - 77   图 4 - 78

6. 如图 4 - 79 所示的正弦稳态电路中，已知 $U = 60\ \text{V}$，$\omega = 500\ \text{rad/s}$，在 $C = 20\ \mu\text{F}$ 时测得 $U_1 = 100\ \text{V}$，$U_2 = 80\ \text{V}$。试判断 Z 是感性还是容性，并求出 Z 及此时电路的平均功率。

7. 如图 4 - 80 所示的正弦稳态电路中，已知 $U = 220\ \text{V}$，$f = 50\ \text{Hz}$，Z_1 吸收的平均功率 $P_1 = 200\ \text{W}$，$\cos\varphi_1 = 0.83$（容性），Z_2 吸收的平均功率 $P_2 = 180\ \text{W}$，$\cos\varphi_2 = 0.5$（感性）；Z_3 吸收的平均功率 $P_3 = 200\ \text{W}$，$\cos\varphi_3 = 0.7$（感性）。

（1）求总电流 I 及电路的功率因素。

（2）若要将整个电路的功率因素提高到 0.9（感性），应该并联多大的电容？试画出该电容的接法。

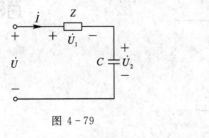
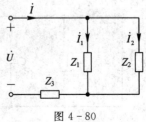

图 4 - 79   图 4 - 80

第 5 章　三相交流电路分析

学习内容
XUEXINEIRONG

　　学习三相对称电源、三相对称负载和三相平衡电路的概念及特点；建立三相供电体系，学习相电压、相电流、线电压、线电流、三相电路的功率等概念；掌握对称三相电路的分析计算方法、功率的计算方法和测量方法；了解三相非对称电路的特点及分析方法；掌握应用 EWB 软件进行三相电路仿真和分析计算的方法。

学习目的
XUEXIMUDI

　　能根据安全用电知识，正确使用电能。对生活、工作中常见的一般性用电问题进行分析和解决；能对工程中一般的对称三相和非对称三相电路进行理论分析和计算，并根据功能要求设计简单的三相电路；能根据电路测试指标要求，设计测试方案，选择合适的电工仪表，对给定的三相电路进行测试；能利用 EWB 软件熟练地对给定的三相电路进行仿真和测试。

　　实践证明，三相电路与单相电路相比具备明显的优越性：在发电方面，三相电路（three-phase circuit）比单相电路（single-phase circuit）可提高大约 50％ 的功率；在输电方面，三相输电比单相输电可节省约 25％ 的铜材；在配电方面，三相变压器比单相变压器经济且更方便接入单相和三相两类负载；在输电设备方面，三相电路具有结构简单、成本低、运行可靠、维护方便等特点。同时，三相电动机结构比较简单，重量较轻，而且供电稳定，还可以调高或调低，并能实现远距离送电。由于三相电路的瞬时功率始终保持恒定，因此三相电动机的运行非常平衡。三相电路是各国在发电、输电、配电、供电、用电等方面采用的主要电路系统。

　　本章将重点介绍三相电路的基本概念、三相电路的连接方式，对称和不对称三相电路的分析方法，以及三相电路的功率测量等。在学习三相电路时要注意其与单相正弦交流电路的关联性，同时又要注意它的特殊性，即特殊的电源、特殊的负载、特殊的电路连接方式和特殊的电路分析求解方法。

5.1 三相电源及连接

交流电几乎都是由三相发电机产生和用三相输电线输送的。所谓三相电路，就是由三个频率相同而相位不同的正弦电压源与三组负载按一定的方式连接组成的电路。日常生活中常用的单相交流电也是从三相制供电系统中得到的。

5.1.1 对称三相电路

三相电路就是由三相电源供电的正弦稳态电路。三相电源通常就是发电厂的三相发电机，三相电压是由三相发电机产生的。三相发电机与一般的交流发电机一样，是利用电磁感应原理制造的。三相发电机的主要组成部分是电枢和磁极。图 5-1 所示为一对磁极的三相发电机原理图。

电枢是固定的，称为定子(stator)。定子铁芯由硅钢片叠成，它的内圆周表面每隔 60°刻有一个槽口，在槽中镶嵌有三个独立的绕组，每个绕组有相同的匝数，在空间彼此相差 120°，即，三个绕组的首端 A、B、C 彼此相差 120°，3 个绕组的末端 X、Y、Z 也彼此相差 120°。图 5-1(a)中 AX、BY 、CZ 为三相发电机的三相绕组，图 5-1(b)为其中一相绕组的示意图。

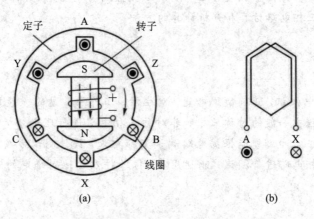

图 5-1 三相交流发电机示意图及一相电枢绕组

中间的转子(rotor)铁芯上绕有励磁绕组，通以直流电励磁，可使铁芯磁化，从而产生磁场，适当选择极面形状和励磁绕组的分布，可以使磁极与电枢的空隙中的磁感应强度按正弦规律分布。当转子按逆时针方向等速旋转时，每相绕组的线圈依次切割磁感应线而产生感应电压，三相感应电压的最大值和频率是一样的，只是相位不同。由于三相绕组在空间差 120°相位，所以产生的感应电压也相差 120°相位。幅值相等、频率相同、相位互差 120°的三个电动势称为对称三相电源，其瞬时值表达式为

$$u_A = \sqrt{2}U_p\cos\omega t$$
$$u_B = \sqrt{2}U_p\cos(\omega t - 120°) \tag{5-1}$$
$$u_C = \sqrt{2}U_p\cos(\omega t + 120°)$$

其中，U_p 是它们的有效值，它们所对应的相量分别为

$$\dot{U}_A = U_p \angle 0°$$

$$\dot{U}_B = U_p \angle (-120°) = a^2 \dot{U}_A \qquad (5-2)$$

$$\dot{U}_C = U_p \angle 120° = a \dot{U}_A$$

式中，$a = 1 \angle 120°$，它是工程中为了方便而引入的单位相量算子。此处以 A 相电压 u_A 作为参考正弦量，A 相电压超前 B 相电压 $120°$，B 相电压超前 C 相电压 $120°$；反之，如果三相发电机顺时针等速转动，则产生的三相电压将是 A 相电压滞后 B 相电压 $120°$，B 相电压滞后 C 相电压 $120°$，这也是一组对称的三相电压。为了统一起见，在三相电路中，把三相交流电到达正最大值的顺序称为相序（phase sequence）（或次序）。如果三相电压的相序（次序）为 A，B，C，则称为正序（positive sequence）或顺序；反之，如果三相电压的相序（次序）为 C，B，A，则称为负序（negative sequence）或逆序；相位差为零的相序称为零序。一般如不特别指明，后面本书统一采用正序。

对三相异步电动机（three-phase induction motor）而言，如果相序反了，电动机的转动方向就会反了。这种方法常用于控制三相异步电动机的正转和反转。

对称三相电源随时间变化的波形与相量如图 5-2 所示。

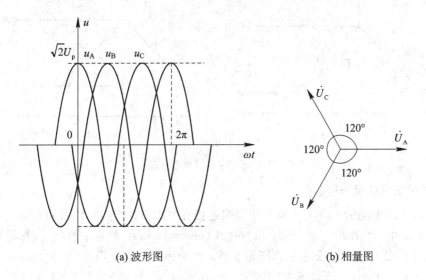

(a) 波形图　　　　　　　　　　　(b) 相量图

图 5-2　对称三相电压的波形图和相量图

由图 5-2 可知，对称三相电压满足 $u_A + u_B + u_C = 0$ 或 $\dot{U}_A + \dot{U}_B + \dot{U}_C = 0$，即它们的瞬时值之和与相量之和都等于零。

5.1.2　三相电源的连接

三个绕组有星形和三角形两种连接形式。三相发电机的相量模型如图 5-3 所示，其中，图 5-3(a)为星形连接，图 5-3(b)为三角形连接。图中，$\dot{U}_A$、$\dot{U}_B$、$\dot{U}_C$ 分别为三个绕组的感应电压，Z_0 为各绕组的阻抗。三相发电机绕组的阻抗比起负载阻抗来是很小的。在精度允许的情况下，不计绕组阻抗，电路模型就成为理想的三相电压源，如图 5-4 所示。

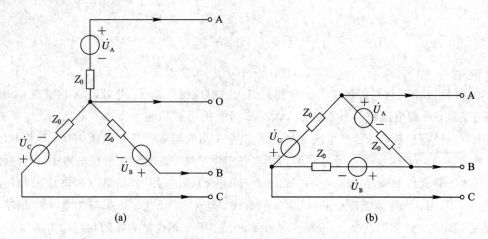

图 5-3　三相电压源模型

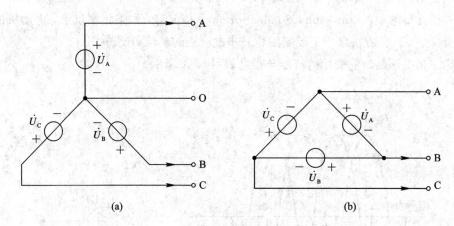

图 5-4　理想三相电压源

1. 三相电源的星形连接

　　如果将三相电源的三个定子绕组的尾端连接在一起,这个点叫中性点(neutral point),简称中点;从中点引出的一根引线,叫中性线(neutral line),简称中线(或俗称为零线);从三个绕组的首端 A 、B、C 分别引出三根引线,称为相线(phase line)(俗称火线)。这种连接方式就称为三相电源的星形(或 Y)连接(star connection)方式,如图 5-4(a)所示。

　　每相电源或者相线与中线间的电压,称为相电压(phase voltage,用 U_p 表示),分别用 $\dot{U}_{AN}=\dot{U}_A$、$\dot{U}_{BN}=\dot{U}_B$,$\dot{U}_{CN}=\dot{U}_C$ 表示,相线与相线间的电压称为线电压(line voltage,用 U_l 表示),用 $\dot{U}_{AB}$、$\dot{U}_{BC}$、$\dot{U}_{CA}$ 表示。若三相电源为对称三相电源(symmetrical three-phase source),则根据 KVL 可得

$$\begin{cases} \dot{U}_{AB}=\dot{U}_A-\dot{U}_B=[1-\angle(-120°)]\dot{U}_A=\sqrt{3}\dot{U}_A\angle30° \\ \dot{U}_{BC}=\dot{U}_B-\dot{U}_C=\sqrt{3}\dot{U}_B\angle30° \\ \dot{U}_{CA}=\dot{U}_C-\dot{U}_A=\sqrt{3}\dot{U}_C\angle30° \end{cases} \qquad (5-3)$$

同样有:

$$\dot{U}_{AB}+\dot{U}_{BC}+\dot{U}_{CA}=0$$

对称的星形三相电源端的线电压与相电压之间的关系还可用一种特殊的电压相量图来表示，如图 5－5 所示。它是由式(5－3)相量图拼接而成的，图中实线所示部分表示 U 的图解方法，它以 B 为原点画出 $\dot{U}_{AB}=\dot{U}_{AN}-\dot{U}_{BN}$，其他线电压的图解求法类同。从图 5－5 中可以看出，线电压与对称相电压之间的关系可以用图示电压正三角形进行说明，相电压对称时，线电压也一定依序对称，它是相电压的 $\sqrt{3}$ 倍，依次超前 $\dot{U}_A$、$\dot{U}_B$、$\dot{U}_C$ 相位 $30°$，实际计算时，只要算出 $\dot{U}_{AB}$，就可以依序求出 $\dot{U}_{BC}=a^2\dot{U}_{AB}$，$\dot{U}_{CA}=a\dot{U}_{AB}$。

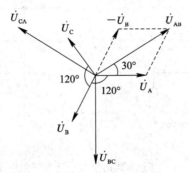

图 5－5　星形连接时线电压和相电压之间的关系

由图 5－5 可知，三个线电压也是一组三相对称电压，其有效值 U_1 是相电压有效值 U_p 的 $\sqrt{3}$ 倍，即

$$U_1=\sqrt{3}U_p$$

2. 三相电源三角形连接

如果把三相电源的三个定子绕组依次首尾相接形成一个封闭的三角形，再从三角形的三个顶点 A、B、C 引出三根引线，就构成了三相电源的三角形连接(trianular connection)，简称三角形或△形电源，如图 5－4(b)所示。

三相电源的三角形连接中只有相线，没有中性点，所以就没有中性线。由图可知，三相电源三角形连接中，有

$$\dot{U}_{AB}=\dot{U}_{AN}，\quad \dot{U}_{BC}=\dot{U}_{BN}，\quad \dot{U}_{CA}=\dot{U}_{CN}$$

所以线电压等于相电压，当相电压对称时，线电压也一定对称。

同时在三角形连接中，绝不允许有任何一相电源接反，否则将会引起电源烧毁。其线电压和相电压之间的关系如图 5－6 所示。

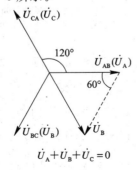

$$\dot{U}_A+\dot{U}_B+\dot{U}_C=0$$

图 5－6　三角形连接中线电压和相电压之间的关系

5.1.3 三相电路负载的连接

三相电压源接上三相负载就构成了三相电路,三相负载是三个负载的特定组合。例如,三相电动机有三个绕组,它就是一个完整的三相负载。有些负载,如电灯、电烙铁等,虽然每个负载只需接一相电源,但是把它们互相组合起来也能构成三相负载。

三相负载的组合也有星形方式和三角形方式两种,如图 5-7 所示。

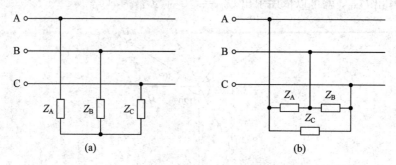

图 5-7 三相负载的星形连接和三角形连接

1. 三相负载的星形连接

在三相电路中,电压有线电压与相电压两种,同样,在三相电路中电流也有两种,分别是线电流(line current)和相电流(phase current)。线电流就是在相线中流过的电流,用 $\dot{I}_A$、$\dot{I}_B$、$\dot{I}_C$ 表示;相电流就是流过一相负载或一相电源的电流,用 $\dot{I}_{A'N'}$、$\dot{I}_{B'N'}$、$\dot{I}_{C'N'}$ 表示。显然,在星形连接的三相电路中,相电流等于相应的线电流,如图 5-8 所示。

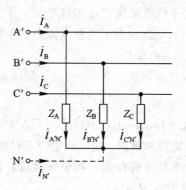

图 5-8 三相负载星形连接中的电流

2. 三相负载的三角形连接

当负载为三角形连接时,线电流与相电流不相等,对各节点应用 KCL,可求得各线电流:

$$\begin{cases} \dot{I}_A = \dot{I}_{A'B'} - \dot{I}_{C'A'} = [1 - \angle(-120°)]\dot{I}_{A'B'} = \sqrt{3}\dot{I}_{A'B'}\angle(-30°) \\ \dot{I}_B = \dot{I}_{B'C'} - \dot{I}_{A'B'} = [1 - \angle(-120°)]\dot{I}_{B'C'} = \sqrt{3}\dot{I}_{B'C'}\angle(-30°) \\ \dot{I}_C = \dot{I}_{C'A'} - \dot{I}_{B'C'} = [1 - \angle(-120°)]\dot{I}_{C'A'} = \sqrt{3}\dot{I}_{C'A'}\angle(-30°) \end{cases} \quad (5-4)$$

即当负载对称时,相电流与线电流也是对称的。由式(5-4)可得,线电流滞后对应的相电

流 $30°$，大小是相电流的 $\sqrt{3}$ 倍。三相负载三角形连接中的电流如图 $5-9$ 所示。

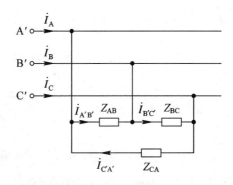

图 $5-9$　三相负载三角形连接中的电流

在负载为星形或三角形连接时，若 $Z_A = Z_B = Z_C = Z$ 或 $Z_{AB} = Z_{BC} = Z_{CA} = Z$，则称这样的三相负载为对称三相负载(symmetrical three-phase load)，否则就是不对称三相负载。

当三相电源与三相负载相互连接时，构成一个完整的整体，就形成了三相电路。因为三相电源与三相负载都有星形与三角形两种连接方式，所以当它们相互连接构成三相电路时，两两组合就可以构成 4 种三相电路，分别是 Y-Y 形、Y-△ 形、△-Y 形和 △-△ 形。在 Y-Y 形连接中，有 3 根相线和 1 根中线，这种连接方式称为三相四线制(three-phase four-wire system)电路。而其余的连接方式都只有 3 根相线，无中线，所以称为三相三线制 (three-phase three-wire system)电路。在三相电路中，有 3 个电源同时给 3 个负载供电，最多只需 4 根引线，而在单相电路中，一个电源给一个负载供电，需 2 根引线，所以使用三相电路供电可以节省大量架线线材。

5.2　三相电路的分析

当三相电源对称且三相负载也对称时，就称为对称三相电路(symmetrical three-phase circuit)。对称三相电路是一种特殊类型的正弦三相交流电路，分析正弦电流电路的相量法对对称三相电路完全适用。由于星形连接与三角形连接可以进行等效互换，因此对于多种形式的三相电路分析，只需对一种形式进行分析就足够了。以下以对称三相四线制电路为例来说明对称三相电路的分析方法。图 $5-10$ 所示是对称星形负载与对称三角形负载间的等效互换，等效条件也列在图中。图 $5-11$ 所示是对称星形电源与对称三角形电源间的等效互换，其等效条件如下：

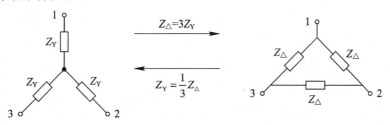

图 $5-10$　对称三相负载的 Y-△等效

(1) $Y \rightarrow \triangle$ 时，$U_1 = \sqrt{3} U_P$，$\varphi_{12} = \varphi_1 + 30°$；

(2) $\triangle \rightarrow Y$ 时，$U_P = \dfrac{1}{\sqrt{3}} U_1$，$\varphi_1 = \varphi_{12} - 30°$，相序为 $1-2-3$。

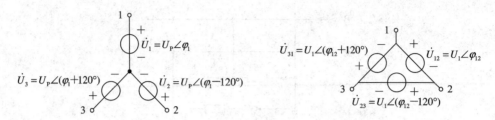

图 5-11 对称三相电源的 Y-$\triangle$ 等效

利用等效变换，以及 4 种三线制三相电路，总可以等效变换为其中的任一种。对称三相电路是一种特殊类型的正弦三相交流电路，分析正弦电流电路的相量法都可以用于对称三相电路。

5.2.1 一般三相电路的分析

下面以三相四线制为例来说明三相电路的分析计算方法。三相四线制电路如图 5-12 所示。其中，Z_1 为火线阻抗，Z_0 为中线阻抗。选定线电流 $\dot{I}_A$、$\dot{I}_B$、$\dot{I}_C$ 的参考方向是从电源到负载，中线电流 $\dot{I}_0$ 的参考方向是从负载到电源，标定如图 5-12 所示。三相电路仍是正弦稳态电路，可采用任何一种方程法分析。如采用结点法，可求得

$$\dot{U}_{N'N} = \frac{\dfrac{\dot{U}_A}{Z_1 + Z_A} + \dfrac{\dot{U}_B}{Z_1 + Z_B} + \dfrac{\dot{U}_C}{Z_1 + Z_C}}{\dfrac{1}{Z_1 + Z_A} + \dfrac{1}{Z_1 + Z_B} + \dfrac{1}{Z_1 + Z_C} + \dfrac{1}{Z_0}} \tag{5-5}$$

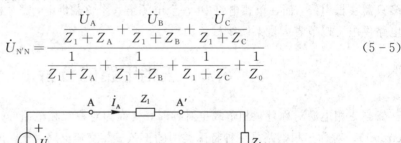

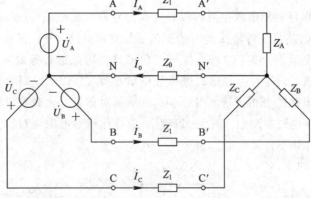

图 5-12 三线四线制电路

各相火线阻抗、负载阻抗上的电压为

$$\dot{U}_{AN'} = \dot{U}_A - \dot{U}_{N'N}, \quad \dot{U}_{BN'} = \dot{U}_B - \dot{U}_{N'N}, \quad \dot{U}_{CN'} = \dot{U}_C - \dot{U}_{N'N} \tag{5-6}$$

各线电流为

$$\dot{I}_\mathrm{A} = \frac{\dot{U}_\mathrm{AN'}}{Z_1 + Z_\mathrm{A}}, \quad \dot{I}_\mathrm{B} = \frac{\dot{U}_\mathrm{BN'}}{Z_1 + Z_\mathrm{B}}, \quad \dot{I}_\mathrm{C} = \frac{\dot{U}_\mathrm{CN'}}{Z_1 + Z_\mathrm{C}} \tag{5-7}$$

则中线电流为

$$\dot{I}_0 = \dot{I}_\mathrm{A} + \dot{I}_\mathrm{B} + \dot{I}_\mathrm{C} \tag{5-8}$$

5.2.2　对称三相电路的特点

1. 对称星形负载

由 $Z_\mathrm{A} = Z_\mathrm{B} = Z_\mathrm{C} = Z_\mathrm{Y}$，式(5-5)可变换为

$$\dot{U}_\mathrm{N'N} = \frac{\dfrac{\dot{U}_\mathrm{A} + \dot{U}_\mathrm{B} + \dot{U}_\mathrm{C}}{Z_1 + Z_\mathrm{Y}}}{\dfrac{3}{Z_1 + Z_\mathrm{Y}} + \dfrac{1}{Z_0}} = 0 \tag{5-9}$$

进而式(5-6)可变换为

$$\begin{cases} \dot{U}_\mathrm{AN'} = \dot{U}_\mathrm{A} \\ \dot{U}_\mathrm{BN'} = \dot{U}_\mathrm{B} \\ \dot{U}_\mathrm{CN'} = \dot{U}_\mathrm{C} \end{cases} \tag{5-10}$$

这是一组对称三相电压。

各线电流(式(5-7))可转换为

$$\dot{I}_\mathrm{A} = \frac{\dot{U}_\mathrm{A}}{Z_1 + Z_\mathrm{Y}}, \quad \dot{I}_\mathrm{B} = \frac{\dot{U}_\mathrm{B}}{Z_1 + Z_\mathrm{Y}}, \quad \dot{I}_\mathrm{C} = \frac{\dot{U}_\mathrm{C}}{Z_1 + Z_\mathrm{Y}} \tag{5-11}$$

这是一组对称三相电流。

中线电流应为零，即

$$\dot{I}_0 = \dot{I}_\mathrm{A} + \dot{I}_\mathrm{B} + \dot{I}_\mathrm{C} = 0 \tag{5-12}$$

负载端线电压为

$$\dot{U}_\mathrm{A'B'} = \dot{U}_\mathrm{A'N'} - \dot{U}_\mathrm{B'N'}$$

$$\dot{U}_\mathrm{B'C'} = \dot{U}_\mathrm{B'N'} - \dot{U}_\mathrm{C'N'}$$

$$\dot{U}_\mathrm{C'A'} = \dot{U}_\mathrm{C'N'} - \dot{U}_\mathrm{A'N'}$$

这是一组对称三相电压，且线电压大小是相电压大小的 $\sqrt{3}$ 倍，$\dot{U}_\mathrm{A'B'}$、$\dot{U}_\mathrm{B'C'}$、$\dot{U}_\mathrm{C'A'}$ 分别超前 $\dot{U}_\mathrm{A'N'}$、$\dot{U}_\mathrm{B'N'}$、$\dot{U}_\mathrm{C'N'}$ $30°$。

由于 $\dot{I}_0 = 0$，因此对称星形负载可以不用中线而成为三线制。

2. 对称三角形负载

由于 $Z_{12} = Z_{23} = Z_{31} = Z_\triangle$，因此在图 5-13 所示的等效变换中，$Z_\mathrm{Y} = \dfrac{1}{3} Z_\triangle$。

前边已有结论，在等效电路中，$\dot{I}_\mathrm{A}$、$\dot{I}_\mathrm{B}$、$\dot{I}_\mathrm{C}$ 是一组平衡三相电流，$\dot{U}_\mathrm{A'B'}$、$\dot{U}_\mathrm{B'C'}$、$\dot{U}_\mathrm{C'A'}$ 是一组对称三相电压。因此在对称三角形负载中，线电流 $\dot{I}_\mathrm{A}$、$\dot{I}_\mathrm{B}$、$\dot{I}_\mathrm{C}$ 和相电流 $\dot{I}_1$、$\dot{I}_2$、$\dot{I}_3$（参

考方向选定如图 5-13 所示)都是平衡的三相电流。由于

$$\begin{cases} \dot{I}_A = \dot{I}_1 - \dot{I}_3 = [1 - \angle(-120°)]\dot{I}_1 = \sqrt{3}\,\dot{I}_1\angle(-30°) \\ \dot{I}_B = \dot{I}_2 - \dot{I}_1 = \sqrt{3}\,\dot{I}_2\angle(-30°) \\ \dot{I}_C = \dot{I}_3 - \dot{I}_2 = \sqrt{3}\,\dot{I}_3\angle(-30°) \end{cases} \qquad (5-13)$$

可作出如图 5-14 所示的电流相量图。可见，线电流的大小是相电流的$\sqrt{3}$倍，线电流 $\dot{I}_A$、$\dot{I}_B$、$\dot{I}_C$ 分别滞后相电流 $\dot{I}_1$、$\dot{I}_2$、$\dot{I}_3$ 30°。

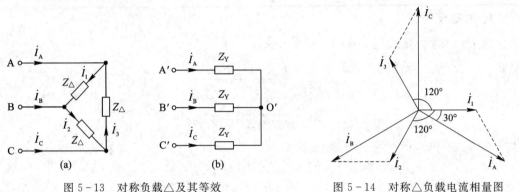

图 5-13　对称负载△及其等效　　　　　图 5-14　对称△负载电流相量图

3. 对称三相负载的瞬时功率

对称三相负载的瞬时功率为一常数。三相电动机是对称三相负载，所以其瞬时功率也为常数，这意味着它的转矩不变，因此运转比较平稳。下面来推证这个特点。

第一相的瞬时功率为

$$p_1 = u_{p1} i_{p1} = \sqrt{2}\,U_p\cos(\omega t + \theta_{u1}) \times \sqrt{2}\,I_p\cos(\omega t + \theta_{i1})$$

式中，U_p、I_p 分别为相电压、相电流的有效值，θ_{u1}、θ_{i1} 分别为第一相电压、电流的初相。设相位差 $\theta_{u1} - \theta_{i1} = \theta_z$，有

$$\begin{aligned} p_1 &= 2U_p I_p \cos(\omega t + \theta_{u1})\cos(\omega t + \theta_{u1} - \theta_z) \\ &= 2U_p I_p \frac{1}{2}[\cos\theta_z + \cos(2\omega t + 2\theta_{u1} - \theta_z)] \\ &= U_p I_p[\cos\theta_z + \cos(2\omega t + 2\theta_{u1} - \theta_z)] \end{aligned}$$

同时

$$\begin{aligned} p_2 &= U_p I_p[\cos\theta_z + \cos(2\omega t + 2\theta_{u2} - \theta_z)] \\ &= U_p I_p[\cos\theta_z + \cos(2\omega t + 2\theta_{u1} - \theta_z - 240°)] \\ p_3 &= U_p I_p[\cos\theta_z + \cos(2\omega t + 2\theta_{u3} - \theta_z)] \\ &= U_p I_p[\cos\theta_z + \cos(2\omega t + 2\theta_{u1} - \theta_z + 240°)] \end{aligned}$$

所以

$$p = p_1 + p_2 + p_3 = 3U_p I_p\cos\theta_z \qquad (5-14)$$

为一常数。

4. 中线的重要作用

日常中采用的 Y-Y 不对称三相电路都有中线，而且不准在中线上安装开关或保险丝。这是一个很有实际意义的问题，下面来说明这样做的道理。

图 5-15 所示的三相电源相序为 A→B→C，相电压 $U_p=220$ V。三相负载中，A 相接一个额定值 $P_{1e}=100$ W，$U_{1e}=220$ V 的纯电阻负载 Z_1；B 相接一个额定值 $P_{2e}=25$ W，$U_{2e}=220$ V 的纯电阻负载 Z_2；C 相开路。

在有中线(开关 S 接通)时，Z_1、Z_2 承受的电压值都是 220 V，符合额定要求，能正常工作；在没有中线(开关 S 断开)时，Z_1、Z_2 串联，承受电压 $U_{AB}=220\sqrt{3}$ V $=380$ V。根据负载额定值可求得各自的阻抗为

$$Z_1=R_1=\frac{U^2_{1e}}{P_{1e}}=\frac{220^2}{100}\Omega=484\ \Omega$$

$$Z_2=R_1=\frac{U^2_{2e}}{P_{2e}}=\frac{220^2}{25}\Omega=1936\ \Omega$$

于是 Z_1、Z_2 分别承受的电压值为

$$U_1=\frac{R_1}{R_1+R_2}U_{AB}=\frac{484}{484+1936}\times380\ \text{V}=76\ \text{V}$$

$$U_2=\frac{R_2}{R_1+R_2}U_{AB}=\frac{1936}{484+1936}\times380\ \text{V}=304\ \text{V}$$

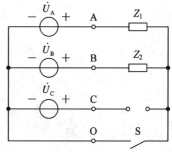

图 5-15　中线的作用

显然，$U_1<U_{1e}$，负载 Z_1 工作不正常；$U_2>U_{2e}$，负载 Z_2 可能烧坏。

可见，中线可以保证各相供电独立，而不会造成相互影响。

5.3　三相电路的计算

由于三相电源与三相负载都有星形与三角形两种连接方式，因此当它们相互连接构成三相电路时，两两组合就可以构成 4 种三相电路，分别是 Y-Y 形、Y-△形、△-Y 形和△-△形。当三相电源对称、三相负载也对称时，就称为对称三相电路(symmetrical three-phase circuit)，这 4 种对称三相电路分别如图 5-16(a)、(b)、(c)和(d)所示。

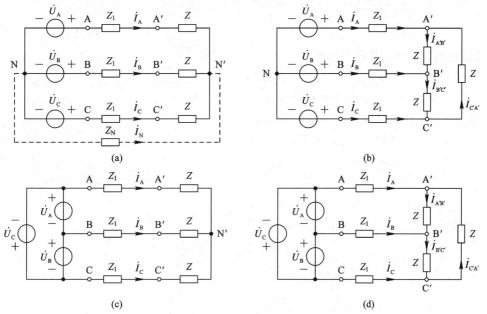

图 5-16　4 种对称三相电路

5.3.1 对称三相电路的计算

【例5.1】 对称三相电路如图5-17所示,已知 $Z_1 = (1+j2)\Omega$, $Z = (5+j6)\Omega$, $u_{AB} = 380\sqrt{2}\cos(\omega t + 30°)$V。试求负载中各相电流相量。

解 设一组对称三相电压源与该组对称线电压对应。根据式(5-3)的关系,有

$$\dot{U}_A = \frac{\dot{U}_{AB}}{\sqrt{3}} \angle -30° = 220\angle 0° \text{V}$$

据此可画出一相(A相)计算电路,如图5-18所示。

可以求得

$$\dot{I}_A = \frac{\dot{U}_A}{Z + Z_1} = \frac{220\angle 0°}{6 + j8}\text{A} = 22\angle(-53.1°)\text{A}$$

根据对称性可以写出

$$\dot{I}_B = a^2\dot{I}_A = 22\angle(-173.1°)\text{A}$$

$$\dot{I}_C = a\dot{I}_A = 22\angle 66.9°\text{A}$$

可将A线(相)的相量图依序顺时针旋转120°合成对称三相电路的相量图。

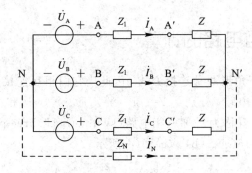

图5-17 例5.1图

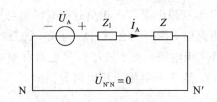

图5-18 一相计算电路

【例5.2】 对称三相电路如图5-19所示,已知 $Z_1 = (3+j4)\Omega$, $Z = (19.2 + j14.4)\Omega$,对称线电压 $U_{AB} = 380$ V。求负载端的线电压。

解 先将三角形负载等效为星形负载,这样就将对称的Y-△形变换成对称的Y-Y形三相电路,变换后的负载 Z' 为

$$Z' = \frac{Z}{3} = \frac{19.2 + j14.4}{3}\Omega = (6.4 + j4.8)\Omega$$

令 $\dot{U}_A = 220\angle 0°$V。根据A相计算电路有

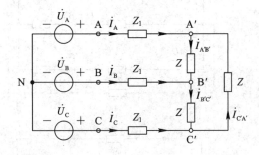

图5-19 例5.2图

$$\dot{I}_A = \frac{\dot{U}_A}{Z' + Z_1} = \frac{220\angle 0°}{(6.4 + j4.8) + (3 + j4)}\text{A} = 17\angle(-43.1°)\text{A}$$

而

$$\dot{I}_B = a^2\dot{I}_A = 17.1\angle(-163.1°)\text{A}$$

$$\dot{I}_\mathrm{C} = a\dot{I}_\mathrm{A} = 17.1\angle 76.9°\mathrm{A}$$

此电流即为负载端的线电流。再求出负载端的相电压，利用线电压与相电压的关系就可得负载端的线电压。$\dot{U}_\mathrm{A'N'}$ 为

$$\dot{U}_\mathrm{A'N'} = \dot{I}_\mathrm{A}Z = 136\angle(-6.2°)\mathrm{V}$$

根据上式，有

$$\dot{U}_\mathrm{A'B'} = \sqrt{3}\dot{U}_\mathrm{A'N'}\angle 30° = 235.6\angle 23.8°\mathrm{V}$$

根据对称性可写出其他二相的线电压相量为

$$\dot{U}_\mathrm{B'C'} = a^2\dot{U}_\mathrm{A'B'} = 235.6\angle(-96.2°)\mathrm{V}$$

$$\dot{U}_\mathrm{C'A'} = a\dot{U}_\mathrm{A'B'} = 235.6\angle 143.8°\mathrm{V}$$

【**例 5.3**】　已知三相电源线电压为 380 V，接入两组对称三相负载，如图 5-20(a)所示，其中 Y 形三相负载的每相阻抗 $Z_\mathrm{Y} = (4+\mathrm{j}3)\Omega$，三角形负载每相阻抗 $Z_\triangle = 10\ \Omega$，求三相电路每相负载端的线电流。

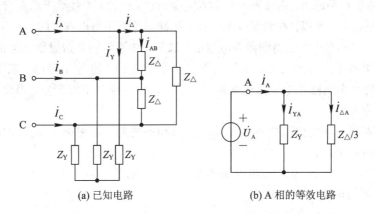

(a) 已知电路　　　　　(b) A 相的等效电路

图 5-20　例 5.3 图

解　由于该电路是对称三相电路，因此可以化为单相电路来计算。作出 A 相的等效电路，如图 5-20(b)所示，已知线电压为 380 V，则相电压为 220 V。

令 $\dot{U}_\mathrm{A} = 220\angle 0°\mathrm{V}$，则星形负载的相电流为

$$\dot{I}_\mathrm{YA} = \frac{\dot{U}_\mathrm{A}}{Z_\mathrm{Y}} = \frac{220\angle 0°}{4+\mathrm{j}3}\mathrm{A} = 44\angle(-36.9°)\mathrm{A}$$

三角形负载的线电流为

$$\dot{I}_{\triangle\mathrm{A}} = \frac{\dot{U}_\mathrm{A}}{Z_\triangle/3} = \frac{220\angle 0°}{10/3}\mathrm{A} = 66\angle 0°\mathrm{A}$$

所以 A 相负载的线电流为

$$\dot{I}_\mathrm{A} = \dot{I}_\mathrm{YA} + \dot{I}_{\triangle\mathrm{A}} = [44\angle(-36.9°) + 66\angle 0°]\mathrm{A} = 104.58\angle(-14.63°)\mathrm{A}$$

由对称性可得其他二相的线电流为

$$\dot{I}_B = 104.58\angle(-124.63°)\mathrm{A}$$

$$\dot{I}_C = 104.58\angle 105.37°\mathrm{A}$$

对称三相电路的一般分析计算方法归纳如下：

（1）尽量将所有三相电源、负载都化为等值 Y- Y 形连接电路；

（2）连接各负载和电源中点，中线上若有阻抗可忽略不计；

（3）画出单相电路，求出一相的电压和电流；

（4）根据△形连接、Y 形连接时线电压（电流）、相电压（电流）之间的关系，求出原电路的电流电压；

（5）由对称性得出其他两相的电压和电流。

最后还必须指出，所有关于电压、电流的对称性以及上述对称相值和对称线值之间关系的论述，只有在指定的顺序和参考方向的条件下才能以简单有序的形式表达出来，而不能任意设定，否则将会使问题的表述变得杂乱无序。

5.3.2 不对称三相电路的计算

在实际的应用过程中，三相电源是可以做到完全对称的，这一点可由供电方国家电网得到保证，但是由于种种原因，负载不可能做到完全对称，因此，中性线上总会有由于负载不对称而引起的中线电流。所以，在实际应用过程中中线是绝对不可以省去的，也不允许开路，同时在中线上是绝对不允许安装熔断器等电器的，以防止中性线断开造成负载端相电压不对称。

一般三相电源是对称的，而三相负载不对称是常见的。当各相照明、家用电器负载的分配不均匀，特别是电路发生短路或断路时，不对称的现象就更加严重。因此，不对称的三相电路是普遍存在的。

一般的不对称三相电路可以看成复杂的正弦稳态电路，可用第 4 章介绍的正弦稳态电路分析方法来进行分析。

【**例 5.4**】 一星形连接的三相电路如图 5 - 21 所示，其中 $Z_N = 0$，$Z_A = Z_B = 10\Omega$，$Z_C = 20\ \Omega$，电源线电压为 380 V，求：

（1）各相负载的线电流与中线电流；

（2）A 相短路、中性线未断开时，各相负载的相电压；

（3）A 相短路、中性线断开时，各相负载的相电压；

（4）A 相断路、中性线未断开时各相负载的相电压；

（5）A 相断路、中性线断开时，各相负载的相电压。

解 由于线电压为 380 V，电源为对称三相电源，因此设 A 相电压为基准相量，有

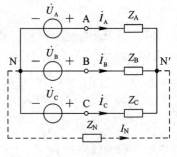

图 5 - 21 例 5.4 图

$$\dot{U}_A = \frac{U_1}{\sqrt{3}} \angle 0° = \frac{380}{\sqrt{3}} \angle 0° \text{V} = 220 \angle 0° \text{V}$$

则 B、C 两相的相电压为

$$\dot{U}_B = 220 \angle -120° \text{V}$$

$$\dot{U}_C = 220 \angle 120° \text{V}$$

（1）三相负载不对称，但由于有中性线，因此负载上仍承受三相对称电压，分别计算各线电流如下：

$$\dot{I}_{\mathrm{A}}=\frac{\dot{U}_{\mathrm{A}}}{Z_{\mathrm{A}}}=\frac{220\angle0°}{10}\mathrm{A}=22\angle0°\mathrm{A}$$

$$\dot{I}_{\mathrm{B}}=\frac{\dot{U}_{\mathrm{B}}}{Z_{\mathrm{B}}}=\frac{220\angle-120°}{10}\mathrm{A}=22\angle(-120°)\mathrm{A}$$

$$\dot{I}_{\mathrm{C}}=\frac{\dot{U}_{\mathrm{C}}}{Z_{\mathrm{C}}}=\frac{220\angle120°}{20}\mathrm{A}=11\angle120°\mathrm{A}$$

当采用星形连接时,相电流等于相应的线电流,因此中性线电流为

$$\dot{I}_{\mathrm{N}}=\dot{I}_{\mathrm{A}}+\dot{I}_{\mathrm{B}}+\dot{I}_{\mathrm{C}}=[22\angle0°+22\angle(-120°)+11\angle120°]\mathrm{A}$$
$$=(5.5-\mathrm{j}9.5)\mathrm{A}=11\angle(-60°)$$

(2) A 相短路、中性线未断开时,A 相短路电流很大,将使 A 相熔断丝熔断,而 B 相和 C 相未受影响,其相电压仍为 220 V,通过的电流保持不变,仍正常工作,但中性电流将增大,有

$$\dot{I}_{\mathrm{N}}=\dot{I}_{\mathrm{B}}+\dot{I}_{\mathrm{C}}=[22\angle(-120°)+11\angle120°]\mathrm{A}=(-16.5-\mathrm{j}9.6)\mathrm{A}=19.1\angle(-30.2°)\mathrm{A}$$

(3) A 相短路、中性线断开时,负载中性点 N′即为 A,如图 5-22 所示,因此负载各相的相电压为

$$\dot{U}_{\mathrm{AN'}}=0\ \mathrm{V}$$

$$\dot{U}_{\mathrm{BN'}}=\dot{U}_{\mathrm{BA}}=380\angle150°\mathrm{V}$$

$$\dot{U}_{\mathrm{CN'}}=\dot{U}_{\mathrm{CA}}=380\angle90°\mathrm{V}$$

$$\dot{I}_{\mathrm{B}}=\frac{\dot{U}_{\mathrm{BA}}}{Z_{\mathrm{B}}}=\frac{380\angle150°}{10}\mathrm{A}=38\angle150°\mathrm{V}$$

$$\dot{I}_{\mathrm{C}}=\frac{\dot{U}_{\mathrm{CA}}}{Z_{\mathrm{C}}}=\frac{380\angle90°}{20}\mathrm{A}=19\angle90°\mathrm{V}$$

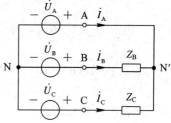

图 5-22 A 相短路、中性线
断开的电路图

$$\dot{I}_{\mathrm{A}}=-(\dot{I}_{\mathrm{B}}+\dot{I}_{\mathrm{C}})=-(38\angle150°+19\angle90°)\mathrm{A}=(32.9-\mathrm{j}38)\mathrm{A}=50.3\angle-49.1°\mathrm{A}$$

此种情况下,由于 B 相和 C 相的负载承受的电压都超过额定电压 220 V,通过的电流也超过额定电流,负载将烧毁,这是不允许的。

(4) A 相断路、中性线未断开时,B、C 相负载仍承受 220 V 电压,工作依然正常,通过它们的电流不变,中性线上的电流为

$$\dot{I}_{\mathrm{N'N}}=\dot{I}_{\mathrm{B}}+\dot{I}_{\mathrm{C}}$$
$$=[22\angle(-120°)+11\angle120°]\mathrm{A}$$
$$=(-16.5-\mathrm{j}9.6)\mathrm{A}$$
$$=19.1\angle(-30.2°)\mathrm{A}$$

(5) A 相断路、中性线断开时,电路就变为单相电路,如图 5-23 所示,因此

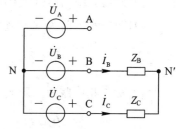

图 5-23 A 相断路、中性线
断开的电路图

$$\dot{I}_{\mathrm{B}}=-\dot{I}_{\mathrm{C}}=\frac{\dot{U}_{\mathrm{BC}}}{Z_{\mathrm{B}}+Z_{\mathrm{C}}}=\frac{\sqrt{3}\dot{U}_{\mathrm{B}}\angle30°}{Z_{\mathrm{B}}+Z_{\mathrm{C}}}$$

$$=\frac{220\sqrt{3}\angle(-120°)\angle30°}{10+20}\mathrm{A}=12.7\angle(-90°)\mathrm{A}$$

$$\dot{I}_\text{C} = -\dot{I}_\text{B} = 12.7\angle 90°\text{A}$$

$$\dot{U}_{\text{BN}'} = \dot{I}_\text{B}Z_\text{B} = [12.7\angle(-90°)\times 10]\text{V} = 127\angle(-90°)\text{V}$$

$$\dot{U}_{\text{CN}'} = \dot{I}_\text{C}Z_\text{C} = (12.7\angle 90°\times 20)\text{V} = 254\angle 90°\text{V}$$

由上述例题可以看出，不对称三相负载星形连接未接中性线时，造成负载相电压不再对称，且负载阻抗越大，负载承受的电压越高。

因此，中性线的作用是保证星形不对称负载的相电压对称，而对于不对称照明负载，必须采用三相四线制方式供电且不能在中性线上安装熔断器和闸刀开关，以防中性线断开造成负载相电压不对称。

5.4　三相电路的功率及其测量

5.4.1　三相电路功率的计算

三相电路的总有功功率等于每一相的有功功率之和，即

$$P = P_\text{A} + P_\text{B} + P_\text{C} \tag{5-15}$$

三相电路的总无功功率等于每一相的无功功率之和，即

$$Q = Q_\text{A} + Q_\text{B} + Q_\text{C} \tag{5-16}$$

三相负载吸收的复功率等于各相复功率之和，即

$$\bar{S} = \bar{S}_\text{A} + \bar{S}_\text{B} + \bar{S}_\text{C} \tag{5-17}$$

但是，三相电路的总视在功率不等于每一相视在功率之和，即

$$S \neq S_\text{A} + S_\text{B} + S_\text{C}$$

三相电路的总视在功率为

$$S = \sqrt{P^2 + Q^2} \tag{5-18}$$

若三相电路为对称三相电路，则有

$$P_\text{A} = P_\text{B} = P_\text{C}$$

$$P = 3P_\text{A} = 3U_\text{p}I_\text{p}\cos\varphi \tag{5-19}$$

式(5-19)为采用相电压、相电流表示的三相电路的总有功功率，其中 U_p 为负载上相电压的有效值，I_p 为负载上相电流的有效值，φ 为相电压与相电流的相位差。

当对称三相电路为 Y 形连接时，$U_1 = \sqrt{3}U_\text{p}$，$I_1 = I_\text{p}$，则有

$$P = 3P_\text{A} = 3U_\text{p}I_\text{p}\cos\varphi = 3\frac{U_1}{\sqrt{3}}I_1\cos\varphi = \sqrt{3}U_1I_1\cos\varphi$$

当对称三相电路为△形连接时，$U_1 = U_\text{p}$，$I_1 = \sqrt{3}I_\text{p}$，则有

$$P = 3P_\text{A} = 3U_\text{p}I_\text{p}\cos\varphi = 3U_1\frac{I_1}{\sqrt{3}}\cos\varphi = \sqrt{3}U_1I_1\cos\varphi$$

所以三相电路的总有功功率采用线电压、线电流来表示时，有

$$P = \sqrt{3}U_1I_1\cos\varphi \tag{5-20}$$

其中，φ 为相电压与相电流的相位差，而不是线电压与线电流的相位差。由此可见，三相电路消耗的总有功功率与负载的连接方式无关。同样，对称三相电路的无功功率为

$$Q_A = Q_B = Q_C$$

$$Q = 3Q_A = 3U_p I_p \sin\varphi \tag{5-21}$$

同理，采用线电压、线电流表示时，有

$$Q = 3Q_A = \sqrt{3} U_l I_l \sin\varphi \tag{5-22}$$

对称三相电路的视在功率为

$$S = \sqrt{P^2 + Q^2} = 3U_p I_p = \sqrt{3} U_l I_l \tag{5-23}$$

对称三相电路的复功率为

$$\bar{S}_A = \bar{S}_B = \bar{S}_C$$

$$\bar{S} = 3\bar{S}_A$$

对于三相电路来说，依然有有功功率守恒、无功功率守恒和复功率守恒，但视在功率仍然不守恒。

三相电路的瞬时功率为各相负载瞬时功率之和。对于图 5-16(a)所示的对称三相电路，有

$$\begin{aligned}
P_A &= u_{AN} i_A = \sqrt{2} U_{AN} \cos(\omega t)\sqrt{2} I_A \cos(\omega t - \varphi) \\
&= U_{AN} I_A [\cos\varphi + \cos(2\omega t - \varphi)] \\
P_B &= u_{BN} i_B = \sqrt{2} U_{AN} \cos(\omega t - 120°)\sqrt{2} I_A \cos(\omega t - \varphi - 120°) \\
&= U_{AN} I_A [\cos\varphi + \cos(2\omega t - \varphi - 240°)] \\
P_C &= u_{CN} i_C = \sqrt{2} U_{AN} \cos(\omega t + 120°)\sqrt{2} I_A \cos(\omega t - \varphi + 120°) \\
&= U_{AN} I_A [\cos\varphi + \cos(2\omega t - \varphi + 240°)]
\end{aligned} \tag{5-24}$$

可见，P_A、P_B、P_C 中都含有一个交流分量，它们的幅值相等且相位上互差 120°。显然，这 3 个交流分量相加为零。因此，有

$$P = P_A + P_B + P_C = 3U_p I_p \cos\varphi = 3P_A = P \tag{5-25}$$

式(5-25)表明，对称三相电路的总瞬时功率是一个与时间无关的常量，其值就等于对称三相电路总的平均功率，习惯上把这一性能称为瞬时功率平衡。若负载是三相电动机，那么由于瞬时功率是恒定的，对应的瞬时转矩也是恒定的，因此，其运行情况比单相电动机更平稳，而无抖动，这也是对称三相电路比单相电路优越的一个方面。

【例 5.5】 图 5-24 所示的三相四线制对称电路中，已知电源相电压 $U_p = 100$ V，线路阻抗 $Z_1 = (1 + \mathrm{j}1)\Omega$，负载阻抗 $Z = (5 + \mathrm{j}7)\Omega$，试计算负载及电源的有功功率 P、无功功率 Q、视在功率 S 及 $\cos\varphi$ 的大小。

解 由于是对称三相电路，因此可化为单相电路来计算。

设 $\dot{U}_A = 100\angle 0° \text{V}$，则

$$\begin{aligned}
\dot{I}_A &= \frac{\dot{U}_A}{Z_1 + Z} = \frac{100\angle 0°}{(1 + \mathrm{j}) + (5 + \mathrm{j}7)} \text{A} \\
&= 10\angle(-53.1°)
\end{aligned}$$

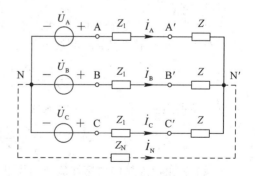

图 5-24 例 5.5 图

A 相电源提供的复功率为

$$\bar{S}_A = \dot{U}_A \dot{I}_A^* = (100\angle 0° \times 10\angle 53.1°) \text{ V} \cdot \text{A} = 1000\angle 53.1° \text{V} \cdot \text{A} = (600 + j800) \text{ V} \cdot \text{A}$$

三相电源提供的总复功率为

$$\bar{S} = 3\bar{S}_A = (1800 + j2400) \text{ V} \cdot \text{A} = 3000\angle 53.1° \text{V} \cdot \text{A}$$

所以电源的有功功率 P、无功功率 Q、视在功率 S 及 $\cos\varphi$ 的大小为

$$P = 1800 \text{ W}, \quad Q = 2400 \text{ var}, \quad S = 3000 \text{ V} \cdot \text{A}$$

$$\cos\varphi = \frac{P}{S} = \frac{1800}{2400} = 0.6$$

对 A 相负载,相电压为

$$\dot{U}_{A'} = Z\dot{I}_A$$

A 相负载吸收的复功率为

$$\bar{S}_{A'} = \dot{U}_{A'} \dot{I}_A^* = Z\dot{I}_A \dot{I}_A^* = Z\,|\dot{I}_A|^2 = \left[(5+j7)\,|(6+j8)\,|^2\right] \text{ V} \cdot \text{A} = (500 + j700) \text{ V} \cdot \text{A}$$

所以三相负载吸收的总复功率为

$$\bar{S}' = 3\bar{S}_{A'} = (1500 + j2100) \text{ V} \cdot \text{A} = 2580\angle 54.5° \text{V} \cdot \text{A}$$

三相负载的有功功率 P、无功功率 Q、视在功率 S 及 $\cos\varphi$ 的大小为

$$P' = 1500 \text{ W}, \quad Q' = 2100 \text{ var}, \quad S' = 2580 \text{ V} \cdot \text{A}$$

$$\cos\varphi' = \frac{P'}{S'} = \frac{1500}{2580} = 0.58$$

【例 5.6】 线电压为 380 V 的三相电源上,接有 2 组对称三相负载,一组是三角形连接电感性负载,每相阻抗 $Z_\triangle = 36.3\angle 36.9° \Omega$,另一组是星形连接的电阻性负载,每相的阻抗为 $Z_Y = 10 \Omega$,如图 5 - 25 所示。试求:

(1) 各组负载的相电流;

(2) 电路的线电流;

(3) 三相电路的总有功功率。

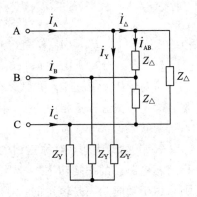

图 5 - 25 例 5.6 图

解 设线电压 $\dot{U}_{AB} = 380\angle 0° \text{V}$,则相电压 $\dot{U}_A = 220\angle(-30°) \text{V}$

(1) 由于三相负载对称,因此计算一相即可,其他两相可由对称性得到。

对于 Y 形连接的负载,其线电流等于相电流,所以有

$$\dot{I}_{AY} = \frac{\dot{U}_A}{Z_Y} = \frac{220\angle(-30°)}{10} \text{ A} = 22\angle(-30°) \text{ A}$$

对于三角形连接的负载,其相电流为

$$\dot{I}_{AB\triangle} = \frac{\dot{U}_{AB}}{Z_\triangle} = \frac{380\angle 0°}{36.3\angle 36.9°} \text{ A} = 10.47\angle(-36.9°) \text{ A}$$

(2) 三角形连接的电感性负载的线电流,可由对称三相负载在三角形连接时线电流与相电流的关系得到,即

$$\dot{I}_{A\triangle} = \sqrt{3}\,\dot{I}_{AB\triangle}\angle(-30°)\text{A} = \sqrt{3} \times 10.47\angle -36.9°\angle(-30°)\text{A} = 18.13\angle(-66.9°)\text{A}$$

由于 $\dot{I}_{AY}$ 与 $\dot{I}_{A\triangle}$ 相位不同,因此不能直接相加得到线路电流,应用相量相加可得

$$\dot{I}_A = \dot{I}_{AY} + \dot{I}_{A\triangle} = [22\angle(-30°) + 18\angle(-36.9°)]A = 38\angle(-46.7°)A$$

电路线电流也是对称的，因此有

$$\dot{I}_B = 38\angle(-166.7°)A, \quad \dot{I}_C = 38\angle 73.3°A$$

（3）三相电路的有功功率为

$$P = P_Y + P_\triangle = \sqrt{3}U_1 I_{1Y} + \sqrt{3}U_1 I_{1\triangle}\cos\varphi_\triangle$$

$$= \sqrt{3} \times 380 \times 22 + \sqrt{3} \times 380 \times 18.13 \times \cos 36.9°W$$

$$= (14\,480 + 9546)W = 24\,026\ W \approx 24\ kW$$

5.4.2　三相电路功率的测量

　　功率测量通常是利用含有两个线圈的功率表在低于几百赫兹的频率下完成的。功率表又称为瓦特计，其中非常粗而电阻非常小的线圈称为电流线圈，它被设计为固定的；另一个线圈由细线绕成，匝数非常多而电阻相对大一些，该线圈称为电势线圈或电压线圈，它被设计为可转动的，其流过的电流正比于负载两端的电压。扭矩应用在转动系统上，指针和流过两个线圈的瞬时电流的乘积成正比。但是，转动系统的惯性导致指针的偏转量与扭矩的平均值成正比。

　　单相功率表具有两个线圈，一个为电流线圈，另一个为电压线圈，所以共有 4 个引线端，即两个电流端，两个电压端。瓦特计接入方法如图 5-26 所示，图中"cc"表示电流线圈，"pc"表示电压线圈。插入的电流线圈与负载的两根导线之一串联，而电压线圈连接在两根导线之间，通常位于电流线圈的"负载边"。电压线圈用箭头表示。每一个线圈都有两个端子，每个线圈都有一个"＋"的端子。如果正的电流流入电流线圈的"＋"端，电压线圈的"＋"端相对于未标注的那端是正的，那么指针往高刻度的方向旋转。

　　在测量电路吸收的有功功率时，要把单相功率表的电流线圈与待测量有功功率的电路串联连接，把电压线圈与待测量有功功率的电路并联连接，无论是串联连接还是并联连接，电压线圈与电流线圈之间总有一个是公共端，通常在功率表（powermeter）上用"＊"表示，这两个端子在功率表连入电路时必须用短路线连接起来。

　　对于三相四线制连接的三相电路，一般可用 3 只单相功率表进行测量，这种测量方法称为三表法（three-powermeter method），如图 5-27 所示。以 A 相为例，功率表的电流线圈流过的是 A 相的电流 $\dot{I}_A$，电压线圈测量的电压是 A 相的相电压 $\dot{U}_{AN}$，此时功率表指示的数值是 A 相负载所吸收的有功功率 P_A。

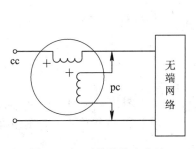

图 5-26　瓦特计接入方法

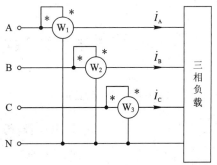

图 5-27　三表法测功率

如果用 W_1、W_2、W_3 分别测量 A、B、C 三相的有功功率 P_A、P_B、P_C，则三相负载吸收的总有功功率 $P = P_A + P_B + P_C$。

此方法只要求是三相四线制三相电路，对于负载对称与负载不对称三相电路均有效。当负载为对称三相负载时，由于各相功率相同，则只需要一只功率表测出任一相的有功功率，再乘以 3 即可得到三相电路的总有功功率。这种方法称为一表法(single-powermeter method)。

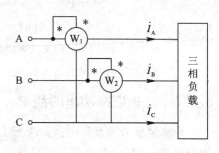

上述测量方法不适宜测量三相三线制电路的有功功率，对于三相三线制电路，不论负载对称与否都可以只使用两个功率表的方法测量出总的三相有功功率，此方法称为二瓦计法（two-powermeter method）。两个功率表的连接方式如图 5-28 所示，使线电流从 * 端分别流入两个功率表的电流线圈（图示为 $\dot{I}_A$，$\dot{I}_B$），它们的电压线圈的非 * 端共同接到非电流线圈所在的第 3 条端线上（图示为 C 端线）。

图 5-28　二瓦计法测功率

图 5-28 中，两个功率表读数的代数和为三相三线制中右侧电路吸收的有功功率（证明可参考其他资料）。一般来讲，在用二瓦计法测量三相电路的总有功功率时，单独一个功率表的读数是没有任何意义的。

利用二瓦计法测量三相三线制三相电路的有功功率的另外两种功率表的连接方法如图 5-29(a)、(b)所示。

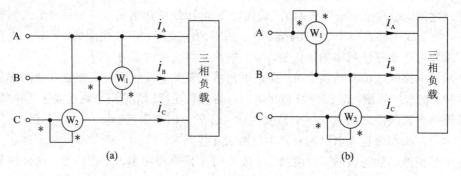

图 5-29　二瓦计法

不对称的三相四线制不能利用二瓦计法测量三相功率，这是因为在一般情况下，$\dot{I}_A + \dot{I}_B + \dot{I}_C \neq 0$。

5.5　知识拓展与实际应用

5.5.1　三相电路的相序测量

三相电源的相序对于某些用电设备有直接的影响。例如，调换电源的相序就会改变三相异步电动机的转向，所以在这种三相电路中相序的测定就变得非常重要。下面介绍一种测定三相电源相序的实例。

测定三相电源相序的电路实质是一个不对称三相电路，如图 5-29 所示，在这个星形连接的不对称三相电路中，不接入中性线，其中 A 相接入一个电容，B 相和 C 相分别接入同样功率的两个白炽灯。设 $C=1\ \mu\text{F}$，二只白炽灯的参数都是 220 V/40 W，电源线电压为 380 V，频率为 50 Hz，则各相导纳为

$$Y_A = \text{j}\omega C = \text{j}2\pi fC = (\text{j}2\times3.14\times50\times10^{-6})\text{S} = 3.14\times10^{-4}\text{S}$$

$$Y_B = Y_C = \frac{1}{R} = \frac{1}{U^2/P} = \frac{40}{220^2}\text{S} = 8.26\times10^{-4}\text{S}$$

令 $\dot{U}_A = 220\angle0°\text{V}$，则电源中性点与负载中性点之间的电压为

$$\dot{U}_{N'N} = \frac{\dot{U}_A Y_A + \dot{U}_B Y_B + \dot{U}_C Y_C}{Y_A + Y_B + Y_C} = \frac{220\text{j}\omega C + \dfrac{1}{R}[220\angle(-120°) + 220\angle120°]}{\text{j}\omega C + \dfrac{2}{R}}$$

$$= \frac{220\text{j}\omega C - \dfrac{1}{R}}{\text{j}\omega C + \dfrac{2}{R}} = \frac{220\times(\text{j}3.14 - 8.26)\times10^{-4}}{(\text{j}3.14 + 2\times8.26)10^{-4}}\text{V} = 115.6\angle148.4°\text{V}$$

所以，B 相白炽灯上的电压为

$$\dot{U}_{BN'} = \dot{U}_{BN} - \dot{U}_{NN'} = [220\angle(-120°) - 115.6\angle148.4°]\text{V} = 251\angle(-93°)\text{V}$$

C 相白炽灯上的电压为

$$\dot{U}_{CN'} = \dot{U}_{CN} - \dot{U}_{NN'} = (220\angle120° - 115.6\angle148.4°)\text{V} = 130\angle95°\text{V}$$

由计算结果可知，B 相上的电压远高于 C 相上的电压，因此白炽灯暗的一相为 C 相，它滞后白炽灯亮的 B 相，又滞后接电容的 A 相。

5.5.2 移相器电路

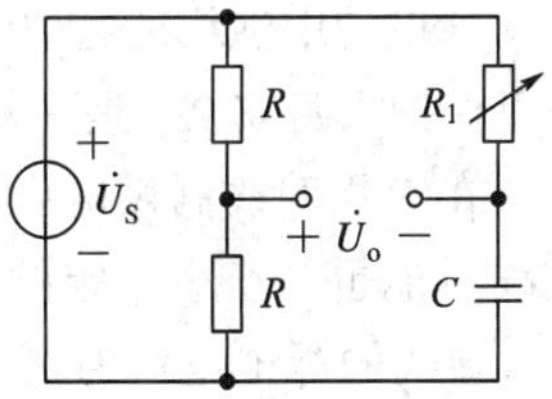

移相器在电路测试、控制系统中应用广泛。图 5 - 30 所示为一种移相器的电路，其输出的相位在 $0\sim180°$ 之间可调，而输出幅度保持不变。

利用分压公式和 KVL，有

$$\dot{U}_o = \frac{R_1}{R_1 + \dfrac{1}{\text{j}\omega C}}\dot{U}_S - \frac{R}{R+R}\dot{U}_S = \left(\frac{\text{j}\omega CR_1}{1+\text{j}\omega CR_1} - \frac{1}{2}\right)\dot{U}_S = \frac{-1+\text{j}\omega CR_1}{2(1+\text{j}\omega CR_1)}\dot{U}_S$$

$$\frac{\dot{U}_o}{\dot{U}_S} = \frac{-1+\text{j}\omega CR_1}{2(1+\text{j}\omega CR_1)} = \frac{1}{2}\angle(180° - 2\arctan\omega CR_1)$$

由上式可见，此移相电路的幅频特性为 $1/2$。当 R 由 0 变化至 ∞ 时，相位从 $180°$ 变化至 $0°$，它是一个超前移相电路。

图 5 - 31 所示是一种实用的移相电路。列出其结点 a 的结点方程，利用运放的虚断特性，有

$$\frac{\dot{U}_a - \dot{U}_S}{R_1} + \frac{\dot{U}_a - \dot{U}_o}{R_1} = 0$$

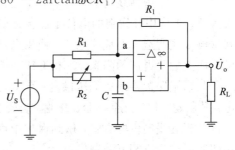

图 5 - 30 移相器电路

图 5 - 31 实用相移电路

整理得

$$2\dot{U}_a - \dot{U}_o = \dot{U}_S \tag{5-26}$$

利用虚断得 b 点结点方程

$$\frac{\dot{U}_b - \dot{U}_S}{R_2} + \frac{\dot{U}_B}{\dfrac{1}{j\omega C}} = 0$$

整理可得

$$\dot{U}_b = \frac{1}{1 + j\omega CR_2}\dot{U}_S \tag{5-27}$$

由理想运算放大器的虚短知 $\dot{U}_a = \dot{U}_b$，将式(5-27)代入式(5-26)得

$$\dot{U}_o = 2\dot{U}_a - \dot{U}_S = \frac{2}{1 + j\omega CR_2}\dot{U}_S - \dot{U}_S = \frac{1 - j\omega CR_2}{1 + j\omega CR_2}\dot{U}_S = 1\angle(-2\arctan\omega CR_2)\dot{U}_S$$

由上式可见，此移相电路的幅频特性为 1；当 R_2 从 0 变到 ∞ 时，相位在 $(0, -180°)$ 之间变化。它是一个滞后移相电路。

5.5.3　三相系统的配电方式

在三相供电系统中，高压输电网采用三相三线制，而低压输电方式则采用三相四线制，即用三根相线（俗称火线）和一根中性线（俗称零线）供电，中性线由变压器中性点引出并接地，电压为 380 V/220 V。取任意一根相线与中性线构成 220 V 供电线路供一般家庭用，3 根相线间两两之间的电压为 380 V，一般供工厂企业中的三相设备使用，如三相异步电动机等。

这里的中性线还起到保护作用，即它把电气设备的金属外壳和电网的中性线可靠连接，可以保护人身安全，是一种用电安全措施，此时的中性线又称为保护中性线（保护接零）。

在三相四线制供电中，当三相负载不平衡或低压电网的中性线过长且阻抗过大时，中性线对地也会产生一定的对地电压；另外，由于环境恶化、老化、受潮等因素会导致导线漏电，导线的漏电电流通过中性线形成闭合回路，致使中性线也带一定的电压，这对安全运行十分不利。在中性线断开的特殊情况下，断开中性线以后的单相用电设备和所有保护接零的设备会产生漏电压，这是不允许的。在工程实际中采用三相五线制电路解决这个问题。

三相五线制电路比三相四线制电路多出 1 根地线，其中多出的 1 根地线作为保护接地线，与三相四线制电路相比较，它将工作中性线 N 与保护地线 PE 分开，中性线和地线的根本差别在于中性线构成工作回路，地线起保护作用（叫作保护接地），前者回电网，后者回大地。工作中性线上的电位不能传递到用电设备的外壳上，这样就有效隔离了三相四线制供电方式所造成的危险电压，使用电设备外壳上的电位始终处在"地"电位，从而消除了设备产生危险电压的隐患。三相五线制电路的具体接线如图 5-32 所示。

凡采用保护接地的低压供电系统，均是三相五线制供电的应用范围。国家有关部门规定：凡新建、扩建、企事业、商业、居民住宅、智能建筑、基建施工现场及临时线路，一律实行三相五线制供电方式，做到保护中性线和工作中性线单独接线，现有企业应逐步将三相四线制改为三相五线制供电。

在三相五线制系统中，单相负载相当于单相三线制，即 1 根相线、1 根工作中性线和 1

根保护接地线。规范的单相三线制插座如图 5-33 所示，可形象地记作"左零右火地中间"。

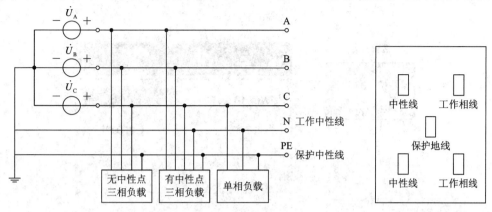

图 5-32　三相五线制电路的具体接线　　　　图 5-33　规范的单相三线制插座

5.5.4　计算机辅助分析

在实际应用中，很多时候我们仅仅只需要得到各相负载的功率或者三相电源的总功率和功率因数，如果仍然按照定义去计算整个系统的各个电路变量，再计算功率和功率因数，则计算过程将显得十分烦琐。这时，我们可以利用 Multisim 仿真软件提供的功率表得到功率和功率因数的值，下面介绍如何通过仿真得到三相电路中各相负载或者电源的总功率及功率因数。

在 Multisim 元件库中的 source 类中，有△形连接和 Y 形连接两种三相电源，可以根据需要直接选取并设置，与其他电路元件一起可以构成任意形式的三相电路。两种三相电源的主要参数设置如图 5-34(a)、(b)所示。

从图 5-34 中可以看出，两种三相电源都有 4 个参数，其区别在于第 1 个参数。对于 Y 形连接，第 1 个参数表示线电压(有效值)；对于△形连接，第 1 个参数表示相电压(有效值)。其余 3 个参数都相同，其中第 2 个参数表示电源频率，第 3 个参数表示延迟时间，可以通过该参数来设置三相电源的初相位，第 4 个参数为衰减系数，一般不用。

Multisim 为用户提供了与实际仪表功率表相似的虚拟仪表，它包含两个线圈，4 个端子，其中一对端子用于测量流过被测支路的电流，另一对端子用于测量该支路的端电压，显示结果为该支路吸收的功率及功率因数，其测量方法与实际功率表完全一致。Multisim 中的功率表如图 5-35 所示。具体的仿真电路请参考后续章节的实验内容。

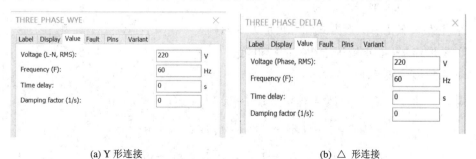

(a) Y 形连接　　　　　　　　　　(b) △ 形连接

图 5-34　三相电源的参数设置

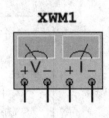

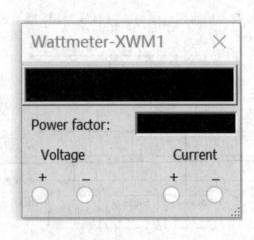

图 5-35 功率表

本 章 小 结

1. 三相电源及连接

1) 对称三相电路

对称三相电路即是由三相电源供电的正弦稳态电路，其中幅值相等、频率相同、相位互差 120°的 3 个电动势称之为对称三相电源。

2) 三相电源的连接

三相电源有星形和三角形两种连接形式。

（1）星形连接法：三相电动势末端相连（中性点），始端引出的接法，有

$$\begin{cases} \dot{U}_{AB} = \dot{U}_A - \dot{U}_B = \sqrt{3}\dot{U}_A \angle 30° \\ \dot{U}_{BC} = \dot{U}_B - \dot{U}_C = \sqrt{3}\dot{U}_B \angle 30° \\ \dot{U}_{CA} = \dot{U}_C - \dot{U}_A = \sqrt{3}\dot{U}_C \angle 30° \end{cases}$$

即 $U_l = \sqrt{3}U_p$，线电压对称且超前对应相电压 30°。

（2）三角形连接法：三相电动势首尾相连，始端引出的接法。线电压等于相电压。

3) 三相电路负载的连接

三相电路负载也有星形方式和三角形方式两种。

（1）星形连接：相电流等于相应的线电流。

（2）三角形连接，有

$$\begin{cases} \dot{I}_A = \dot{I}_{A'B'} - \dot{I}_{C'A'} = \sqrt{3}\dot{I}_{A'B'} \angle(-30°) \\ \dot{I}_B = \dot{I}_{B'C'} - \dot{I}_{A'B'} = \sqrt{3}\dot{I}_{B'C'} \angle(-30°) \\ \dot{I}_C = \dot{I}_{C'A'} - \dot{I}_{B'C'} = \sqrt{3}\dot{I}_{C'A'} \angle(-30°) \end{cases}$$

即 $I_l = \sqrt{3}I_p$，线电流滞后相应的相电流 30°。

2. 三相电路的分析

1) 对称三相电路的分析

对称三相电路仍是正弦稳态电路，其中可分为三相三线制和三相四线制电路。

2) 一般分析

三相电路仍是正弦稳态电路，可用任何一种方程法分析。

3) 对称三相电路的特点

(1) 对称星形负载。对称星形负载可以不用中线而成为三线制。

(2) 对称三角形负载。

(3) 对称三相负载的瞬时功率。

三相电动机是对称三相负载，对称三相负载的瞬时功率为常数，因此运转比较平稳。

(4) 中线的重要作用。中线可以保证各相供电独立，不会造成相互影响。

3. 三相电路的计算

1) 对称三相电路的计算

(1) 尽量将所有三相电源、负载都化为等值 Y-Y 连接电路。

(2) 连接各负载和电源中点(中线上阻抗可不计)，画出单相电路，求出一相的电压和电流。

(3) 根据对称性可求出其他两相的电压和电流。

2) 不对称三相电路的计算

一般采用三相四线制电路，利用正弦稳态电路分析方法进行逐相求解。

4. 三相电路的功率及其测量

1) 三相电路功率的计算

(1) 三相电路的总有功功率等于每一相的有功功率之和，即

$$P = P_A + P_B + P_C$$

(2) 总无功功率等于每一相的无功功率之和，即

$$Q = Q_A + Q_B + Q_C$$

(3) 三相负载吸收的复功率等于各相复功率之和，即

$$\bar{S} = \bar{S}_A + \bar{S}_B + \bar{S}_C$$

但是，三相电路的总视在功率不等于每一相视在功率之和。

(4) 三相电路的总视在功率为

$$S = \sqrt{P^2 + Q^2}$$

(5) 当负载对称时，有：

有功功率：

$$P = 3U_p I_p \cos\varphi = \sqrt{3} U_l I_l \cos\varphi$$

无功功率：

$$Q = 3U_p I_p \sin\varphi = \sqrt{3} U_l I_l \sin\varphi$$

视在功率：

$$S = \sqrt{P^2 + Q^2} = 3U_p I_p = \sqrt{3} U_l I_l$$

2）三相电路功率的测量

（1）一表法。

（2）三表法。

（3）二瓦计法。

5．知识拓展与实际应用

（1）三相电路的相序测量。

（2）移相器电路。

（3）三相系统的配电方式。

（4）计算机辅助分析。

6．知识关联图

第 5 章知识关联图

习　题

一、选择题

1．当三相交流发电机的 3 个绕组连接成星形时，若线电压 $u_{BC}=380\sqrt{2}\sin(\omega t-180°)$ V，则相电压 $u_C=($ 　　$)$ V。

第 5 章选择题和填空题参考答案

　　A．$220\sqrt{2}\sin(\omega t-30°)$　　　　　　B．$380\sqrt{2}\sin(\omega t-30°)$

　　C．$380\sqrt{2}\sin(\omega t+120°)$　　　　　D．$220\sqrt{2}\sin(\omega t+30°)$

2．当三相交流发电机的 3 个绕组连接成星形时，若线电压 $u_{BC}=380\sqrt{2}\sin(\omega t-180°)$V，则相电压 $u_C=($ 　　$)$。

　　A．$220\sqrt{2}\sin(\omega t-30°)$ V　　　　B．$380\sqrt{2}\sin(\omega t-30°)$ V

　　C．$380\sqrt{2}\sin(\omega t+120°)$ V　　　D．$220\sqrt{2}\sin(\omega t+30°)$ V

3．三相对称电路是指（　　）。

　　A．三相电源对称的电路　　　　　　B．三相电源和三相负载有一个对称的电路

　　C．三相电源和三相负载均对称的电路　D．三相负载对称的电路

4．三相四线制交流电路中中线的作用是（　　）。

　　A．保证三相负载对称　　　　　　　B．保证三相电压对称

　　C．保证三相电流对称　　　　　　　D．保证三相功率对称

5．若要求三相负载中各相互不影响，负载应接成（　　）。

A. 三角形
B. 星形有中线

C. 星形无中线
D. 三角形或星形有中线

6. 为保证三相电路正常工作，防止事故发生，三相四线电路中，不允许安装熔断器或开关的位置是（ ）。

A. 端线
B. 中线
C. 端点
D. 中点

7. 三相对称电源的线电压为 380 V，接 Y 型对称负载，没有接中性线。若某相突然断掉，其余两相负载的相电压为（ ）。

A. 380 V
B. 220 V
C. 190 V
D. 无法确定

8. 在三相四线制电路中，已知 $\dot{I}_A=10\angle20°A$，$\dot{I}_B=10\angle-100°A$，$\dot{I}_C=10\angle140°A$，则中线电流 $\dot{I}_N$ 为（ ）。

A. 10 A
B. 0 A
C. 30 A
D. 20 A

9. 相序为 A→B→C 的三相四线制电源，已知 $U_B=220\angle0°V$，则 $U_{CA}=$（ ）。

A. 220∠90°V
B. 220∠(−90°)V
C. 380∠90°V
D. 380∠(−90°)V

10. 在对称三相三线制电路中，有功功率 P、无功功率 Q 和视在功率 S 的关系是（ ）。

A. $S=P+Q$
B. $S^2=P^2+Q^2$

C. $S=P-Q$
D. $S=Q-P$

11. 在对称三相三线制电路中，有功功率为 1600 W，无功功率为 1200 var，则它的视在功率为（ ）。

A. 3000 V·A
B. 2000 V·A
C. 2800 V·A
D. 1000 V·A

12. 对称三相电源接星形对称负载，若线电压有效值为 380 V，三相视在功率为 6600 V·A，则相电流有效值为（ ）A。

A. 10
B. 20
C. 17.32
D. 30

13. 某三相四线制供电电路中，相电压为 220 V，则火线与火线之间的电压为（ ）V。

A. 220
B. 311
C. 380
D. 300

14. 某三相电源绕组连成 Y 形时线电压为 380 V，若将它改接成△形，线电压为（ ）V。

A. 380
B. 660
C. 220
D. 330

15. 在三相四线制供电系统中，中线上不准装开关和熔断器的原因是（ ）。

A. 中线上没有电流
B. 会降低中线的机械强度

C. 三相不对称负载承受三相不对称电压的作用，无法正常工作，严重时会烧毁负载

D. 中线电流很小

16. 如果 Y 形连接电路中 3 个相电压对称，线电压 $\dot{U}_{AB}$ 的相位比相电压 $\dot{U}_A$（ ）。

A. 滞后 15°
B. 滞后 30°
C. 超前 15°
D. 超前 30°

17. 对称 Y 形连接负载接于对称三相电源，不管有没有中线，两中性点电压都等于（ ）。

A. 相电压
B. 线电压
C. 零
D. 线电压与相电压之差

18. 对于不对称三相四线制电路，描述正确的是（ ）。

A. 负载相电压对称
B. 负载相电流对称

C. 中线上无电流
D. 负载不能正常工作

19. 三相电源星形连接时，线电流(   )相电流。

A. 大于   B. 等于   C. 小于   D. 不大于

20. 对称负载是指(   )。

A. 负载大小相等   B. 负载性质相同

C. 负载大小相等，阻抗角相等   D. 负载为纯感性负载

21. 对称三相电路采用归结为一相的计算方法时，最后应化简为(   )。

A. 星形-星形系统   B. 星形-三角形系统

C. 三角形-三角形系统   D. 任意系统

22. 对称三相电路由电阻组成，线电压为 100 V，线电流为 1 A，则三相总功率为(   )W。

A. 100   B. 300   C. 173   D. 300

23. 不对称三相电路中出现的电源侧与负载侧中性点不重合的现象称为(   )。

A. 电源位移   B. 负载位移   C. 中性点位移   D. 阻抗位移

24. 已知电压 $u = 3 + 4\cos\omega t$ V，则其有效值 $U = ($ $)$A。

A. 7   B. 25   C. 4.12   D. 7

二、填空题

1. 三相四线制系统是指有 3 根____线和 1 根____线组成的供电系统；其中相电压指____线与____线之间的电压；线电压指____线与____线之间的电压。

2. 三相对称电压是指每相电压幅值_____、角频率_____，彼此之间的相位差互为____的 3 个电压。

3. 负载作星形连接的对称三相四线制电路中，当其中一相负载因故开路，则其他两相____；当其中一相和中线均断开，其他两相_____。(填写能或不能正常工作)。

4. 每相 $R = 10\ \Omega$ 的三相电阻负载接至线电压为 220 V 的对称三相电压源上，当负载作星形连接时，总功率为_____；负载作三角形连接时，总功率为_____。

5. 将星形连接对称负载改成三角形连接，接至相同的对称三相电压源上，则负载相电流为星形连接相电流的_____倍；线电流为星形连接线电流的_____倍。

6. 一台三相电动机作三角形连接，每相阻抗 $Z = (30 + j40)\ \Omega$，接入线电压为 380 V 的三相电源，电动机线电流有效值为_____ A、三相功率为_____ W。

7. 每相 $R = 10\ \Omega$ 的电阻作星形连接，接至线电压为 380 V 的对称三相电压源，相电流有效值为_____，三相功率为_____，功率因数为_____。

8. 有一个三相对称负载，每相的电阻 $R = 8\ \Omega$，感抗 $X_L = 6\ \Omega$。如果负载连成星形，接到 $U_L = 380$ V 的三相电源上，则负载的相电流为_____ A，线电流为_____ A，有功功率为_____ kW。

9. 三相三线制电路中，测量三相有功功率通常采用_____法。

10. RL 与 C 并联的电路发生谐振时，电路的输入阻抗 $Z =$_____ Ω，电路的功率因数 $\lambda =$_____，电源输出的无功功率 $Q =$_____。

11. 如图 5-36 所示的对称三相电路中，相电位为 200 V，$Z = (100\sqrt{3} + j100)\ \Omega$，功

率表 W_2 的读数_____W。

12. 三相对称三线制电路的线电压为 380 V，功率表接线如图 5-37 所示，三相电路各负载 $Z=R=22\ \Omega$。此时 $\dot{U}_{AC}$ 为_____V，功率表读数为_____W。

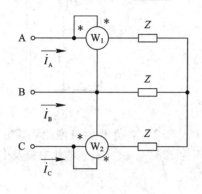
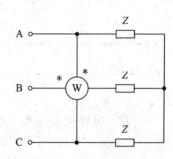

图 5-36 图 5-37

13. 在对称三相电路中，已知每相负载电阻 $R=60\ \Omega$，与感抗 $X_L=80\ \Omega$ 串联而成，且三相负载是星形连接，电源的线电压 $u_{AB}=380\sqrt{2}\sin(314t+30°)$，则 B 相负载的线电流为_____A。

14. 在如图 5-38 所示的对称三相电路中，若线电压为 380 V，$Z_1=(110-j110)\ \Omega$，$Z_2=(330+j330)\Omega$，则 $\dot{I}_A$ 为_____A，$\dot{I}$ 为_____A。

15. 非线性电阻元件的性质一般用_____来表示。

16. 非线性电阻电路曲线相加法是以_____、_____为依据。

17. 电压 $u=[50+20\sqrt{2}\sin(\omega t+30°)-14.14\sin(3\omega t+30°)]$ 的有效值 $U=$_____V。

18. 如图 5-39 所示的电路中，$i_S=(2+\sqrt{2}\sin 1000t)$A，$R=1\ \Omega$，$L=40$ mH，$C=25\ \mu$F，则电流有效值 $I_S=$_____A，电压 $U=$_____V。

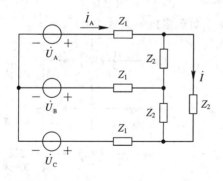
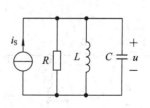

图 5-38 图 5-39

三、分析计算题

1. 电源对称 Y 形连接、负载不对称的三相电路如图 5-40 所示，$Z_1=(150+j75)\ \Omega$，$Z_2=75\ \Omega$，$Z_3=(45+j45)\ \Omega$，电源相电压为 220 V，求流过负载的电流 $\dot{I}_1$ 和电源线电流 $\dot{I}_A$。

第 5 章分析计算题参考答案

2. 已知图 5-41 中 $Z = 38\angle{-30°}\,\Omega$，线电压 $\dot{U}_{BC} = 380\angle{-90°}\,V$，求线电流 $\dot{I}_A$。

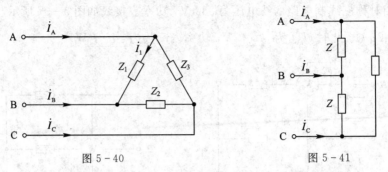

图 5-40　　　　　　　　　图 5-41

3. 在图 5-42 中，电源电压对称，相电压 $U = 220\,V$，负载为灯泡组，其电阻分别为 $Z_A = 5\,\Omega$，$Z_B = 10\,\Omega$，$Z_C = 15\,\Omega$，灯泡的额定电压为 220 V。试求负载的相电流及中线电流。

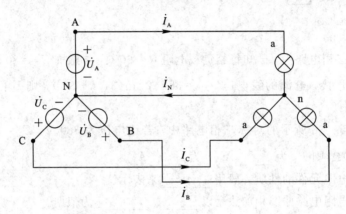

图 5-42

4. 如图 5-43 所示对称三相电路，负载阻抗 $Z_L = (150 + j150)\,\Omega$，传输线参数 $X_1 = 2\,\Omega$，$R_1 = 2\,\Omega$，负载线电压为 380 V，求电源端线电压。

5. 如图 5-44 所示三相对称电路，相序为 A→B→C，线电压 $U_1 = 380\,V$，测得两瓦特表的读数分别为 $P_1 = 0\,W$，$P_2 = 1.65\,kW$。求负载阻抗的参数 R 和 X。

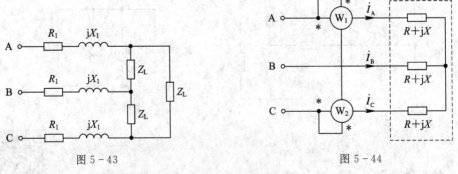

图 5-43　　　　　　　　　图 5-44

6. 对称三相电路如图 5-45 所示，相电压有效值为 220 V，连接了一个对称三相负载，负载线电流为 10 A，功率因数为 0.6(滞后)，需并联无功功率为多少的对称容性负载才能使功率因数为 1?

7. 如图 5-46 所示的对称三相电路中，$U_{A'B'} = 380\,V$，三相电动机吸收的功率为

1.4 kW，其功率因数 $\lambda = 0.866$(滞后)，$Z_1 = -j55\ \Omega$。求 U_{AB} 和电压源端的功率因数 λ'。

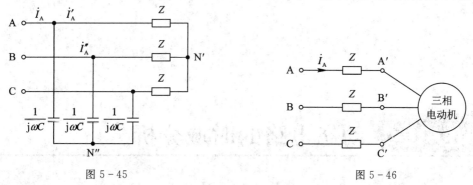

图 5 - 45   图 5 - 46

8. 如图 5 - 47 所示的对称 Y-△三相电路中，$U_{AB} = 380$ V，图中功率表的读数 W_1 为 782，W_2 为 1976.44。求：

(1) 负载吸收的复功率 $\bar{S}$ 和阻抗 Z；

(2) 开关 S 打开后，功率表的读数。

9. 如图 5 - 48 所示的电路中，电源为对称三相电源。

(1) L、C 满足什么条件时线电流对称？

(2) 当 $R = \infty$(开路)时，求线电流。

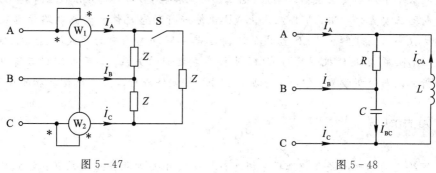

图 5 - 47   图 5 - 48

10. 如图 5 - 49 所示，已知 $i_S = 4 + 3\cos 10t$ A，$C = 0.1$ F，$L = 0.4$ H，$R = 4\ \Omega$。求 u。

11. 电路如图 5 - 50 所示，其中，$u_S(t) = \left[50 + \sqrt{2} \times 100\cos(10^3 t) + \sqrt{2} \times 10\cos(2 \times 10^3 t) \right]$ V。$L = 40$ mH，$C = 25\ \mu$F，$R = 50\ \Omega$。求：

(1) 电流 $i(t)$ 及其有效值 I；

(2) 电压源发出的有功功率 P。

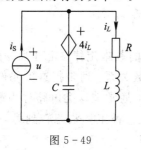
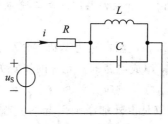

图 5 - 49   图 5 - 50

第6章　动态电路的时域分析

学习内容

　　建立并深刻理解电路的瞬态和稳态，电路的换路，电路的零输入响应、零状态响应和全响应等概念；深刻理解动态电路元件（电容和电感元件）的特性，学习并掌握 RC 和 RL 电路在直流激励下电路发生换路时响应（电压、电流和能量）的分析方法，理解其响应规律，掌握一阶电路三要素分析法；掌握应用 EWB 软件进行动态元件和动态电路仿真及响应规律测试的方法；深刻理解由 RLC 组成的二阶电路不同动态响应的形式（欠阻尼、过阻尼、临界阻尼、无阻尼）、物理机制及与 RLC 元件参数之间的关系；学习并掌握二阶电路动态响应的分析方法与分析步骤；学习并掌握应用 EWB 软件进行二阶电路仿真和测试的方法。

学习目的

　　能根据给定的电路问题合理选择分析方法，列写相关方程并正确求解；能正确绘制电路分析过程中不同电路状态下的电路图；能对实际电路中的动态响应现象进行分析和解释；能根据指标要求设计简单的动态电路和测试方案并进行指标测试；能利用 EWB 软件熟练地对一阶电路进行仿真和测试；能根据给定的二阶电路列写电路方程，对电路方程进行正确求解，并根据解的结果，确定电路动态响应的形式；能参照二阶电路动态分析方法，对二阶以上电路进行分析计算；能根据不同响应的形式要求，设计二阶电路并确定电路参数；能利用 Multisim 软件熟练地对二阶电路进行仿真和测试。

　　本书前 3 章以电阻电路为基础，介绍了电路分析的基本定律、定理和一般分析方法。在电阻电路中，组成电路的各元件的伏安关系均为代数关系。通常把这类元件称为静态元件。描述电路激励与响应关系的数学方程为代数方程，通常把这类电路称为静态电路。静态电路的响应仅是由外加激励引起的。当电阻电路从一种工作状态转到另一种工作状态时，电路中的响应也将立即从一种状态转到另一种状态。

　　事实上，大量实际电路并不能只用电阻元件和电源元件来构成模型。电路中的电磁现象不可避免地要包含电感元件和电容元件。电容和电感元件的端口电压和电流关系要用到微分方程来描述，故称这两种元件为动态元件(dynamic element)。含有动态元件的电路称为动态电路(dynamic circuit)。在动态电路中，激励与响应关系的数学方程是微分方程，在线性时不变条件下为线性常系数微分方程。动态电路的响应和激励的全部过程有关，这与电阻电路完全不同，特别是直流或正弦交流激励的动态电路中发生开关切换时，往往不能立即进入激励所要求的工作状态，即直流稳态或交流稳态。进入稳态之前的工作状态称为瞬态或过渡过程。

　　本章的重点是学习一阶动态电路及其电路方程的经典方法、一阶电路(first order circuit)的三要素求解方法和二阶电路(second order cireuit)的分析法。

6.1　动态电路的过渡过程

6.1.1　过渡过程的产生

　　在实际应用中，所有电路在一定条件下都有一定的稳定状态。当条件改变时，就要过渡到新的稳定状态。例如，电炉接通电源后就会发热，温度逐渐上升，最后达到稳定值。当切断电源后，电路的温度逐渐下降，最后回到环境温度。由此可见，当动态电路的工作状态突然发生变化时，电路原有的工作状态需要经过一个过程逐步到达另一个新的稳定的工作状态，这个过程称为电路的暂态过程，在工程上也称为过渡过程。暂态分析也称为动态电路分析，是指电路从原有工作状态到电路结构或参数突然变化后新的工作状态全过程的研究。

　　过渡过程时间短暂，只有几秒、几微秒或者几纳秒，但在很多实际电路中会产生重要的影响。例如，利用电容器的充放电过渡过程来实现积分、微分电路等。而在电力系统中，过渡过程引起的过电压或者过电流，可能会造成电气设备损坏甚至导致整个系统崩溃。

　　在直流电阻电路中，因为电源均为常数，电阻又是即时元件，所以在任何时刻，当激励作用于电路时其响应在瞬间就建立起来了。但是由于动态元件是储能元件，具有连续性和记忆性，其 VCR 是对时间变量 t 的微分和积分关系，响应与电源接入的方式以及电路的历史状况都有关，因此这类电路中往往有开关元件，并需要注意开关的动作时刻。在电路理论中，把电路的接通、断开、电路结构或状态发生变化、元件和电路参数变化等都称为换路(switching)。由于储能元件 L、C 在换路时能量发生变化，而能量的存储和释放需要一定的时间来完成，因此动态电路的特点是：当电路状态发生改变(换路)时需要经历一个变化过程才能达到新的稳定状态。

　　分析动态电路时，其方法与分析电阻电路类似，仍是利用基尔霍夫电压电流定律(KCL 和 KVL)以及电容和电感的微分或积分的基本特性关系式(VCR)列写电路方程。典型的一阶动态电路可由图 6 - 1 和图 6 - 2 来表示，下面以图 6 - 1 所示的 RC 电路为例说明动态电路的过渡过程。

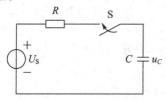
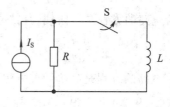

图 6 - 1　一阶 RC 电路　　　　　　图 6 - 2　一阶 RL 电路

从图 6-1 和图 6-2 中可以看出，与以前我们所熟悉的直流电阻电路不同的是，动态电路中增加了 C 和 L 元件，我们要研究的是动态电路在开关动作后电路变量的变化规律。

6.1.2 微分方程的建立

在图 6-1 所示的 RC 串联电路中，根据 KVL 列出电路的回路方程：

$$u_R(t) + u_C(t) = U_S \quad (t \geqslant 0)$$

由元件的 VCR 可知

$$u_R(t) = Ri(t)$$

$$i(t) = C\frac{\mathrm{d}u_C(t)}{\mathrm{d}t}$$

则得

$$\frac{\mathrm{d}u_C(t)}{\mathrm{d}t} + \frac{1}{RC}u_C(t) = \frac{1}{RC}U_S \quad (t \geqslant 0) \qquad (6-1)$$

在图 6-2 所示的 RL 并联电路中，根据 KCL 列结点方程：

$$i_R(t) + i_L(t) = I_S \quad (t \geqslant 0)$$

由元件 VCR 可知

$$i_R(t) = \frac{u_L(t)}{R}$$

$$u_L(t) = L\frac{\mathrm{d}i_L(t)}{\mathrm{d}t}$$

则得

$$\frac{L}{R}\frac{\mathrm{d}i_L(t)}{\mathrm{d}t} + i_L(t) = I_S \quad (t \geqslant 0)$$

$$\frac{\mathrm{d}i_L(t)}{\mathrm{d}t} + \frac{R}{L}i_L(t) = \frac{R}{L}I_S \quad (t \geqslant 0) \qquad (6-2)$$

式(6-1)和式(6-2)就是分别描述一阶 RC 电路和一阶 RL 电路的数学模型，它们是线性常系数微分方程。

观察式(6-1)和式(6-2)可得出以下结论：

(1) 描述动态电路的电路方程为微分方程。

(2) 动态电路方程的阶数等于电路中动态元件的个数。一般而言，若电路中含有 n 个独立的动态元件，那么描述该电路的微分方程是 n 阶的，称为 n 阶电路。

(3) 描述动态电路的微分方程的一般形式如下。

描述一阶电路的方程是一阶线性微分方程：

$$a\frac{\mathrm{d}x}{\mathrm{d}t} + a_0 i_L(t) = \mathrm{e}(t) \quad (t \geqslant 0)$$

描述二阶电路的方程是二阶线性微分方程：

$$a_2\frac{\mathrm{d}^2 x}{\mathrm{d}t} + a_1\frac{\mathrm{d}x}{\mathrm{d}t} + a_0 i_L(t) = \mathrm{e}(t) \quad (t \geqslant 0)$$

描述高阶电路的方程是高阶微分方程：

$$a_n\frac{\mathrm{d}^n x}{\mathrm{d}t} + a_{n-1}\frac{\mathrm{d}^{n-1} x}{\mathrm{d}t} + \cdots + a_1\frac{\mathrm{d}x}{\mathrm{d}t} + a_0 i_L(t) = \mathrm{e}(t) \quad (t \geqslant 0)$$

方程中的系数与动态电路的结构和元件参数有关。根据高等数学知识可知,求解线性常系数微分方程必须知道方程的初始值,也就是初始条件。由于电路中常以电容电压或电感电流作为变量,因此,相应的微分方程的初始条件为电容电压或电感电流的初始值。

6.1.3 电路初始值的确定

为方便分析,通常将换路时刻记为 $t=0$,我们要研究的是 $t \geqslant 0$ 以后的变化情况。把换路前的一瞬间记为 0_-,把换路后的一瞬间记为 0_+,初始条件为 $t=0_+$ 时 u、i 及其各阶导数的值。

由电容和电感的 VCR 可知,在电容电流和电感电压为有限值的情况下,当电路发生换路时,电容电压和电感电流不能发生跃变,它们在 $t=0$ 处连续,即

$$\begin{cases} u_C(0_+) = u_C(0_-) \\ i_L(0_+) = i_L(0_-) \end{cases} \tag{6-3}$$

对应于:

$$\begin{cases} q(0_+) = q(0_-) \\ \Psi(0_+) = \Psi(0_-) \end{cases}$$

式(6-3)常称为换路定律,它说明:

(1)换路瞬间,若电容电流保持为有限值,则电容电压(电荷)在换路前后保持不变。这是电荷守恒的体现。

(2)换路瞬间,若电感电压保持为有限值,则电感电流(磁链)在换路前后保持不变。这是磁链守恒的体现。

需要注意的是:

(1)电容电流和电感电压为有限值是换路定律成立的条件。

(2)换路定律反映了能量不能跃变的事实。

(3)除了电容电压和电感电流以外,电路中其他各处电流电压在换路前后是可以发生跃变的,因此两类变量的初始值的计算方法也不相同。

根据换路定律可以由电路的 $u_C(0_-)$ 和 $i_L(0_-)$ 分别确定 $u_C(0_+)$ 和 $i_L(0_+)$ 的值,电路中其他电流和电压在 $t=0_+$ 时刻的值可以通过 0_+ 时刻的等效电路求得。

求动态电路初始值的具体步骤如下:

(1)在换路前,由于电路已处于稳态,当直流电源作用时,电路中的电压电流恒定不变,电容电压为常数,根据电容元件的 VCR,电容电压的变化率为零,其电流为零,因此电容相当于开路;电感中的电流为常数,根据电感元件的 VCR,电感电流的变化率为零,其电压为零,因此电感相当于短路。分别用开路代替电容和用短路线代替电感后即得到 $t=0_-$ 时刻的等效电路,这是一个直流电阻电路,由此可求出 $t=0_-$ 时刻电容电压和电感电流的初始状态 $u_C(0_-)$ 和 $i_L(0_-)$。

(2)根据换路定律,可得初始值 $u_C(0_+)$、$i_L(0_+)$。

(3)根据置换定理,在 $t=0_+$ 时刻,用值为 $u_C(0_+)$ 的电压源代替电容,用值为 $i_L(0_+)$ 的电流源代替电感,方向均与原电容电压、电感电流的参考方向相同,画出 $t=0_+$ 时刻的等效电路。

(4)由 0_+ 时刻的电路求出所需的各变量的初始值。

【例 6.1】 电路如图 6-3(a)所示，开关闭合前电路已处于稳态，当 $t=0$ 时开关闭合，求初始值 $u_C(0_+)$、$i_1(0_+)$、$i_2(0_+)$ 和 $i_C(0_+)$。

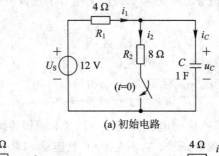

(a) 初始电路

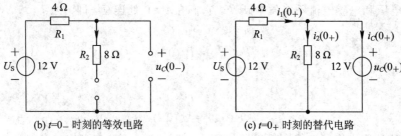

(b) $t=0_-$ 时刻的等效电路　　　　(c) $t=0_+$ 时刻的替代电路

图 6-3　例 6.1 图

解　此题所求的变量初始值中只有 $u_C(0_+)$ 满足换路定律，而其他变量 $i_1(0_+)$、$i_2(0_+)$ 和 $i_C(0_+)$ 不满足换路定律，故这两类变量要分别计算。

（1）求 $u_C(0_+)$。

由于开关闭合前电路已处于稳态，因此在直流电源作用下的电容相当于开路，可作 $t=0_-$ 时刻的等效电路，如图 6-3(b)所示。由图 6-3(b)可知 $u_C(0_-)=12$ V。

根据换路定律可得

$$u_C(0_+)=u_C(0_-)=12 \text{ V}$$

（2）求 $i_C(0_+)$、$i_1(0_+)$、$i_2(0_+)$。

作 $t=0_+$ 时刻的替代电路，此时电容已经有初始储能，这一部分能量将会影响到电路后续的工作，因此它的作用就相当于一个电源，故将电容用值为 12 V 的电压源替换，开关闭合，如图 6-3(c)所示。

由图 6-3(c)可知：

$$i_1(0_+)=\frac{U_S-u_C(0_+)}{R_1}=\frac{12-12}{4}\text{A}=0 \text{ A}$$

$$i_2(0_+)=\frac{u_C(0_+)}{R_2}=\frac{12}{8}\text{A}=\frac{3}{2}\text{A}$$

$$i_C(0_+)=i_1(0_+)-i_2(0_+)=-\frac{3}{2}\text{A}$$

可见，在换路前后，只有 $u_C(t)$ 保持连续，其他变量都发生了跃变。

【例 6.2】 电路如图 6-4(a)所示，$t=0$ 时刻开关由 1 扳到 2，当 $t<0$ 时电路已处于稳态，求 $u_C(0_+)$、$i_L(0_+)$、$i_2(0_+)$、$i_C(0_+)$。

解　(1) 求 $u_C(0_+)$、$i_L(0_+)$。

作 $t=0_-$ 时刻的等效电路。电路原已处于稳态，故电容相当于开路，电感相当于短路，得 $t=0_-$ 时刻的等效电路如图 6-4(b)所示。此时有

$$u_C(0_-)=\frac{R_2}{R_1+R_2}U_S=\frac{5}{1+5}\times24\ \text{V}=20\ \text{V}$$

$$i_L(0_-)=\frac{U_S}{R_1+R_2}=\frac{24}{1+5}\text{A}=4\ \text{A}$$

根据换路定律得

$$u_C(0_+)=u_C(0_-)=20\ \text{V}$$

$$i_L(0_+)=i_L(0_-)=4\ \text{A}$$

(2) 求 $i_2(0_+)$、$i_C(0_+)$。

电容用 20 V 电压源替换，电感用 4 A 电流源替换，作 $t=0_+$ 时刻的替代电路，如图 6-4(c)所示。

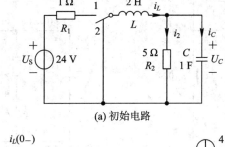

(a) 初始电路

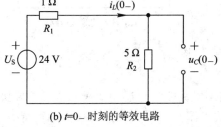

(b) $t=0_-$ 时刻的等效电路

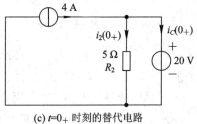

(c) $t=0_+$ 时刻的替代电路

图 6-4　例 6.2 图

由图 6-4(c)可知：

$$i_2(0_+)=\frac{u_C(0_+)}{R_2}=\frac{20}{5}\text{A}=4\ \text{A}$$

$$i_C(0_+)=i_L(0_+)-i_2(0_+)=(4-4)\ \text{A}=0\ \text{A}$$

【例 6.3】　电路如图 6-5(a)所示，$t=0$ 时刻开关由 1 扳到 2，当 $t<0$ 时电路已处于稳态，求初始值 $u_L(0_+)$、$i_1(0_+)$、$u_2(0_+)$、$i_C(0_+)$、$u_C'(0_+)$、$i_L'(0_+)$。

解　(1) 求 $u_C(0_+)$、$i_L(0_+)$。

作 $t=0_-$ 时的等效电路。由于换路前电路已处于稳态，因此可将电容看作开路，将电感看作短路，如图 6-5(b)所示。由图 6-5(b)可得

$$i_L(0_-)=\frac{6}{3+6}\times3\ \text{A}=2\ \text{A}$$

$$u_C(0_-)=3i_L(0_-)=6\ \text{V}$$

根据换路定律可得

$$u_C(0_+) = u_C(0_-) = 6 \text{ V}$$

$$i_L(0_+) = i_L(0_-) = 2 \text{ A}$$

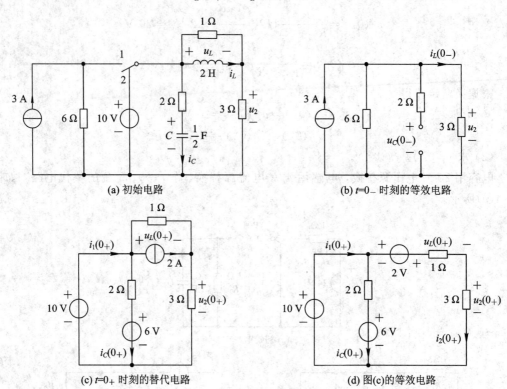

(a) 初始电路

(b) $t=0_-$ 时刻的等效电路

(c) $t=0_+$ 时刻的替代电路

(d) 图(c)的等效电路

图 6-5 例 6.3 图

（2）求 $u_L(0_+)$、$i_1(0_+)$、$u_2(0_+)$、$i_C(0_+)$。

作 $t=0_+$ 时刻的替代电路，电容用 6 V 的电压源替换，电感用 2 A 的电流源替换，开关扳到 2，如图 6-5(c)所示。再将图 6-5(c)等效为图 6-5(d)。由图 6-5(d)可得

$$i_C(0_+) = \frac{10-6}{2} \text{A} = 2 \text{ A}$$

$$i_2(0_+) = \frac{10+2}{1+3} \text{A} = 3 \text{ A}$$

$$i_1(0_+) = i_C(0_+) + i_2(0_+) = 5 \text{ A}$$

$$u_L(0_+) = -2 + 1 \times i_2(0_+) = 1 \text{ V}$$

$$u_2(0_+) = 3 i_2(0_+) = 9 \text{ V}$$

（3）求 $u'_C(0_+)$、$i'_L(0_+)$。

从图 6-5 中无法直接求出 $u'_C(0_+)$、$i'_L(0_+)$，但可以由 $u_L(0_+)$、$i_C(0_+)$ 结合电容电感的 VCR 求出。已知电容、电感元件的 VCR 为

$$i_C(t) = C \frac{\mathrm{d}u_C(t)}{\mathrm{d}t} = C u'_C(t)$$

$$u_L(t) = L \frac{\mathrm{d}i_L(t)}{\mathrm{d}t} = L i'_L(t)$$

可得

$$u'_C(t)=\frac{1}{C}i_C(t)$$

$$i'_L(t)=\frac{1}{L}u_L(t)$$

因此

$$u'_C(0_+)=\frac{1}{C}i_C(t)\bigg|_{t=0_+}=\frac{1}{C}i_C(0_+)=2\times2\ \text{V/s}=4\ \text{V/s}$$

$$i'_L(0_+)=\frac{1}{L}u_L(t)\bigg|_{t=0_+}=\frac{1}{L}u_L(0_+)=\frac{1}{2}\times1\ \text{A/s}=\frac{1}{2}\text{A/s}$$

在这道例题中，我们还学会了如何去计算变量的一阶导数的初始值，这种方法和结果将对后面的二阶电路的初始值的计算大有帮助。

需要强调的是，换路定律仅在电容电流和电感电压为有限值的情况下才成立。在某些理想情况下，电容电流和电感电压可以无限大，这时电容电压和电感电流将发生跃变，这就是所谓的强迫跃变的情况。在这种情况下，由 0_- 时刻的初始状态求 0_+ 时刻的初始值，需要用到电荷守恒或磁链守恒的内容去推导，在这里就不详细说明了，有兴趣的读者可参阅其他相关书籍。

6.1.4　稳态值的确定

电路中的稳态值是动态电路经历过渡过程后，达到新的稳定状态时所对应的电压、电流值，常用 $u(\infty)$、$i(\infty)$ 表示。稳态值的确定可以利用 $t=\infty$ 时刻的等效电路图，在直流激励的电路中，$t=\infty$ 时的电路处于直流状态，所以在等效电路中储能元件如果储能，则电容元件相当于开路，电感元件相当于短路，如果储能元件未储能，则电容元件相当于短路，电感元件相当于开路。

6.2　一阶电路分析

在电路理论中，网络的输出变量称为响应，能够产生响应的变量称为激励。就响应而言，它可以是由独立电源引起的，也可以是动态电路元件上的初始条件（电感上的初始电流和电容上的初始电压）引起的，或者由两者共同引起。

6.1 节已经讲过，分析一阶电路的基本方法就是建立一阶微分方程并求解。下面就通过列写电路方程并求解来了解一阶电路的工作特性以及影响这些特性的主要因素。

6.2.1　一阶微分方程及其解

图 6-6 给出了典型的一阶 RC 电路和一阶 RL 电路，我们将通过分析这两种电路来了解一阶电路的分析方法和工作特性。之所以选择这两种结构的电路来列方程，是因为这两种结构具有典型性，从动态元件的两端向外看去，则不论其结构如何复杂，都是一个有源二端网络，根据戴维南定理或诺顿定理，总可以等效成一个电压源串联电阻或一个电流源并联电阻的形式，如图 6-6 所示。若是有其他非最简结构形式的一阶电路，也同样能列出类似的微分方程。

下面我们将通过一个具体的例题来看一下如何列写动态电路方程。

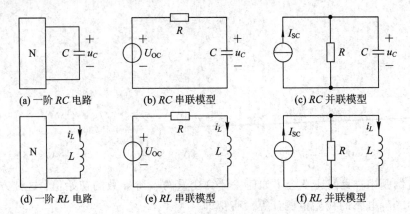

(a) 一阶 RC 电路   (b) RC 串联模型   (c) RC 并联模型

(d) 一阶 RL 电路   (e) RL 串联模型   (f) RL 并联模型

图 6-6   一阶电路的简化模型

【例 6.4】 电路如图 6-7 所示，列出以 $u_C(t)$ 为变量的微分方程。

解 以 $i_1(t)$ 和 $i_C(t)$ 为网孔电流，列出网孔方程：

$$\begin{cases} (R_1 + R_2)\,i_1(t) - R_2 i_C(t) = U_\mathrm{S} \\ -R_2 i_1(t) + (R_2 + R_3)\,i_C(t) + u_C(t) = 0 \end{cases} \quad (6-4)$$

根据电容的 VCR：

$$i_C(t) = C\,\frac{\mathrm{d}u_C(t)}{\mathrm{d}t}$$

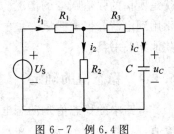

图 6-7   例 6.4 图

可得

$$\begin{cases} (R_1 + R_2)\,i_1(t) - R_2 C\,\dfrac{\mathrm{d}u_C(t)}{\mathrm{d}t} = U_\mathrm{S} \\ -R_2 i_1(t) + (R_2 + R_3)\,C\,\dfrac{\mathrm{d}u_C(t)}{\mathrm{d}t} + u_C(t) = 0 \end{cases} \quad (6-5)$$

由式(6-5)可得

$$i_1(t) = \frac{(R_2 + R_3)\,C}{R_2} \cdot \frac{\mathrm{d}u_C(t)}{\mathrm{d}t} + \frac{1}{R_2} u_C(t) \quad (6-6)$$

将式(6-6)代入式(6-4)并整理，可得

$$\left(R_3 + \frac{R_1 R_2}{R_1 + R_2}\right) C \cdot \frac{\mathrm{d}u_C(t)}{\mathrm{d}t} + u_C(t) = \frac{R_2}{R_1 + R_2} U_\mathrm{S} \quad (6-7)$$

这是以电容电压为变量的一阶常系数非齐次微分方程。

实际上，如果要以图 6-6(b)所示的结构来列方程，则可得到如下结果：

$$RC\,\frac{\mathrm{d}u_C(t)}{\mathrm{d}t} + u_C(t) = U_\mathrm{OC} \quad (6-8)$$

如果对图 6-6(f)列写方程可得（读者也可用对偶性得到）

$$\frac{L}{R}\,\frac{\mathrm{d}i_L(t)}{\mathrm{d}t} + i_L(t) = I_\mathrm{SC} \quad (6-9)$$

对比式(6-8)和式(6-9)就会发现，实际上两者从数学上讲是一样的。

通过上述分析，可以得到一阶电路方程的一般形式为

$$\frac{\mathrm{d}y(t)}{\mathrm{d}t} + ay(t) = f(t) \qquad (t \geqslant 0) \tag{6-10}$$

设变量的初始值为 $y(0_+) = K$。

1. 微分方程的解

由高等数学可知，非齐次线性常数系数微分方程的解由两部分组成，即

$$y(t) = y_{\mathrm{h}}(t) + y_{\mathrm{p}}(t) \tag{6-11}$$

式中，$y_{\mathrm{h}}(t)$ 是微分方程的齐次解，又称通解；$y_{\mathrm{p}}(t)$ 是微分方程的特解，它与激励有相同的函数形式。

2. 求齐次解

齐次解所对应的齐次微分方程为

$$\frac{\mathrm{d}y_{\mathrm{h}}(t)}{\mathrm{d}t} + ay_{\mathrm{h}}(t) = 0 \tag{6-12}$$

一阶微分方程的齐次解形式为

$$y_{\mathrm{h}}(t) = A\mathrm{e}^{\lambda t} \tag{6-13}$$

其中，λ 为特征根，由特征方程求出；A 为系数，稍后由初始条件求出。

特征方程为

$$\lambda + a = 0$$

特征根为

$$\lambda = -a$$

代入式(6-13)，得微分方程的齐次解为

$$y_{\mathrm{h}}(t) = A\mathrm{e}^{\lambda t} = A\mathrm{e}^{-at}$$

3. 求特解 $y_{\mathrm{p}}(t)$

特解具有与输入(激励)相同的函数形式，可设 $y_{\mathrm{p}}(t) = Bf(t)$，代入式(6-7)即可求出方程的特解。

4. 由初始条件确定系数 A

求出齐次解和特解后，可得微分方程的全解为

$$y(t) = y_{\mathrm{h}}(t) + y_{\mathrm{p}}(t) = A\mathrm{e}^{-at} + Bf(t) \tag{6-14}$$

将初始条件 $y(0_+) = K$ 代入式(6-11)有

$$y(0_+) = A\mathrm{e}^0 + Bf(0) = K$$
$$A = K - Bf(0)$$

所以

$$y(t) = [K - Bf(0)]\mathrm{e}^{-at} + Bf(t) \tag{6-15}$$

式(6-15)即为微分方程的全解。

需要说明一点，在高等数学理论中，求解微分方程需要的初始值是 $t = 0$ 时刻的值 $f(0)$，而在电路分析中，由于 $t = 0$ 时刻发生了换路，我们研究的对象往往是 $t \geqslant 0$ 以后的工作状态，而由于换路的发生，电路方程也往往在 $t \geqslant 0$ 以后才成立，因此在这里所用的初始值指的是换路后一瞬间 $t = 0_+$ 时刻的值 $f(0_+)$，这也是电路分析理论与高等数学不太一

致的地方。当然,从数值计算来讲,$f(0) = f(0_+)$。读者需要注意这两个时刻所蕴含的不同的物理意义。

【例 6.5】 求解微分方程 $i'(t) + 2i(t) = I_S (t \geqslant 0)$,已知初始条件为 $i(0) = 1$ A,$I_S = 1$ A。

解 (1) 求齐次解 $i_h(t)$。

由特征方程:

$$\lambda + 2 = 0$$

得特征根:

$$\lambda = -2$$

齐次解为

$$i_h(t) = A e^{-2t}$$

(2) 求特解 $i_p(t)$。

由于激励为直流,$I_S = 1$ A,因此设特解为常数,$i_p(t) = K$,代入方程:

$$\frac{dK}{dt} + 2K = 1 \Rightarrow K = \frac{1}{2}$$

故

$$i_p(t) = \frac{1}{2}$$

(3) 求全解 $i(t)$。

由齐次解和特解可得全解:

$$i(t) = i_h(t) + i_p(t) = A e^{-2t} + \frac{1}{2} \quad (t \geqslant 0)$$

将初始条件代入:

$$i(0) = A e^0 + \frac{1}{2} = 1 \Rightarrow A = \frac{1}{2}$$

所以

$$i(t) = \left(\frac{1}{2} e^{-2t} + \frac{1}{2} \right) \text{A} \quad (t \geqslant 0)$$

6.2.2 一阶电路的零输入响应

从能量守恒的角度来看,当动态电路发生换路后,能够引起电路中产生响应的因素有两个:一是外加激励,二是电路中动态元件的初始储能。若动态元件中含有初始储能,那么换路后即使没有了外加激励,电路中也会有响应电压和电流,这是因为动态元件中的储能通过电路释放而产生响应。这种没有外加激励,仅由电路初始储能引起的响应称为零输入响应(zero input response)。

1. RC 电路零输入响应

图 6-8 所示的一阶 RC 电路中,当 $t < 0$ 时,开关位于 1 的位置,且已处于稳态。此时电容电压 $u_C(t) = U_0$;当 $t = 0$ 时,开关由 1 扳到 2,根据换路定律,有 $u_C(0_+) = u_C(0_-) = U_0$;当 $t > 0$ 时,电容开始通过电阻 R 放电,形成放电电流 $i(t)$;随着时间的增加,电容的初始

储能逐渐耗尽，电容电压和电路中的电流逐渐减小，最终趋于零，响应结束。上述过程中，在 $t>0$ 以后由于电路中没有激励，仅仅由电容的初始储能引起的响应即为零输入响应。

由图 6-8 可以看出，当 $t>0$ 时，由 KVL 可得

$$u_C(t) - u_R(t) = 0$$

根据元件的 VCR 有

$$u_R(t) = Ri(t)$$

而

$$i(t) = -C \frac{\mathrm{d}u_C(t)}{\mathrm{d}t} \text{（非关联参考方向）}$$

故有

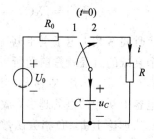

图 6-8　一阶 RC 电路的零输入响应

$$RC \frac{\mathrm{d}u_C(t)}{\mathrm{d}t} + u_C(t) = 0 \quad (t \geqslant 0)$$

上式为一阶线性常系数齐次微分方程。

其特征方程为

$$RC\lambda + 1 = 0$$

特征根为

$$\lambda = -\frac{1}{RC}$$

故该方程的齐次解为

$$u_C(t) = A\mathrm{e}^{\lambda t} = A\mathrm{e}^{-\frac{1}{RC}t} \quad (t \geqslant 0)$$

将初始条件代入得

$$u_C(0_+) = A\mathrm{e}^0 = U_0 \Rightarrow A = U_0$$

因此方程的解为

$$u_C(t) = U_0 \mathrm{e}^{-\frac{1}{RC}t} \quad (t \geqslant 0)$$

电路中的放电电流为

$$i(t) = \frac{u_C(t)}{R} = \frac{U_0}{R} \mathrm{e}^{-\frac{1}{RC}t} \quad (t \geqslant 0)$$

电容电压以及放电电流波形如图 6-9 所示。

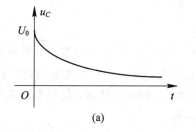

(a)

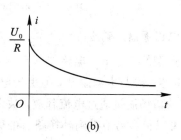

(b)

图 6-9　零输入响应的电压、电流变化曲线

由上述分析可以看出，电容电压和电流都是按照指数规律随时间衰减的，指数函数衰

减的快慢程度是由 $\dfrac{1}{RC}$ 决定的。

令 $\tau=RC$，称为时间常数(time constant)，τ 具有时间的量纲。

$$[\tau]=[RC]=[欧][法]=[欧]\left[\frac{库}{伏}\right]=[欧]\left[\frac{安 \cdot 秒}{伏}\right]=[s]$$

时间常数决定了电压电流的衰减快慢：τ 越大，衰减得越慢；τ 越小，则衰减得越快。这个衰减的过程就是前面所讲的过渡过程。从物理概念上可以这样理解：电压初始值一定，电容 C 一定，电阻 R 越大，则放电电流越小，放电过程越长；电阻 R 一定，电容 C 越大，则电容上初始的电荷越多，放电时间也就越长。

从理论上讲，负指数函数只有当 $t\to\infty$ 时才能衰减为零，但是实际上，电压 $u_C(t)$ 的衰减如下：

当 $t=\tau$ 时，$u_C(\tau)=U_0\mathrm{e}^{-1}=0.368U_0$；

当 $t=3\tau$ 时，$u_C(3\tau)=U_0\mathrm{e}^{-3}=0.0498U_0$；

当 $t=4\tau$ 时，$u_C(4\tau)=U_0\mathrm{e}^{-4}=0.0183U_0$；

当 $t=5\tau$ 时，$u_C(5\tau)=U_0\mathrm{e}^{-5}=0.00674U_0$。

此时电压已下降到初始值的 5% 以下，可以认为过渡过程结束，电路又进入一个新的稳态。一般来说，当 $t=3\tau\sim5\tau$ 时，电路响应已经非常接近 $t\to\infty$ 时的稳态值，一般的仪器仪表已经很难测量出两者之间的差异，这时即可认为过渡过程结束，电路进入稳态。

图 6-10 给出了不同时间常数下电容电压的变化波形，读者可自行加以比较。

可以认为，一阶 RC 电路的零输入响应是由电容的初始电压和时间常数所决定的一种按指数规律衰减的放电过程。

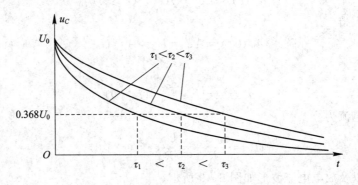

图 6-10　不同时间常数下 $u_C(t)$ 的波形

2. RL 电路零输入响应

另一种典型的一阶 RL 电路如图 6-11 所示。从图 6-11 中可以看出，当开关由 1 扳到 2 时，虽然电感已经与电源脱开，但由于电感电流不能跃变，仍要维持原来的方向，因此存储在电感中的磁场能量通过电流释放，被电阻所消耗，转化成热能，最后电流趋于零，过渡过程结束。可以很容易地得到其换路后的微分方程：

$$\frac{\mathrm{d}i_L(t)}{\mathrm{d}t}+\frac{R}{L}i_L(t)=0 \quad (t\geqslant0)$$

其初始条件为

$$i_L(0_+) = I_0$$

特征方程为

$$\lambda + \frac{R}{L} = 0$$

特征根为

$$\lambda = -\frac{R}{L}$$

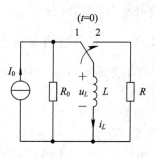

图 6-11　一阶 RL 电路的零输入响应

故其解为

$$i_L(t) = I_0 e^{-\frac{R}{L}t} \quad (t \geqslant 0)$$

电感电压为

$$u_L(t) = L\frac{di_L(t)}{dt} = -RI_0 e^{-\frac{R}{L}t} \quad (t \geqslant 0)$$

令 $\tau = \dfrac{L}{R}$，则

$$\begin{cases} i_L(t) = I_0 e^{-\frac{1}{\tau}t} \\ u_L(t) = -RI_0 e^{-\frac{1}{\tau}t} \end{cases} \quad (t \geqslant 0)$$

$\tau = \dfrac{L}{R}$ 是一阶 RL 电路的时间常数，也具有时间的量纲。R 为换路之后移去动态元件（L 或者 C），从端口处求取的单口网络等效电阻。

$$[\tau] = \left[\frac{L}{R}\right] = \left[\frac{亨}{欧}\right] = \left[\frac{韦}{安 \cdot 欧}\right] = \left[\frac{伏 \cdot 秒}{安 \cdot 欧}\right] = [s]$$

同样地，时间常数决定了电压电流的衰减快慢，从物理概念上可以这样理解：电流初始值一定，电感 L 一定，电阻 R 越小，则放电过程消耗的能量越小，放电过程越长；电阻 R 一定，电感 L 越大，则电感上初始的储能越多，放电时间也就越长。

图 6-12 给出了电感电流和电压的变化曲线。

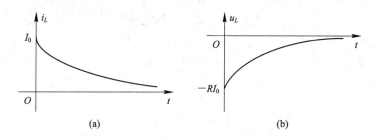

(a)　　　　　　　　　　　　(b)

图 6-12　零输入响应的电压、电流变化曲线

由以上分析可知，零输入响应是外部输入为零时由非零初始状态产生的，它取决于电路的初始状态和电路结构。一般来说，零输入响应都是随着时间的推移按指数规律衰减的，这是因为在没有外施电源的情况下，不管有多少初始储能都会消耗完。因此，零输入响应最终总会衰减为零。还需指出的是，一阶电路的时间常数实际上是电路方程的特征根的倒数的相反数。显然，特征根具有时间倒数或频率的量纲，故称为固有频率。电路中的固有频率用来表明电路网络的固有性质，它由电路结构及元件参数决定。上述 RC 和 RL 电路的

固有频率为负实数，表明它们的零输入响应总是按指数规律衰减的。

6.2.3 一阶电路的零状态响应

零状态响应(zero state response)定义为：动态电路的初始储能为零，仅由外加激励产生的响应。

图6-13所示的一阶RC电路中，已知电容的初始储能为零，即$u_C(0_+) = u_C(0_-) = 0$，在$t=0$时刻，开关闭合，电源开始通过电阻向电容充电。由于电容电压不能跃变，在$t=0_+$时刻仍需保持原值，因此电容相当于一个值为0的电压源，即短路线，这时电路中的电流达到最大值

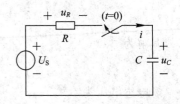

图6-13 RC电路的零状态响应

$i(0_+) = \dfrac{U_s}{R}$。随着时间的推移，电容电压逐渐升高，当电容电压上升到U_s时，电路中的电流减小到零，充电过程结束。由于电容的初始储能为零，当$t>0$时，电路中的响应由激励所产生，因此称为零状态响应。

从图6-13中可以很容易地列出电路的微分方程：

$$u_C(t) + u_R(t) = U_s \quad (t \geqslant 0) \tag{6-16}$$

而

$$u_R(t) = Ri(t)$$

$$i(t) = C\frac{\mathrm{d}u_C(t)}{\mathrm{d}t}$$

即

$$RC\frac{\mathrm{d}u_C(t)}{\mathrm{d}t} + u_C(t) = U_s \quad (t \geqslant 0) \tag{6-17}$$

由于电路的初始储能为零，因此其初始条件为

$$u_C(0_+) = u_C(0_-) = 0$$

式(6-17)为一阶非齐次微分方程，其解为

$$u_C(t) = u_{Ch}(t) + u_{Cp}(t) \tag{6-18}$$

1. 求齐次解 $u_{Ch}(t)$

因

$$RC\frac{\mathrm{d}u_C(t)}{\mathrm{d}t} + u_C(t) = 0 \quad (t \geqslant 0)$$

对应的齐次微分方程为

$$RC\lambda + 1 = 0$$

特征方程为

$$\lambda = -\frac{1}{RC}$$

故

$$u_{Ch}(t) = A\mathrm{e}^{-\frac{1}{RC}t}$$

2. 求特解 $u_{Cp}(t)$

特解与激励有相同的函数形式，当激励为直流时，特解应为常数，并满足原微分方程。设 $u_{Cp}(t)=K$，代入原方程：

$$RC\frac{dK}{dt}+K=U_S \Rightarrow K=U_S$$

即

$$u_{Cp}(t)=U_S$$

3. 求全解

由齐次解和特解可以求得全解：

$$u_C(t)=u_{Ch}(t)+u_{Cp}(t)=Ae^{-\frac{1}{RC}t}+U_S \quad (t\geqslant 0)$$

由初始条件确定系数 A，将 $u_C(0_+)=0$ 代入得

$$u_C(0_+)=Ae^0+U_S=0 \Rightarrow A=-U_S$$

即

$$u_C(t)=-U_S e^{-\frac{1}{RC}t}+U_S=U_S(1-e^{-\frac{1}{RC}t}) \quad (t\geqslant 0) \tag{6-19}$$

电路中的电流为

$$i(t)=\frac{U_S}{R}e^{-\frac{1}{RC}t} \quad (t>0 \text{ 或 } t\geqslant 0_+) \tag{6-20}$$

这里时间常数 $\tau=RC$。

由此可见，零状态响应也是一个按指数规律变化的过程，其变化快慢程度由时间常数 τ 决定。当 $\tau=3\tau\sim5\tau$ 时，即可认为电路过渡过程结束，电路又重新进入稳态。

电容电压及电流波形如图 6-14 所示。

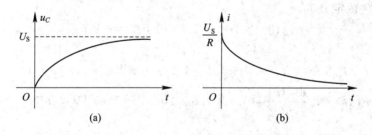

图 6-14　RC 电路的零状态响应曲线

【**例 6.6**】　电路如图 6-15 所示，已知电感电流初始值为零，当 $t=0$ 时开关闭合，求 $t\geqslant 0$ 时的 $i_L(t)$、$u_L(t)$。

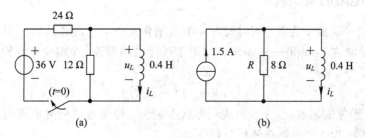

图 6-15　例 6.6 图

解 开关闭合后瞬间，电感电流不能跃变，即 $i_L(0_+)=i_L(0_-)=0$，是零状态响应。开关闭合后电路的等效电路如图 6-15(b)所示。由图可得电路微分方程为

$$\frac{L}{R}\frac{\mathrm{d}i_L(t)}{\mathrm{d}t}+i_L(t)=I_s \qquad (t \geqslant 0_+)$$

即

$$0.05\frac{\mathrm{d}i_L(t)}{\mathrm{d}t}+i_L(t)=1.5$$

其解为

$$i_L(t)=i_{Lh}(t)+i_{Lp}(t)$$

特征方程为

$$0.05\lambda+1=0$$

特征根为

$$\lambda=-20$$

所以齐次通解为

$$i_{Lh}(t)=A\mathrm{e}^{-20t}$$

激励为直流，故设特解 $i_{Lp}(t)=K$，代入方程

$$0.05\frac{\mathrm{d}K}{\mathrm{d}t}+K=1.5 \Rightarrow K=1.5$$

所以

$$i_{Lp}(t)=1.5$$

由此得全解

$$i_L(t)=A\mathrm{e}^{-20t}+1.5 \quad (t \geqslant 0)$$

由初始条件确定 A

$$i_L(0_+)=A\mathrm{e}^0+1.5=0 \Rightarrow A=-1.5$$

最终得到

$$i_L(t)=-1.5\mathrm{e}^{-20t}+1.5=1.5(1-\mathrm{e}^{-20t})\,\mathrm{A} \quad (t \geqslant 0_+)$$

$$u_L(t)=L\frac{\mathrm{d}i_L(t)}{\mathrm{d}t}=0.4\times1.5\times20\mathrm{e}^{-20t}=12\mathrm{e}^{-20t}\,\mathrm{V} \quad (t \geqslant 0_+)$$

从解答中可以看出，RL 电路的时间常数 $\tau=\dfrac{L}{R}=0.05$ s。一般来说，对于同一个电路的不同响应来说，时间常数是唯一的。

6.2.4 一阶电路的全响应

当电路的初始储能不为零，同时又有外加激励作用时，这两者共同作用于电路所产生的响应，称为全响应（complete response）。对于线性电路而言，全响应是零输入响应和零状态响应的叠加。即

$$y(t)=y_{zi}(t)+y_{zs}(t) \qquad (6-21)$$

式中，$y_{zi}(t)$ 表示零输入响应，$y_{zs}(t)$ 表示零状态响应。将全响应分解成零输入响应和零状态响应的叠加，称为线性电路解的可分解性。

电路的全响应需求解非齐次微分方程。与零状态响应的不同之处在于，全响应最后求

系数时需要用非零初始条件。具体求解过程前面在电路零输入响应和零状态响应中已经讲过，在这里不再赘述。现对其结果举例分析。

以 RC 电路为例。

电路方程为

$$RC\frac{\mathrm{d}u_C(t)}{\mathrm{d}t}+u_C(t)=U_\mathrm{s}\quad(t\geqslant0)$$

初始条件为

$$u_C(0_+)=U_0$$

其解为

$$u_C(t)=(U_0-U_\mathrm{s})\mathrm{e}^{-\frac{t}{\tau}}+U_\mathrm{s}\quad(t\geqslant0)\tag{6-22}$$

其中，$\tau=RC$ 为时间常数。

式(6-22)可改写为

$$u_C(t)=U_0\mathrm{e}^{-\frac{t}{\tau}}-U_\mathrm{s}\mathrm{e}^{-\frac{t}{\tau}}+U_\mathrm{s}=\underbrace{U_0\mathrm{e}^{-\frac{t}{\tau}}}_{\text{零输入响应}}+\underbrace{U_\mathrm{s}(1-\mathrm{e}^{-\frac{t}{\tau}})}_{\text{零状态响应}}\quad(t\geqslant0)\tag{6-23}$$

式(6-23)最右侧等号右端第一项仅与初始状态有关，而与激励无关，故为零输入响应；第二项仅与激励有关，与初始状态无关，故为零状态响应。如前所述，线性电路全响应等于零输入响应与零状态响应之和。

图 6-16 给出了 RC 电路的全响应、零输入响应和零状态响应的变化曲线。我们也可以从另一个角度分析。

$$u_C(t)=\underbrace{(U_0-U_\mathrm{s})\mathrm{e}^{-\frac{t}{\tau}}}_{\text{暂态响应}}+\underbrace{U_\mathrm{s}}_{\text{稳态响应}}\quad(t\geqslant0)\tag{6-24}$$

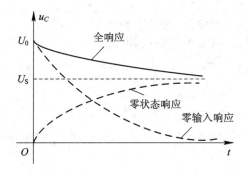

图 6-16　一阶 RC 电路的三种响应曲线

式(6-24)中，等号右边第一项是微分方程的齐次通解，它是按指数规律变化的，当 $t\to\infty$ 时该项为零，因此称为暂态响应(也称为自由响应)；第二项是方程的特解，当 $t\to\infty$ 时，此项是电路处于直流稳态时的响应，称为稳态响应(也称为强迫响应)；同时，暂态响应作为齐次解是对应于齐次方程的解，其响应形式与激励无关，无论激励是何种函数形式，其响应函数的形式不变，它仅由元件参数和电路结构决定，这部分响应是电路所固有的，因此又称为固有响应或自由响应；而稳态响应作为特解是由特定的激励所决定的，其响应的函数形式完全取决于外加输入的函数形式，因此又称为强迫响应。

将全响应分解为零输入响应和零状态响应，是以激励与响应的因果关系来划分的，而将完全响应分解为暂态响应和稳态响应是以时间顺序关系来划分的。从这些划分的结果来看，都是属于全响应的某一个特例。例如，求解全响应时需解非齐次微分方程，解出齐次通解和特解，最后由非零初始条件去确定系数；而零输入响应只需求解齐次微分方程的齐次通解，零状态响应与全响应的方程是相同的，求解过程也相同，唯一的区别是最后由零值的初始条件去确定系数。

从上述分析过程可以看出，一阶动态电路在发生换路后，首先经历一段过渡过程，这一过程是按指数规律变化的，过渡过程的长短由时间常数决定，当 $\tau = 3\tau \sim 5\tau$ 时，可以认为过渡过程结束，电路重新进入稳态。

6.2.5 三要素法

上面讨论了求解一阶动态电路的过程并得到了一些结论。我们发现，直流一阶电路响应无论是零输入响应、零状态响应还是全响应，均是按照指数规律变化的，只不过不同的响应其起点不同，终点不同，变化快慢不同。下面从分析结果入手，总结出一种更简单更有效的求解一阶电路的方法——三要素法。

1. 三要素法

从前面的分析结果可以看出，电路发生换路后，电路中的电压或电流将会按照指数规律从 0_+ 时刻的初始值，逐渐过渡到 $t \to \infty$ 时的稳态值，其变化快慢由时间常数决定。以 $y(t)$ 表示电路响应，将其分解为暂态响应和稳态响应，则有

$$y(t) = y_Z(t) + y_w(t) \qquad (t \geqslant 0) \tag{6-25}$$

式中，$y_Z(t)$ 为暂态响应，按照指数常数规律变化，即 $y_Z(t) = Ae^{-\frac{t}{\tau}}$；$y_w(t)$ 为 $t \to \infty$ 时的稳态响应，记为 $y(\infty)$。这样，式(6-25)可写为

$$y(t) = Ae^{-\frac{t}{\tau}} + y(\infty) \qquad (t \geqslant 0_+) \tag{6-26}$$

若知道响应的初始条件 $y(0_+)$，则可求出：

$$y(0_+) = Ae^0 + y(\infty) \Rightarrow A = y(0_+) - y(\infty)$$

即

$$y(t) = [y(0_+) - y(\infty)]e^{-\frac{t}{\tau}} + y(\infty) \qquad (t \geqslant 0_+) \tag{6-27}$$

观察式(6-27)可知：只要知道 $y(0_+)$、稳态值 $y(\infty)$ 和时间常数 τ 三个量的初始值就可以直接写出方程的解。式中 $y(0_+)$、$y(\infty)$ 和 τ 称为一阶电路的三要素，这种求解电路响应的方法就称为三要素法。式(6-27)称为三要素法计算公式。

三要素法的计算步骤如下：

(1) 初始值 $y(0_+)$ 的计算。

$y(0_+)$ 是电路变量的初始值，电路中可作为响应的变量很多，但它们的地位和作用有所差异。电容电压和电感电流只要求出换路前一瞬间的值 $u_C(0_-)$ 或 $i_L(0_-)$，然后根据换路定律便可得其初始值，这两个量又称为状态变量。而其他变量在换路后会发生跃变，只能求其 $t = 0_+$ 时刻的值，具体计算方法如下：

① $u_C(0_+)$ 和 $i_L(0_+)$ 的计算。

作 $t = 0_-$ 时刻的等效电路，电容相当于开路，电感相当于短路，求出 $u_C(0_-)$ 和 $i_L(0_-)$，

然后根据换路定律，可得 $u_C(0_+) = u_C(0_-)$ 和 $i_L(0_+) = i_L(0_-)$。

② 其他变量初始值的计算。

作 $t = 0_+$ 时刻的替代电路，电容用值为 $u_C(0_+)$ 的电压源替换，电感用值为 $i_L(0_+)$ 的电流源替换，然后可求出其他变量的初始值 $y(0_+)$。

(2) 稳态值 $y(\infty)$ 的计算。

稳态值 $y(\infty)$ 是指当 $t \to \infty$ 时过渡过程已经结束，电路重新进入稳态时的值。当电路为直流激励时，电路中的所有变量都是常数。这时，电容相当于开路，电感相当于短路，可作出此时的等效电路，在此电路中求出的各变量的值即为其稳态值。

(3) 时间常数 τ 的求法。

在只含一个电阻和一个电容的电路中，$\tau = RC$；在只含一个电感和一个电阻的电路中，$\tau = L/R$；那么含有多个电阻的电路中，R 指什么呢？我们知道，典型的一阶 RC 电路和 RL 电路是经过戴维南或诺顿等效的，因此，时间常数中的 R 是指将电路中独立源置零，以动态元件两端向外看去的无独立源二端网络的戴维南等效电阻 R_{eq}，即此时 $\tau = R_{eq}C$ 或 $\tau = L/R_{eq}$。

基于上述讨论，可将三要素法的过程总结如下：

① 在 $t = 0_-$ 时刻的等效电路中求出 $u_C(0_-)$ 和 $i_L(0_-)$，再根据换路定律求出 $u_C(0_+)$ 和 $i_L(0_+)$；

② 在 $t = 0_+$ 时刻的替代电路中求出其他变量的初始值 $y(0_+)$；

③ 在 $t = \infty$ 时的等效电路中求出稳态值 $y(\infty)$；

④ 求出动态元件两端剩余无独立源电路的戴维南等效电阻 R_{eq}，进而求出时间常数 τ；

⑤ 将求出的三要素代入式(6-27)，即得所求变量的全响应。

【例 6.7】　电路如图 6-17(a)所示。当 $t < 0$ 时，电路已处于稳态，当 $t = 0$ 时，开关由 1 扳到 2，求 $t \geqslant 0_+$ 时的 $i(t)$ 和 $i_L(t)$。

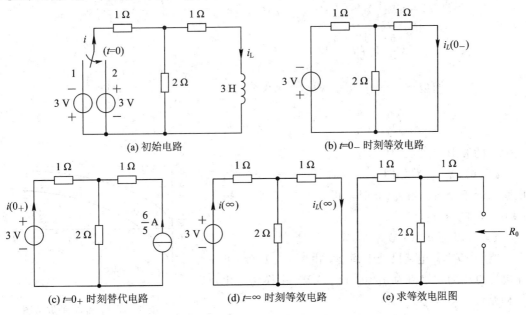

图 6-17　例 6.7 图

解 (1) 求 $i_L(0_+)$ 及 $i(0_+)$。

换路前电路已处于稳态，电感相当于短路，作 $t=0_-$ 时刻的等效电路，如图 6-17(b)所示。故得

$$i_L(0_-) = -\frac{3}{1+\dfrac{1\times 2}{1+2}} \times \frac{2}{1+2}\text{A} = -\frac{6}{5}\text{A}$$

$$i_L(0_+) = i_L(0_-) = -\frac{6}{5}\text{A}$$

作 $t=0_+$ 时刻的替代电路，如图 6-17(c)所示。其中电感相当于 $\dfrac{6}{5}$ A 的电流源，根据网孔法可得

$$3i(0_+) - 2i_L(0_+) = 3, \quad i(0_+) = \frac{1}{5}\text{A}$$

(2) 求 $i_L(\infty)$ 及 $i(\infty)$。

作 $t=\infty$ 时刻的等效电路，如图 6-17(d)所示。稳态时，电感相当于短路，由此可得

$$i_L(\infty) = \frac{6}{5}\text{A}, \quad i(\infty) = \frac{9}{5}\text{A}$$

(3) 求 τ。

开关扳到 2 后，将独立源置零，求电感两端戴维南等效电阻，如图 6-17(e)所示，即

$$R_0 = \left(1 + \frac{1\times 2}{1+2}\right)\Omega = \frac{5}{3}\Omega$$

因此

$$\tau = \frac{L}{R_0} = \frac{3}{5} \times 3 \text{ s} = \frac{9}{5}\text{s}$$

同一电路中时间常数是唯一的。

(4) 将三要素代入公式，可得响应：

$$i_L(t) = i_L(\infty) + [i_L(0_+) - i_L(\infty)]e^{-\frac{t}{\tau}} = \frac{6}{5} + \left(-\frac{6}{5} - \frac{6}{5}\right)e^{-\frac{5}{9}t}$$

$$= \left(\frac{6}{5} - \frac{12}{5}e^{-\frac{5}{9}t}\right)\text{A} \qquad (t \geqslant 0_+)$$

$$i(t) = i_L(\infty) + [i_L(0_+) - i_L(\infty)]e^{-\frac{t}{\tau}} = \frac{9}{5} + \left(\frac{1}{5} - \frac{9}{5}\right)e^{-\frac{5}{9}t}$$

$$= \left(\frac{9}{5} - \frac{8}{5}e^{-\frac{5}{9}t}\right)\text{A} \qquad (t \geqslant 0_+)$$

其响应的波形如图 6-18 所示。

【例 6.8】 电路如图 6-19(a)所示。当 $t<0$ 时，电路已处于稳态。当 $t=0$ 时，开关由 2 扳到 1，求 $t\geqslant 0$ 时的电压 $u_C(t)$。

解 (1) 求 $u_C(0_-)$。

当 $t<0$ 时，电路已处于稳态，由图 6-19(a)可见电容电压的初始值为 $u_C(0_-) = 20$ V，由换路定律得初始值：

$$u_C(0_+) = u_C(0_-) = 20 \text{ V}$$

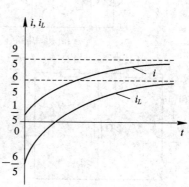

图 6-18 i 和 i_L 的波形图

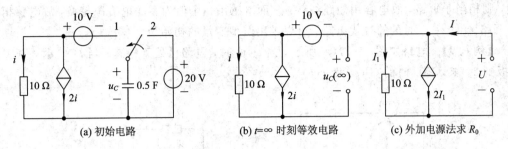

图 6-19　例 6.8 图

(2) 求 $u_C(\infty)$。

作 $t=\infty$ 时的等效电路，如图 6-19(b)所示，此时电容相当于开路，所以得

$$u_C(\infty) = -10 \text{ V}$$

(3) 求 τ。

$$\tau = R_0 C$$

将 $t=0$ 时电路中的独立源置零，用外加电源法求戴维南等效电阻，如图 6-19(c)所示。

$$\begin{cases} U = 10I_1 \\ I = I_1 + 2I_1 \end{cases} \Rightarrow U = \frac{10}{3}I, \ R_{eq} = \frac{10}{3}\ \Omega$$

$$\tau = R_{eq}C = \frac{10}{3} \times 0.5 \text{ s} = \frac{5}{3}\text{s}$$

由三要素公式可得

$$\begin{aligned} u_C(t) &= u_C(\infty) + [u_C(0_+) - u_C(\infty)] e^{-\frac{t}{\tau}} \\ &= -10 + [20-(-10)] e^{-\frac{3}{5}t} \\ &= (-10 + 30e^{-\frac{3}{5}t}) \text{ V} \quad (t \geqslant 0) \end{aligned}$$

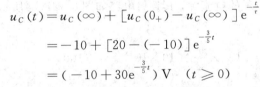

图 6-20　$u_C(t)$ 的波形图

电压的波形如图 6-20 所示。

零输入响应和零状态响应作为全响应的特例，也可以用三要素法直接求出来。因为在零输入响应中，一般来说，不论初始储能有多大，迟早都会被消耗尽，因此当 $t=\infty$ 时稳态值 $y(\infty)=0$，故电路零输入响应为

$$y(t) = y(0_+) e^{-\frac{t}{\tau}} \quad (t \geqslant 0) \tag{6-28}$$

只需求出两个要素即可。

在零状态响应中，如果被求变量是 $u_C(t)$ 和 $i_L(t)$，则因为初始状态为零，故 $u_C(0_+)= u_C(0_-)=0$，$i_L(0_+)=i_L(0_-)=0$。其零状态响应为

$$\begin{cases} u_C(t) = u_C(\infty) - u_C(\infty) e^{-\frac{t}{\tau}} = u_C(\infty)(1-e^{-\frac{t}{\tau}}) \\ i_L(t) = i_L(\infty) - i_L(\infty) e^{-\frac{t}{\tau}} = i_L(\infty)(1-e^{-\frac{t}{\tau}}) \end{cases} \quad (t \geqslant 0_+)$$

由于其他电路的变量可以在 $t=0$ 时发生跃变，故不能直接套用式(6-28)，而是要在 $t=0_+$ 时刻求出初始值，再用式(6-27)。需注意的是，用三要素法求零状态响应时，由于 $u_C(0_+)=0$，$i_L(0_+)=0$，故在 $t=0_+$ 时刻的替代电路中，电容用一个值为零的电压源替

换，则相当于短路，故电容用短路线替换；而电感用一个值为零的电流源替换，故电感相当于开路。由 $t=0_+$ 时刻的替代电路，可以求出其他变量的初始值。

【例 6.9】 电路如图 6-21(a)所示，当 $t<0$ 时，电路已处于稳态；当 $t=0$ 时，开关由 1 扳到 2。求 $t \geqslant 0_+$ 时的 $i_L(t)$ 及 $u(t)$。

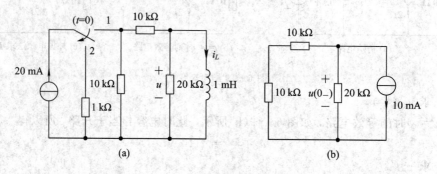

图 6-21 例 6.9 图

解 (1) 求 $i_L(0_+)$、$u(0_+)$。

当 $t<0$ 时，电路已处于稳态，电感相当于短路，此时易求得

$$i_L(0_-) = \frac{20}{2}\text{mA} = 10 \text{ mA}$$

根据换路定律有

$$i_L(0_+) = i_L(0_-) = 10 \text{ mA}$$

当 $t=0_+$ 时，电感相当于一个 10 mA 的电流源，其替代电路如图 6-21(b)所示。由图 6-21(b)可得

$$u(0_+) = -20 \times 10^3 \times \frac{1}{2} \times 10 \times 10^{-3} \text{V} = -100 \text{ V}$$

(2) 求 τ。

由电感两端向外看去的二端网络的等效电阻为

$$R_{eq} = \frac{20 \times (10+10)}{20+10+10}\text{k}\Omega = 10 \text{ k}\Omega$$

可得时间常数：

$$\tau = \frac{L}{R_{eq}} = \frac{1 \times 10^{-3}}{10 \times 10^3}\text{s} = 1 \times 10^{-7}\text{s}$$

由于开关由 1 扳到 2 后，独立电流源与右侧 RL 电路断开，故为零输入响应，当 $t \to \infty$ 时，电路中的储能被耗尽，故

$$i_L(\infty) = 0, \quad u(\infty) = 0$$

则电路响应为

$$i_L(t) = i_L(0_+) \text{e}^{-\frac{t}{\tau}} = 10\text{e}^{-10^7 t}\text{mA} \quad (t \geqslant 0_+)$$

$$u(t) = u(0_+) \text{e}^{-\frac{t}{\tau}} = 100\text{e}^{-10^7 t}\text{V} \quad (t \geqslant 0_+)$$

【例 6.10】 电路如图 6-22(a)所示，电路原已处于稳态，当 $t=0$ 时开关闭合，求 $t \geqslant 0_+$ 时 $u_C(t)$ 和 $i_2(t)$ 的零状态响应。

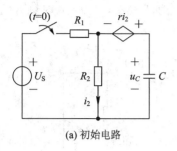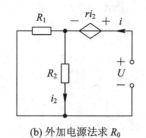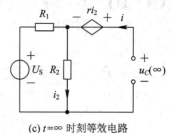

| (a) 初始电路 | (b) 外加电源法求 R_0 | (c) $t=\infty$ 时刻等效电路 |

图 6 - 22 例 6.10 图

解 由题意可知:

$$u_C(0_-)=0$$

由于换路后电容电流为有限值,故电压不能跃变,即

$$u_C(0_+)=u_C(0_-)=0$$

在图 6 - 22(b)中,用外加电源法求电容两端以外的二端网络的等效电阻 R_0:

$$\begin{cases} U=ri_2+R_2i_2 \\ R_2i_2=R_1(i-i_2) \end{cases} \Rightarrow U=\frac{(r+R_2)R_1}{R_1+R_2}i$$

可得

$$R_{eq}=\frac{(r+R_2)R_1}{R_1+R_2}$$

所以时间常数为

$$\tau=R_{eq}C=\frac{(r+R_2)R_1C}{R_1+R_2}$$

当 $t\to\infty$ 时,电容开路,如图 6 - 22(c)所示。由图 6 - 22 可得

$$u_C(\infty)=ri_2+R_2i_2=(r+R_2)\frac{U_S}{R_1+R_2}$$

用三要素公式得电容电压

$$u_C(t)=u_C(\infty)(1-e^{-\frac{t}{\tau}})=\frac{r+R_2}{R_1+R_2}\cdot U_S(1-e^{-\frac{t}{\tau}})\quad(t\geqslant 0_+)$$

由图 6 - 22(a)可求出 $i_2(t)$:

$$ri_2(t)+R_2i_2(t)=u_C(t)\Rightarrow i_2(t)=\frac{1}{r+R_2}u_C(t)=\frac{U_S}{R_1+R_2}(1-e^{-\frac{t}{\tau}})\quad(t\geqslant 0_+)$$

在这道例题中被求量有两个,$u_C(t)$ 满足换路定律,$i_2(t)$ 不满足,这两个量都可用三要素法计算,但是在计算过程中一般我们会只求 $u_C(t)$,$i_2(t)$ 可以根据求出的 $u_C(t)$ 结合 KCL、KVL 及 VCR 导出,这样可以避开在 $t=0_+$ 时刻求 $i_2(0_+)$ 的麻烦。

2. 三要素法求解双一阶电路

在某些电路中,有时会遇到含有多个动态元件,但实际是一阶电路的问题。这一类电路看似高阶电路,但每一个动态元件的工作都是独立的,若要列电路方程,则可得到多个独立的一阶微分方程。这类电路常含有串联的理想电流源,并联的理想电压源或短路线等,分析这类电路的方法通常是将电路分解成若干个一阶电路分别计算,下面通过例题来说明。

【例 6.11】 电路如图 6-23(a)所示，在 $t<0$ 时电路已处于稳态，在 $t=0$ 时刻开关由 1 扳到 2，求 $t\geqslant0$ 时的电流 $i(t)$。

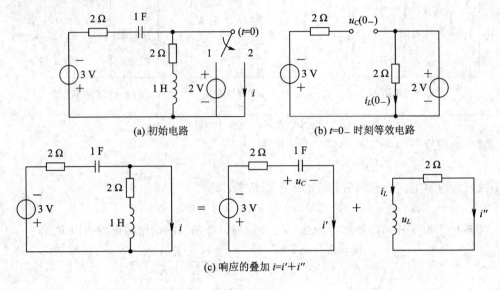

图 6-23 例 6.11 图

解 首先由 $t=0_-$ 时刻的等效电路求出 $u_C(0_-)$、$i_L(0_-)$，如图 6-23(b)所示。

$$\begin{cases} i_L(0_-)=\dfrac{2}{2}\text{A}=1\text{ A} \\ u_C(0_-)=(-3-2)\text{V}=-5\text{ V} \end{cases} \Rightarrow \begin{cases} i_L(0_+)=1\text{ A} \\ u_C(0_+)=-5\text{ V} \end{cases}$$

在 $t=0$ 时刻开关由 1 扳到 2，由图 6-3(c)可知电路中含有两个独立的动态元件，但是由于右侧短路线的存在，这两个动态元件的变量相互独立，互不影响。若列出两个动态元件上的微分方程，可看出这是两个独立的一阶微分方程，即

$$2\frac{\mathrm{d}u_C(t)}{\mathrm{d}t}+u_C(t)=-3$$

$$\frac{1}{2}\frac{\mathrm{d}i_L(t)}{\mathrm{d}t}+i_L(t)=0$$

这两个方程分别都可以根据自己的初始值解出，而与另一个量无关。此时，短路线上的电流应是两个响应电流的叠加 $i=i'+i''$，如图 6-23(c)所示，这类电路就是双一阶电路。

在 RC 电路中为全响应，电容电压的稳态值及时间常数分别为

$$u_C(\infty)=-3\text{V}$$
$$\tau=RC=2\times1\text{ s}=2\text{ s}$$

可得电容电压为

$$u_C(t)=-3+[-5-(-3)]\mathrm{e}^{-\frac{t}{2}}\text{V}\quad(t\geqslant0_+)$$

$i(t)$ 在 RC 电路中的分量 $i'(t)$ 为

$$i'(t)=C\frac{\mathrm{d}u_C(t)}{\mathrm{d}t}=\mathrm{e}^{-\frac{t}{2}}\text{A}\quad(t\geqslant0_+)$$

在 RL 电路中为零输入响应，其稳态值为零，时间常数为

$$\tau = \frac{L}{R} = \frac{1}{2}\mathrm{s}$$

所以得电感电流为

$$i_L(t) = \mathrm{e}^{-2t}\,\mathrm{A} \quad (t \geqslant 0_+)$$

则 $i(t)$ 在电路中的分量 $i''(t)$ 为

$$i''(t) = -i_L(t) = -\mathrm{e}^{-2t}\,\mathrm{A} \quad (t \geqslant 0_+)$$

最后，可得所求电流为

$$i(t) = i'(t) + i''(t) = (\mathrm{e}^{-\frac{t}{2}} - \mathrm{e}^{-2t})\,\mathrm{A} \quad (t \geqslant 0_+)$$

【例 6.12】 电路如图 6-24(a)所示，当 $t<0$ 时电路已处于稳态，在 $t=0$ 时开关闭合，求 $t>0$ 时的 $i_L(t)$ 和 $u_L(t)$。

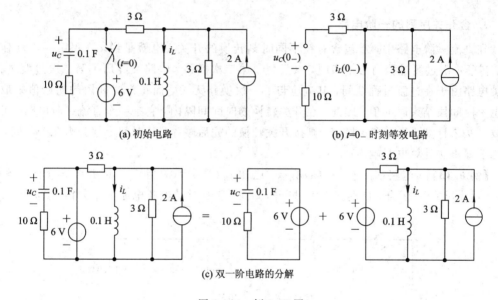

(a) 初始电路 (b) $t=0_-$ 时刻等效电路

(c) 双一阶电路的分解

图 6-24 例 6.12 图

解 首先求 $t=0_-$ 时刻的 $u_C(0_-)$ 和 $i_L(0_-)$，如图 6-24(b)所示。$t>0$ 时的电路如图 6-24(c)所示。从图 6-24(c)中可以看出，由于并联电压源的存在，电路中实际上是两个独立的一阶电路而非二阶电路，理想电压源的作用使得电路可分为两个一阶电路，若列出方程则可得两个独立的一阶微分方程。

$$\frac{\mathrm{d}u_C(t)}{\mathrm{d}t} + u_C(t) = 6$$

$$\frac{\mathrm{d}i_L(t)}{\mathrm{d}t} + 15i_L(t) = 60$$

这样，每一个一阶电路的响应都可以单独用三要素法求得。

在 RC 电路中为零状态响应，因为

$$u_C(0_+) = u_C(0_-) = 0$$

其稳态值及时间常数分别为

$$u_C(\infty) = 6 \text{ V}$$
$$\tau = RC = 10 \times 0.1 \text{ s} = 1 \text{ s}$$

可得电容电压

$$u_C(t) = 6(1 - e^{-t}) \text{ V} \qquad (t \geqslant 0)$$

在电路中为全响应，其稳态值及时间常数分别为

$$i_L(\infty) = \left(\frac{6}{3} + 2\right) \text{ A} = 4 \text{ A}$$

$$\tau = \frac{L}{R_0} = \frac{0.1}{1.5} \text{s} = \frac{1}{15} \text{s}$$

可得电感电流

$$i_L(t) = 4 + (2-4)e^{-15t} = (4 - 2e^{-15t}) \text{ A} \quad (t \geqslant 0)$$

3. 含开关序列的一阶电路

在直流一阶电路中，常包含有在不同时刻转换的开关，也就是说，开关第一次动作以后，在第一次过渡过程尚未结束时，又发生了第二次换路，电路又经历了第二次过渡过程。此类电路由于在过渡过程期间，其响应与下一次换路无关，而每个时间段的初始值则取决于上一时间段结束时的值。因此，在开关转换的时间间隔内，它是一个直流一阶电路，可用三要素法来计算。若有多次换路，则按开关转换的先后顺序，从时间上划分为几个区间，分别用三要素法计算电路响应。

【例 6.13】 电路如图 6-25(a)所示。已知 $i_L(0_-) = 0$，当 $t=0$ 时开关 S_1 闭合，经过 0.1 s 后，开关 S_2 闭合，同时开关 S_1 断开，试求 $t \geqslant 0$ 时的电感电流 $i_L(t)$ 并画出波形图。

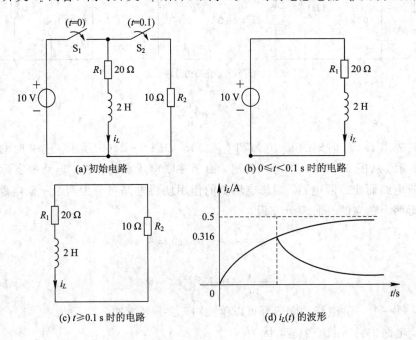

(a) 初始电路　　　　(b) $0 \leqslant t < 0.1$ s 时的电路

(c) $t \geqslant 0.1$ s 时的电路　　　　(d) $i_L(t)$ 的波形

图 6-25　例 6.13 图

解 由于电路中存在两个不同时刻动作的开关，按时间上分两段来分析。

(1) 在 $0 \leqslant t \leqslant 0.1$ s 时间段内。

由于当 $t < 0$ 时，$i_L(0_-) = 0$，电感电流不能跃变，故 $i_L(0_+) = 0$，为零状态响应，可用三要素法计算。

$0 \leqslant t < 0.1$ s 时的电路如图 6 - 25(b)所示。

$$\tau_1 = \frac{L}{R_1} = \frac{2}{20} \text{s} = 0.1 \text{ s}$$

$$i_L(\infty) = \frac{10}{20} \text{A} = 0.5 \text{ A}$$

可得 $0 \leqslant t < 0.1$ s 时的电感电流

$$i_L(t) = 0.5(1 - e^{-10t}) \text{ A} \qquad (0 \leqslant t < 0.1 \text{ s})$$

(2) 在 $t \geqslant 0.1$ s 时段内。

当 $t = 0.1$ s 时电路又发生了换路，此时，$0 \leqslant t < 0.1$ s 时段内，$i_L(0.1_-)$ 的值即为下一时段的初始状态，根据上一时间段的表达式可得

$$i_L(0.1_-) = 0.5(1 - e^{-10 \times 0.1}) \approx 0.316 \text{ A}$$

由于电感电流不能跃变，故可得下一时段的初始值

$$i_L(0.1_+) = i_L(0.1_-) = 0.316 \text{ A}$$

当 $t = 0.1$ s 时开关 S_2 闭合，S_1 断开，则电路如图 6 - 25(c)所示，此时段内电路为零输入响应。

$i_L(\infty) = 0$，时间常数为

$$\tau_2 = \frac{L}{R_1 + R_2} = \frac{2}{20 + 10} \text{s} = \frac{2}{30} \text{s} = 0.0667 \text{ s}$$

由此可得，$t \geqslant 0.1$ s 时的电感电流

$$i_L(t) = 0.316 e^{-\frac{t-0.1}{\tau}} = 0.316 e^{-15(t-0.1)} \text{ A} \qquad (t \geqslant 0.1 \text{ s})$$

电感电流 $i_L(t)$ 的波形曲线如图 6 - 25(d)所示。在 $0 \leqslant t \leqslant 0.1$ s 时间段内，以时间常数 $\tau_1 = 0.1$ s 确定的指数规律增大到 0.316 A 后，还未能达到最大的稳态值，由于第二次换路，又以 $\tau_2 = 0.667$ s 确定的指数规律逐渐衰减到零。

【例 6.14】　电路如图 6 - 26(a)所示。开关断开已久，$t = 1$ s 时，开关 S 闭合，$t = 2$ s 时开关 S 重新断开，试求 $t \geqslant 0_+$ 时的电容电压 $u_C(t)$ 和电阻电压 $u_0(t)$，并画出波形。

解　本题中要求计算电容电压 $u_C(t)$ 及 $u_0(t)$，可先将电路其余部分用戴维南等效电路代替，得到开关断开及闭合时的等效电路，如图 6 - 26(b)和(c)所示，再从时间上分段计算。

(1) 当 $t < 1$ s 时，电容相当于开路，可得电容的初始值：

$$u_C(1_+) = u_C(1_-) = 6 \text{ V}$$

$$u_0(1_-) = 0$$

(2) 当 $1 \text{ s} \leqslant t \leqslant 2$ s 时，不考虑第二次换路的影响，则有

$$u_C(\infty) = 10 \text{ V}$$

$$\tau_1 = 3.6 \times 10^3 \times 250 \times 10^{-6} \text{ s} = 0.9 \text{ s}$$

得到电容电压为

$$u_C(t) = (10 - 4e^{-\frac{t-1}{0.9}}) \text{ V} \qquad (1 \text{ s} \leqslant t \leqslant 2 \text{ s})$$

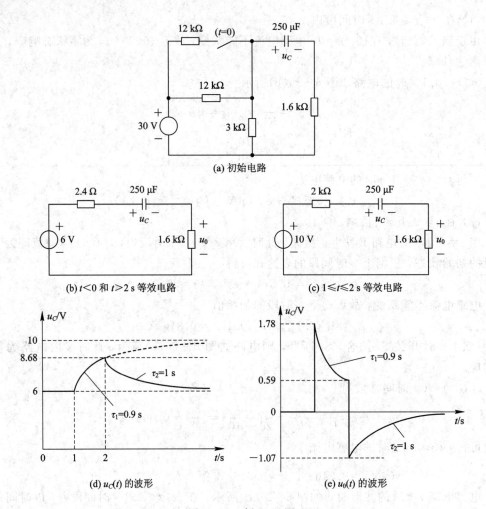

(a) 初始电路

(b) t<0 和 t>2 s 等效电路

(c) 1≤t≤2 s 等效电路

(d) $u_C(t)$ 的波形

(e) $u_0(t)$ 的波形

图 6-26 例 6.14 图

（3）当 $t>2$ s 时，则有

$$u_C(2_+) = u_C(2_-) = 10 - 4e^{-\frac{2-1}{0.9}} = 8.68 \text{ V}$$

$$u_C(\infty) = 6 \text{ V}$$

$$\tau = 4 \times 10^3 \times 250 \times 10^{-6} \text{ s} = 1 \text{ s}$$

得到电容电压

$$u_C(t) = [6 + 2.68e^{-(t-2)}] \text{V} \quad (t > 2 \text{ s})$$

相应时间段的 1.6 kΩ 电阻电压为

$$u_0(t) = \begin{cases} 1.6 \times 10^3 \times 250 \times 10^{-6} \times \dfrac{\mathrm{d}u_C(t)}{\mathrm{d}t} \approx 1.78e^{-\frac{t-1}{0.9}} \text{V} \quad (1 \text{ s} \leqslant t \leqslant 2 \text{ s}) \\ 1.6 \times 10^3 \times 250 \times 10^{-6} \times \dfrac{\mathrm{d}u_C(t)}{\mathrm{d}t} \approx -1.07e^{-(t-2)} \text{V} \quad (t > 2 \text{ s}) \end{cases}$$

$u_C(t)$ 和 $u_0(t)$ 的波形如图 6-26(d) 和 (e) 所示。

电路中发生二次换路乃至多次换路，一般称其为换序电路。当电路中的电源是脉冲序列时，其响应也与换序电路类似。下面通过一个例子来讨论脉冲序列作用下的一阶电路变化规律。

【**例 6.15**】　电路如图 6 - 27(a)所示。已知电源电压为图 6 - 27(b)所示的脉冲序列,其周期为 T,脉冲宽度为 Δ,其比值 Δ/T 称为占空比,$\Delta/T < 50\%$。当 $t = 0$ 时该脉冲作用于电路,试分析 $t \geqslant 0$ 后的电路响应。

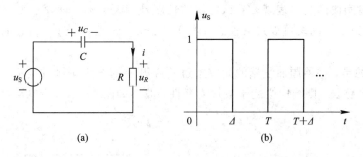

(a)　　　　　　　　　　　　(b)

图 6 - 27　脉冲序列作用于 RC 电路

解　在第一个脉冲宽度 $0 \leqslant t \leqslant \Delta$ 内,电路的响应可以看作单一直流电源作用下的直流零状态响应,电容充电;在第二个时间段 $0 \leqslant t \leqslant \Delta$ 内,电容放电,变成了零输入响应。每个时间段内的工作特性均可用三要素法,但是从第二个时间段开始的初始值的确定,却需要考虑上一时间段的响应是否结束,电路是否进入稳态。这要取决于 Δ 与电路时间常数 τ 的比值,若 $\Delta > 4\tau$,则可认为每个时间段都是一个独立的过渡过程,彼此无影响;若 $\Delta < 4\tau$,则必须考虑前一时间段未结束的响应对后一时间段响应的影响,现分别讨论。

(1) $\Delta > 4\tau$ 的情况。

第一个脉冲作用于电路,由于脉冲持续的时间足够长,可以认为在第一个脉冲区间 $0 \sim \Delta$ 内电路将完成一个完整的零状态响应。而在区间 $\Delta \sim T$ 内,则完成一个完整的零输入响应的放电过程,由此可以根据三要素法得到电路响应:

$$u_R(t) = \begin{cases} U_0 e^{-\frac{t}{\tau}} & (0 \leqslant t \leqslant \Delta_-) \\ -U_0 e^{-\frac{t-\Delta}{\tau}} & (\Delta_+ \leqslant t \leqslant T) \end{cases}$$

$$u_C(t) = \begin{cases} U_0(1 - e^{-\frac{t}{\tau}}) & (0 \leqslant t \leqslant \Delta) \\ U_0 e^{-\frac{t-\Delta}{\tau}} & (\Delta \leqslant t \leqslant T) \end{cases}$$

其响应波形如图 6 - 28(a)和(b)所示。

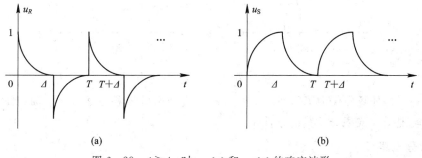

(a)　　　　　　　　　　　　(b)

图 6 - 28　$\Delta \geqslant 4\tau$ 时 $u_R(t)$ 和 $u_S(t)$ 的响应波形

(2) $\Delta < 4\tau$ 的情况。

在 $0 \leqslant t \leqslant \Delta$ 区间内,电容开始充电,这是零状态响应,计算方法与上一种情况无异。但

在 $\Delta \leqslant t \leqslant T$ 区间内，由于 $\Delta < 4\tau$，第一个脉冲结束时，该响应还未达到稳态，电容电压还未达到 U_0。由于电容电压不能跃变，在 $t = \Delta$ 时要保持连续，故第二个时间段的初始值要由前一时间段的表达式确定。第二时间段的零输入响应也未达到稳态又进入第三个时间段，当然第二时间段的具体表现要看该区间的长度是否大于 4τ，即 $T - \Delta$ 与 4τ 的比值。若 $T - \Delta > 4\tau$，则第二时间段可以进入稳态；若 $T - \Delta < 4\tau$，则不会进入稳态而转入下一时间段过渡过程。

需要注意的是，这种周而复始的充放电过程在开始的若干个脉冲周期内，响应是非周期的，若时间足够长，则响应会趋于某种周期性，波形如图 6 - 29(a) 和 (b) 所示。

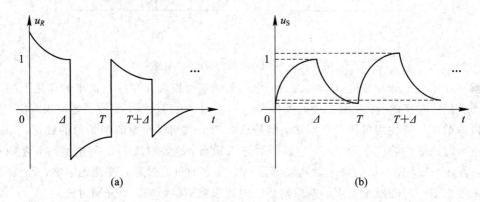

图 6 - 29　$\Delta < 4\tau$ 时 $u_R(t)$ 和 $u_S(t)$ 的响应波形

6.2.6　微分电路和积分电路

一阶电路中有两类在工程上很实用的电路，叫微分电路和积分电路，它们的基本特征是输出端电压与输入端电压对时间的微分或积分成比例，也就是说输入信号通过微分电路或积分电路可以转换成其导数或积分形式的波形。在脉冲技术中，常用来模拟数学中的求导或积分运算来实现。

最简单的微分电路和积分电路是由一阶 RC 电路或一阶 RL 电路构成的，只是从不同元件中输出，得到的结果是不同的，图 6 - 30 和图 6 - 31 就是最基本的微分电路和积分电路。

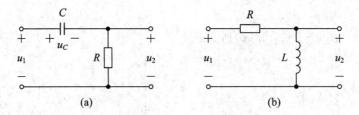

图 6 - 30　基本微分电路

但是并不是任意数值的 RC 或 RL 电路都能实现微分或积分运算。下面以 RC 电路为例来说明实现微分或积分运算的条件。

1. 微分电路

在图 6 - 30(a) 所示的 RC 电路中，根据 KVL，有

$$u_1(t) = u_C(t) + u_2(t) \tag{6-29}$$

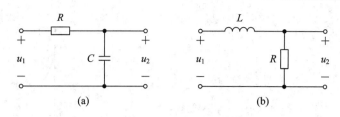

图 6 - 31　基本积分电路

而根据元件 VCR 有

$$u_C(t) = \frac{1}{C}\int_{-\infty}^{t} i(\xi)\,\mathrm{d}\xi = \frac{1}{C}\int_{-\infty}^{t} \frac{u_2(\xi)}{R}\,\mathrm{d}\xi = \frac{1}{RC}\int_{-\infty}^{t} u_2(\xi)\,\mathrm{d}\xi \qquad (6-30)$$

将式(6 - 30)代入式(6 - 29)，得

$$u_1(t) = \frac{1}{RC}\int_{-\infty}^{t} u_2(\xi)\,\mathrm{d}\xi + u_2(t) \qquad (6-31)$$

$\tau = RC$ 是一阶电路的时间常数，当 RC 很小时，式(6 - 31)中等号右端第一项会远远大于第二项，即

$$\frac{1}{RC}\int_{-\infty}^{t} u_2(\xi)\,\mathrm{d}\xi \gg u_2(t)$$

这时式(6 - 31)就变成了

$$u_1(t) \approx \frac{1}{RC}\int_{-\infty}^{t} u_2(\xi)\,\mathrm{d}\xi \qquad (6-32)$$

将式(6 - 32)等号两端同时求导，得

$$u_2(t) \approx RC \cdot \frac{\mathrm{d}u_1(t)}{\mathrm{d}t} \qquad (6-33)$$

可见输出信号是输入信号的成比例微分运算。通常将电阻电压作为输出，而时间常数非常小的一阶 RC 电路称为微分电路。

构成微分电路的条件：时间常数非常小，激励信号持续的时间足够长。

这个条件同样应用于 RL 电路，只不过 RL 电路中要将电感电压作为输出。关于 RL 电路的输入输出关系，请读者参考 RC 电路的分析过程自行推导。

【例 6.16】　将图 6 - 32(a)所示的矩形脉冲作用于图 6 - 30(a)所示的微分电路，求电容电压 $u_C(t)$ 和输出 $u_2(t)$，并画出波形。

解　假设 $u_C(0_+) = u_C(0_-) = 0$，在 $0 \leqslant t \leqslant T$ 时间段，矩形脉冲相当于一个直流电压源对电容充电，根据三要素法，可得

$$u_C(t) = U_0(1 - \mathrm{e}^{-\frac{1}{RC}})\,\mathrm{V}$$

$$u_2(t) = U_0 - u_C(t) = U_0 \mathrm{e}^{-\frac{1}{RC}}\,\mathrm{V} \qquad (0 \leqslant t \leqslant T)$$

在 $t \geqslant T$ 时间内 $u_1(t) = 0$。在 $t = T$ 时电容电流为有限值，所以电容电压不能跃变。

$$u_C(T_+) = u_C(T_-) = U_0(1 - \mathrm{e}^{-\frac{T}{RC}})\,\mathrm{V}$$

之后，电容通过电阻 R 放电，是零输入响应。

$$u_C(t) = U_0(1 - \mathrm{e}^{-\frac{T}{RC}})\,\mathrm{e}^{-\frac{t-T}{RC}}$$

$$u_2(t) = -u_C(t) \qquad (t \geqslant T)$$

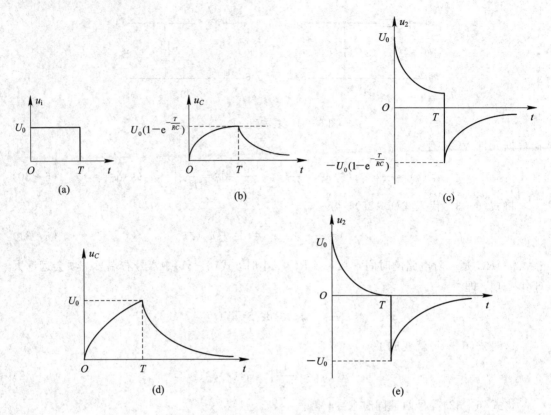

图 6-32 例 6.16 图

当时间常数 τ 大于脉冲宽度 T 时，$u_C(t)$ 和 $u_2(t)$ 波形如图 6-32(b) 和 (c) 所示。当电路的时间常数 τ 减小时，即 $\tau \ll T$（至少比 $T/4$ 小许多），充放电过程会很快，输出电压的绝对值随时间的增长按指数规律迅速衰减，形成指数脉冲。充电时为一个正尖脉冲，放电时为一个负尖脉冲，矩形脉冲经过 RC 微分电路后，变成了一对双向尖脉冲，如图 6-32(e) 所示。显然 τ 愈小，输出脉冲波形愈尖。

总之，RC 微分电路在输入矩形脉冲激励时，将输出正、负尖脉冲，矩形脉冲的前沿输出正尖脉冲，后沿输出负尖脉冲。因此，微分电路是提取阶跃或矩形脉冲前后沿的简单实用电路。

【例 6.17】 单片机常用的上电复位电路就是一个微分电路，如图 6-33(a) 所示。其中，输出端接到计算机 CPU 芯片复位端，输入端接到 CPU 芯片供电电源 U_{CC} 上。每次开机，U_{CC} 从 0 上升到 +5 V，输出端也跃升到 +5 V，然后按指数规律下降。当低于 2.2 V（$t=t_1$）时，复位结束，求该电路有效复位脉冲宽度 t_1。

解 设 $t=0$ 时开机，u_1 由 0 上升到 +5 V，利用三要素公式

$$\tau = RC = 10 \times 10^3 \times 10 \times 10^{-6} \text{ s} = 0.1 \text{ s}$$

$$u_2(0_+) = 5 \text{ V}$$

$$u_2(\infty) = 0$$

$$u_2(t) = u_2(\infty) + [u_2(0_+) - u_2(\infty)] e^{-\frac{t}{\tau}} = 5 e^{-\frac{t}{0.1}} = 5 e^{-10t} \text{ V}$$

当 $t=t_1$ 时，$u_2(t)=5\mathrm{e}^{-10t_1}=2.2$ V，则 $t_1=\dfrac{1}{10}\ln\dfrac{5}{2.2}\approx0.082$ s $=82$ ms

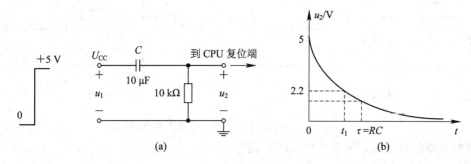

图 6-33　例 6.17 图

单机片开机经过 82 ms 后复位结束，投入正常启动程序。可以根据不同芯片对复位脉冲最小持续时间的要求来改变电路的时间常数，电阻阻值应根据芯片复位端输入阻抗不同要求首先确定下来，然后根据时间常数要求，再计算出电容值。

2. 积分电路

在如图 6-31(a)所示的 RC 积分电路中，根据 KVL，有

$$RC\frac{\mathrm{d}u_2(t)}{\mathrm{d}t}+u_2(t)=u_1(t) \tag{6-34}$$

当时间常数 $\tau=RC$ 很大时，电容电压可以忽略，则

$$RC\frac{\mathrm{d}u_2(t)}{\mathrm{d}t}\approx u_1(t) \tag{6-35}$$

等式两边对 t 求积分，有

$$u_2(t)=\frac{1}{RC}\int_{\infty}^{t}u_1(\xi)\mathrm{d}\xi \tag{6-36}$$

可见，输出信号是输入信号的积分运算。

构成积分电路的条件：时间常数要很大，信号持续的时间较短，这个条件同样应用于 RL 积分电路。

6.2.7　由运算放大器构成的微分电路和积分电路

微分电路和积分电路虽然结构简单，但是必须要满足一定的条件，才能实现微分或积分运算，这两种电路都广泛地应用于工程实际中。为了追求更好的性能，工程中往往用运算放大器和动态元件来构建微分和积分电路，典型的由运放组成的微分和积分电路如图 6-34 所示。

微分电路：

根据运算放大器的 VCR：$u_+=u_-$（虚短），$i_+=i_-$（虚断），可知

$$u_\mathrm{o}=-Ri_2=-RC\frac{\mathrm{d}u_C}{\mathrm{d}t}=-RC\frac{\mathrm{d}u_\mathrm{i}}{\mathrm{d}t} \tag{6-37}$$

即输出电压是输入电压的成比例微分运算。

积分电路：

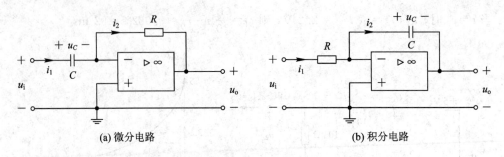

(a) 微分电路　　　　　　　　　　　(b) 积分电路

图 6-34　运放组成的微分电路和积分电路

根据电路的约束关系和元件的 VCR，可得

$$i_1 = \frac{u_i}{R} = i_2 = C\frac{\mathrm{d}u_C}{\mathrm{d}t} \qquad (1)$$

$$u_C = -u_o \qquad (2)$$

对式(6-37)做积分，可得

$$u_C(t) = \frac{1}{RC}\int_{-\infty}^{t} u_i(\tau)\mathrm{d}\tau = \frac{1}{RC}\int_{0}^{t} u_i(\tau)\mathrm{d}\tau + u_C(0)$$

则

$$u_o(t) = -\frac{1}{RC}\int_{0}^{t} u_i(\tau)\mathrm{d}\tau - u_C(0) \qquad (6-38)$$

式(6-38)表明：电容电压的初始值等于反相的、成比例的输入电压的积分，如果电容无初始储能，则式(6-38)可化简为

$$u_o(t) = -\frac{1}{RC}\int_{0}^{t} u_i(\tau)\mathrm{d}\tau \qquad (6-39)$$

图 6-35 给出了一种零状态响应下的输入输出关系波形图。

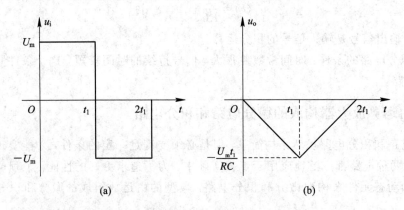

图 6-35　积分电路的输入输出关系波形图

显然，输出电压与输入电压的积分反相且成比例。

需要注意的一点是，上述结论只有运算放大器工作在线性区，也就是工作在不饱和区，输出电压才与输入电压的积分成比例。若将反馈电容接到运算放大器的同相端，则构成了正反馈，则运算放大器会进入饱和区，上述结论不再成立，微分电路也是如此。

与前文所述的由分立元件所组成的微分和积分电路相比，由运放构成的电路的优点是显而易见的。分立元件组成的微分或积分电路必须要保证时间常数足够小或足够大，才能满足输入-输出端近似的微分、积分关系；而由运算放大器组成的电路则没有此类限制，RC 的大小仅仅反映了输入-输出端信号的比例关系。

在理论分析中，微分电路和积分电路都是存在的，但在实际使用中，微分电路用得很少。这是因为微分器从电子学的角度来讲可能是不稳定的，任意的噪声或意外的脉冲干扰，经过微分器都会被放大，甚至出现极高的冲激电压或电流，从而损坏电路或使电路进入饱和区，因此微分电路很少在实际中使用。

前面讲的例题都是用 RC 电路构造的，也可用 RL 来设计积分电路和微分电路。然而在集成电路器件中，构造电容更简单一些，电感由于体积大、成本高，很少用于集成的电路中。

6.3　二阶电路

需要用二阶微分方程描述的电路称为二阶电路(second order circuit)，从电路结构来看，二阶电路包括两个独立的动态元件，这两个动态元件可以性质相同(两个电容或两个电感)，也可以性质不同(一个电容和一个电感)。二阶电路的分析方法与一阶电路并无不同，在用经典法进行分析时，同样是先建立描述电路激励和响应关系的微分方程，然后求解满足初始条件的方程的解。二阶电路中由于同时存在电容和电感，可能出现电场能与磁场能的能量交换，从而会出现振荡。根据动态元件的初始储能情况，二阶电路也可分为零输入响应、零状态响应和全响应，只不过它的响应特性和变化规律比一阶电路要复杂一些。本节将首先从 RLC 串联电路的零输入响应入手，阐明 RLC 串联电路的物理特征，进一步讲解二阶电路的一般分析方法及固有频率等相关概念。

6.3.1　RLC 串联电路的零输入响应

图 6-36 所示电路是 RLC 串联电路。当 $t=0$ 时开关闭合。现讨论 $t \geqslant 0$ 时电路的响应。根据 KVL，有

$$u_R(t) + u_L(t) + u_C(t) = u_S$$

由元件的 VCR 有

$$i(t) = i_C(t) = i_L(t) = C\frac{du_C(t)}{dt}$$

$$u_R(t) = Ri(t) = RC\frac{du_C(t)}{dt}$$

$$u_L(t) = L\frac{di_L(t)}{dt} = LC\frac{d^2u_C(t)}{dt^2}$$

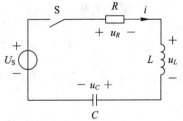

图 6-36　RLC 串联电路

可得以下微分方程：

$$LC\frac{d^2u_C(t)}{dt^2} + RC\frac{du_C(t)}{dt} + u_C(t) = u_S \qquad (t \geqslant 0) \qquad (6-40)$$

或

$$\frac{\mathrm{d}^2 u_C(t)}{\mathrm{d}t^2} + \frac{R}{L}\frac{\mathrm{d}u_C(t)}{\mathrm{d}t} + \frac{1}{LC}u_C(t) = \frac{1}{LC}u_S \qquad (t \geqslant 0) \qquad (6-41)$$

这是一个二阶线性常系数非齐次微分方程。

本节只研究图 6-36 所示电路的零输入响应，也就是 $u_S(t)=0$ 时电路的响应。令式 (6-41)中的 $u_S(t)=0$，得齐次微分方程：

$$\frac{\mathrm{d}^2 u_C(t)}{\mathrm{d}t^2} + \frac{R}{L}\frac{\mathrm{d}u_C(t)}{\mathrm{d}t} + \frac{1}{LC}u_C(t) = 0 \qquad (6-42)$$

齐次微分方程的通解即为零输入响应，根据微分方程理论可知，齐次解的形式将视特征方程的特征根而定。

式(6-42)的特征方程为

$$\lambda^2 + \frac{R}{L}\lambda + \frac{1}{LC} = 0$$

特征根为

$$\lambda_{1,2} = -\frac{R}{2L} \pm \sqrt{\left(\frac{R}{2L}\right)^2 - \frac{1}{LC}} \qquad (6-43)$$

特征根又称为电路的固有频率，它将确定响应的形式，由于特征根由元件的参数 R、L、C 决定。因此，二阶电路的固有频率可呈现以下四种情况：

(1) 当 $\left(\dfrac{R}{2L}\right)^2 > \dfrac{1}{LC}$ 时，λ_1、λ_2 为两个不相等的负实根。

(2) 当 $\left(\dfrac{R}{2L}\right)^2 = \dfrac{1}{LC}$ 时，λ_1、λ_2 为两个相等的负实根。

(3) 当 $\left(\dfrac{R}{2L}\right)^2 < \dfrac{1}{LC}$ 时，λ_1、λ_2 为一对共轭复根。

(4) 当 $R=0$ 时，λ_1、λ_2 为一对共轭虚根。

由微分方程理论可知，当特征根的形式不同时，齐次方程的通解也不同，而电路呈现的响应规律也不同，下面分别讨论。

1. 过阻尼情况

当 $\left(\dfrac{R}{2L}\right)^2 > \dfrac{1}{LC}$ 时，亦即 $R > 2\sqrt{\dfrac{L}{C}}$ 时，固有频率为两个不相等的负实根，此时称为过阻尼(over damped)情况，其响应形式为

$$u_C(t) = K_1 \mathrm{e}^{\lambda_1 t} + K_2 \mathrm{e}^{\lambda_2 t} \qquad (6-44)$$

其中，常数 K_1、K_2 由初始条件确定：

$$u_C(0_+) = K_1 + K_2 \qquad (6-45)$$

$$u'_C(0_+) = \frac{\mathrm{d}u_C(t)}{\mathrm{d}t}\bigg|_{t=0_+} = K_1\lambda_1 + K_2\lambda_2 = \frac{i_L(0_+)}{C} \qquad (6-46)$$

式(6-46)之所以会出现这种结果，是因为在串联回路中每个元件上的电流是相同的，即 $i(t) = i_C(t) = i_L(t)$。

联立式(6-45)和式(6-46)可得

$$\begin{cases} K_1 = \dfrac{1}{\lambda_2 - \lambda_1}\left[\lambda_2 u_C(0_+) - \dfrac{i_L(0_+)}{C}\right] \\[3mm] K_2 = \dfrac{1}{\lambda_1 - \lambda_2}\left[\lambda_1 u_C(0_+) - \dfrac{i_L(0_+)}{C}\right] \end{cases}$$

将 K_1、K_2 代入式(6-44)即可得 $u_C(t)$ 的零输入响应：

$$u_C(t) = \frac{1}{\lambda_2 - \lambda_1}\left[\lambda_2 u_C(0_+) - \frac{i_L(0_+)}{C}\right]\mathrm{e}^{\lambda_1 t} + \frac{1}{\lambda_1 - \lambda_2}\left[\lambda_1 u_C(0_+) - \frac{i_L(0_+)}{C}\right]\mathrm{e}^{\lambda_2 t}$$

电路中的电流为

$$i_L(t) = C\frac{\mathrm{d}u_C(t)}{\mathrm{d}t} = CK_1\lambda_1\mathrm{e}^{\lambda_1 t} + CK_2\lambda_2\mathrm{e}^{\lambda_2 t} \tag{6-47}$$

若假设电路的初始状态为 $u_C(0_-) = U_0$，$i_L(0_-) = 0$，则初始时刻电路中没有电流。随着电容的放电，电路中的电流开始增大，到达某一时刻 t_0 时，电流达到最大值，电感中的储能也达到最大，随后电感也开始释放磁场能，能量被电阻元件消耗，电流和电压最终趋于零。

从电压的变化情况来看，由于 λ_1、λ_2 均为负实数，因此，$u_C(t)$ 是随时间衰减的指数函数。这表明电路的响应是非振荡性的，这是因为电路中电阻很大，在电容、电感进行能量转移时，电阻在很短的时间内消耗了大量的能量，使得电容在释放出能量后还来不及从电感重新获得能量，电路中的能量就被电阻耗尽，形成了非振荡性的衰减，因此，将这种情况称为过阻尼情况。

$u_C(t)$ 和 $i_L(t)$ 的变化曲线如图 6-37 所示。

实际上，当 $u_C(0_-) = 0$，$i_L(0_-) \neq 0$ 或 $u_C(0_-) \neq 0$，$i_L(0_-) = 0$ 时，即无论电容有初始储能还是电感有初始储能，抑或两者都有，只要电阻足够大，它消耗能量的速度足够快，动态元件的放电过程都很快，响应都是非振荡性衰减的。

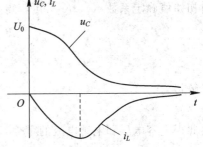

图 6-37　$u_C(t)$ 和 $i_L(t)$ 的变化曲线

2. 临界阻尼情况

当 $\left(\dfrac{R}{2L}\right)^2 = \dfrac{1}{LC}$，亦即 $R = 2\sqrt{\dfrac{L}{C}}$ 时，固有频率

为两个相等的负实根，$\lambda_1 = \lambda_2 = \lambda = R = -\dfrac{R}{2L}$，此时，称为临界阻尼(critically damped)情况。其响应形式为

$$u_C(t) = K_1\mathrm{e}^{\lambda t} + K_2 t\mathrm{e}^{\lambda t} \tag{6-48}$$

式(6-48)中常数 K_1、K_2 由初始条件确定。

$$u_C(0_+) = K_1 \tag{6-49}$$

$$u_C'(0_+) = \lambda K_1 + K_2 = \frac{i_C(0_+)}{C} = \frac{i_L(0_+)}{C} \tag{6-50}$$

将式(6-49)与式(6-50)联立可解得

$$K_1 = u_C(0_+)$$

$$K_2 = \frac{i_L(0_+)}{C} - \lambda u_C(0_+)$$

将 K_1、K_2 代入式(6-48)即可得到电容电压的零输入响应：

$$u_C(t) = u_C(0_+)\,\mathrm{e}^{\lambda t} + \left[\frac{i_C(0_+)}{C} - \lambda u_C(0_+)\right] t\mathrm{e}^{\lambda t} \qquad (6-51)$$

电路中的电流为

$$i_L(t) = C\frac{\mathrm{d}u_C(t)}{\mathrm{d}t} = C\lambda u_C(0_+)\,\mathrm{e}^{\lambda t} + \left[i_L(0_+) - C\lambda u_C(0_+)\right](\mathrm{e}^{\lambda t} + t\mathrm{e}^{\lambda t}) \qquad (6-52)$$

从式(6-51)和式(6-52)可以看到,电路的响应仍然是非振荡性的。因为电路中的电阻还相对较大,消耗能量也很快,使得电容、电感之间的能量交换还形不成往复循环,若电阻再小一点,则能量交换就会形成循环,引起振荡。因此,电路此时恰好处于振荡与非振荡的边缘,故称为临界阻尼情况,此时的电阻 $R = 2\sqrt{\dfrac{L}{C}}$ 也称为临界电阻。

【例 6.18】 电路如图 6-38 所示。已知 $R = 1\ \Omega$, $L = 0.25\ \mathrm{H}$, $C = 1\ \mathrm{F}$, $u_C(0_+) = -1\ \mathrm{V}$, $i_L(0_+) = 0$。求电容电压和电感电流的零输入响应。

解 将 R、L、C 的值代入式(6-43),算出固有频率:

$$\lambda_{1,2} = -\frac{R}{2L} \pm \sqrt{\left(\frac{R}{2L}\right)^2 - \frac{1}{LC}} = -2 \pm \sqrt{2^2 - 4} = -2$$

固有频率为两个相等的负实根,这是临界阻尼情况。将固有频率代入式(6-48),得

$$u_C(t) = K_1\mathrm{e}^{-2t} + K_2 t\mathrm{e}^{-2t} \qquad (t \geqslant 0)$$

由初始值确定系数 K_1、K_2,可解得

$$u_C(0_+) = K_1 = -1\ \mathrm{V}$$

$$u_C'(0_+) = \frac{1}{C}i_C(0_+) = -2K_1 + K_2 = \frac{i_L(0_+)}{C} = 0$$

可解得

$$K_1 = -1,\ K_2 = -2$$

由此得电容电压和电感电流的零输入响应:

$$u_C(t) = (-\mathrm{e}^{-2t} - 2t\mathrm{e}^{-2t})\ \mathrm{V} \qquad (t \geqslant 0)$$

$$i_L(t) = i_C(t) = C\frac{\mathrm{d}u_C(t)}{\mathrm{d}t} = 4t\mathrm{e}^{-2t}\ \mathrm{A} \qquad (t \geqslant 0)$$

$u_C(t)$ 和 $i_L(t)$ 的波形如图 6-38 所示。

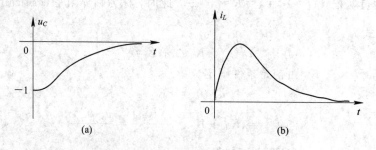

图 6-38 $u_C(t)$ 和 $i_L(t)$ 的波形图

3. 欠阻尼情况

当 $\left(\dfrac{R}{2L}\right)^2 < \dfrac{1}{LC}$,亦即 $R < 2\sqrt{\dfrac{L}{C}}$ 时,电路的固有频率为两个共轭复根。

$$\lambda_{1,2}=-\frac{R}{2L}\pm\sqrt{\left(\frac{R}{2L}\right)^2-\frac{1}{LC}}=-\alpha\pm j\sqrt{\omega_0^2-\alpha^2}=-\alpha\pm j\omega_d$$

其中，$\alpha=\dfrac{R}{2L}$ 称为衰减系数；$\omega_d=\sqrt{\omega_0^2-\alpha^2}$ 称为衰减振荡角频率；$\omega_0=\dfrac{1}{\sqrt{LC}}$ 称为谐振角频率或无阻尼振荡角频率。

此时称为欠阻尼(under damped)情况，其响应形式为

$$u_C(t)=e^{-\alpha t}(K_1\cos\omega_d t+K_2\sin\omega_d t)=Ke^{-\alpha t}\cos(\omega_d t+\varphi) \tag{6-53}$$

其中，$K=\sqrt{K_1^2+K_2^2}$，$\varphi=-\arctan\dfrac{K_2}{K_1}$，$K_1$、$K_2$ 由初始条件 $u_C(0_+)$ 和 $u_C'(0_+)$ 确定。

$$u_C(0_+)=K_1$$

$$u_C'(0_+)=-\alpha K_1+\omega_d K_2=\frac{i_L(0_+)}{C}$$

从式(6-53)可以看出，$u_C(t)$ 是一种正弦振荡，其振幅为 $Ke^{-\alpha t}$。由于 $\alpha=\dfrac{R}{2L}>0$，所以 $Ke^{-\alpha t}$ 是衰减的指数函数，其振幅(包络线)按指数规律衰减振荡。

在欠阻尼情况下，假设 $u_C'(0_+)\neq0$，$i_L(0_+)=0$，电容有初始储能而电感没有。当换路后，电容开始放电，电容电压开始下降，而电感电流开始增大，电感储能增加，同时电阻也在持续消耗能量，经过一段时间后，电容的初始储能全部释放完毕，这时电感电流达到最大值。从这一时刻以后，电感会放电，释放的能量一部分继续被电阻消耗，而另一部分给电容反向充电，如此一来，由于电阻很小，消耗能量的速度有限，一部分能量会在电容和电感之间来回转移，从而在电路中形成振荡。由于电阻始终在消耗能量，因此能量在动态元件之间交换时，电容电压和电感电流每次达到的峰值总要比前一次低一点，因此，这种振荡是衰减的。当 $t\to\infty$ 时能量消耗殆尽，电路响应也衰减到零。

【例6.19】 在 RLC 串联电路中，$R=6\ \Omega$，$L=1\ H$，$C=0.04\ F$，$u_C(0_+)=3\ V$，$i_L(0_+)=0.28A$。求 $t\geq0$ 时的 $u_C(t)$ 和 $i_C(t)$ 的零输入响应。

解 将 RLC 的值代入式(6-43)求出固有频率：

$$\lambda_{1,2}=-\frac{R}{2L}\pm\sqrt{\left(\frac{R}{2L}\right)^2-\frac{1}{LC}}=-3\pm\sqrt{3^2-5^2}=-3\pm j4$$

即

$$\alpha=3,\ \omega_d=4$$

将两个固有频率代入式(6-53)，有

$$u_C(t)=e^{-3t}(K_1\cos4t+K_2\sin4t)\quad(t\geq0)$$

由初始条件确定 K_1、K_2：

$$\begin{cases}u_C(0_+)=K_1\\u_C'(0_+)=3K_1+4K_2=\dfrac{i_L(0_+)}{C}=7\end{cases}\Rightarrow\begin{cases}K_1=3\\K_2=4\end{cases}$$

由此得 $u_C(t)$ 和 $i_L(t)$ 的零输入响应：

$$u_C(t)=e^{-3t}(3\cos4t+4\sin4t)=5e^{-3t}\cos(4t-53.1°)V\quad(t\geq0)$$

$$i_L(t)=C\frac{du_C(t)}{dt}=0.04e^{-3t}(7\cos4t-24\sin4t)=e^{-3t}\cos(4t+73.74°)A\quad(t\geq0)$$

图 6-39(a)和(b)画出了电容电压和电感电流的变化曲线。

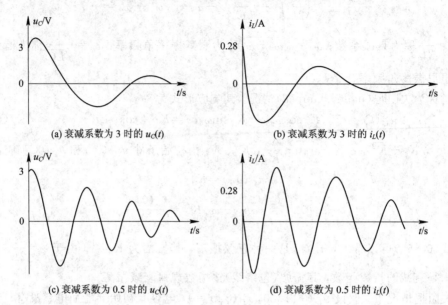

(a) 衰减系数为 3 时的 $u_C(t)$ (b) 衰减系数为 3 时的 $i_L(t)$

(c) 衰减系数为 0.5 时的 $u_C(t)$ (d) 衰减系数为 0.5 时的 $i_L(t)$

图 6-39 电容电压和电感电流的变化曲线

将电阻从 $R=6\ \Omega$ 减小到 $R=1\ \Omega$，衰减系数由 3 变为 0.5，电容电压和电感电流的波形曲线如图 6-39(c)和(d)所示，从图中可以看出，曲线衰减得明显变慢，即衰减系数 α 越大衰减越快。衰减振荡的角频率 ω_d 越大，振荡周期越小，振荡越快。同样，电阻越小，消耗能量的速率也越慢，能量在动态元件之间形成的振荡也越明显。

4. 无阻尼情况——RC 振荡电路

当 $R=0$ 时，固有频率为一对共轭虚数，$\lambda_{1,2}=\pm\sqrt{-\dfrac{1}{LC}}=\pm j\dfrac{1}{\sqrt{LC}}=\pm j\omega_0$，此时称为无阻尼情况，其响应形式为

$$u_C(t)=K_1\cos\omega_0 t+K_2\sin\omega_0 t=K\cos(\omega_0 t+\varphi) \tag{6-54}$$

其中：

$$K=\sqrt{K_1^2+K_2^2},\ \varphi=-\arctan\frac{K_2}{K_1}$$

K_1、K_2 由初始条件确定：

$$\begin{cases}u_C(0_+)=K_1\\ u_C'(0_+)=\omega_0 K_2=\dfrac{i_L(0_+)}{C}\end{cases}\Rightarrow\begin{cases}K_1=u_C(0_+)\\ K_2=\dfrac{i_L(\infty)}{\omega_0 C}\end{cases}$$

可得 $u_C(t)$ 和 $i_L(t)$ 的零输入响应：

$$u_C(t)=u_C(0_+)\cos\omega_0 t+\frac{i_L(0_+)}{\omega_0 C}\sin\omega_0 t \tag{6-55}$$

$$i_L(t)=C\frac{\mathrm{d}u_C(t)}{\mathrm{d}t}=-C\omega_0 u_C(0_+)\sin\omega_0 t+i_L(0_+)\cos\omega_0 t \tag{6-56}$$

从式(6-55)和式(6-56)中可以看出，电路中电压和电流是按照正弦方式进行等幅振荡的，这种电路称为 LC 振荡电路。因为电路中的电阻为零，没有能量损耗，能量只会在电

容和电感之间来回交换，振荡过程是等幅的，故称为无阻尼情况。

无阻尼可以看作欠阻尼情况的特例或极限形式，$u_C(t)$ 和 $i_L(t)$ 的波形如图 6-40 所示。

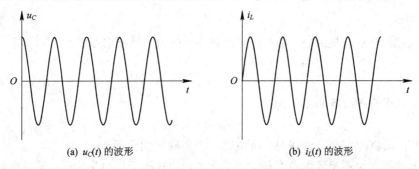

(a) $u_C(t)$ 的波形　　　　　　　　　　(b) $i_L(t)$ 的波形

图 6-40　无阻尼时 $u_C(t)$ 和 $i_L(t)$ 的波形

表 6-1 列出了 RLC 串联电路各种情况下的零输入响应形式。

表 6-1　RLC 串联电路的零输入响应

情况分类	条件	固有频率	响应形式
过阻尼情况	$R>2\sqrt{\dfrac{L}{C}}$	两个不相等的负实根 λ_1、λ_2	$y(t)=K_1\mathrm{e}^{\lambda_1 t}+K_2\mathrm{e}^{\lambda_2 t}$
临界阻尼情况	$R=2\sqrt{\dfrac{L}{C}}$	一对重负实根 $\lambda_1=\lambda_2=\lambda$	$y(t)=K_1\mathrm{e}^{\lambda t}+K_2 t\mathrm{e}^{\lambda t}$
欠阻尼情况	$R<2\sqrt{\dfrac{L}{C}}$	一对共轭复根 $\lambda_{1,2}=-\alpha\pm\mathrm{j}\omega_\mathrm{d}$	$\begin{aligned}y(t)&=\mathrm{e}^{-\alpha t}(K_1\cos\omega_\mathrm{d}t+K_2\sin\omega_\mathrm{d}t)\\&=K\mathrm{e}^{-\alpha t}\cos(\omega_\mathrm{d}t+\varphi)\end{aligned}$
无阻尼情况	$R=0$	一对共轭虚根 $\lambda_{1,2}=\pm\mathrm{j}\omega_0$	$\begin{aligned}y(t)&=K_1\cos\omega_0 t+K_2\sin\omega_0 t\\&=K\cos(\omega_0 t+\varphi)\end{aligned}$

从上面的分析可以看出，RLC 二阶电路的零输入响应形式取决于固有频率，我们将响应的几种情况画在图 6-41 中，读者可以加以比较，以加深理解。

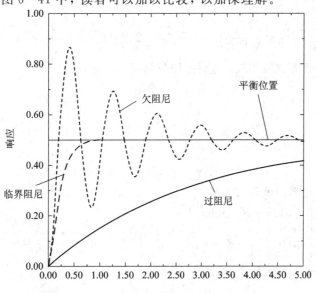

图 6-41　RLC 二阶电路的零输入响应形式

6.3.2 RLC 串联电路的全响应和零状态响应

1. 全响应

RLC 电路的全响应是由电路的初始储能和外加电源共同作用形成的，其电路方程如下：

$$LC \frac{\mathrm{d}^2 u_C(t)}{\mathrm{d}t^2} + RC \frac{\mathrm{d}u_C(t)}{\mathrm{d}t} + u_C(t) = U_s \tag{6-57}$$

其解由齐次方程的齐次解和特解组成

$$u_C(t) = u_{Ch}(t) + u_{Cp}(t)$$

其中，齐次解 $u_{Ch}(t)$ 前面已经讲过，将由固有频率确定响应形式。

如当固有频率为不相等的负实根 $\lambda_1 \neq \lambda_2 < 0$ 时，就属于过阻尼情况。其齐次解为

$$u_{Ch}(t) = K_1 e^{\lambda_1 t} + K_2 e^{\lambda_2 t}$$

而微分方程的特解为

$$u_{Cp}(t) = U_s$$

则全响应为

$$u_C(t) = u_{Ch}(t) + u_{Cp}(t) = K_1 e^{\lambda_1 t} + K_2 e^{\lambda_2 t} + U_s \tag{6-58}$$

利用两个初始条件 $u_C(0_+)$ 和 $u_C'(0_+)$，确定 K_1、K_2：

$$u_C(0_+) = K_1 + K_2 + U_s \tag{6-59}$$

$$u_C'(0_+) = K_1 \lambda_1 + K_2 \lambda_2 = \frac{i_L(0_+)}{C} \tag{6-60}$$

联立式(6-59)和式(6-60)解出 K_1、K_2，便可得到电容电压的全响应。再利用 KCL 和元件的 VCR，可求得 $i_L(t)$ 的全响应。下面举例加以说明。

【例 6.20】 在 RLC 串联电路中，已知 $R = 4\ \Omega$，$L = 1\ \mathrm{H}$，$C = \frac{1}{3}\ \mathrm{F}$，$U_s = 2\ \mathrm{V}$，$u_C(0_+) = 6\ \mathrm{V}$，$i_L(0_+) = 4\ \mathrm{A}$。求 $t \geq 0$ 时，电容电压和电感电流的全响应。

解 首先计算固有频率：

$$\lambda_{1.2} = -\frac{R}{2L} \pm \sqrt{\left(\frac{R}{2L}\right)^2 - \frac{1}{LC}} = -2 \pm \sqrt{4-3} = -2 \pm 1 = \begin{cases} -1 \\ -3 \end{cases}$$

固有频率为不相等的负实根，这是过阻尼情况，其通解为

$$u_{Cp}(t) = K_1 e^{-t} + K_2 e^{-3t} \quad (t \geq 0)$$

特解为

$$u_{Cp}(t) = 2\ \mathrm{V}$$

全响应为

$$u_C(t) = K_1 e^{-t} + K_2 e^{-3t} + 2 \quad (t \geq 0)$$

由初始条件确定 K_1 和 K_2：

$$\begin{cases} u_C(0_+) = K_1 + K_2 + 2 = 6 \\ u_C'(0_+) = -K_1 - 3K_2 = \dfrac{i_L(0_+)}{C} = 12 \end{cases} \Rightarrow \begin{cases} K_1 = 12 \\ K_2 = -8 \end{cases}$$

则得 $u_C(t)$、$i_L(t)$ 的全响应：

$$u_C(t) = (12e^{-t} - 8e^{-3t} + 2)\ \mathrm{V} \quad (t \geq 0)$$

$$i_L(t) = C\frac{\mathrm{d}u_C(t)}{\mathrm{d}t} = (-4\mathrm{e}^{-t} + 8\mathrm{e}^{-3t})\,\mathrm{A} \quad (t \geqslant 0)$$

2. 零状态响应

RLC 串联电路的零状态响应是初始状态为零时所得到的响应。求解零状态响应和全响应所需的方程是完全一样的，过程也是一样的，唯一的区别是：全响应中求系数 K_1 和 K_2 时需要非零的初始值，而零状态响应中求解系数 K_1 和 K_2 需要的 $u_C(0_+)$，$i_L(0_+)$ 则为零。

需要注意的是，由于二阶动态电路有两个动态元件，只有当两个动态元件的初始状态全部为零时才能称作零状态响应，只要有一个元件的初始储能不为零，都不能算是零状态响应。

【例 6.21】　在 RLC 串联电路中，已知 $R = 6\,\Omega$，$L = 1\,\mathrm{H}$，$C = 0.04\,\mathrm{F}$，$u_S(t) = 1\,\mathrm{V}$，求 $t > 0$ 时，电容电压的零状态响应。

解　首先求固有频率：

$$\lambda_{1,2} = -\frac{R}{2L} \pm \sqrt{\left(\frac{R}{2L}\right)^2 - \frac{1}{LC}} = -3 \pm \sqrt{3^2 - 5^2} = -3 \pm \mathrm{j}4$$

固有频率为一对共轭复根，这是欠阻尼情况，其响应为

$$u_C(t) = \mathrm{e}^{-3t}(K_1\cos 4t + K_2\sin 4t) + 1$$

由初始条件 $u_C(0_+) = 0$ 和 $i_L(0_+) = 0$ 确定 K_1、K_2：

$$\begin{cases} u_C(0_+) = K_1 + 1 = 0 \\ u'_C(0_+) = -3K_1 + 4K_2 = 0 \end{cases} \Rightarrow \begin{cases} K_1 = -1 \\ K_2 = -0.75 \end{cases}$$

得到电容电压的零状态响应

$$u_C(t) = \mathrm{e}^{-3t}(-\cos 4t - 0.75\sin 4t) + 1 = [1.25\mathrm{e}^{-3t}\cos(4t + 14.3°) + 1]\,\mathrm{V}$$

图 6-42(a)、(b) 画出了电容电压和电感电流的波形曲线。

若电阻 $R = 6\,\Omega$ 减小到 $R = 1\,\Omega$，衰减系数由 3 变为 0.5，则得到电容电压和电感电流的零状响应的波形曲线如图 6-42(c) 和 (d) 所示。

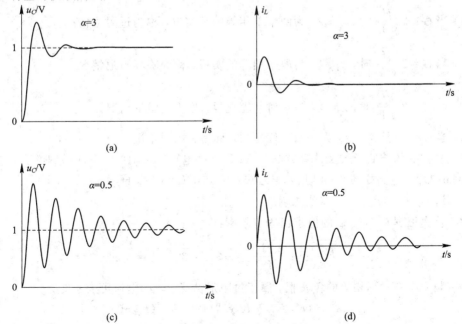

(a)　　　　　　　　　　　　　　　(b)

(c)　　　　　　　　　　　　　　　(d)

图 6-42　电容电压和电感电流的零状态响应下的波形曲线

6.3.3 GCL 并联电路

GCL 并联电路的分析方法与 RLC 串联电路的分析方法相同,结论也相同,只是具体到固有频率的表达式略有差异。GCL 并联电路如图 6-43 所示。

为了得到电路的微分方程,列出 KCL 方程:

$$i_R(t) + i_L(t) + i_C(t) = i_S(t) \quad (6-61)$$

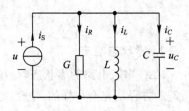

图 6-43 GCL 并联电路

由元件 VCR 可知

$$u(t) = u_L(t) = u_C(t) = L\frac{di_L(t)}{dt}$$

$$i_R(t) = Gu(t) = GL\frac{di_L(t)}{dt}$$

$$i_C(t) = C\frac{du_C(t)}{dt} = LC\frac{d^2 i_L(t)}{dt^2}$$

代入式(6-61)得

$$LC\frac{d^2 i_L(t)}{dt^2} + GL\frac{di_L(t)}{dt} + i_L(t) = i_S(t)$$

这是一个二阶线性常系数非齐次微分方程,其特征方程为

$$LC\lambda^2 + GL\lambda + 1 = 0$$

特征根为

$$\lambda_{1,2} = -\frac{G}{2C} \pm \sqrt{\left(\frac{G}{2C}\right)^2 - \frac{1}{LC}}$$

元件参数 G、C、L 取不同值时,固有频率可分为以下四种情况:

(1) 当 $G > 2\sqrt{\frac{C}{L}}$ 时,λ_1、λ_2 为两个不相等的负实根,称为过阻尼情况。

(2) 当 $G = 2\sqrt{\frac{C}{L}}$ 时,λ_1、λ_2 为两个相等的实根,称为临界阻尼情况。

(3) 当 $G < 2\sqrt{\frac{C}{L}}$ 时,λ_1、λ_2 为一对共轭复根,称为欠阻尼情况。

(4) 当 $G = 0$ 时,λ_1、λ_2 为一对共轭虚根,称为无阻尼情况。

这四种情况的响应形式及计算方法与 RLC 串联电路是类似的,下面举例说明。

【例 6.22】 电路如图 6-43 所示。已知 $G=3$ S,$L=0.25$ H,$C=0.5$ F,$i_S(t)=1$ A。求 $t \geqslant 0$ 时,$i_L(t)$ 和 $u_C(t)$ 的零状态响应。

解 首先根据 G、C、L 的值求出固有频率:

$$\lambda_{1,2} = -\frac{G}{2C} \pm \sqrt{\left(\frac{G}{2C}\right)^2 - \frac{1}{LC}} = -3 \pm \sqrt{3^2 - 8} = -3 \pm 1 = \begin{cases} -2 \\ -4 \end{cases}$$

固有频率是一对不相等的负实根,属于过阻尼情况,电感电流可表示为

$$i_L(t) = (K_1 e^{-2t} + K_2 e^{-4t} + 1)\,\text{A} \quad (t \geqslant 0)$$

由初始状态 $u_C(0_-) = 0$,$i_L(0_-) = 0$,确定 K_1、K_2:

$$\begin{cases} i_L(0_+) = K_1 + K_2 + 1 = 0 \\ i'_L(0_+) = -2K_1 - 4K_2 = \dfrac{u_C(0_+)}{L} \end{cases} \Rightarrow \begin{cases} K_1 = -2 \\ K_2 = 1 \end{cases}$$

最后得到电感电流和电容电压：

$$i_L(t) = (-2e^{-2t} + e^{-4t} + 1) \, \text{A} \quad (t \geqslant 0)$$

$$u_C(t) = L\frac{\mathrm{d}i_L(t)}{\mathrm{d}t} = (e^{-2t} - e^{-4t}) \, \text{V} \quad (t \geqslant 0)$$

GCL 并联电路的分析方法与 RLC 串联电路很相似，实际上它们满足电路的对偶性。

6.3.4　一般二阶电路

除了 RLC 串联和 GCL 并联二阶电路外，还有很多的二阶电路中看不出两个动态元件之间有明确的串、并联关系，即混联的状态。这种电路的分析方法同前面的 RLC 串联和 GCL 并联电路一样，也是先列出电路方程，然后由固有频率确定响应形式，最后由初始条件确定系数。一般的二阶电路中的关键问题是如何建立电路的二阶微分方程及求出相应的初始条件。现举例加以说明。

【例 6.23】　电路如图 6-44(a)所示。原已处于稳态，当 $t=0$ 时，开关由 a 扳到 b。已知 $u_S(t) = 6e^{-3t} \, \text{V}$，试求 $t \geqslant 0$ 时的 $u_C(t)$。

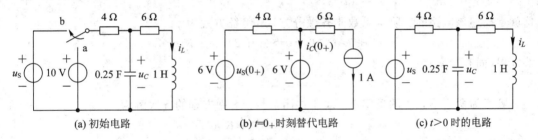

图 6-44　例 6.23 图

解　先求出电容电压和电感电流的初始值

$$u_C(0_+) = u_C(0_-) = \frac{6}{4+6} \times 10 \, \text{V} = 6 \, \text{V}$$

$$i_L(0_+) = i_L(0_-) = \frac{10}{4+6} \text{A} = 1 \, \text{A}$$

若求以 $u_C(t)$ 为变量的二阶微分方程，还需知另一个初始条件 $u'_C(0_+)$，此时的 $u'_C(0_+)$ 就不能简单地套用前面的结论了。因为在混联电路中，一般 $u_C(t) \neq u_L(t)$，$i_C(t) \neq i_L(t)$，这就要用一阶电路中求初始值的方法，求出 $i_C(0_+)$ 和 $u_L(0_+)$ 的值，然后利用电容电感的 VCR 求出 $u'_C(0_+)$ 和 $i'_L(0_+)$ 的值（详情请参考例 6.3）。

作 $t=0_+$ 时刻的替代电路，电容相当于 6 V 的电压源，电感相当于 1 A 的电流源。当然，在 $t=0_+$ 时刻，$u_S(0_+) = 6 \, \text{V}$，如图 6-44(b)所示。

由图 6-44(b)可解得

$$i_C(0_+) = -1 \, \text{A}$$

则

$$u'_C(0_+) = \frac{\mathrm{d}u_C(t)}{\mathrm{d}t}\bigg|_{t=0_+} = \frac{i_C(0_+)}{C} = -4 \, \text{V/s}$$

当 $t > 0$ 时电路如图 $6-44(c)$ 所示。以 $u_C(t)$ 和 $i_L(t)$ 为变量，列出两个回路的 KVL 方程：

$$4\left[\frac{1}{4} \cdot \frac{\mathrm{d}u_C(t)}{\mathrm{d}t} + i_L(t)\right] + u_C(t) = u_S(t) \tag{6-62}$$

$$-u_C(t) + 6i_L(t) + 1 \cdot \frac{\mathrm{d}i_L(t)}{\mathrm{d}t} = 0 \tag{6-63}$$

由式 $(6-62)$ 可得

$$i_L(t) = \frac{1}{4}u_S(t) - \frac{1}{4}u_C(t) - \frac{1}{4} \cdot \frac{\mathrm{d}u_C(t)}{\mathrm{d}t} \tag{6-64}$$

则

$$\frac{\mathrm{d}i_L(t)}{\mathrm{d}t} = \frac{1}{4} \cdot \frac{\mathrm{d}u_S(t)}{\mathrm{d}t} - \frac{1}{4} \cdot \frac{\mathrm{d}u_C(t)}{\mathrm{d}t} - \frac{1}{4} \cdot \frac{\mathrm{d}^2 u_C(t)}{\mathrm{d}t^2} \tag{6-65}$$

将式 $(6-64)$、式 $(6-65)$ 代入式 $(6-63)$ 得

$$-u_C(t) + 6\left[\frac{1}{4}u_S(t) - \frac{1}{4}u_C(t) - \frac{1}{4} \cdot \frac{\mathrm{d}u_C(t)}{\mathrm{d}t}\right] + \frac{1}{4} \cdot \frac{\mathrm{d}u_S(t)}{\mathrm{d}t} - \frac{1}{4} \cdot \frac{\mathrm{d}u_C(t)}{\mathrm{d}t} - \frac{1}{4} \cdot \frac{\mathrm{d}^2 u_C(t)}{\mathrm{d}t^2} = 0$$

整理得

$$\frac{\mathrm{d}^2 u_C(t)}{\mathrm{d}t^2} + 7 \cdot \frac{\mathrm{d}u_C(t)}{\mathrm{d}t} + 10u_C(t) = \frac{\mathrm{d}u_S(t)}{\mathrm{d}t} + 6u_S(t) \quad (t \geqslant 0)$$

这就是描述该电路的二阶常系数非齐微分方程。特征方程为

$$\lambda^2 + 7\lambda + 10 = 0 \Rightarrow (\lambda + 2)(\lambda + 5) = 0$$

特征根（固有频率）为

$$\lambda_1 = -2, \ \lambda_2 = -5$$

固有频率为两个不相等的负实数，属于过阻尼情况，则方程的齐次解为

$$u_{Ch}(t) = K_1 \mathrm{e}^{-2t} + K_2 \mathrm{e}^{-5t}$$

当激励为 $u_S(t) = 6\mathrm{e}^{-3t}$，$t > 0$ 时，特解也是指数函数，且满足原方程，可设为

$$u_{Cp}(t) = B\mathrm{e}^{-3t}$$

代入方程，得

$$9B\mathrm{e}^{-3t} - 21B\mathrm{e}^{-3t} + 10B\mathrm{e}^{-3t} = -18\mathrm{e}^{-3t} + 36\mathrm{e}^{-3t}$$

求出 B，即可得特解：

$$B = -9 \Rightarrow u_{Cp}(t) = -9\mathrm{e}^{-3t}$$

则全响应为

$$u_C(t) = u_{Ch}(t) + u_{Cp}(t) = K_1 \mathrm{e}^{-2t} + K_2 \mathrm{e}^{-5t} - 9\mathrm{e}^{-3t} \quad (t \geqslant 0)$$

由初始条件 $u_C(0_+)$ 和 $u_C'(0_+)$ 确定系数 K_1、K_2：

$$\begin{cases} u_C(0_+) = K_1 + K_2 - 9 = 6 \\ u_C'(0_+) = -2K_1 - 5K_2 + 27 = -4 \end{cases} \Rightarrow \begin{cases} K_1 = \dfrac{44}{3} \\ K_2 = \dfrac{1}{3} \end{cases}$$

最后得电容电压 $u_C(t)$ 的全响应为

$$u_C(t) = \left(\frac{44}{3}\mathrm{e}^{-2t} + \frac{1}{3}\mathrm{e}^{-5t} - 9\mathrm{e}^{-3t}\right) \mathrm{V} \quad (t \geqslant 0)$$

从以上的计算过程可以看出，分析一般二阶电路的步骤可归纳为以下几步：

（1）以 u_C 和 i_L 为变量列出两个联立的一阶微分方程（若是两个电容或两个电感，则列出以 u_{C1}、u_{C2} 或 i_{L1}、i_{L2} 为变量的一阶微分方程组）。

（2）将联立的一阶微分方程组变换为一个二阶微分方程。

（3）求出固有频率确定响应形式。

（4）求电路的初始条件 $u_C(0_+)$、$u_C'(0_+)$ 或 $i_L(0_+)$、$i_L'(0_+)$。

（5）由初始条件确定系数，最终得到电路响应。

6.4 知识拓展与实际应用

6.4.1 闪光灯电路分析

电子闪光灯装置是 RC 电路应用中的一个实例。图 6-45 所示为闪光灯简化电路。它主要由一个直流电压源、一个限流大电阻 R_1 和一个与闪光灯并联的电容 C 组成，闪光灯等效为一个电阻 R_L。当开关处于位置 1 时，时间常数（$\tau_1 = R_1 C$）很大，电容器被缓慢地充电，如图 6-46(a) 所示。电容器的电压慢慢地由零上升到 U_S，而其电流逐渐由 $I_1 = U_S/R_1$ 下降到零。充电时间近似等于 5 倍时间常数，即

$$t_{充电} = 5R_1 C \tag{6-66}$$

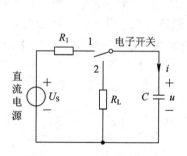

图 6-45 闪光灯简化电路

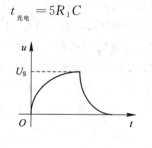
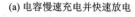
(a) 电容慢速充电并快速放电

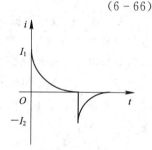
(b) 电容充电和放电时的电流

图 6-46 电容充放电时电压和电流的波形

在开关处于位置 2 时，电容器放电，闪光灯小电阻 R_L 使该电路在很短的时间内产生很大的放电电流，其峰值 $I_2 = U_S/R_L$，如图 6-46(b) 所示。放电时间近似等于 5 倍时间常数，即

$$t_{放电} = 5R_L C \tag{6-67}$$

图 6-45 所示电路能产生短时间的大电流脉冲，此类电路还可以用于电子焊机和雷达发射管等装置中。

【例 6.24】 电子闪光灯简化电路如图 6-45 所示。其限流电阻 R_1 是 5 kΩ，电容 C 是 2000 μF，它被充电到 200 V，闪光灯电阻 R_L 是 10 Ω，求：

（1）峰值充电电流。

（2）电容器完全充电所需的时间。

（3）峰值放电电流。

（4）电容器所储存的总能量。

（5）闪光灯所消耗的平均功率。

解 （1）峰值充电电流为

$$I_1 = \frac{U_S}{R_1} = \frac{200}{5 \times 10^3}\text{A} = 40 \text{ mA}$$

（2）近似认为充电时间为 5 倍时间常数，有

$$t_{充电} = 5R_1C = 5 \times 5 \times 10^3 \times 2 \times 10^{-3}\text{s} = 50 \text{ s}$$

（3）峰值放电电流为

$$I_2 = \frac{U_S}{R_L} = \frac{200}{10}\text{A} = 20 \text{ A}$$

（4）电容器存储的能量为

$$W = \frac{1}{2}CU_S^2 = \frac{1}{2} \times 2 \times 10^{-3} \times 200^2 \text{J} = 40 \text{ J}$$

（5）电容器存储的能量在放电期间被消耗掉，放电时间为

$$t_{放电} = 5R_LC = 5 \times 10 \times 2 \times 10^{-3}\text{s} = 0.1 \text{ s}$$

所以，R 消耗的平均功率为

$$P = \frac{W}{t_{放电}} = \frac{40}{0.1}\text{W} = 400 \text{ W}$$

6.4.2 延时电路

RC 电路可以用来提供不同的时间延迟，图 6-47 所示为一个延时电路。电路由一个电容器和与其并联的氖灯组成，电压源可提供足够的电压使氖灯点亮。当开关 S 闭合时，电容器上的电压逐渐增加到 110 V，增长的速率取决于电路的时间常数（$\tau = (R_1 + R_2)C$）。初始状态为氖灯不亮，相当于开路，直到超过某个电压（如 70 V）后才点亮发光。氖灯点亮后，电容器就通过它放电，由于氖灯亮后其电阻较小，电容器上的电压很快就降低而使氖灯熄灭。

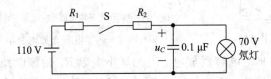

图 6-47　RC 延时电路

熄灭后的氖灯又相当于开路，电容器被再次充电，调节电阻 R，可以改变电路的延迟时间。

每经过一次 $\tau = (R_1 + R_2)C$ 的时间，氖灯由点亮到熄灭，电容再充电到再放电，这样周而复始。由于氖灯的电阻很小，电容放电的时间亦很短，时间常数 τ 决定了电容器上电压升高到点亮氖灯及下降到使氖灯熄灭所需的时间。

在道路施工处常见的闪烁警示灯就是这种 RC 延时电路的例子。

【例 6.25】 在图 6-47 所示电路中，假设 $R_1 = 1$ MΩ，$0 < R_2 < 1.5$ MΩ。

（1）计算电路两个极限时间常数值。

（2）若 R_2 定为最大值，则开关第一次闭合后，需要多长时间氖灯才能点亮？

解　（1）当 R_2 取最小值零时，对应的时间常数为

$$\tau_1 = (R_1 + R_2)C = 1 \times 10^6 \times 0.1 \times 10^{-6}\text{s} = 0.1 \text{ s}$$

当 R_2 取最大值 1.5 MΩ 时，对应的时间常数为

$$\tau_2 = (R_1 + R_2)C = 2.5 \times 10^6 \times 0.1 \times 10^{-6}\text{s} = 0.25 \text{ s}$$

（2）假设电容器初始未被充电，即 $u_C(0_+) = 0$，而终值 $u_C(\infty) = 110$ V，则

$$u_C(t) = u_C(\infty) + [u_C(0_+) - u_C(\infty)]\text{e}^{-\frac{t}{\tau_2}} = 110(1 - \text{e}^{-\frac{t}{\tau_2}})\text{V}$$

灯亮时电容的端电压为 $u_C(t) = 70$ V，则有

$$70 = u_C(\infty) + [u_C(0_+) - u_C(\infty)]\text{e}^{-\frac{t}{\tau_2}} = 110(1 - \text{e}^{-\frac{t}{\tau_2}})\text{V}$$

计算得

$$t = \frac{1}{4}\ln 2.75 \text{ s} = 0.25 \text{ s}$$

6.4.3 汽车点火电路

电感有阻止其电流突变的特性，可用于电弧或火花发生器中，汽车点火电路就是利用这一特性工作的。

汽车的汽油发动机起动时要求气缸中的燃料空气混合体在适当的时候被点燃，该装置为点火火花塞，如图 6-48 所示。其结构是一对具有气隙间隔的电极。若在两个电极间施加高压（通常几千伏），则空气间隙中产生火花而点燃了发动机。汽车电池只有 12 V，怎样才能得到那么高的电压呢？这就要用一个电感线圈 L（点火线圈）。由于电感两端的电压是 $u = L\text{d}i/\text{d}t$，若

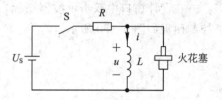

图 6-48 汽车点火电路

在很短的时间内使电流发生较大变化，则电感两端的电压很高。图 6-48 中，当点火开关闭合时，流过电感的电流逐渐增加而达到其终值，$i = U_S/R$，这里 $U_S = 12$ V，电感电流要充到终值所需的时间是电路时间常数的 5 倍，即

$$t_{充电} = 5\frac{L}{R} \tag{6-68}$$

稳态时，i 是常数，$\text{d}i/\text{d}t = 0$，所以电感两端的电压 $u = 0$。若开关突然断开，电感两端将形成一个很高的电压脉冲，造成电磁场的快速变化，从而在空气隙中产生火花或电弧，实现点火。

【例 6.26】 汽车点火装置电路如图 6-48 所示，其中点火线圈的电阻为 3 Ω，电感为 6 mH，若供电电池为 12 V，假设断开开关要 1 μs，求开关闭合后，点火线圈的终值电流、线圈中储存的能量和气隙的电压。

解 线圈的终值电流：

$$i = \frac{U_S}{R} = \frac{12}{3}\text{A} = 4 \text{ A}$$

线圈中存储的能量：

$$W = \frac{1}{2}Li^2 = \frac{1}{2} \times 6 \times 10^{-3} \times 4^2 \text{J} = 48 \text{ mJ}$$

空气隙的电压：

$$u = L\frac{\text{d}i}{\text{d}t} = 6 \times 10^{-3} \times \frac{4}{1 \times 10^{-6}}\text{V} = 24 \text{ kV}$$

6.4.4 计算机辅助分析

Multisim 可以提供丰富的虚拟仪表和图形界面来显示电路变量,使我们更好地理解动态元件的性质,了解和分析动态电路中各变量的响应形式。

动态电路的一个重要特征是具有从一个稳态到另一个稳态的瞬态过程,电路中各变量是与时间有关的函数。利用 Multisim 分析时,电路变量的瞬态响应过程可以用示波器或电路分析结果的图表来显示,如 Multisim 中的瞬态分析(transient analysis)。示波器只能用来显示电压变量,瞬态分析可以追踪电路中的所有结点电压和支路电流的变化。下面简单介绍 Multisim 中示波器的使用和电路的瞬态分析方法。

双通道示波器可以显示信号的大小和频率,能提供一个或两个信号随时间变化的曲线,也可以用于比较两个信号的波形。

使用示波器时,要从仪表工具栏(instrument toolbar)中点击示波器并放入设计窗口中。双通道示波器具有六个端钮,如图 6 - 49 所示。其中,A、B 通道各有两个端钮,每个通道的正极接入待测信号,负极接地,触发端钮用于外部信号触发显示,不用时悬空。

在设计窗口中双击示波器图标,可以进入控制面板,以便进行设置和测量结果的显示,控制面板如图 6 - 50 所示。

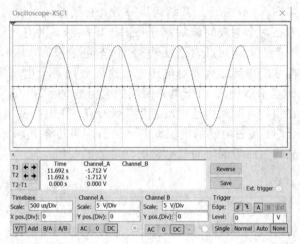

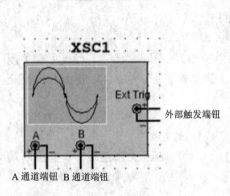

图 6 - 49 双通道示波器图标   图 6 - 50 控制面板

控制面板设置如下:

时间单位:当显示信号大小和时间的函数曲线时(Y/T),时间单位设置用于控制示波器的横轴(或 X 轴),可以调整时间基准以便清楚地显示信号。频率越高,时间单位越小。例如,如果需要观察 1 kHz 的信号,时间单位应设置为 1 ms 左右。

X 坐标(Position):用于设置 X 轴的起点,当该参数设置为 0 时,信号从左边显示,为正数时起点向右移,为负值时起点向左移。

坐标轴 Add、Y/T、A/B 和 B/A:Add 表示显示 A 通道与 B 通道信号代数和与时间的关系;Y/T 表示显示信号与时间的关系;A/B 表示显示通道 A 与通道 B 之间的关系;B/A 表示显示通道 B 与通道 A 之间的关系。

Y 坐标单位(Scale):表示 A 通道或 B 通道纵坐标的单位。

输入信号类型:根据信号类型可以设置 A 通道或 B 通道输入信号的类型为 AC/0/DC,

即交流/0/直流。另外，B 通道可以设置为"－"，表示对该信号求反，通过设置该信号以及坐标轴的 Add 可以求两个信号的差。

触发信号(Trigger)：当需要用外部信号控制示波器的显示时，可以将外部信号接入，在控制面板上设置触发方式为上升沿或下降沿。

当读取示波器的数值时，可以拖动显示区中的两个光标，其值分别显示在下方。

虚拟示波器显示具有直观、方便、接近实际仪表的优点，然而示波器只能测量电压信号，而电路分析中通常还需要显示电流变量。Multisim 提供了多种分析功能，比如，直流工作点分析(DC operating point analysis)、交流分析(AC analysis)、瞬态分析(transient analysis)、傅里叶分析(fourier analysis)等，这些分析功能的结果可以用图形或图表显示出来。其中瞬态分析可用于分析电路变量(包括各结点电压和含有电压源的支路电流)随时间变化的情况。为了显示电路中某支路的电流，需要利用一个小技巧：在需要显示电流的支路上添加一个电压值为 0 的电压源，点击 Simulate 菜单下 Analysis 中的 Transient Analysis，在弹出的对话框中选择 Output 页面，在输出变量中包含该电压源的电流即可，电压源的电流变量以 vv♯♯ branch 表示，其中第一个"♯"表示电压源的编号。

【例 6.27】　已知 $C = 0.5$ F 电容上的电压波形如图 6-51 所示。试求与电容电压关联的参考方向的电容电流。

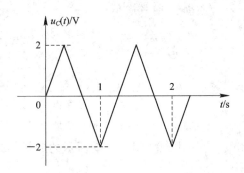

图 6-51　例 6.27 波形

解　图 6-51 中的电压波形为锯齿波，该信号可用函数信号发生器来产生。从 Instruments 菜单中选择 Function Generator 并放置于设计窗口中的相应位置，然后绘制电路，如图 6-52 所示。双击函数信号发生器，设置其参数如图 6-53 所示。

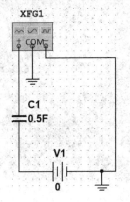

图 6-52　例 6.27 仿真电路

图 6-53　例 6.27 参数设置

选择 Simulate→Analysis →Transient Analysis 进入瞬态分析对话框，设置相应的分析参数(analysis parameters)：开始时间(start time)为 0、终止时间(end time)为 2，点击输出(out-put)页面，选择输出变量如图 6 - 54 所示。其参考方向为与电压源电压关联的参考方向，即从正极流向负极，其余设置为默认值。

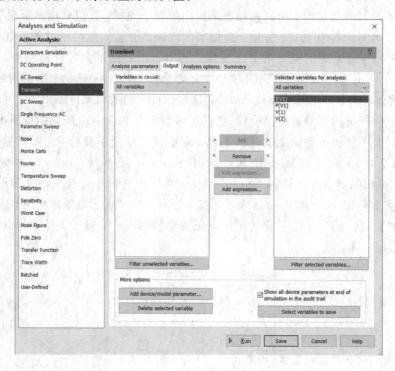

图 6 - 54   例 6.27 输出变量

单击对话框中的 Simulate，则出现如图 6 - 55 所示的分析结果，该结果反映了电容的电流和电压之间的关系。

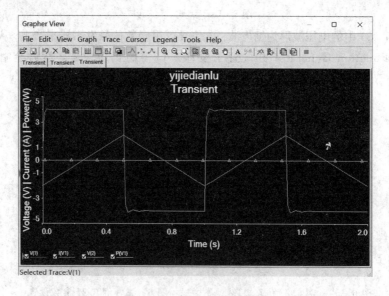

图 6 - 55   例 6.27 分析结果

【**例 6.28**】　仿真分析例 6.6，电路如图 6-15 所示，已知电感电流初始值为零，当 $t=0$ 时，开关闭合，求 $t \geqslant 0$ 时的 $i_L(t)$、$u_L(t)$。

解　在设计窗口中创建如图 6-56 所示电路。其中，S1 为延时单刀双掷开关，当 $t=0$ 时接通电路。

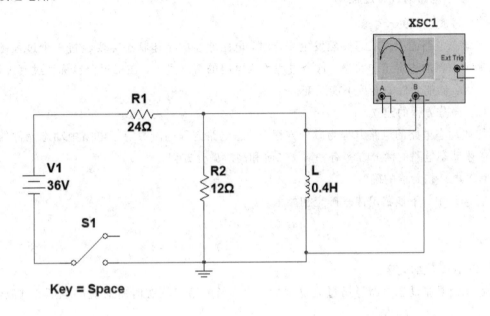

图 6-56　例 6.28 设计窗口

选择菜单 Simulate→Run，运行完毕后示波器显示结果如图 6-57 所示。从图中可以看出，当 $t=0$ 时，电感电压初始值 $u_L(0_-)=0$，$u_L(0_+)=12\ \mathrm{V}$；当 $t>0$ 时，$u_L(t)$ 呈指数衰减，大约在 200 ms 后达到稳定，即 τ 约为 50 ms，该结论与例 6.6 的理论计算结果吻合。

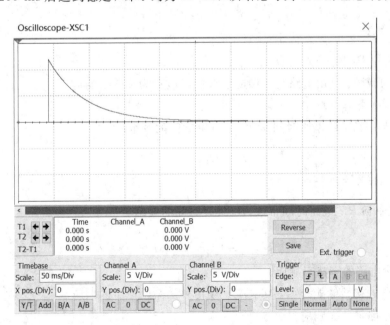

图 6-57　例 6.28 显示结果

本 章 小 结

1. 动态电路的过渡过程

(1) 过渡过程的产生。

当动态电路的工作状态突然发生变化时，电路原有的工作状态需要经过一个过程逐步到达另一个新的稳定工作状态，这个过程称为电路的暂态过程，在工程上也称为过渡过程。

原因：储能元件的能量不能跃变。

(2) 微分方程的建立。

描述动态电路的电路方程为微分方程，动态电路方程的阶数等于电路中动态元件的个数。描述动态电路的微分方程有一阶、二阶和高阶微分方程。

(3) 电路初始值的确定。

通常利用如下换路定律来确定初始值：

$$\begin{cases} u_C(0_+) = u_C(0_-) \\ i_L(0_+) = i_L(0_-) \end{cases}$$

(4) 稳态值的确定。

稳态值是指动态电路经历过渡过程后，达到新的稳定状态时所对应的电压、电流值，常用 $u(\infty)$、$i(\infty)$ 来表示。

2. 一阶电路分析

(1) 一阶微分方程及其解。

非齐次线性常系数微分方程的解由齐次解和特解两部分组成：

$$y(t) = y_h(t) + y_p(t)$$

利用齐次解、特解以及待定系数法可求其全解。

(2) 一阶电路的零输入响应。

没有外加激励，仅由电路初始储能引起的响应称为零输入响应。

① RC 电路零输入响应。

$\tau = RC$ 是一阶 RC 电路时间常数，τ 具有时间的量纲。

$$u_C(t) = U_0 e^{-\frac{t}{\tau}} \quad (t \geqslant 0)$$

② RL 电路零输入响应。

$\tau = \dfrac{L}{R}$ 是一阶 RL 电路时间常数，也具有时间的量纲。

$$i_L(t) = I_0 e^{-\frac{t}{\tau}} \quad (t \geqslant 0)$$

(3) 一阶电路的零状态响应。

动态电路的初始储能为零，其响应是仅由外加激励产生的响应。

① RC 电路零状态响应。

$\tau = RC$ 是一阶 RC 电路时间常数：

$$u_C(t) = U_S(1 - e^{-\frac{t}{\tau}}) \qquad (t \geqslant 0)$$

② RL 电路零状态响应。

$\tau = \dfrac{L}{R}$ 是一阶 RL 电路时间常数：

$$i_L(t) = I_S(1 - e^{-\frac{t}{\tau}}) \quad (t \geqslant 0)$$

（4）一阶电路的全响应。

全响应是零输入响应和零状态响应的叠加：

$$y(t) = y_{zi}(t) + y_{zs}(t)$$

其中，$y_{zi}(t)$ 表示零输入响应，$y_{zs}(t)$ 表示零状态响应。

（5）三要素法。

① 初始值的计算；

② 稳态值的计算；

③ 时间常数的求法。

三要素法分析计算 RC 电路和 RL 电路响应的基本公式：

$$f(t) = f(\infty) + [f(0_+) - f(\infty)]e^{-\frac{t}{\tau}}$$

（6）微分电路和积分电路。

微分电路：输出信号是输入信号的微分运算。

条件：时间常数非常小，激励信号持续的时间足够长。

积分电路：输出信号是输入信号的积分运算。

条件：时间常数要很大，信号持续的时间较短。

（7）由运算放大器构成的微分电路和积分电路。

3. 二阶电路

用二阶微分方程描述的电路称为二阶电路。

（1）RLC 串联电路的零输入响应。

RLC 串联电路的零输入响应是仅由电路初始储能引起的响应。

根据二阶线性常系数齐次微分方程的特征根形式有如下几种情况：

当 $\left(\dfrac{R}{2L}\right)^2 > \dfrac{1}{LC}$，亦即 $R > 2\sqrt{\dfrac{L}{C}}$ 时，为过阻尼情况。

当 $\left(\dfrac{R}{2L}\right)^2 = \dfrac{1}{LC}$，亦即 $R = 2\sqrt{\dfrac{L}{C}}$ 时，为临界阻尼情况。

当 $\left(\dfrac{R}{2L}\right)^2 < \dfrac{1}{LC}$，亦即 $R < 2\sqrt{\dfrac{L}{C}}$ 时，为欠阻尼情况。

当 $R = 0$ 时，固有频率为一对共轭虚数，为无阻尼情况——RC 振荡电路。

（2）RLC 串联电路的全响应和零状态响应。

RLC 电路的全响应是由电路的初始储能和外加电源共同作用形成的。

电路方程如下：

$$LC \frac{\mathrm{d}^2 u_C(t)}{\mathrm{d}t^2} + RC \frac{\mathrm{d}u_C(t)}{\mathrm{d}t} + u_C(t) = U_s$$

对其进行二阶微分方程求解即可。

RLC 串联电路的零状态响应是初始状态为零时所得到的响应，求解方法类似全响应。

（3）GCL 并联电路。

与 RLC 串联电路的分析方法相同，结论也相同，只是固有频率的表达式略有差异。

（4）一般二阶电路。

先列出电路方程，然后由固有频率确定其响应形式，最后由初始条件确定其系数。

4. 知识拓展与实际应用

（1）闪光灯电路分析。

（2）延时电路。

（3）汽车点火电路。

（4）计算机辅助分析。

5. 知识关联图

第 6 章知识关联图

习　题

一、选择题

1. 当流过纯电感线圈的电流瞬时值为最大值时，线圈两端的瞬时电压值为（　　　）。

A. 零　　　　　　　　　　　　B. 最大值

C. 有效值　　　　　　　　　　D. 不一定

第 6 章选择题和
填空题参考答案

2. 下列各量中，（　　）可能在换路瞬间发生跃变。

A. 电容电压　　　　　　　　　B. 电感电流

C. 电容电荷量　　　　　　　　D. 电感电压

3. 在电路暂态分析中，下列表述正确的是（　　　）。

A. 换路瞬间通过电容的电流不变　　B. 换路瞬间通过电感的电流不变

C. 换路瞬间电感的两端电压不变　　D. 换路瞬间电阻的两端电压不变

4. 表征一阶动态电路的电压、电流随时间变化快慢的参数是（　　　）。

A. 电感 L　　　　B. 电容 C　　　　C. 初始值　　　　D. 时间常数 τ

5. 在电路的暂态过程中，电路的时间常数 τ 越大，则电流和电压的增长或衰减就（　　　）。

A. 越快　　　　　B. 越慢　　　　　C. 无影响　　　　D. 保持不变

6. 图 6-58 所示电路中电压源的电压恒定，且电路原已稳定。在开关 S 闭合瞬间，$i(0_+)$ 的值为（　　　）。

A. 0.2 A　　　　B. 0.6 A　　　　C. 0 A　　　　D. 0.3 A

7. 如图 6-59 所示，电路换路前处于稳态，$t=0$ 时 S 闭合，则 $i(0_+)=$（　　　）mA。

A. 10　　　　B. 20　　　　C. 5　　　　D. 0

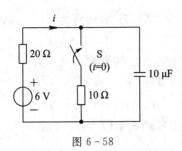

图 6-58

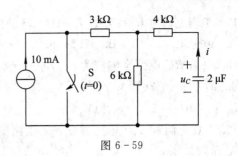

图 6-59

8. 直流电源、开关 S、电容 C 和灯泡串联形成电路。S 闭合前 C 未储能，当开关 S 闭合后灯泡（　　）。

A. 立即亮并持续　　　　　　　　　B. 始终不亮

C. 由亮逐渐变为不亮　　　　　　　D. 由不亮逐渐变亮

9. 动态电路工作的全过程是（　　）。

A. 前稳态-过渡过程-换路-后稳态　　B. 前稳态-换路-过渡过程-后稳态

C. 换路－前稳态－过渡过程-后稳态　　D. 换路-前稳态-后稳态-过渡过程

10. 换路后，只由储能元件的初始储能引起的响应称为（　　）。

A. 零输入响应　　B. 零状态响应　　C. 全响应　　　　D. 暂态响应

11. 工程上通常认为电路的暂态过程从 $t=0$ 大致经过（　　）时间，就可认为到达稳定状态。

A. τ　　　　　　B. $3\tau-5\tau$　　　　C. $5\tau-10\tau$　　　D. 10τ

12. 零输入响应，从初始值开始，经过一个时间常数 τ 后，电容电压便下降到初始值的（　　）。

A. 5%　　　　　B. 36.8%　　　　C. 63.2%　　　D. 100%

13. 图 6-60 所示电路原已稳定，$t=0$ 时断开开关 S 后，u_C 到达 47.51 V 的时间为（　　）。

A. 6 μs　　　　B. 2 μs　　　　C. 4 μs　　　D. 无限长

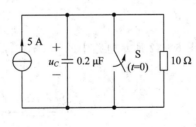

图 6-60

14. RL 串联电路的时间常数 $\tau=$（　　）。

A. RL　　　　　B. $\dfrac{R}{L}$　　　　C. $\dfrac{L}{R}$　　　　D. $\dfrac{1}{RL}$

15. RC 电路的时间常数（　　）。

A. 与 R、C 成正比　　　　　　　B. 与 R、C 成反比

C. 与 R 与反比，与 C 成正比　　　D. 与 R 成正比，与 C 成反比

16. 电路过渡过程的变化规律是按照（　　）函数规律变化的。

A. 指数　　　　　B. 对数　　　　　C. 正弦　　　　　D. 余弦

17. 工程上认为 $R=25\ \Omega$、$L=50\ \text{mH}$ 的串联电路中发生暂态过程时将持续( )ms。

A. $30\sim50$ B. $37.5\sim62.5$ C. $6\sim10$ D. $12\sim20$

18. 一阶 RC 电路全响应为 $u_C(t)=6-8e^{-2t}\ \text{V}$，则电容电压的零输入响应为( )。

A. $u_C(t)=-2e^{-2t}\ \text{V}$ B. $u_C(t)=6e^{-2t}\ \text{V}$

C. $u_C(t)=-2(1-e^{-2t})\ \text{V}$ D. $u_C(t)=6(1-e^{-2t})\ \text{V}$

19. $1\ \Omega$ 电阻和 $2\ \text{H}$ 电感并联一阶电路中，电感电压零输入响应为( )。

A. $u_L(0_+)e^{-0.5t}$ B. $u_L(0_+)e^{-2t}$

C. $u_L(0_+)(1-e^{-2t})$ D. $u_L(0_+)(1-e^{-0.5t})$

20. 一阶 RC 电路全响应为 $u_C(t)=6-8e^{-2t}\ \text{V}$，则电容电压的零状态响应为( )。

A. $u_C(t)=-2e^{-2t}\ \text{V}$ B. $u_C(t)=6e^{-2t}\ \text{V}$

C. $u_C(t)=-2(1-e^{-2t})\ \text{V}$ D. $u_C(t)=6(1-e^{-2t})\ \text{V}$

21. 一阶电路的全响应等于( )。

A. 稳态分量加零输入响应   B. 稳态分量加瞬态分量

C. 稳态分量加零状态响应   D. 瞬态分量加零输入响应

22. 二阶电路的零输入响应存在震荡解的条件是( )。

A. 特征方程判别式小于零   B. 特征方程判别式大于零

C. 特征方程判别式等于零   D. 特征方程判别式大于等于零

23. 二阶电路的微分方程为 $\dfrac{\text{d}^2 u_C}{\text{d}t^2}+2\dfrac{\text{d}u_C}{\text{d}t}+3u_C=0$，则电路的动态过程是( )。

A. 非振荡   B. 振荡   C. 临界   D. 等幅振荡

二、填空题

1. 如图 6-61 所示的电路中，$i_L(0_-)=0$，在 $t=0$ 时闭合开关 S 后，$t=0_+$ 时 $\dfrac{\text{d}i_L}{\text{d}t}$ 应为_____。

2. 在开关 S 闭合瞬间，图 6-62 所示电路中的 i_1，i_2，i_L 这三个变量中，发生跃变的量有_____。

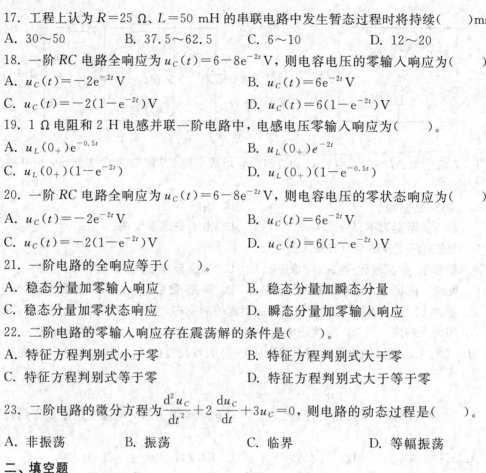

图 6-61   图 6-62

3. 图 6-63 所示电路中电压源的电压恒定，电路处于零状态，$t=0$ 时开关 S 闭合，则

(1) $i_{(0+)}=$ _____ A，$u_{L(0+)}=$ _____ V；

(2) $u_{R1}(\infty)=$ _____ V，$i(\infty)=$ _____ A。

4. 图 6-64 所示电路中 U_S 恒定，换路前电路已处于稳态，开关 S 断开后电流 i 的振荡角频率为_____rad/s，幅值为_____A。

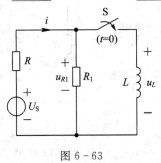

图 6-63

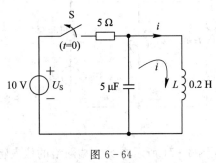

图 6-64

5. RC 电路中，已知 $R=2$ MΩ，如果要求时间常数为 10 s，则 C 值为_____。

6. 图 6-65 所示电路中的开关在 $t=0$ 时闭合，如 $u_{C(0-)}=0$，则在 $t=0_+$ 时 a 点的电位为_____V。

7. 图 6-66 所示电路处于零状态，$t=0$ 时闭合开关 S。则电路时间常数 $\tau=$_____，电容电流表达式 $i_C(t)=$_____A。

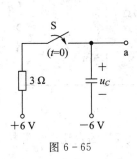

图 6-65

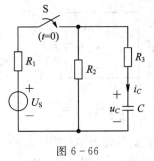

图 6-66

8. 如图 6-67 所示的电路中，$i_L(0_-)=0$，$R=1$ kΩ，$L=1$ mH，$U_S=10$ V，在 $t=0$ 时闭合开关 S 后，τ 为_____μs，$i_L(t)$ 为_____A。

9. 图 6-68 所示电路中 U 和 U_S 都不变。已知 $u_C(0-)=52$ V，欲使电路在换路后无过渡过程，则 $U=$_____V。

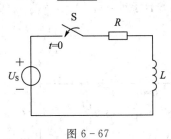

图 6-67

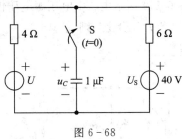

图 6-68

10. 图 6-69 所示电路中，$I_S=0.1$ A 和 $U_S=10$ V 皆不变，$u_C(0-)=0$，则开关 S 闭合后 $u_C(t)=$_____V。

11. 图 6-70 所示电路中的 U_S、U_{S1} 都不变，当 $t=0$ 时开关 S 由位置 1 合至位置 2，已知 $t>0$ 后 $i_L(t)$ 的全响应为 $i_L(t)=(5+2e^{-2t})$A。若 $i_L(0+)$ 增加一倍，其他条件不变，则 $i_L(t)=$_____A。若 $U_S=0.5U_{S1}$，其他条件不变，则 $i_L(t)=$_____A。

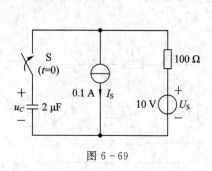

图 6 - 69

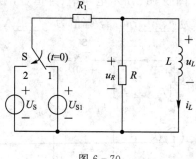

图 6 - 70

12. 图 6-71 所示有源二端网络的伏安特性为 $u=20-500i$。在二端网络两端并联一个 40 μF 电容后，电路的时间常数 $\tau=$ _____ ms，$u_C(\infty)=$ _____ V。

13. 图 6-72 所示电路中，电压源的电压恒定，电流源的电流恒定，电感无初始电流，$t=0$ 时开关 S 闭合，则 $i_L(t)=$ _____ A。

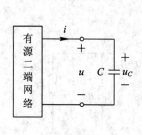

图 6 - 71

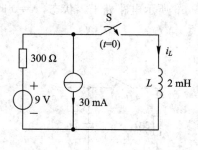

图 6 - 72

14. RC 串联支路处于零状态，当 $t=0$ 时与电压为 U_S 的直流电压源接通。

(1) 充电开始时电流为 _____ A。

(2) $t=\tau$ 时，电容电压为 _____ V。

15. 图 6-73 示电路中 U_S 恒定，电路已稳定。在开关 S 断开后 $u_C(0+)=$ _____ V，$i_C(0+)=$ _____ A 及 $\tau=$ _____。

16. 图 6-74 所示电路中电压源电压恒定，在开关 S 合上前，$u_C(0-)=0$，$i_L(0-)=0$，当 $t=0$ 时，开关 S 合上，则 $i_1(0+)=$ _____ A，$u_L(0+)=$ _____ V，$i_1(\infty)=$ _____ A，$u_C(\infty)=$ _____ V。

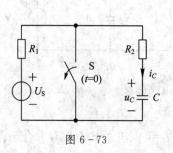

图 6 - 73

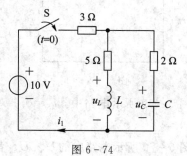

图 6 - 74

17. 如图 6-75 所示的电路中，换路前已处于稳定状态，$R_1=30$ Ω，$R_2=10$ Ω，$U_S=30$ V，$L=0.5$ H，$t=0$ 时开关 S 打开。开关 S 打开后，τ 为 _____ s，电流 $i_L(t)$ 为 _____ A。

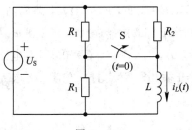

图 6-75　　　　　　　　第 6 章分析计算题参考答案

三、分析计算题

1. 已知 $R_1=3\ \Omega$，$R_2=5\ \Omega$，$R_3=1\ \Omega$，$I_S=4\ A$，$C=1\ F$，电路如图 6-76 所示，电路原已处于稳态(电容原未充电)，$t=0$ 时开关打开，求 $t\geqslant 0_+$ 时的 $i_1(t)$，$u_C(t)$。

2. 已知 $R_1=5\ \Omega$，$R_2=2\ \Omega$，$I_S=3\ A$，$C=0.05\ F$，电路如图 6-77 所示。电路原已处于稳态，$t=0$ 时开关由位置 1 打向位置 2，求 $t\geqslant 0_+$ 时的 $u_C(t)$。

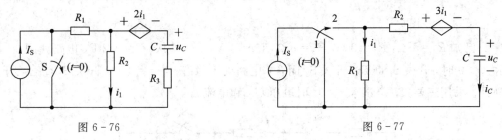

图 6-76　　　　　　　　　　　　　　　　　図 6-77

3. 已知 $R_1=R_2=R_3=2\ \Omega$，$I_S=1\ A$，$U_S=8\ V$，$L=2\ H$，电路如图 6-78 所示，电路原已稳态，$t=0$ 时开关闭合，求 $u_L(t)$。

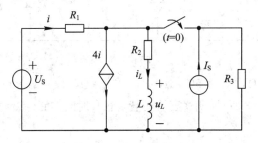

图 6-78

4. 已知 $R_1=3\ k\Omega$，$R_2=2\ k\Omega$，$R_3=1\ k\Omega$，$R_4=2\ k\Omega$，$U_S=300\ V$，$C=5\ \mu F$，电路如图 6-79 所示。电路原已稳定，$t=0$ 开关闭合，在 $t=100\ ms$ 时又打开，求 u 并绘制出对应的波形图。

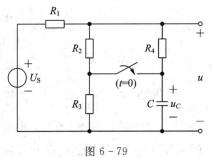

图 6-79

5. 已知 $U_S = 12$ V，$R = 4$ Ω，$C = 0.25$ F，$L = 1$ H，$r = 2$ Ω，电路如图 6-80 所示。开关断开前电路已处于稳定状态，$t = 0$ 时开关断开，试求 $i_L(t)$、$u_C(t)$ 和 $u_{ab}(t)$。

6. 已知 $R_1 = 3$ Ω，$R_2 = R_3 = 2$ Ω，$I_S = 1$ A，$L = 1$ H，$C = 0.5$ F，电路如图 6-81 所示。$u_C(0_-) = 1$ V，$i_L(0_-) = 2$ A，$t = 0$ 时开关由位置 1 打向位置 2，求 $t \geqslant 0_+$ 时的响应 $u(t)$。

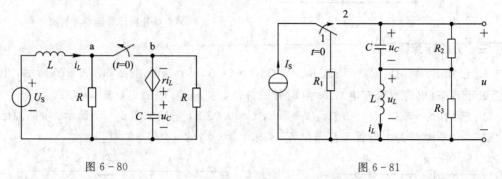

图 6-80   图 6-81

7. 已知 $R_1 = 1$ Ω，$R_2 = 2$ Ω，$R_3 = 3$ Ω，$U_S = 1$ V，$I_S = 2$ A，$C = 0.2$ F，电路如图 6-82 所示。$t < 0$ 时，开关 S_1 断开，开关 S_2 闭合，电路处于稳态；当 $t = 0$ 时，开关 S_1 闭合，开关 S_2 断开。采用三要素法，试求 $t \geqslant 0_+$ 时电压 U_C 和电流 i。

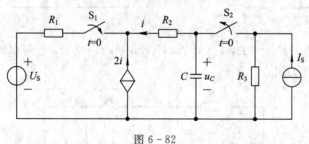

图 6-82

8. 已知 $R_1 = 30$ kΩ，$R_2 = 50$ kΩ，$R_3 = 20$ kΩ，$I_{S1} = 10$ mA，$I_{S2} = 15$ mA，$C = 0.016$ μF，电路如图 6-83 所示。开关已在位置 a 很长时间，在 $t = 0$ 时开关打到位置 b，求 $t \geqslant 0_+$ 时的 u_C 和 i。

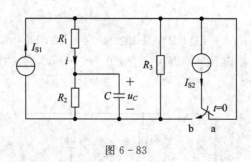

图 6-83

9. 已知 $R_1 = 30$ kΩ，$R_2 = 120$ kΩ，$R_3 = 60$ kΩ，$R_4 = 40$ kΩ，$C = \frac{10}{3}$ nF，电路如图 6-84 所示。电容已充电至 300 V，$t = 0$ 时开关 S_1 闭合，电容放电，开关 S_1 闭合 300 μs 后，开关 S_2 关闭。求开关 S_1 闭合 300 μs 后，开关 S_2 中电流的方向和大小。

10. $R_1 = 2\ \text{k}\Omega$，$R_2 = R_3 = 3\ \text{k}\Omega$，$R_4 = 40\ \text{k}\Omega$，$U_S = 45\ \text{V}$，$L = 25\ \text{mH}$，$C = 2.5\ \mu\text{F}$，电路如图 6-85 所示。当 $t = 0$ 时，开关 S 由位置 a 闭合至位置 b，换路前电路已处于稳态，求换路后的 i 和 i_L。

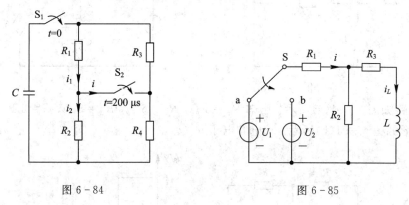

图 6-84　　　　　　　　　　　　　　　　图 6-85

11. 现有一电路如图 6-86 所示。已知 $U_S = 9\ \text{V}$，$L = 100\ \text{mH}$，$C = 1\ \mu\text{F}$，$R_1 = 10\ \text{k}\Omega$，$R_2 = 3\ \text{k}\Omega$，$R_3 = 3\ \text{k}\Omega$，$R_4 = 1.5\ \text{k}\Omega$。开关 S 闭合前电路处于稳态，试求当 S 闭合后的 $i_C(t)$ 和 $u_L(t)$。

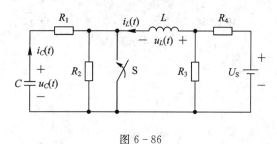

图 6-86

12. 已知 $R_1 = 8\ \text{k}\Omega$，$R_2 = 20\ \text{k}\Omega$，$R_3 = 12\ \text{k}\Omega$，$C = 5\ \mu\text{F}$，电路如图 6-87 所示。其中，$i_S(t) = [10 + 15\varepsilon(t)]\text{mA}$，求 $u_C(t)$。

13. RC 电路如图 6-88 所示。已知 $R = 2\ \Omega$，$u(t) = 5\varepsilon(t-2)\text{V}$，$u_C(0) = 10\ \text{V}$，求电流 $i(t)$。

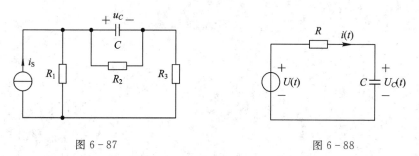

图 6-87　　　　　　　　　　　　　　　　图 6-88

14. 电路如图 6-89 所示。已知 $U_{S1} = 6\ \text{V}$，$U_{S2} = 3\ \text{V}$，$L = 0.5\ \text{H}$，$R_1 = 2\ \Omega$，$R_2 = 6\ \Omega$，$R_3 = 3\ \Omega$，开关 S 闭合前电路已稳定。求 S 闭合后，2 Ω 电阻中电流随时间变化的规律 $i_R(t)$。

15. 已知 $u_C(0_-) = 5\ \text{V}$，$u_s(t) = [30\varepsilon(t) - 30\varepsilon(t-2)]\text{V}$，$C = 0.5\ \text{V}$，电路如图 6-90 所示。其中 $R_1 = R_2 = 5\ \Omega$，$R_3 = 15\ \Omega$，试求全响应 $u_C(t)$。

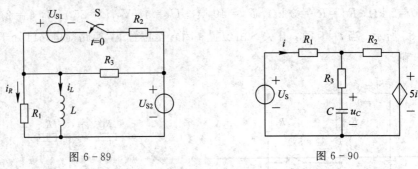

图 6－89　　　　　　　　　　　图 6－90

16. 电路如图 6－91(a)所示。已知 $R_1=3\ \Omega$, $R_2=6\ \Omega$, $R_3=3\ \Omega$, $C=2\ \text{F}$，其中电压 $u_S(t)$ 的波形如图 6－91(b)所示。求电容电压 $u_C(t)$。

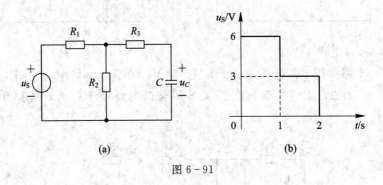

(a)　　　　　　　　　(b)

图 6－91

第 7 章　耦合电感、理想变压器及双口网络

学习内容
XUEXINEIRONG

　　学习并深刻理解互感现象，掌握互感现象的数学描述方法；学习并建立自感电压、互感电压、互感系致、耦合系数、同名端等概念；学习并掌握互感电路的分析计算方法；学习并掌握空心变压器、自感变压器、铁芯变压器和理想变压器的工作原理及性能特点和各自的应用，掌握含有变压器电路的分析计算方法。

学习目的
XUEXIMUDI

　　能对生活、工作中常见的互感问题进行分析和计算；能根据工程问题的需要正确选择变压器，并进行相关的分析计算，应用实验法测定变压器的同名端。

　　本章学习的耦合电感元件和理想变压器元件与前面学习的受控源类似，它们都属于多端元件，可以构成双口网络电路。实际电路中，如收音机、电视机中使用的中周线圈、振荡线圈，整流电路中使用的变压器等都是耦合电感元件与变压器元件。它们在实际工程中有着广泛的应用。

　　本章首先讲述耦合电感的基本概念，然后介绍耦合电感的去耦等效和理想变压器的特性，最后讨论双口网络的参数方程及等效电路，从而形成对变压器和双口网络的初步认识。

7.1　耦 合 电 感

　　"耦合"这一概念指的是两个或多个物体或体系之间通过某种中介相互影响、相互作用。耦合线圈在电子工程、通信工程和测量仪器等方面都有着广泛的应用，将耦合线圈的电路模型抽象出来，就是耦合电感（coupling inductance）。

7.1.1　自感与互感及耦合系数

　　随时间变化而变化的电场会产生磁场，随时间变化而变化的磁场会产生电场，两者互

为因果，形成交变电磁场。在第 1 章中讨论的电感元件的磁通链和感应电压都是由本电感线圈电流产生的。当在载流线圈的近侧放置另一线圈时，载流线圈中电流所产生的磁通（自感磁通）将有一部分穿过另一个线圈。对另一个线圈来说，这部分磁通不是由它本身的电流引起的，而是由其他线圈中的电流产生的，故称为互感磁通。与它对应的磁通链称为互感磁通链。在这种情况下，我们说这两个线圈间有磁耦合。

图 7-1 所示为两个有磁耦合的线圈 1 和线圈 2，设两个线圈的匝数分别为 N_1 和 N_2。当线圈周围无铁磁物质（空心线圈）时，依右手螺旋定则可知线圈 1 中的电流 i_1 在线圈 1 中产生的磁通 ϕ_{11}（第一个下标表示物理量所在的线圈，第二个下标表示产生该物理量的电流所在的线圈，后面磁链 ψ 和电压 u 的双下标均是此意）称为自感磁通。ϕ_{11} 在自身线圈（线圈1）的磁链为 $\psi_{11} = N_1 \phi_{11}$，$\psi_{11}$ 称为自感磁链；ϕ_{11} 的一部分穿过了线圈 2，在线圈 2 中产生的磁链设为 ψ_{21}，ψ_{21} 称为互感磁链。同理，线圈 2 中的电流 i_2 也产生了自感磁链 ψ_{22} 和互感磁链 ψ_{12}（在图 7-1 中未画出），其方向与 ϕ_{11}、ψ_{21} 一致。以上就是两个线圈（电感）通过磁场相互耦合的情况，这一对线圈（电感）就称为耦合线圈（电感）。

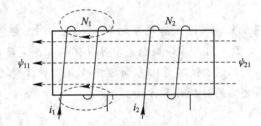

图 7-1 耦合电感线圈（磁通相互增强）

对于图 7-1 所示的耦合电感，两个线圈中的自感磁链分别为

$$\begin{cases} \psi_{11} = L_1 i_1 \\ \psi_{22} = L_2 i_2 \end{cases}$$

式中，L_1 和 L_2 为常数，称为线圈的自感系数，简称自感（self inductance）或电感。两个线圈的互感磁链分别为

$$\begin{cases} \psi_{12} = M_{12} i_2 \\ \psi_{21} = M_{21} i_1 \end{cases} \tag{7-1}$$

式中，M_{12} 和 M_{21} 为常数，称为耦合电感的互感系数，简称互感（mutual inductance）。

对于线性耦合电感，可以证明 $M_{12} = M_{21} = M$，互感的单位与自感相同，为亨［利］（H）。互感系数 M 的大小与两线圈的匝数、几何尺寸和相对位置有关，而与电流无关。互感系数 M 说明了一个线圈中的电流在另一个线圈中建立磁场的能力，M 越大，则说明这种能力越强。如果 M 为常数且不随时间和电流变化，则称为线性时不变互感。互感系数可以通过实验测得，其大小反映了两线圈之间耦合的疏紧程度。

当两个耦合线圈都通以电流时，每个线圈中的总磁链是自感磁链和互感磁链的叠加，所以在计算磁链时就要考虑自感磁链和互感磁链的方向。对于图 7-1 所示的耦合线圈，当通以图示电流时，根据右手螺旋定则可知，线圈中的自感磁链和互感磁链的方向是一致的，即自感磁链和互感磁链是相互增强的。设两线圈中的总磁链分别为 ψ_1 和 ψ_2（今后若无特殊说明，ψ_1、ψ_2 默认与其自感磁链 ψ_{11}、ψ_{22} 同向），则有

$$\begin{cases} \psi_1 = \psi_{11} + \psi_{12} = L_1 i_1 + M i_2 \\ \psi_2 = \psi_{22} + \psi_{21} = L_2 i_2 + M i_1 \end{cases} \qquad (7-2)$$

而对于图 7-2 所示的耦合线圈，当通以图示电流时，线圈中的自感磁链和互感磁链的方向是相反的，即自感磁链和互感磁链是相互削弱的。线圈 1 中的电流 i_1 也产生了自感磁链 ψ_{11} 和互感磁链 ψ_{21}（在图 7-2 中未画出），其方向与 ψ_{22}、ψ_{12} 相反。两线圈中的总磁链分别为

$$\begin{cases} \psi_1 = \psi_{11} - \psi_{12} = L_1 i_1 - M i_2 \\ \psi_2 = \psi_{22} - \psi_{21} = L_2 i_2 - M i_1 \end{cases} \qquad (7-3)$$

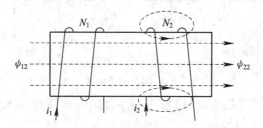

图 7-2　耦合电感线圈（磁通相互削弱）

在工程上，还使用耦合系数的概念来反映耦合电感耦合的紧密程。耦合系数（coefficient of coupling）的定义为

$$k = \sqrt{\frac{\psi_{12}\psi_{21}}{\psi_{11}\psi_{22}}} = \frac{M}{\sqrt{L_1 L_2}} \qquad (7-4)$$

由于 $\psi_{21} < \psi_{11}$，$\psi_{12} < \psi_{22}$，因此 $k \leqslant 1$。k 值越大，表示两个线圈之间的耦合越紧密，漏磁通越小。当 $k=1$ 时，表示两线圈全耦合，无磁漏；当 $k=0$ 时，表示两线圈无耦合。$k > 0.5$ 时为紧耦合；$k < 0.5$ 时为松耦合。在电子电路和电力系统中，为了有效地传输信号或功率，一般采用紧耦合。在实际的电气设备中有时也需要减小互感的作用，以避免线圈之间的干扰，此时可以合理布置线圈的相对位置，使之为松耦合。耦合系数 k 的大小与线圈的结构、两个线圈的相对位置以及周围磁介质的性质有关。

7.1.2　耦合电感的同名端

耦合电感中一个电感线圈的电流发生变化，会在自身线圈中产生自感电压，在相邻电感线圈中产生互感电压，互感电压的参考方向与本线圈的电流和端电压的参考方向无关，而取决于它在另一个线圈上所产生磁通的参考方向。若已知电感线圈的位置与线圈的绕向，设定各电感线圈的电流分别为 i_1、i_2，则可根据右手螺旋定则判断自磁通与互磁通是相互增强的还是相互削弱的。

实际中耦合电感的线圈大多数是密封的，不能直接得知线圈的绕向。电路中为了简便，也经常不画出线圈的绕向，因而无法确定磁通的参考方向。那么现实中如何判定互感电压的参考方向呢？工程中采用标记线圈端子的方法，这种方法称为同名端法。

同名端（dotted terminals）的定义为：当电流 i_1 和 i_2 从两个线圈的某一对端子流入时，若线圈中的自感磁链和互感磁链是相互增强的，则这对端子就称为同名端，用"·"或"∗"加以标记。在图 7-3(a)中，当 i_1 从线圈 1 的"1"端流入，i_2 从线圈 2 的"2"端流入时，产生

的自感磁链和互感磁链是相互增强的，所以"1"和"2"这一对端子就称为该耦合电感的同名端。注意：未标记的一对端子"1′"和"2′"也是同名端。在图 7-3(b)中，当 i_1 从线圈 1 的"1"端流入，i_2 从线圈 2 的"2"端流入时，产生的自感磁链和互感磁链是相互削弱的，所以"1"和"2"这一对端子就称为该耦合电感的异名端。注意：线圈的同名端必须两两确定。

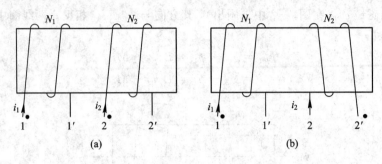

图 7-3 耦合电感的同名端

需要指出的是，同名端是由线圈的绕向决定的，与线圈中的电流方向是无关的。同名端也可以通过实验的方法测得。

【例 7.1】 已知线圈结构如图 7-4 所示，试标出各对耦合电感的同名端。

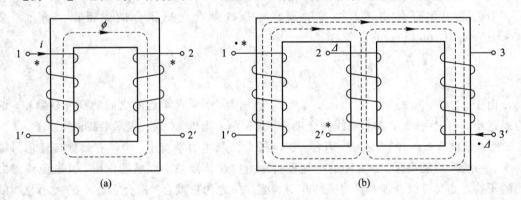

图 7-4 例 7.1 图

解 在图 7-4(a)所示电路中，设有电流 i 从"1"端流入，产生磁通，若要各线圈的磁通是相互增强的，可由右手螺旋定则判断另一个线圈的电流应从"2"端流入，所以"1"和"2"是该对耦合电感的同名端。

同理，在图 7-4(b)所示电路中，设有电流从"1"端流入，产生相应的磁通，若要求各对线圈的磁通是相互增强的，可由右手螺旋定则判断另两个线圈的电流应从"2′""3′"端流入，所以"1"和"2′"、"1"和"3′"分别是该对耦合电感的同名端。另外，设有电流从"2"端流入，可由右手螺旋定则判断另一个线圈的电流应从"3′"端流入方能使产生的相应磁通相互增强，所以"2"和"3′"也是该对耦合电感的同名端。

7.1.3 耦合电感的 VCR

引入了同名端的概念后，由于在计算时不用考虑线圈的绕向，因此可以用带有互感 M 和同名端标记的电感 L_1 和 L_2 表示耦合电感，它是从实际耦合线圈抽象出来的理想化电路模型，其电路符号如图 7-5 所示。

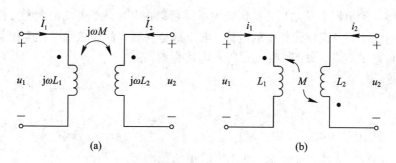

图7-5　耦合电感的电路符号

当耦合电感 L_1 和 L_2 中的电流随时间变化时，耦合电感中的磁链也将随时间变化。根据电磁感应定律，耦合电感的两个端口处将产生感应电压 u_1、u_2。下面分两种情况来讨论 u_1、u_2 的表达式。设各电压、电流的参考方向如图7-5所示，并且电流与磁链的方向符合右手螺旋定则，互感为 M。

如图7-5(a)所示的耦合电感，u_1 和 i_1，u_2 和 i_2 为关联参考方向，i_1、i_2 是从两电感的同名端流入的，所以两电感中的磁链是相互增强的，其磁链的表达式为式(7-2)，故两电感的端电压分别为

$$\begin{cases} u_1 = \dfrac{\mathrm{d}\psi_1}{\mathrm{d}t} = L_1 \dfrac{\mathrm{d}i_1}{\mathrm{d}t} + M \dfrac{\mathrm{d}i_2}{\mathrm{d}t} \\[3mm] u_2 = \dfrac{\mathrm{d}\psi_2}{\mathrm{d}t} = L_2 \dfrac{\mathrm{d}i_2}{\mathrm{d}t} + M \dfrac{\mathrm{d}i_1}{\mathrm{d}t} \end{cases} \tag{7-5}$$

如图7-5(b)所示的耦合电感，u_1 和 i_1，u_2 和 i_2 为关联参考方向，i_1、i_2 是从两电感的异名端流入的，所以两电感中的磁链是相互削弱的，其磁链的表达式为式(7-3)，故两电感的端电压分别为

$$\begin{cases} u_1 = \dfrac{\mathrm{d}\psi_1}{\mathrm{d}t} = L_1 \dfrac{\mathrm{d}i_1}{\mathrm{d}t} - M \dfrac{\mathrm{d}i_2}{\mathrm{d}t} \\[3mm] u_2 = \dfrac{\mathrm{d}\psi_2}{\mathrm{d}t} = L_2 \dfrac{\mathrm{d}i_2}{\mathrm{d}t} - M \dfrac{\mathrm{d}i_1}{\mathrm{d}t} \end{cases} \tag{7-6}$$

式(7-5)和式(7-6)就是耦合元件的端口特性，即端口处的电压、电流关系。令

$$\begin{cases} u_{11} = L_1 \dfrac{\mathrm{d}i_1}{\mathrm{d}t} \\[3mm] u_{22} = L_2 \dfrac{\mathrm{d}i_2}{\mathrm{d}t} \end{cases} \tag{7-7}$$

式中，u_{11} 和 u_{22} 分别称为电感 L_1 和电感 L_2 的自感电压。令

$$\begin{cases} u_{12} = \pm M \dfrac{\mathrm{d}i_2}{\mathrm{d}t} \\[3mm] u_{21} = \pm M \dfrac{\mathrm{d}i_1}{\mathrm{d}t} \end{cases} \tag{7-8}$$

式中，u_{12} 和 u_{21} 分别称为电感 L_1 和电感 L_2 的互感电压。请注意：一个线圈上的互感电压是另一个线圈上的电流产生的。正确取舍互感电压前的"±"的方法为：当互感电压的正极与产生它的电流的流入端为同名端时，互感电压取"+"，反之取"-"。

耦合电感在给出同名端之后，其伏安关系就可以由其电压、电流的参考方向唯一确定。在正弦稳态电路中，当耦合元件中的电流、电压都是同频率的正弦量时，其电压、电流的关系可用其相量形式表示。以图 7-5(a)所示电路为例，由式(7-6)可得

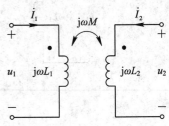

$$\begin{cases} \dot{U}_1 = \mathrm{j}\omega L_1 \dot{I}_1 + \mathrm{j}\omega M \dot{I}_2 \\ \dot{U}_2 = \mathrm{j}\omega L_2 \dot{I}_2 + \mathrm{j}\omega M \dot{I}_1 \end{cases} \qquad (7-9)$$

令 $Z_M = \mathrm{j}\omega M$，ωM 称为互感抗，其相应的正弦稳态下耦合电感的相量模型如图 7-6 所示。

【例 7.2】 同名端的实验测定电路如图 7-7 所示，已知开关 S 闭合瞬间，电压表指针正向偏转，试判断耦合线圈的同名端。

图 7-6 耦合电感的相量模型

解 当随时间增大的时变电流从一个线圈的一端流入时，将会引起另一个线圈相应同名端的电位升高。当闭合开关 S 时，左侧线圈端钮 1 流入的电流 i_1 增加，即 $\dfrac{\mathrm{d}i_1}{\mathrm{d}t} > 0$，如果此时电压表指针正向偏转，则表明连接电压表正极的端钮 2 为实际高电位端，即 $u_{22} = M\dfrac{\mathrm{d}i_1}{\mathrm{d}t} > 0$。因此，端钮 1 和端钮 2 是同名端。

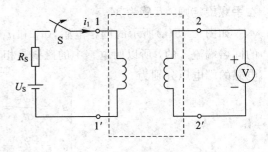

图 7-7 同名端的实验测定电路

7.2 耦合电感电路分析

7.2.1 耦合电感的去耦等效

对于耦合电感元件有公共节点的电路，可以将其变换为去耦等效电路来进行分析计算。这种方法是将耦合电感元件用它的去耦等效电路来代替，故称为去耦等效电路法。去耦等效电路只是对元件端口外部电路等效，而对内部不等效，因此，它只能用来分析计算耦合电感元件端口外部电路的电流和电压。

1. 耦合电感的串联

图 7-8(a)和图 7-9(a)所示为耦合电感的串联电路。在图 7-8(a)中，L_1 和 L_2 的异名端连接在一起，该连接方式称为顺接串联；在图 7-9(a)中，L_1 和 L_2 的同名端连接在一起，该连接方式称为反接串联。

顺接时，支路的伏安关系为

$$u = \left(L_1 \frac{\mathrm{d}i}{\mathrm{d}t} + M\frac{\mathrm{d}i}{\mathrm{d}t}\right) + \left(L_2 \frac{\mathrm{d}i}{\mathrm{d}t} + M\frac{\mathrm{d}i}{\mathrm{d}t}\right) = (L_1 + L_2 + 2M)\frac{\mathrm{d}i}{\mathrm{d}t}$$

根据等效变换的概念，可得等效电感为

$$L = L_1 + L_2 + 2M \qquad (7-10)$$

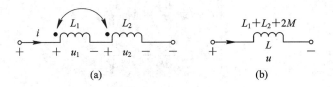

图 7 - 8　耦合电感的顺接串联

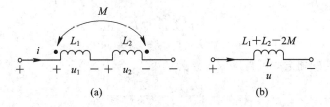

图 7 - 9　耦合电感的反接串联

故该顺接耦合电感可用一个 L_1+L_2+2M 的等效电感 L 代替,如图 7 - 8(b)所示。反接时,支路的伏安关系为

$$u = \left(L_1\frac{\mathrm{d}i}{\mathrm{d}t} - M\frac{\mathrm{d}i}{\mathrm{d}t}\right) + \left(L_2\frac{\mathrm{d}i}{\mathrm{d}t} - M\frac{\mathrm{d}i}{\mathrm{d}t}\right) = (L_1 + L_2 - 2M)\frac{\mathrm{d}i}{\mathrm{d}t}$$

根据等效变换的定义,可得等效电感为

$$L = L_1 + L_2 - 2M \tag{7-11}$$

故该反接耦合电感可用一个 L_1+L_2-2M 的等效电感 L 替代,如图 7 - 9(b)所示。

由于耦合电感串联等效后整个电路仍呈感性,因此,互感不大于两个自感的算术平均值,即满足 $M \leqslant \frac{1}{2}(L_1+L_2)$。另外,根据上述讨论可以给出测量互感系数的方法,即将两线圈顺接一次,反接一次,可得互感系数 $M = \frac{1}{4}(L_{顺} - L_{反})$。

2. 耦合电感的并联

图 7 - 10(a)和图 7 - 11(a)为耦合电感的并联电路。在图 7 - 10(a)中,L_1 和 L_2 的同名端连接在同一个节点上,该连接方式称为同侧并联;在图 7 - 11(a)中,L_1 和 L_2 的异名端连接在同一个节点上,称为异侧并联。

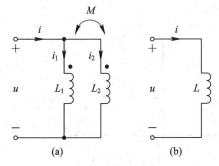

图 7 - 10　耦合电感的同侧并联

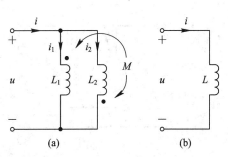

图 7 - 11　耦合电感的异侧并联

同侧并联时,端口的伏安关系为

$$\begin{cases} u = L_1 \dfrac{\mathrm{d}i_1}{\mathrm{d}t} + M \dfrac{\mathrm{d}i_2}{\mathrm{d}t} \\ u = L_2 \dfrac{\mathrm{d}i_2}{\mathrm{d}t} + M \dfrac{\mathrm{d}i_1}{\mathrm{d}t} \end{cases} \qquad (7-12)$$

又因

$$i = i_1 + i_2$$

解得 u 和 i 的关系为

$$u = \frac{L_1 L_2 - M^2}{L_1 + L_2 - 2M} \frac{\mathrm{d}i}{\mathrm{d}t}$$

根据等效变换的概念，可得等效电感为

$$L = \frac{L_1 L_2 - M^2}{L_1 + L_2 - 2M} \geqslant 0 \qquad (7-13)$$

故 $M \leqslant \sqrt{L_1 L_2}$，互感小于两元件自感的几何平均值。该等效电路如图 $7-10(\mathrm{b})$ 所示。

异侧并联时，端口的伏安关系为

$$\begin{cases} u = L_1 \dfrac{\mathrm{d}i_1}{\mathrm{d}t} - M \dfrac{\mathrm{d}i_2}{\mathrm{d}t} \\ u = L_2 \dfrac{\mathrm{d}i_2}{\mathrm{d}t} - M \dfrac{\mathrm{d}i_1}{\mathrm{d}t} \end{cases}$$

又因

$$i = i_1 + i_2$$

解得 u 和 i 的关系为

$$u = \frac{L_1 L_2 - M^2}{L_1 + L_2 + 2M} \frac{\mathrm{d}i}{\mathrm{d}t}$$

根据等效变换的概念，可得等效电感为

$$L = \frac{L_1 L_2 - M^2}{L_1 + L_2 + 2M} \geqslant 0 \qquad (7-14)$$

该等效电路如图 $7-11$ （b）所示。

3. 耦合电感的 T 形去耦等效

图 $7-12(\mathrm{a})$所示是同名端为公共端的耦合电感，可以用三个无耦合的电感组成的 T 形网络来等效替换，如图 $7-12(\mathrm{b})$所示。

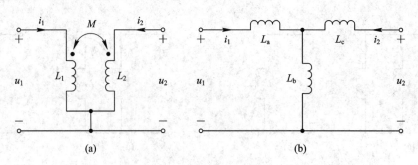

图 $7-12$　同名端为公共端的耦合电感及其 T 形等效电路

图 7-12(a)所示耦合电感的端口伏安关系为

$$\begin{cases} u_1 = L_1 \dfrac{\mathrm{d}i_1}{\mathrm{d}t} + M \dfrac{\mathrm{d}i_2}{\mathrm{d}t} \\[2mm] u_2 = M \dfrac{\mathrm{d}i_1}{\mathrm{d}t} + L_2 \dfrac{\mathrm{d}i_2}{\mathrm{d}t} \end{cases}$$

图 7-12(b)所示 T 形等效电路的端口伏安关系为

$$\begin{cases} u_1 = L_a \dfrac{\mathrm{d}i_1}{\mathrm{d}t} + L_b \dfrac{\mathrm{d}(i_1 + i_2)}{\mathrm{d}t} = (L_a + L_b)\dfrac{\mathrm{d}i_1}{\mathrm{d}t} + L_b \dfrac{\mathrm{d}i_2}{\mathrm{d}t} \\[2mm] u_2 = L_b \dfrac{\mathrm{d}i_1}{\mathrm{d}t} + (L_b + L_c)\dfrac{\mathrm{d}i_2}{\mathrm{d}t} \end{cases}$$

根据等效电路的概念可知,应使两式中的相应系数分别相等,可得

$$\begin{cases} L_a = L_1 - M \\ L_b = M \\ L_c = L_2 - M \end{cases}$$

如果公共端为异名端,如图 7-13(a)所示,则其去耦等效电路如图 7-13(b)所示,式 (7-12)中 M 前的符号也应改变。

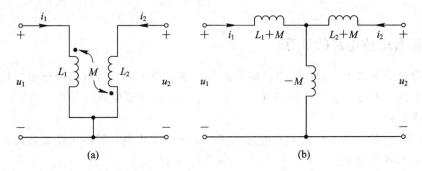

(a)   (b)

图 7-13 异名端为公共端的耦合电感及其 T 形等效电路

【例 7.3】 电路相量模型如图 7-14(a)所示。已知 $R_1 = 3\ \Omega$, $R_2 = 5\ \Omega$, $\omega L_1 = 7.5\ \Omega$, $\omega L_2 = 12.5\ \Omega$, $\omega M = 6\ \Omega$, $\dot{U} = 50\angle 0°\mathrm{V}$, 分别求开关 S 打开和闭合时的电流 $\dot{I}$。

解 (1)当开关 S 打开时,两线圈为顺接串联,则等效阻抗为

$$Z = (R_1 + R_2) + \mathrm{j}\omega(L_1 + L_2 + 2M) = (8 + \mathrm{j}32)\Omega$$

由相量模型可得

$$\dot{I} = \frac{\dot{U}}{Z} = \frac{50\angle 0°}{8 + \mathrm{j}32}\mathrm{A} = 1.52\angle(-75.96°)\mathrm{A}$$

(2)当开关 S 闭合时,两线圈为异侧连接,其去耦电路相量模型如图 7-14(b)所示, 则等效阻抗为

$$Z = R_1 + \mathrm{j}\omega(L_1 + M) + \frac{-\mathrm{j}\omega M \times [R_2 + \mathrm{j}\omega(L_2 + M)]}{-\mathrm{j}\omega M + [R_2 + \mathrm{j}\omega(L_2 + M)]} = (3.99 + \mathrm{j}5.02)\Omega$$

由相量模型可得

$$\dot{I} = \frac{\dot{U}}{Z} = \frac{50\angle 0°}{3.99 + \mathrm{j}5.02}\mathrm{A} = 7.8\angle(-51.52°)\mathrm{A}$$

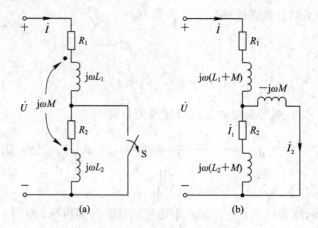

图 7-14　例 7.3 图

再由分流公式得

$$\dot{I}_1 = \frac{-\mathrm{j}\omega M}{R_2 + \mathrm{j}\omega L_2} \times \dot{I} = 3.48\angle 150.49°\,\text{A}$$

$$\dot{I}_2 = \dot{I} - \dot{I}_1 = 11.12\angle 315.34°\,\text{A}$$

7.2.2　耦合电感电路的计算

含耦合电感元件的正弦交流电路的分析与一般复杂正弦交流电路的分析方法相同。不过在列写电路方程时必须考虑互感电压，分析方法涉及互感电压的处理，一般采用支路法和网孔法来计算。

图 7-15(a)所示为一个含耦合电感元件的正弦稳态电路，若各电路参数已知，首先使用支路法列写各电流求解方程。

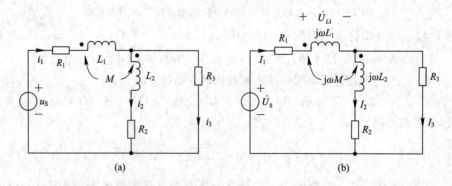

图 7-15　含耦合电感元件的正弦稳态电路

由图 7-15(b)所示的相量模型可得

$$\begin{cases} R_1\dot{I}_1 + \dot{U}_{L1} + \dot{U}_{L2} + R_2\dot{I}_2 = \dot{U}_S \\ R_3\dot{I}_3 - R_2\dot{I}_2 - \dot{U}_{L2} = 0 \\ \dot{I}_1 = \dot{I}_2 + \dot{I}_3 \end{cases}$$

将 $\dot{U}_{L2}=\mathrm{j}\omega L_2\dot{I}_2+\mathrm{j}\omega M\dot{I}_1$ 代入，经整理得

$$\begin{cases}[R_1+\mathrm{j}\omega(L_1+M)]\dot{I}_1+[R_2+\mathrm{j}\omega(L_2+M)]\dot{I}_2=\dot{U}_\mathrm{S}\\-\mathrm{j}\omega M\dot{I}_1-(R_2+\mathrm{j}\omega L_2)\dot{I}_2+R_3\dot{I}_3=0\\\dot{I}_1=\dot{I}_2+\dot{I}_3\end{cases}$$

可解出电流 $\dot{I}_1$、$\dot{I}_2$ 和 $\dot{I}_3$。

也可使用网孔法进行计算。设网孔电流 $\dot{I}_1$ 和 $\dot{I}_3$ 的参考方向如图 7-15(b)所示。由相量模型可得

$$\begin{cases}[(R_1+R_2)+\mathrm{j}\omega(L_1+L_2+2M)]\dot{I}_1-[R_2+\mathrm{j}\omega(L_2+M)]\dot{I}_3=\dot{U}_\mathrm{S}\\-[R_2+\mathrm{j}\omega(L_2+M)]\dot{I}_1+[(R_2+R_3)+\mathrm{j}\omega L_2]\dot{I}_3=0\end{cases}$$

先求解出网孔电流 $\dot{I}_1$ 和 $\dot{I}_3$，再求解 $\dot{I}_2$。

此题也可使用去耦等效替换来进行计算。

【例 7.4】　电路相量模型如图 7-16(a)所示，试求电流 $\dot{I}_1$、$\dot{I}_2$ 和 $\dot{I}_3$。

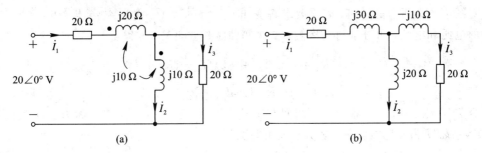

图 7-16　例 7.4 图

解　对原电路进行去耦等效变换，其等效电路如图 7-16(b)所示。

(1) T 形等效电路的输入端等效阻抗为

$$Z=\left(20+\mathrm{j}30+\frac{(20-\mathrm{j}10)\times\mathrm{j}20}{20+\mathrm{j}10}\right)\Omega=(20+\mathrm{j}30+16+\mathrm{j}12)\Omega=55.3\angle49.4^\circ\Omega$$

(2) 利用欧姆定律及其分流公式可得电路中的电流为

$$\dot{I}_1=\frac{20\angle0^\circ}{55.3\angle49.4^\circ}\mathrm{A}\approx0.362\angle(-49.4^\circ)\mathrm{A}$$

$$\dot{I}_2=\left[0.362\angle(-49.4^\circ)\times\frac{20-\mathrm{j}10}{20+\mathrm{j}10}\right]\mathrm{A}=\left[0.362\angle(-49.4^\circ)\times\frac{22.4\angle(-26.6^\circ)}{22.4\angle26.6^\circ}\right]\mathrm{A}$$

$$=0.362\angle(-102.6^\circ)]\mathrm{A}$$

$$\dot{I}_3=\left[0.362\angle(-49.4^\circ)\times\frac{\mathrm{j}20}{20+\mathrm{j}10}\right]\mathrm{A}=\left[0.362\angle(-49.4^\circ)\times\frac{20\angle90^\circ}{22.4\angle26.6^\circ}\right]\mathrm{A}$$

$$=0.323\angle14^\circ\mathrm{A}$$

7.2.3　空心变压器电路

变压器(transformer)是工程中常用的电气设备，是耦合电路在实际中的典型应用。变压器是由两个线圈绕在一个芯子上制成的。其中一个线圈和电源相连接构成一个回路，称

为一次侧(primary side)；另一个线圈和负载相连接构成一个回路，称为二次侧(secondary side)。变压器的一次侧线圈和二次侧线圈之间没有直接的电路连接，电源提供的能量是通过两个线圈的耦合作用从一次侧传递到二次侧的。常用的变压器有空心变压器(air-core transforer)和铁芯变压器(iron core transformer)两种模型。空心变压器是由两个绕在非铁磁材料制成的芯子上并具有互感的线圈组成的，它没有铁芯变压器产生的各种损耗，常用于高频电路。其特点是耦合系数较小，属于松耦合(loose coupling)。铁芯变压器近似于全耦合(unity coupling)变压器，通常应用于电力系统或电子设备中。

空心变压器的电路相量模型如图 7-17 所示。其中，R_1 和 R_2 分别是一次侧、二次侧线圈的电阻；$\dot{U}_\mathrm{S}$ 为一次侧连接的电源；Z_L 是接入二次侧的负载。变压器电路的分析方法和一般的耦合电路的分析方法是相同的，如支路法、网孔法。当两线圈"完全隔离时"，可加一根电流为"零"的线，再用去耦等效法。另外，还有反映阻抗法。

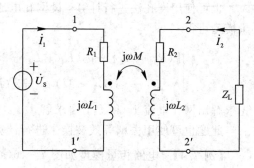

图 7-17　空心变压器电路相量模型

对图 7-17 所示的电路，若需要求解变压器中的电压和电流，可分别对一次侧、二次侧回路建立 KVL 方程：

$$\begin{cases} (R_1 + \mathrm{j}\omega L_1)\dot{I}_1 + \mathrm{j}\omega M\dot{I}_2 = \dot{U}_\mathrm{S} \\ \mathrm{j}\omega M\dot{I}_1 + (R_2 + \mathrm{j}\omega L_2 + Z_\mathrm{L})\dot{I}_2 = 0 \end{cases}$$

令 $Z_{11} = R_1 + \mathrm{j}\omega L_1$，称为一次侧回路阻抗，$Z_{22} = R_2 + \mathrm{j}\omega L_2 + Z_\mathrm{L}$，称为二次侧回路阻抗，$Z_M = \mathrm{j}\omega M$ 为互感抗，则上述方程又可写为

$$\begin{cases} Z_{11}\dot{I}_1 + Z_M\dot{I}_2 = \dot{U}_\mathrm{S} \\ Z_M\dot{I}_1 + Z_{22}\dot{I}_2 = 0 \end{cases}$$

解方程可得

$$\begin{cases} \dot{I}_1 = \dfrac{\dot{U}_\mathrm{S}}{Z_{11} + (\omega M)^2 Y_{22}} \\ \dot{I}_2 = -\dfrac{Z_M}{Z_{22}}\dot{I}_1 \end{cases} \tag{7-15}$$

其中，$Y_{22} = \dfrac{1}{Z_{22}}$。

变压器 1-1′ 端口右侧的电路为无源网络，故可用一个等效阻抗来代替。由式(7-15)可求得从 1-1′ 端口看进去的输入阻抗为

$$Z_\mathrm{i} = \frac{\dot{U}_\mathrm{S}}{\dot{I}_1} = Z_{11} + (\omega M)^2 Y_{22} \tag{7-16}$$

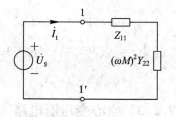

图 7-18　一次侧的等效电路

等效电路如图 7-18 所示。其中，$(\omega M)^2 Y_{22}$ 称为反映阻抗(reflection impedance)。反映阻抗 $(\omega M)^2 Y_{22}$ 的性质和二次侧回路阻抗 Z_{22} 的相反，即

当 Z_{22} 是感性(容性)时,反映阻抗为容性(感性)。

【例7.5】 电路相量模型如图 7-17 所示。已知 $R_1 = 2\ \Omega$,$R_2 = 2\ \Omega$,$\omega L_1 = 4\ \Omega$,$\omega L_2 = 4\ \Omega$,$\omega M = 2\ \Omega$,$Z_L = -\mathrm{j}2\ \Omega$,$\dot{U}_S = 12\angle 0°\mathrm{V}$,试求电源端的输入阻抗、电流 $\dot{I}_1$ 和 $\dot{I}_2$。

解 用反映阻抗的概念求解本题。

回路阻抗为

$$Z_{11} = R_1 + \mathrm{j}\omega L_1 = (2 + \mathrm{j}4)\Omega$$
$$Z_{22} = R_2 + \mathrm{j}\omega L_2 + Z_L = (2 + \mathrm{j}4 - \mathrm{j}2)\Omega = (2 + \mathrm{j}2)\Omega$$

反映阻抗

$$(\omega M)^2 Y_{22} = \left(2^2 \times \frac{1}{2 + \mathrm{j}2}\right)\Omega = (1 - \mathrm{j})\Omega$$

请注意:二次侧回路中的电感性阻抗反映到一次侧回路为电容性阻抗。

输入阻抗为

$$Z_i = Z_{11} + (\omega M)^2 Y_{22} = (2 + \mathrm{j}4 + 1 - \mathrm{j})\Omega = (3 + \mathrm{j}3)\Omega$$

由图 7-18 可得一次侧电流:

$$\dot{I}_1 = \frac{\dot{U}_S}{Z_{11} + (\omega M)^2 Y_{22}} = \frac{12\angle 0°}{3 + \mathrm{j}3}\mathrm{A} = (2 - \mathrm{j}2)\mathrm{A}$$

可得

$$\dot{I}_2 = -\frac{Z_M}{Z_{22}}\dot{I}_1 = \left[-\frac{\mathrm{j}2}{2 + \mathrm{j}2} \times (2 - \mathrm{j}2)\right]\mathrm{A} = -2\ \mathrm{A}$$

7.3 理想变压器

理想变压器(ideal transformer)是从实际变压器中抽象出来的理想化模型。因为变压器最主要的作用是实现电压的升降,所以希望变压器仅仅作为一个能量传递的元件,其自身既不消耗能量,也不储存能量,即希望变压器能将一次侧吸收的能量全部传输到二次侧的负载上,这样的变压器就称为理想变压器。铁芯变压器是理想变压器的最佳近似,由铁芯变压器的极限情况可以推导出理想变压器的伏安关系。

7.3.1 理想变压器的 VCR

若要求变压器不消耗有功功率(无损耗),则变压器一次侧、二次侧线圈的电阻应为零。无损耗变压器的电路模型如图 7-19 所示。

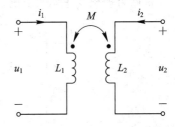

图 7-19 无损耗变压器的电路模型

根据图示参考方向,磁链方程为

$$\begin{cases} \psi_1 = L_1 i_1 + M i_2 \\ \psi_2 = M i_1 + L_2 i_2 \end{cases}$$

在无损耗的情况下,变压器的电压、电流关系为

$$\begin{cases} u_1 = \dfrac{\mathrm{d}\psi_1}{\mathrm{d}t} = L_1\dfrac{\mathrm{d}i_1}{\mathrm{d}t} + M\dfrac{\mathrm{d}i_2}{\mathrm{d}t} \\ u_2 = \dfrac{\mathrm{d}\psi_2}{\mathrm{d}t} = M\dfrac{\mathrm{d}i_1}{\mathrm{d}t} + L_2\dfrac{\mathrm{d}i_2}{\mathrm{d}t} \end{cases} \tag{7-17}$$

变压器的一次侧、二次侧之间是通过磁场的形式传输能量的，理想变压器要求能量传输无损耗，则一次侧、二次侧之间实现全耦合就是一个必要条件，即要求 $k=\dfrac{M}{\sqrt{L_1 L_2}}=1$。

当 $k=1$ 时，$M=\sqrt{L_1 L_2}$，将其代入式(7-17)不难得出：

$$\frac{u_1}{u_2}=\frac{\psi_1}{\psi_2}=\frac{\sqrt{L_1}}{\sqrt{L_2}} \tag{7-18}$$

设一次侧、二次侧线圈的匝数分别为 N_1、N_2，全耦合时一次侧、二次侧中的磁通是相同的，设为 ϕ，将 $\psi_1=N_1\phi$，$\psi_2=N_2\phi$ 代入式(7-18)中，有

$$\frac{u_1}{u_2}=\frac{\psi_1}{\psi_2}=\frac{N_1\phi}{N_2\phi}=\frac{N_1}{N_2} \tag{7-19}$$

由式(7-19)可见，当变压器的一次侧、二次侧实现全耦合时，一次侧、二次侧的电压比只和一次侧、二次侧的匝数比有关，和端电流及外电路无关。

再结合理想变压器不存储功率这一特点可知，理想变压器一次侧吸收的瞬时功率应等于二次侧供出的瞬时功率。若按图7-19所示的端电压和端电流的参考方向，就要求变压器的两个端口的瞬时功率满足：

$$u_1 i_1 + u_2 i_2 = 0$$

结合式(7-19)有

$$\frac{i_1}{i_2}=-\frac{N_1}{N_2}$$

综合以上三点，实际变压器必须同时满足三个理想化条件后才能成为理想变压器，这三个条件可概括为：无损耗，全耦合，电感和互感趋向于无穷大。虽然理想变压器不能在物理上实现，但当要求不是很严格时，多数铁芯的紧耦合变压器均可视为理想变压器来进行概略分析和计算，故掌握理想变压器的特性是很有必要的。

如图7-20(a)所示，理想变压器的电路模型仍使用带同名端的耦合电感来加以表示，同时在电路图中标注一次侧、二次侧的匝数比 $N_1:N_2$。若令

$$n=\frac{N_1}{N_2}$$

n 称为理想变压器的变比，则一次侧、二次侧的匝数比也可以写成 $n:1$。

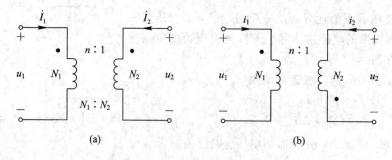

(a)   (b)

图 7-20 理想变压器的电路模型

按照图7-20(a)中的参考方向，理想变压器的电压比方程和电流比方程为

$$\begin{cases} \dfrac{u_1}{u_2} = n \\ \dfrac{i_1}{i_2} = -\dfrac{1}{n} \end{cases} \tag{7-20}$$

按照图 7-20(b)中的参考方向,理想变压器的电压比方程和电流比方程为

$$\begin{cases} \dfrac{u_1}{u_2} = -n \\ \dfrac{i_1}{i_2} = \dfrac{1}{n} \end{cases} \tag{7-21}$$

7.3.2 理想变压器的阻抗变换

对于含有理想变压器的电路,可使用一次侧、二次侧阻抗相互折合的方法得到等效电路,从而求解电路中的电压和电流。

对于图 7-21 (a)所示电路,从一次侧的端口看进去的输入阻抗为

$$Z_i = \frac{\dot{U}_1}{\dot{I}_1} = \frac{n\dot{U}_2}{-\dfrac{1}{n}\dot{I}_2} = n^2 Z_L \tag{7-22}$$

Z_i 称为从二次侧折合到一次侧的阻抗。

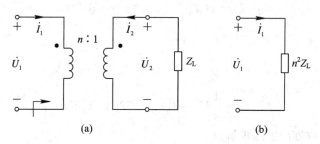

图 7-21 理想变压器的阻抗变换作用

【例 7.6】 电路如图 7-22 所示。若 $n=4$,则接多大的负载电阻可获得最大功率?

解 由于 R_L 对一次侧的折合阻抗为

$$R_i = n^2 R_L$$

根据最大功率传递定理,获得最大功率的条件为

$$R_i = n^2 R_L = 40 \ \Omega$$

因此,可得

$$R_L = \frac{40}{n^2}\Omega = \frac{40}{4^2}\Omega = 2.5 \ \Omega$$

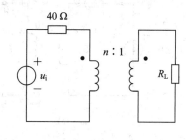

图 7-22 例 7.6 图

【例 7.7】 求图 7-23(a)所示电路负载电阻上的电压 $\dot{U}_2$。

解法一 列出 KVL 方程。

一次侧回路: $\qquad\qquad 1 \times \dot{I}_1 + \dot{U}_1 = 10\angle 0°$

二次侧回路: $\qquad\qquad 50\dot{I}_2 + \dot{U}_2 = 0$

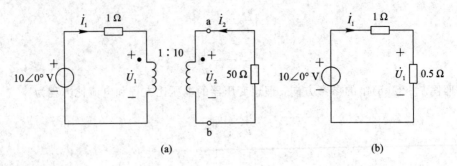

图 7 - 23 例 7.7 图

代入理想变压器的特性方程：

$$\dot{U}_1 = \frac{1}{10}\dot{U}_2$$

$$\dot{I}_1 = -10\dot{I}_2$$

解得

$$\dot{U}_2 = 33.3\angle0°\text{V}$$

解法二 应用阻抗变换得一次侧等效电路如图 7 - 23(b)所示，其中对一次侧的折合阻抗为

$$n^2 \times 50\ \Omega = \left(\frac{1}{10}\right)^2 \times 50\ \Omega = 0.5\ \Omega$$

由此可得

$$\dot{U}_1 = \frac{0.5}{1+0.5} \times 10\angle0°\text{V} = 3.33\angle0°\text{V}$$

$$\dot{U}_2 = \frac{1}{n}\dot{U}_1 = 10\dot{U}_1 = 33.3\angle0°\text{V}$$

解法三 应用戴维南定理求解。

将图 7 - 23(a)中 50 Ω 电阻所在支路开路，得到有源二端网络，如图 7 - 24(a)所示。

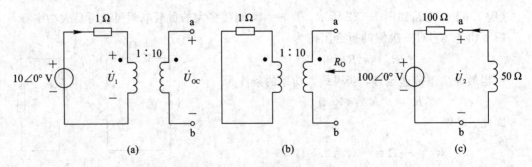

图 7 - 24 戴维南等效电路

由于 $\dot{I}_2 = 0$，必然有 $\dot{I}_1 = 0$，因此 $\dot{U}_1 = 10\angle0°\text{V}$，故开路电压：

$$\dot{U}_{\text{OC}} = 10\dot{U}_1 = 100\angle0°\text{V}$$

再将有源二端网络的内部电源去除，得到无源二端网络，如图 7 - 24(b)所示。其等效电阻就是将一次侧的电阻折合到二次侧，即

$$R_O = (10)^2 \times 1\ \Omega = 100\ \Omega$$

于是得到二次侧的等效电路，如图 7-24(c)所示。由此可得

$$\dot{U}_2 = \frac{50}{100+50} \times \dot{U}_{OC} = \left(\frac{50}{100+50} \times 100\angle 0°\right)\ \text{V} = 33.3\angle 0° \text{V}$$

7.4　双口网络

双口网络(two port network)可以实现对信号的放大、变换和匹配等功能，是一种非常重要的电路形式，在实际工程中有着广泛的应用。本节主要讨论双口网络的 Z、Y、T、H 等参数方程，各种参数的计算以及具有端接的双口网络的电路等效。

7.4.1　双口网络的概念

第 3 章介绍了单口网络，如图 7-25 所示。它是二端网络，只有两个端钮和外电路连接，在任一时刻，流入其中一个端钮的电流总是等于另一个端钮流出的电流。在第 3 章中我们学习了如何用戴维南和诺顿等效电路方法分析单口网络的端口特性，此外，还学习过受控源、耦合电感和理想变压器等二端口元件以及由这些元件组成的电路分析。

双口网络如图 7-26 所示，它是四端网络，两对端钮 1-1′ 和 2-2′ 是双口网络与外电路相连接的两个端口，分别简称为端口 1 和端口 2。端口 1 一般连接激励源，常称为输入端口；端口 2 一般连接负载，常称为输出端口。使用图 7-26 所示的双口网络一般有以下限制条件：① 方框图电路内无储能；② 电路中不含独立源，可以有受控源；③ 输入、输出同一端口的电流必须相等；④ 所有外部连接必须是和输入端或输出端连接。本节所讨论的问题限制在双口网络范围内。

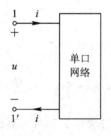

图 7-25　单口网络

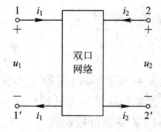

图 7-26　双口网络

与单口网络类似，双口网络的端口特性也是由端口电压、端口电流来表达的。双口网络的两个端口上共有四个变量，即 u_1，u_2，i_1 和 i_2，如图 7-26 所示。因此，双口网络的端口特性就是由这四个变量构成的约束关系来描述的，其代数方程可表达为

$$\begin{cases} f_1(u_1,\ u_2,\ i_1,\ i_2)=0 \\ f_2(u_1,\ u_2,\ i_1,\ i_2)=0 \end{cases}$$

其中，f_1 表示端口 1 的函数关系，f_2 表示端口 2 的函数关系。

如果只用线性元件组成双口网络，则称该网络为线性双口网络。本节在正弦稳态的条件下，利用相量法研究不含独立源的线性双口网络的外部特性，着重于通过端口电压、电流的伏安关系来创建双口网络的参数模型，然后用此模型来确定该网络连接电源的特性和负载的特性，即双口网络的外特性。

7.4.2 双口网络的方程与参数

对于一个不含独立源的线性双口网络，在正弦稳态时的相量模型如图 7-27 所示。在端口上 $\dot{U}_1$、$\dot{U}_2$、$\dot{I}_1$ 和 $\dot{I}_2$ 四个变量之间的关系方程式称为双口网络方程，方程中的系数称为双口网络的参数。如任取其中两个为自变量，另外两个为因变量，经组合可得到六种表征此双口网络的方程和参数。双口网络内部的结构、元件值和工作频率只会影响端口网络方程的网络参数，与外部电路无关。

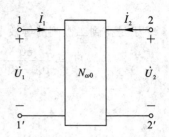

图 7-27 双口网络的相量模型

对于一个具体的双口网络，不是每一种参数都存在，不同的参数有不同的实际应用，参数的确定可以由定义式求出，亦可以直接列写网络方程用对应系数相等的方法求出。这里只介绍其中常用的四种组合的网络方程及其网络参数。

1. 双口网络的阻抗参数

在如图 7-27 所示的双口网络电压电流的参考方向下，取 $\dot{I}_1$ 和 $\dot{I}_2$ 为自变量，取 $\dot{U}_1$ 和 $\dot{U}_2$ 为因变量，得到双口网络的阻抗参数方程为

$$\begin{cases} \dot{U}_1 = z_{11}\dot{I}_1 + z_{12}\dot{I}_2 \\ \dot{U}_2 = z_{21}\dot{I}_1 + z_{22}\dot{I}_2 \end{cases} \tag{7-23}$$

把阻抗参数方程写成矩阵形式为

$$\begin{bmatrix} \dot{U}_1 \\ \dot{U}_2 \end{bmatrix} = \begin{bmatrix} z_{11} & z_{12} \\ z_{21} & z_{22} \end{bmatrix} \begin{bmatrix} \dot{I}_1 \\ \dot{I}_2 \end{bmatrix} \tag{7-24}$$

式(7-24)的系数矩阵为

$$\mathbf{Z} = \begin{bmatrix} z_{11} & z_{12} \\ z_{21} & z_{22} \end{bmatrix} \tag{7-25}$$

称为双口网络阻抗参数矩阵(简称 Z 参数矩阵)，把 z_{11}、z_{12}、z_{21}、z_{22} 称为双口网络阻抗参数，简称为 Z 参数，其单位为欧姆(Ω)。

双口网络的 Z 参数可根据式(7-23)，通过端口 1 与端口 2 开路来测量或计算确定。

$z_{11} = \dfrac{\dot{U}_1}{\dot{I}_1}\bigg|_{\dot{I}_2=0}$ 是端口 2 开路时，端口 1 的输入阻抗；

$z_{21} = \dfrac{\dot{U}_2}{\dot{I}_1}\bigg|_{\dot{I}_2=0}$ 是端口 2 开路时，端口 2 对端口 1 的转移阻抗；

$z_{12} = \dfrac{\dot{U}_1}{\dot{I}_2}\bigg|_{\dot{I}_1=0}$ 是端口 1 开路时，端口 1 对端口 2 的转移阻抗；

$z_{22} = \dfrac{\dot{U}_2}{\dot{I}_2}\bigg|_{\dot{I}_1=0}$ 是端口 1 开路时，端口 2 的输入阻抗。

因此，Z 参数又称为开路阻抗参数。可以用 Z 参数描述二端口网络电压和电流的关系，即双口网络的外特性。

【**例7.8**】 求图 7-28 所示二端口网络的 Z 参数矩阵。

解 根据 KVL 列出图 7-28 所示双口网络端口 1 和端口 2 的方程，得

$$\dot{U}_1 = (R_1 + j\omega L_1)\dot{I}_1 + j\omega M\dot{I}_2$$

$$\dot{U}_2 = j\omega M\dot{I}_1 + (R_2 + j\omega L_2)\dot{I}_2$$

上式的矩阵形式为

$$\begin{bmatrix} \dot{U}_1 \\ \dot{U}_2 \end{bmatrix} = \begin{bmatrix} R_1 + j\omega L_1 & j\omega M \\ j\omega M & R_2 + j\omega L_2 \end{bmatrix} \begin{bmatrix} \dot{I}_1 \\ \dot{I}_2 \end{bmatrix}$$

由此可知参数矩阵为

$$\boldsymbol{Z} = \begin{bmatrix} R_1 + j\omega L_1 & j\omega M \\ j\omega M & R_2 + j\omega L_2 \end{bmatrix}$$

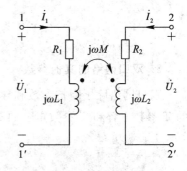

图 7-28 例 7.8 图

由上述方法，可以得到双口网络的导纳参数 Y、传输参数 T 和混合参数 H 矩阵。

2. 双口网络的导纳参数

在如图 7-27 所示的双口网络中，取 $\dot{U}_1$ 和 $\dot{U}_2$ 为自变量，取 $\dot{I}_1$ 和 $\dot{I}_2$ 为因变量。同样地，可得到双口网络的 Y 参数方程和 Y 参数矩阵如下：

Y 参数方程：

$$\begin{cases} \dot{I}_1 = y_{11}\dot{U}_1 + y_{12}\dot{U}_2 \\ \dot{I}_2 = y_{21}\dot{U}_1 + y_{22}\dot{U}_2 \end{cases}$$

Y 参数矩阵：

$$\boldsymbol{Y} = \begin{bmatrix} y_{11} & y_{12} \\ y_{21} & y_{22} \end{bmatrix}$$

其中，$y_{11} = \dfrac{\dot{I}_1}{\dot{U}_1}\bigg|_{\dot{U}_2=0}$，$y_{21} = \dfrac{\dot{I}_2}{\dot{U}_1}\bigg|_{\dot{U}_2=0}$，$y_{12} = \dfrac{\dot{I}_1}{\dot{U}_2}\bigg|_{\dot{U}_1=0}$，$y_{22} = \dfrac{\dot{I}_2}{\dot{U}_2}\bigg|_{\dot{U}_1=0}$ 分别称之为端口 1 的输入导纳参数、端口 2 对端口 1 的转移导纳参数、端口 1 对端口 2 的转移导纳参数和端口 2 的输入导纳参数。

【**例7.9**】 求图 7-29 所示二端口网络的 Y 参数矩阵。

解 根据 KVL 列出端口 1 和端口 2 的方程：

$$\dot{I}_1 = \frac{1}{8}\dot{U}_1$$

$$\dot{I}_2 = 4\dot{U} + \frac{\dot{U}_2}{3} = 4 \times 2 \times \frac{\dot{U}_1}{8} + \frac{\dot{U}_2}{3} = \dot{U}_1 + \frac{\dot{U}_2}{3}$$

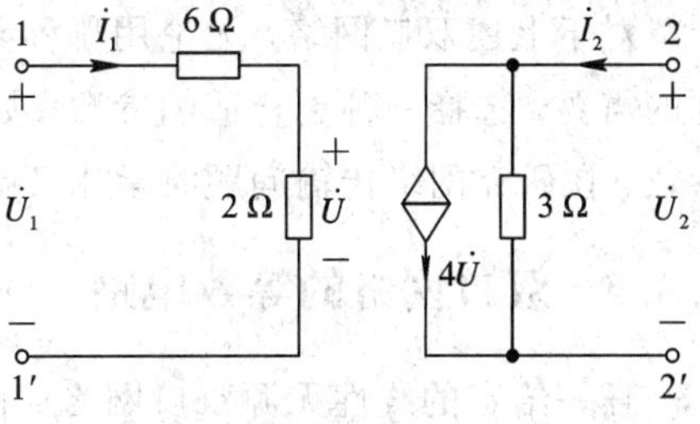

图 7-29 例 7.9 图

与 Y 参数方程比较可得

$$y_{11} = \frac{1}{8}\text{S}, \ y_{12} = 0 \text{ S}, \ y_{21} = 1 \text{ S}, \ y_{22} = \frac{1}{3}\text{S}$$

因此 Y 参数矩阵为

$$Y = \begin{bmatrix} \dfrac{1}{8} & 0 \\ 1 & \dfrac{1}{3} \end{bmatrix} \text{S}$$

3. 双口网络的其他参数

双口网络除了阻抗参数和导纳参数外，还常用到 T 转移参数和 H 混合参数。双口网络的 T 参数方程和 T 参数矩阵如下：

T 参数方程：

$$\begin{cases} \dot{U}_1 = t_{11}\dot{U}_2 - t_{12}\dot{I}_2 \\ \dot{I}_1 = t_{21}\dot{U}_2 - t_{22}\dot{I}_2 \end{cases}$$

T 参数矩阵：

$$T = \begin{bmatrix} t_{11} & t_{12} \\ t_{21} & t_{22} \end{bmatrix}$$

其中，$t_{11} = \dfrac{\dot{U}_1}{\dot{U}_2}\Big|_{\dot{I}_2=0}$、$t_{21} = \dfrac{\dot{I}_1}{\dot{U}_2}\Big|_{\dot{I}_2=0}$、$t_{12} = -\dfrac{\dot{U}_1}{\dot{I}_2}\Big|_{\dot{U}_2=0}$ 和 $t_{22} = -\dfrac{\dot{I}_1}{\dot{I}_2}\Big|_{\dot{U}_2=0}$。

双口网络的 H 参数方程和 H 参数矩阵如下：

H 参数方程：

$$\begin{cases} \dot{U}_1 = h_{11}\dot{I}_1 + h_{12}\dot{U}_2 \\ \dot{I}_2 = h_{21}\dot{I}_1 + h_{22}\dot{U}_2 \end{cases}$$

H 参数矩阵：

$$H = \begin{bmatrix} h_{11} & h_{12} \\ h_{21} & h_{22} \end{bmatrix}$$

其中，$h_{11} = \dfrac{\dot{U}_1}{\dot{I}_1}\Big|_{\dot{U}_2=0}$、$h_{21} = \dfrac{\dot{I}_2}{\dot{I}_1}\Big|_{\dot{U}_2=0}$、$h_{12} = \dfrac{\dot{U}_1}{\dot{U}_2}\Big|_{\dot{I}_1=0}$ 和 $h_{22} = \dfrac{\dot{I}_2}{\dot{U}_2}\Big|_{\dot{I}_1=0}$。

对于上述双口网络，无论用哪种参数都可以描述其端口的外特性。也可以根据实际问题的需要，选择一种更合适的参数，如在电子管电路中常用 Z 参数，在高频电路中常用 Y 参数，在研究网络传输问题时常用 T 参数，在晶体管电路中常用 H 参数。

7.4.3　双口网络的等效电路

任一给定的线性无源双口网络如图 7-30 所示。

如果给定双口的 Z 参数，通常用 T 形等效电路确定 T 形电路的 Z_1、Z_2、Z_3 的值。若已知图 7-30(a)双口网络的 Z 参数，则等效电路参数 Z_1、Z_2、Z_3 的值为

$$\begin{cases} Z_1 = z_{11} - z_{12} \\ Z_2 = z_{12} = z_{21} \\ Z_3 = z_{22} - z_{12} \end{cases}$$

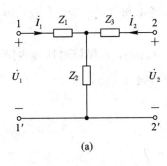 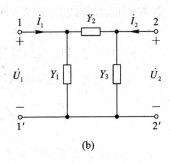

图 7 - 30　T 形双口网络和 π 型双口网络

如果给定双口的 Y 参数，通常用 Ⅱ 型等效电路确定 Ⅱ 型电路的 Y_1、Y_2、Y_3 的值。若已知图 7 - 30(b) 双口网络的 Y 参数，则等效电路参数 Y_1、Y_2、Y_3 的值为

$$\begin{cases} Y_1 = y_{11} + y_{12} \\ Y_2 = -y_{12} = -y_{21} \\ Y_3 = y_{22} + y_{12} \end{cases}$$

如果给定双口网络的其他参数，可把其他参数变换成 Z 参数或 Y 参数，再求其等效电路参数。

任何双口网络均可以用一个简单的双口网络来表征它的两个端口特性，这个简单的双口网络就是原双口网络的等效电路，即两个双口网络应具有相同的端口特性，或对应参数必须相等。

7.4.4　具有端接的双口网络

在双口网络的典型应用中，一般端口 1 接电源而端口 2 接负载，通常称之为双口网络的端口连接，简称端接，如图 7 - 31 所示。

由双口网络的输入端口看进去的阻抗称为输入阻抗或策动点阻抗，用 Z 表示，即

$$Z_{\text{in}} = \frac{\dot{U}_1}{\dot{I}_1} \qquad (7 - 26)$$

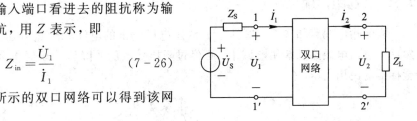

图 7 - 31　双口网络的端接

由如图 7 - 31 所示的双口网络可以得到该网络的传输参数方程：

$$\begin{cases} \dot{U}_1 = t_{11}\dot{U}_2 - t_{12}\dot{I}_2 \\ \dot{I}_1 = t_{21}\dot{U}_2 - t_{22}\dot{I}_2 \end{cases} \qquad (7 - 27)$$

负载特性方程为

$$\dot{U}_2 = -Z_{\text{L}}\dot{I}_2 \qquad (7 - 28)$$

将输入阻抗的定义式 (7 - 26) 代入式 (7 - 27) 和式 (7 - 28) 并整理得到

$$Z_{\text{in}} = \frac{\dot{U}_1}{\dot{I}_1} = \frac{t_{11}\dot{U}_2 - t_{12}\dot{I}_2}{t_{21}\dot{U}_2 - t_{22}\dot{I}_2} = \frac{t_{11}(-Z_{\text{L}}\dot{I}_2) - t_{12}\dot{I}_2}{t_{21}(-Z_{\text{L}}\dot{I}_2) - t_{12}\dot{I}_2} = \frac{t_{11}Z_{\text{L}} + t_{12}}{t_{21}Z_{\text{L}} + t_{22}}$$

上式表明，输入阻抗不仅与双口网络的参数有关，还与端接的负载阻抗 Z_{L} 有关。

对于不同的双口网络，端接同一个负载 Z_{L}，一般情况下输入阻抗是不相等的；对于同

一个双口网络，端接不同的负载 Z_L，输入阻抗也是不相等的。因此，双口网络具有变换阻抗的作用。

如果把如图 7-31 中的端接电压源与负载同时移去，只保留电压源内阻抗 Z_S，这时输出端口电压 $\dot{U}_2$ 和电流 $\dot{I}_2$ 之比称为双口网络的输出阻抗 Z_{out}，即

$$Z_{out} = \frac{\dot{U}_2}{\dot{I}_2} \qquad (7-29)$$

考虑到移去输入端的电压源以后，令负载开路（$Z_L = \infty$），有 $\dot{U}_1 = -Z_L \dot{I}_1$，将式 (7-27) 整理后代入式 (7-29)，得到

$$Z_{out} = \frac{\dot{U}_2}{\dot{I}_2} = \frac{t_{22} Z_S + t_{12}}{t_{21} Z_S + t_{11}}$$

上式表明，输出阻抗 Z_{out} 不仅与双口网络的参数有关，还与端接的电源内阻抗 Z_S 有关。对于不同的双口网络，端接同一个内阻抗 Z_S，一般情况下输出阻抗 Z_{out} 是不相等的；对于同一个双口网络，端接不同的内阻抗 Z_S，输出阻抗 Z_{out} 也是不相等的。因此，双口网络具有变换阻抗的作用。

一般情况下，具有端接的双口网络的输出阻抗 Z_{out} 与电源的内阻抗 Z_S 是不相等的。如果端口对称，即当 $t_{11} = t_{22}$ 时，选择适当的电源内阻抗 Z_S 与负载 Z_L，使它们满足

$$Z_{in} = Z_{out} = Z_S = Z_L = Z_C \qquad (7-30)$$

则称 Z_C 为对称双口网络的特性阻抗。

7.5 知识拓展与实际应用

7.5.1 远距离输电

实际输电线路如图 7-32 所示。从发电厂发出的电能先经过升压变压器将电压升高，然后经过输电线路送往用电城市，再经过降压变电所的降压变压器将远距离送来的电压降至标准的民用电压。

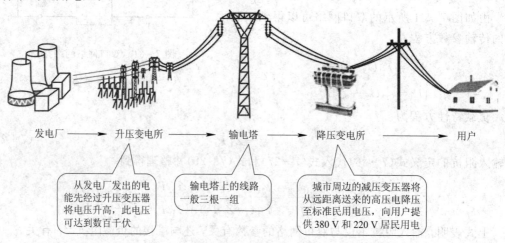

发电厂 → 升压变电所 → 输电塔 → 降压变电所 → 用户

从发电厂发出的电能先经过升压变压器将电压升高，此电压可达到数百千伏

输电塔上的线路一般三根一组

城市周边的减压变压器将从远距离送来的高压电降压至标准民用电压，向用户提供 380 V 和 220 V 居民用电

图 7-32　实际输电线路

7.5.2 电力变压器

变压器是电力网中的重要设备，其主要功能是升高或降低电压，以利于电能的合理输送、分配和使用。

电力网由输电网和配电网组成。输电网主要是将远离负荷中心的发电厂的大量电能经过变压器升压，通过高压输电线路送到邻近负载中心的枢纽变电站。同时，输电网还有联络相邻电力系统和联系相邻变电站的作用，或向某些容量特大的用户直接供电。输电网的额定电压通常为 $220\sim750$ kV 或更高。配电网可分高压、中压和低压配电网。高压配电网的电压一般为 $35\sim110$ kV 或更高，中压配电网的电压一般为 $6\sim20$ kV，它们将来自变电站的电能分配到众多的配电变压器，以及直接供应中等容量的用户。低压配电网的电压为 380/220 V，用于向数量很大的小用户供电。

我国国家标准规定的电力网络的电压等级有 0.38 V、3 V、6 V、10 V、35 V、63 V、110 V、220 V、330 V、500 V、750 kV。

【例 7.10】 某工厂从电力系统中的某一变电站获得 10 kV 电压进线，厂车间所需电压为 0.4 kV，因此需用变压器降压。设车间的总负荷为 1350 kV·A，其中重要负荷容量为 680 kV·A。试确定所需变压器的台数和容量。

解 为了满足对重要负荷供电的可靠性要求，一般选择两台变压器。任意一台变压器单独运行时，要满足 60%～70% 的负荷，即

$$s=(0.6\sim0.7)\times1350\text{ V·A}=810\sim945\text{ kV·A}$$

且任一台变压器应满足 $s\geq680$ kV·A。因此，可选两台容量均为 1000 kV·A 的变压器，具体型号为 S11-1000/10。该变压器为三相油浸式电力变压器，其额定容量为 1000 kV·A，高压为 10 kV，低压为 0.4 kV。

7.5.3 实际变压器特性

前面对理想变压器进行了分析讨论。不但忽略了绕线电阻、绕线电容和非理想的磁芯特性，而且认为变压器的效率是 100%。这里我们还需要了解实际变压器的几个非理想特性。

1. 绕线电阻

实际变压器的一次绕组和二次绕组需要大量的铜线，这些铜导线存在的电阻称绕线电阻。电流流过此电阻一定会消耗功率，这部分损耗往往变成热量而消耗，称之为"铜损"。绕线电阻是以绕组相串联的电阻来表示，实际变压器的绕组会导致二次侧相接的负载上的电压下降。在大多数情况下，绕线电阻的影响都比较小，可以忽略不计。

2. 磁芯损耗

当变压器的一次绕组通电后，线圈所产生的磁通在铁芯流动，因为铁芯本身也是导体，在垂直于磁力线的平面上就会产生感应电动势，这个电势在铁芯的断面上形成闭合回路并产生电流，好像一个旋涡，所以称之为"涡流"。涡流使变压器的损耗增加，并且使变压器的铁芯发热、温升增加。由涡流所产生的损耗我们称之为"铁损"。

运行中变压器的损耗主要是空载损耗和负载损耗，也就是常说的"铁损"和"铜损"。因

为铜损与负载电流的平方成正比，而铁损与负载几乎无关。因此减少铁损是节能考虑的重点。

通过使用铁芯叠片结构，可极大地减少铁损。铁磁体材料的薄层是相互绝缘的，通过将涡流限制在一个小区域中，可使所形成的涡流最小，并保持磁芯损耗最小。近50年来科学家和工程师们已经取得了很大的进步。首先将变压器铁芯材料在原有的热轧硅钢片的基础上改进为冷轧晶粒取向硅钢片，后来又开始生产高导磁硅钢片，使变压器的涡流损耗成倍下降。硅钢片的厚度从0.5 mm逐步减薄到0.18 mm，这样可以降低硅钢片的涡流损耗。

3. 磁通泄漏(漏磁)

在理想变压器中，假设一次侧电流产生的所有磁通量都经磁芯穿过二次绕组，反之亦然。在一个实际的变压器中，会有一些磁力线从磁芯穿出，通过周围的空气返回到绕组的另一端。磁通量的泄漏会导致二次侧电压降低。

实际到达二次绕组的磁通量的百分比确定了变压器的耦合系数。例如，如果9/10的磁力线保持在磁芯内部，则耦合系数为0.9。大多数铁芯变压器都具有非常高的耦合系数(大于0.99)，而铁氧体磁芯和空气磁芯器件的耦合系数则比较低。

4. 变压器的额定功率

电源变压器的典型额定功率值包括伏安(V·A)值、一次侧电压、二次侧电压和工作频率。例如，一个给定变压器的额定值指定为2 kV·A，500/50 V，50 Hz。其中，2 kV·A是额定视在功率。500 V和50 V可以是一次侧和二次侧电压。50 Hz是工作频率。

在实际应用中选择合适的变压器时，变压器的额定值是非常有用的。例如，假设二次侧电压为50 V。这时额定电流为

$$I_N = \frac{S}{U_N} = \frac{2000}{50} = 40 \text{ A}$$

如果二次侧电压为500 V，那么

$$I_N = \frac{S}{U_N} = \frac{2000}{500} = 4 \text{ A}$$

这是二次绕组在各种情况下可以允许的最大电流。额定功率是视在功率而不是实际的有功功率，原因如下：如果变压器负载是纯电容或者纯电感，那么为负载提供的实际功率在理想情况下为0。然而，当$U_2 = 500$ V，$X_C = 100$ Ω时，频率为50 Hz，电流为5 A，该电流超出了最大允许电流4 A。尽管有功功率为0，但变压器也可能损坏，因此，以有功功率(单位：W)来制定变压器的功率是没有意义的。

5. 变压器的外特性与电压变化率

变压器接上负载，当负载变化时会引起二次侧电流变化，二次侧电压也将发生变化。在理想变压器中，二次侧电压是不受负载影响的。而实际变压器由于漏磁通和绕组的存在，U_2随着I_2的变化而变化。对负载来说，变压器相当于电源。作为电源，它的外特性是必须考虑的。电力系统的用电负载是经常变化的，当负载变化时，所引起变压器二次侧电压变化的程度，既与负载的大小和性质(电阻性、容性、感性和功率因数的大小)有关，又和变压器本身的性质有关。为说明负载对变压器二次侧电压的影响，做出变压器的外特性曲线，

如图 7-33 所示。外特性曲线就是当变压器的一次侧电压 U_1 和负载的功率因数都一定时，二次侧电压 U_2 随二次侧电流 I_2 变化的关系。

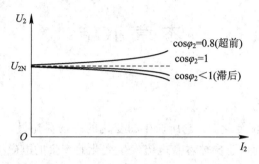

图 7-33　变压器的外特性曲线

从图 7-33 中可以看出，当 $I_2 = 0$（变压器空载）时，$U_2 = U_{2N}$。当负载为电阻性和电感性时，随着负载电流 I_2 的增大，变压器二次侧电压逐渐下降。在相同的负载电流下，其电压下降程度取决于负载的功率因数的大小，负载的功率因数越低，端电压下降得越多。当负载为电容性时（如 $\cos\varphi = 0.8$（超前）），曲线上升。所以，为了减小电压的变化，对感性负载而言，可以在其两端并联电容器，以提高负载的功率因数。

当变压器有负载时，二次侧电压变化的程度用电压变化率 ΔU 来表示。电压变化率是指变压器空载时二次侧电压 U_{2N} 和有载时二次侧电压 U_2 之差与 U_{2N} 的百分比，即

$$\Delta U = \frac{U_{2N} - U_2}{U_{2N}} \times 100\%$$

电压变化率是变压器的主要性能指标之一，人们总希望电压变化率越小越好，对于电力变压器来讲，一般应小于 10%，选在 5% 左右。

6. 变压器的效率

变压器一次侧的输入功率为

$$P_1 = U_1 I_1 \cos\varphi_1$$

式中，U_1 为一次侧电压，I_1 为一次侧电流，φ_1 为一次侧电压和电流的相位差。

变压器二次侧的输出功率为

$$P_2 = U_2 I_2 \cos\varphi_2$$

式中，U_2 为二次侧电压，I_2 为二次侧电流，φ_2 为二次侧电压和电流的相位差。

输入功率 P_1 和输出功率 P_2 之差就是变压器所损耗的功率，即

$$P = P_1 - P_2$$

变压器的功率损耗包括铁损 P_{Fe}（磁滞损耗和涡流损耗）和铜损 P_{Cu}（线圈导线电阻的损耗）。铁损和铜损可以用实验的方法测量或计算求出，铁损（$I_1^2 r_1 + I_2^2 r_2$）与一次侧和二次侧电流有关；铁损取决于电压，并与频率有关。基本关系是：电流越大，铜损越大；频率越高，铁损越大。

和机械效率的意义相似，变压器的效率也就是变压器的输出功率与输入功率的百分比，即

$$\eta = \frac{P_2}{P_1} = \frac{P_2}{P_2 + P_{Fe} + P_{Cu}} \times 100\%$$

变压器的负载是经常变化的，一般电力变压器的效率特性设计为满载的 50％～70％时效率较高，最高可达 98％以上。

本 章 小 结

1. 耦合电感

（1）自感与互感系数、耦合系数。

当一个线圈中的电流变化时，它所产生的变化的磁场会在另一个线圈中产生感应电动势的现象，称为互感。而由于导体本身电流发生变化而产生的电磁感应，称为自感。

在工程上，使用耦合系数的概念来反映耦合电感耦合的紧密程度。

$$k = \sqrt{\frac{\psi_{12}\psi_{21}}{\psi_{11}\psi_{22}}} = \frac{M}{\sqrt{L_1 L_2}}$$

由于 $\psi_{21} < \psi_{11}$，$\psi_{12} < \psi_{22}$，因此 $k \leqslant 1$。k 值越大，表示两个线圈之间耦合得越紧密，漏磁通越小。

（2）耦合电感的同名端。

当电流（i_1，i_2）从两个线圈的某一对端子流入时，若线圈中的自感磁链和互感磁链是相互增强的，则这对端子就称为同名端，用"·"或"＊"加以标记。

（3）耦合电感的 VCR。

在耦合电感同名端给出之后，其伏安关系则可以由其电压、电流的参考方向唯一确定。在正弦稳态电路中，当耦合元件中的电流、电压都是同频率的正弦量时，其电压、电流的关系可用其相量形式表示。

2. 耦合电感电路分析

（1）耦合电感的去耦等效。

① 耦合电感的串联。

异名端连接在一起的连接方式称为顺接串联，等效电感为 $L = (L_1 + L_2 + 2M)$。

同名端连接在一起的连接方式称为反接串联，等效电感为 $L = (L_1 + L_2 - 2M)$。

将两线圈顺接一次，反接一次，即可得互感系数为 $M = \dfrac{1}{4}(L_{顺} - L_{反})$。

② 耦合电感的并联。L_1 和 L_2 的同名端连接在同一个节点上的连接方式称为同侧并联，等效电感为 $L = \dfrac{L_1 L_2 - M^2}{L_1 + L_2 - 2M} \geqslant 0$ $(M \leqslant \sqrt{L_1 L_2})$。

L_1 和 L_2 的异名端连接在同一个节点上的连接方式称为异侧并联，等效电感为 $L = \dfrac{L_1 L_2 - M^2}{L_1 + L_2 + 2M} \geqslant 0$ $(M \leqslant \sqrt{L_1 L_2})$。

③ 耦合电感的 T 形去耦等效。

同名端为公共端的耦合电感，可以用三个去耦合的电感组成的 T 形网络来做等效替换，如图 7-34 所示。

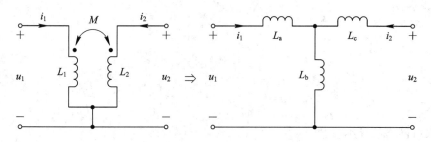

图 7-34　耦合电感的 T 形去耦等效

其中：

$$\begin{cases} L_{a} = L_{1} - M \\ L_{b} = M \\ L_{c} = L_{2} - M \end{cases}$$

如果公共端为异名端，则其去耦等效电路中 M 前的符号也应改变，即

$$\begin{cases} L_{a} = L_{1} + M \\ L_{b} = -M \\ L_{c} = L_{2} + M \end{cases}$$

（2）耦合电感电路的计算。

其分析与一般复杂正弦交流电路的分析方法相同，特点是在列写电路方程时，必须考虑互感电压，分析方法涉及互感电压的处理，一般采用支路法和网孔法来计算。

（3）空心变压器电路。

常用的变压器有空心变压器和铁芯变压器两种模型。

空心变压器没有铁芯变压器产生的各种损耗，常用于高频电路，其特点是耦合系数较小，属于松耦合。铁芯变压器近似全耦合变压器，通常应用于电力系统或电子设备中。

变压器电路的分析方法和一般的耦合电路的分析方法是相同的，如支路法、网孔法。

3. 理想变压器

（1）理想变压器的 VCR。

理想变压器的三个条件：无损耗、全耦合、电感和互感趋向于无穷大。

（2）理想变压器的阻抗变换。

使用一次侧、二次侧阻抗相互折合的方法可得到等效电路。

4. 双口网络

（1）双口网络的概念。

只有两个端钮和外电路连接，在任一时刻，流入其中一个端钮的电流总是等于另一个端钮流出的电流称为双口网络。双口网络可以实现对信号的放大、变换和匹配等功能。

（2）双口网络的方程与参数。

① 双口网络的阻抗参数。

Z 参数方程：

$$\begin{cases} \dot{U}_{1} = z_{11}\dot{I}_{1} + z_{12}\dot{I}_{2} \\ \dot{U}_{2} = z_{21}\dot{I}_{1} + z_{22}\dot{I}_{2} \end{cases}$$

Z 参数矩阵：

$$Z = \begin{bmatrix} z_{11} & z_{12} \\ z_{21} & z_{22} \end{bmatrix}$$

$$z_{11} = \frac{\dot{U}_1}{\dot{I}_1}\bigg|_{\dot{I}_2=0} , \quad z_{21} = \frac{\dot{U}_2}{\dot{I}_1}\bigg|_{\dot{I}_2=0} , \quad z_{12} = \frac{\dot{U}_1}{\dot{I}_2}\bigg|_{\dot{I}_1=0} , \quad z_{22} = \frac{\dot{U}_2}{\dot{I}_2}\bigg|_{\dot{I}_1=0}$$

② 双口网络的导纳参数。

Y 参数方程：

$$\begin{cases} \dot{I}_1 = y_{11}\dot{U}_1 + y_{12}\dot{U}_2 \\ \dot{I}_2 = y_{21}\dot{U}_1 + y_{22}\dot{U}_2 \end{cases}$$

Y 参数矩阵：

$$Y = \begin{bmatrix} y_{11} & y_{12} \\ y_{21} & y_{22} \end{bmatrix}$$

$$y_{11} = \frac{\dot{I}_1}{\dot{U}_1}\bigg|_{\dot{U}_2=0} , \quad y_{21} = \frac{\dot{I}_2}{\dot{U}_1}\bigg|_{\dot{U}_2=0} , \quad y_{12} = \frac{\dot{I}_1}{\dot{U}_2}\bigg|_{\dot{U}_1=0} , \quad y_{22} = \frac{\dot{I}_2}{\dot{U}_2}\bigg|_{\dot{U}_1=0}$$

③ 双口网络的其他参数。

同理，T 参数方程：

$$\begin{cases} \dot{U}_1 = t_{11}\dot{U}_2 - t_{12}\dot{I}_2 \\ \dot{I}_1 = t_{21}\dot{U}_2 - t_{22}\dot{I}_2 \end{cases}$$

H 参数方程：

$$\begin{cases} \dot{U}_1 = h_{11}\dot{I}_1 + h_{12}\dot{U}_2 \\ \dot{I}_2 = h_{21}\dot{I}_1 + h_{22}\dot{U}_2 \end{cases}$$

（3）双口网络的等效电路。

给定双口的 Z 参数，通常用 T 形等效电路。

给定双口的 Y 参数，通常用 Π 形等效电路。

给定双口网络的其他参数，可把其他参数变换成 Z 参数或 Y 参数，再求其等效电路参数。

（4）具有端接的双口网络。

双口网络具有变换阻抗的作用。

5. 知识拓展与实际应用

（1）远距离输电。

变压器的主要功能是升高或降低电压，以利于电能的合理输送、分配和使用。

（2）电力变压器。

（3）实际变压器的特性。

6. 知识关联图

第 7 章知识关联图

习　　题

一、选择题

第 7 章选择题和
填空题参考答案

1. 符合全耦合、参数无穷大、无损耗这 3 个条件的变压器称
为（　　）。

  A. 空芯变压器　　　　　　　B. 理想变压器

  C. 实际变压器

2. 线圈的几何尺寸确定后，其互感电压的大小正比于相邻线圈中电流的（　　）。

  A. 大小　　　　　　　　B. 变化量　　　　　　　　C. 变化率

3. 两互感线圈的耦合系数 $K=$（　　）。

  A. $\dfrac{\sqrt{M}}{L_1 L_2}$ B. $\dfrac{M}{\sqrt{L_1 L_2}}$ C. $\dfrac{M}{L_1 L_2}$

4. 两互感线圈同侧相并时，其等效电感量 $L_{同}=$（　　）。

  A. $\dfrac{L_1 L_2 - M^2}{L_1 + L_2 - 2M}$ B. $\dfrac{L_1 L_2 - 2M^2}{L_1 + L_2 + 2M^2}$ C. $\dfrac{L_1 L_2 - M^2}{L_1 + L_2 - M^2}$

5. 两互感线圈顺向串联时，其等效电感量 $L_{顺}=$（　　）。

  A. $L_1 + L_2 - 2M$ B. $L_1 + L_2 + M$ C. $L_1 + L_2 + 2M$

6. 符合无损耗、$K=1$ 和自感量、互感量均为无穷大条件的变压器是（　　）。

  A. 理想变压器　　　　　B. 全耦合变压器　　　　　C. 空芯变压器

7. 反射阻抗的性质与次级回路总阻抗性质相反的变压器是（　　）。

  A. 理想变压器　　　　　B. 全耦合变压器　　　　　C. 空芯变压器

8. 在变比为 K 的变压器二次侧接上阻抗模为 $|Z|$ 的负载，在变压器一次侧的等效阻抗
模为（　　）。

  A. $\dfrac{|Z|}{K}$ B. $K|Z|$ C. $K^2|Z|$

9. 一台单相变压器，一次侧绕组为 100 匝，二次侧绕组为 25 匝，则该变压器的变比为
（　　）。

  A. 2   B. 0.25   C. 4

10. 一台单相变压器，一次侧电压为 3000 V，二次侧电压为 150 V，则该变压器的变比

为( )。

  A. 15   B. 20   C. 25

二、填空题

  1. 对于两个耦合的电感线圈，假定其电感分别为 2 mH 和 8 mH，两者之间可能的最大互感为_____mH。

  2. 一台单相变压器，一次侧绕组为 100 匝，二次侧绕组为 10 匝，二次侧电压为 500 V，则该变压器一次侧电压为_____V。

三、分析计算题

  1. 求图 7 – 35 所示电路的等效阻抗。

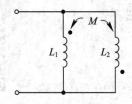

     图 7 – 35   第 7 章分析计算题参考答案

  2. 耦合电感 $L_1 = 6$ H，$L_2 = 4$ H，$M = 3$ H，试计算耦合电感作串联、并联时的各等效电感值。

  3. 耦合电感 $L_1 = 6$ H，$L_2 = 4$ H，$M = 3$ H。

  (1) 若 L_2 短路，求 L_1 端的等效电感值；

  (2) 若 L_1 短路，求 L_2 端的等效电感值。

第 8 章　电路仿真实验

学习内容
XUEXINEIRONG

学生通过电路实验将前面学到的电路基本理论进行验证，通过实践操作掌握基本技能和仪器仪表的使用方法，学会使用计算机辅助解题，提高工程思维能力，为今后从事与专业相关的工程技术和科研工作打好基础。

学习目的
XUEXIMUDI

让学生通过自己动手提高实践能力；引导学生分析，理解并应用实验过程中观察到的波形及现象；对实验获取的数据，能够正确地处理并进行误差分析；对一些实际问题，能够自行设计并完成整个实验过程。

（1）增加感性认识，巩固和扩展电路理论知识，培养应用基本理论去分析、处理实际问题的能力。

（2）训练学生掌握最基本的电量和电路参数的测量方法。

（3）提高分析、查找和排除电路故障的能力，学习正确处理实验数据、分析误差的方法，并能写出严谨、有理论分析、实事求是、文理通顺的实验报告。

（4）培养学生独立设计实验的初步能力，学习仿真软件在电路中的使用。

（5）培养学生养成良好的实验习惯及安全用电的操作习惯。

（6）培养学生的创新精神和创新意识。

8.1　Multisim 虚拟仿真软件的简单使用

8.1.1　实验目的

（1）了解仿真软件《Multisim14》。

（2）熟悉《Multisim14》的基本操作，测量仪器的使用，元器件的查找、调用方法，原理图的画法及仿真过程中的注意事项等。

8.1.2 实验原理

Multisim 是美国国家仪器(NI)有限公司推出的以 Windows 为基础的仿真工具，适用于板级的模拟和数字电路板的设计工作。它包含了电路原理图的图形输入、电路硬件描述语言输入方式，具有丰富的仿真分析能力。

1. Multisim 软件的特点

Multisim 交互式地搭建电路原理图，并对电路行为进行仿真。它主要有如下特点：

(1) 直观的图形界面。整个操作界面就像一个电子实验工作台，绘制电路所需的元器件和仿真所需的测试仪器均可直接拖放到屏幕上，轻点鼠标即可用导线将它们连接起来。软件仪器的控制面板和操作方式都与实物相似，测量数据、波形和特性曲线如同在真实仪器上看到的。

(2) 丰富的元器件。Multisim 提供了世界主流元件提供商的 17 000 多种元件，同时能方便地对元件的各种参数进行编辑和修改，能利用模型生成器以及代码模式创建模型等，创建自己的元器件。

(3) 强大的仿真能力。Multisim 以 SPICE3F5 和 Xspice 的内核作为仿真的引擎，通过 Electronic workbench 带有的增强设计功能将数字和混合模式的仿真性能进行优化，其中包括 SPICE 仿真、RF 仿真、MCU 仿真、VHDL 仿真、电路向导等功能。

(4) 丰富的测试仪器。Multisim 中有万用表(multimeter)、函数信号发生器(function generator)、瓦特表(wattmeter)、示波器(oscilloscope)、字符发生器(word generator)、逻辑分析仪(logic analyzer)、逻辑转换仪(logic converter)、频率计数器(frequency counter)、伏安特性分析仪(IV analyzer)、伏特表(voltmeter)、安培表(ammeter)等多种虚拟仪器，可进行电路动作的测量。

(5) 完备的分析手段。Multisim 提供了许多电路分析功能：直流工作点分析(DC operating point analysis)、交流分析(AC analysis)、瞬态分析(transient analysis)、傅里叶分析(Fourier analysis)、噪声分析(noise analysis)、失真度分析(distortion analysis)等。

(6) 独特的射频(RF)模块。Multisim 中的射频(RF)模块可完成基本射频电路的设计、分析和仿真。

(7) 强大的 MCU 模块。Multisim 中的 MCU 模块支持 4 种单片机芯片，支持对外部 RAM、外部 ROM、键盘和 LCD 等外围设备的仿真，可分别对 4 种芯片提供汇编和编译支持。

(8) 完善的后处理。Multisim 对分析结果进行的数学运算操作类型包括算术运算、三角运算、指数运行、对数运算、复合运算、向量运算和逻辑运算等。

(9) 详细的报告。Multisim 能够呈现材料清单、元件详细报告、网络报表、原理图统计报告、多余门电路报告、模型数据报告、交叉报表 7 种报告。

(10) 兼容性好的信息转换。Multisim 提供了转换原理图和仿真数据到其他程序的方法，可以输出原理图到 PCB 布线（如 Ultiboard、OrCAD、PADS Layout2005、P-CAD 和 Protel），输出仿真结果到 MathCAD、Excel 或 LabVIEW，输出网络表文件等。

2. Multisim14 使用简介

1）主窗口界面

启动 Multisim14 后，将出现如图 8-1 所示的界面。该界面由多个区域构成：菜单栏、工具栏、电路输入窗口、状态条、列表框等。通过对各部分的操作可以实现电路图的输入、编辑，并根据需要对电路进行相应的观测和分析。用户可以通过菜单或工具栏改变主窗口的视图内容。

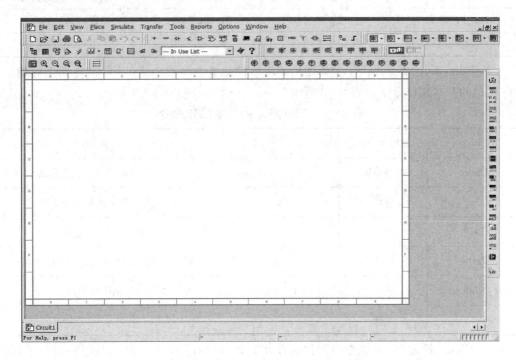

图 8-1　启动 Multisim 14 后的界面图

2）菜单栏

菜单栏位于界面的上方，通过菜单可以对 Multisim 的所有功能进行操作。Multisim14 的菜单界面如图 8-2 所示。

图 8-2　Multisim 14 的菜单界面图

（1）File。File 菜单中包含了对文件和项目的基本操作以及打印等命令。File 菜单的基本操作命令如表 8-1 所示。

表 8 – 1　File 菜单的基本操作命令

命　令	功　能	命　令	功　能
New	建立新文件	Close Project	关闭项目
Open	打开文件	Version Control	版本管理
Close	关闭当前文件	Print Circuit	打印电路
Save	保存当前文件	Print Report	打印报表
Save As	另存为	Print Instrument	打印仪表
New Project	建立新项目	Recent Files	最近编辑过的文件
Open Project	打开项目	Recent Project	最近编辑过的项目
Save Project	保存当前项目	Exit	退出 Multisim

（2）Edit。Edit 命令提供了类似图形编辑软件的基本编辑功能，用于对电路图的编辑。Edit 菜单的基本操作命令如表 8 – 2 所示。

表 8 – 2　Edit 菜单的基本操作命令

命　令	功　能	命　令	功　能
Undo	撤销编辑	Flip Horizontal	将所选的元件左右翻转
Cut	剪切	Flip Vertical	将所选的元件上下翻转
Copy	复制	90 ClockWise	将所选的元件顺时针旋转 90°
Paste	粘贴	90 CounterCW	将所选的元件逆时针旋转 90°
Delete	删除	Component Properties	元器件属性
Select All	全选		

（3）View。通过 View 菜单可以决定使用软件时的视图，对一些工具栏和窗口进行控制。View 菜单的基本操作命令见表 8 – 3。

表 8 – 3　View 菜单的基本操作命令

命　令	功　能	命　令	功　能
Toolbars	显示工具栏	Show Grid	显示栅格
Component Bars	显示元器件栏	Show Page Bounds	显示页边界
Status Bars	显示状态栏	Show Title Block and Border	显示标题栏和图框
Show Simulation Error Log/Audit Trail	显示仿真错误记录信息窗口	Zoom In	放大显示
Show XSpice Command Line Interface	显示 Xspice 命令窗口	Zoom Out	缩小显示
Show Grapher	显示波形窗口	Find	查找

（4）Place。通过 Place 命令可输入电路图。Place 菜单的基本操作命令见表 8-4。

表 8-4 **Place 菜单的基本操作命令**

命 令	功 能
Place Component	放置元器件
Place Junction	放置连接点
Place Bus	放置总线
Place Input/Output	放置输入/输出接口
Place Hierarchical Block	放置层次模块
Place Text	放置文字
PlaceText Description Box	打开电路图描述窗口，编辑电路图的描述文字
Replace Component	重新选择元器件代替当前选中的元器件
Place as Subcircuit	放置子电路
Replace by Subcircuit	重新选择子电路代替当前选中的子电路

（5）Simulate。通过 Simulate 菜单可执行仿真分析命令。Simulate 菜单的基本操作命令见表 8-5。

表 8-5 **Simulate 菜单的基本操作命令**

命 令	功 能
Run	执行仿真
Pause	暂停仿真
Default Instrument Settings	设置仪表的预置值
Digital Simulation Settings	设定数字仿真参数
Instruments	选用仪表（也可通过工具栏选择）
Analyses	选用各项分析功能
Postprocess	启用后处理
VHDL Simulation	进行 VHDL 仿真
Auto Fault Option	自动设置故障选项
Global Component Tolerances	设置所有器件的误差

（6）Transfer。Transfer 菜单提供的命令可以完成 Multisim 对其他 EDA 软件需要的文件格式的输出。Transfer 菜单的基本操作命令见表 8-6。

表 8 - 6　Transfer 菜单的基本操作命令

命　　令	功　　能
Transfer to Ultiboard	将所设计的电路图转换为 Ultiboard(Multisim 中的电路板设计软件)的文件格式
Transfer to other PCB Layout	将所设计的电路图转为其他电路板设计软件支持的文件格式
Backannotate From Ultiboard	将在 Ultiboard 中所作的修改标记到正在编辑的电路中
Export Simulation Results to MathCAD	将仿真结果输出到 MathCAD
Export Simulation Results to Excel	将仿真结果输出到 Excel
Export Netlist	输出电路网表文件

　　(7) Tools。Tools 菜单中主要是针对元器件的编辑与管理命令。Tools 菜单的基本操作命令见表 8 - 7。

表 8 - 7　Tools 菜单的基本操作命令

命　　令	功　　能
Create Components	新建元器件
Edit Components	编辑元器件
Copy Components	复制元器件
Delete Component	删除元器件
Database Management	启动元器件数据库管理器,进行数据库的编辑管理工作
Update Component	更新元器件

　　(8) Reports。Reports 菜单用于输出电路的各种统计报告。Reports 菜单的基本操作命令见表 8 - 8。

表 8 - 8　Reports 菜单的基本操作命令

命　　令	功　　能
Bill of Materials	材料清单
Component Detail Report	元件细节报告
Netlist Report	网络表报告,提供每个元件的电路连通性信息
Cross Reference Report	元件的交叉相关报告
Schematic Statistics	原理图统计报告
Spare Gates Report	空闲门报告

　　(9) Options。通过 Options 菜单可以对软件的运行环境进行定制和设置。Options 菜单的基本操作命令见表 8 - 9。

表 8-9　Options 菜单的基本操作命令

命　令	功　能
Preference	设置操作环境
Modify Title Block	编辑标题栏
Simplified Version	设置简化版本
Global Restrictions	设定软件的整体环境参数
Circuit Restrictions	设定编辑电路的环境参数

（10）Window。Window 菜单用于对窗口进行打开、层叠、排列和关闭等。Window 菜单的基本操作命令见表 8-10。

表 8-10　Window 菜单的基本操作命令

命　令	功　能
New Window	建立新窗口
Cascade	层叠
The Horizontal	水平平铺
The Vertical	垂直平铺
Close All	关闭所有窗口
Window	窗口选择

（11）Help。Help 菜单提供了对 Multisim 的在线帮助和辅助说明。Help 菜单的基本操作命令见表 8-11。

表 8-11　Help 菜单的基本操作命令

命　令	功　能
Multisim Help	Multisim 的在线帮助
Multisim Reference	Multisim 的参考文献
Release Note	Multisim 的发行申明
About Multisim	Multisim 的版本说明

3）元器件库与元器件

Multisim 为用户提供了丰富的元器件，并以开放的形式管理元器件，使得用户能够自己添加所需要的元器件。元器件库提供了数千种电路元器件供实验选用，同时也可以新建或扩充已有的元器件库。元器件界面及部分常用元器件符号如图 8-3 所示。

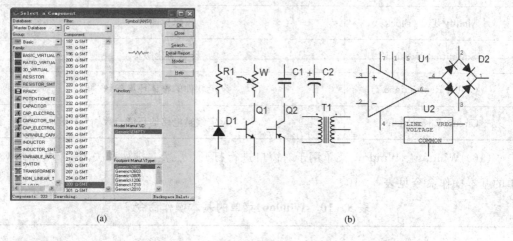

(a)　　　　　　　　　　　　　　　　　　(b)

图 8-3　元器件界面及部分常用元器件符号图

4）虚拟仪器仪表

Multisim 为用户提供了类型丰富的虚拟仪器，可以从 Design\RegInstruments 工具栏中，或用菜单命令（Simulation/Instruments）来选用这 11 种仪表。虚拟仪器仪表选择菜单界面如图 8-4 所示。

图 8-4　虚拟仪器仪表选择菜单界面图

Multisim 用软件的方法提供了虚拟电子与电工仪器仪表，以完成原理电路设计、测试功能。常用的虚拟仪器仪表如图 8-5 至图 8-8 所示。

图 8-5　函数信号发生器

图 8-6　四通道 TEK 示波器

图 8-7　频谱分析仪

图 8-8　数字万用表

8.1.3 实验器材

实验需用设备与器材见表 8-12。

表 8-12 实验需用设备与器材

序 号	名 称	型号与规格	数 量	备 注
1	计算机		1	
2	Multisim 软件		1	

8.1.4 实验内容

用 Multisim 软件完成如图 8-9 所示的仿真实验电路图，并运行测量电阻 $R_1 \sim R_{12}$ 两端的电压及流过的电流，填入表 8-13 中。

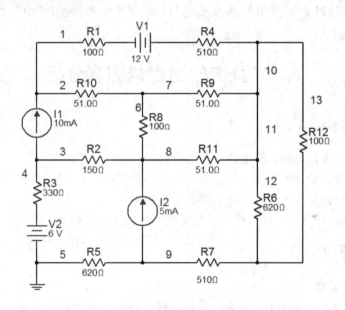

图 8-9 仿真实验电路

8.1.5 实验要求

(1) 测量电压时，要求电压表的"＋"接水平放置电阻的左边，"－"接电阻的右边，电压表的"＋"接竖直放置电阻的上边，"－"接电阻的下边，完成表 8-13 要求的内容。

(2) 测量水平放置电阻的电流时，要求电流表的"＋"接电阻的左边，"－"接电阻的右边；测量竖直放置电阻的电流时，要求电流表的"＋"接电阻的上边，"－"接电阻的下边，完成表 8-13 要求的内容。

表 8-13 仿真实验数据

检测项目	检 测 对 象											
	R_1	R_2	R_3	R_4	R_5	R_6	R_7	R_8	R_9	R_{10}	R_{11}	R_{12}
U/V												
I/mA												

8.1.6 思考题

（1）解释图 8-10 的现象。

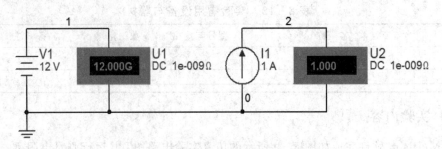

图 8-10　思考题(1)图

（2）体会"理论教学-计算机仿真-实验环节"和"把实验室装进 PC 中""软件就是仪器"的现代实验、教学理念。

8.2　直流电路虚拟仿真分析

8.2.1　实验目的

（1）了解实验室的电源，熟悉万用表的使用。
（2）用实验方法验证基尔霍夫定律和叠加原理的正确性，加深对线性电路的特性认识。
（3）学会在电路中设置电压、电流的参考方向。
（4）学习运用 Multisim14 软件进行虚拟仿真电路图的绘制及分析。

8.2.2　实验原理

1. 基尔霍夫定律

基尔霍夫定律是电路的基本定律。各种电路元件任意组合构成一个具体电路以后，各元件上的电流或电压之间的关系遵循着结构约束，而基尔霍夫定律就是这种约束关系。测量某电路的各支路电流及每个元件两端的电压，都应满足基尔霍夫电流定律(KCL)和电压定律(KVL)。

（1）电流定律(KCL)用来确定连接在同一点上的各支路电流间的关系。由于电流的连续性，电路中的任一点(包括节点在内)均不能堆积电荷。因此，任何时刻，流入某一节点的电流之和应该等于流出该节点的电流之和。或者说，任何时刻，任一节点上电流的代数和恒等于零，即 $\sum I=0$ 或 $\sum i_{\text{入}}=\sum i_{\text{出}}$，其中，如果规定正方向向着节点的电流取正号，则背着节点的就取负号。

（2）电压定律(KVL)用来确定回路中各段电压间的关系。如果从回路中任意一点出发，以顺时针方向或逆时针方向沿回路绕行一周，则在这个方向上的电位升之和应该等于电位降之和，回到原来的出发点时，该点的电位是不会发生变化的。因此，任何时刻，沿任一回路绕行方向，回路中各段电压的代数和恒等于零，即 $\sum \dot{U}=0$，如果按绕行方向电位升取正号，则电位降就取负号。

2. 叠加原理

在线性电阻电路中，任何一条支路中的电流(或支路电压)都可以看成由电路中各个独立电源(电压源或电流源)单独作用时在此支路中产生的电流(或电压)的代数和。叠加原理不适用于非线性网络，也不适用于线性网络的功率计算。在运用该定理进行叠加的过程中，应注意电流、电压的参考方向，求和时要注意电流和电压的正、负符号。

8.2.3　实验器材

实验需用设备与器材见表 8 - 14。

表 8 - 14　实验需用设备与器材表

序号	名　　　称	型号与规格	数量	备　　注
1	计算机		1	
2	Multisim 软件		1	

8.2.4　实验内容与步骤

打开 Multisim14 虚拟仿真软件，找出需要的元器件及设备搭建实验电路(见图 8 - 11)，运行电路并将显示数据填入表 8 - 15 中。

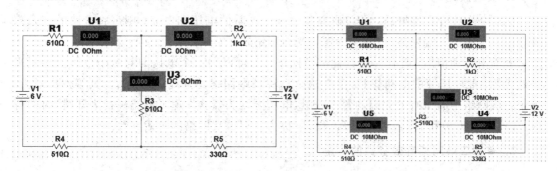

图 8 - 11　虚拟仿真电路图

表 8 - 15　基尔霍夫定律虚拟仿真实验数据

被测量	I_1/mA	I_2/mA	I_3/mA	U_1/V	U_2/V	U_3/V	U_4/V	U_5/V
测量值								
计算值								
相对误差								

8.2.5　实验要求

(1) 根据表 8 - 15 的数据，选定节点，验证基尔霍夫电流定律，选定电路中任一闭合回路，验证基尔霍夫电压定律，并与虚拟仿真的数据对比，分析产生误差的原因。

(2) 依据叠加原理计算出实验电路图中各个元件的参数值，并与表 8 - 15 中的数据对比来验证叠加原理的正确性，并分析产生误差的原因。

（3）若用实验电路图来验证电路互易原理，请写出实验步骤。

8.2.6　思考题

（1）当电压源按比例增加或者减小时，电路中的各个被测量的结果会如何变化？

（2）若用指针式万用表直流毫安挡测各支路电流，在什么情况下会出现指针反偏，应如何处理？若用数字表进行测量，会有什么显示呢？

（3）实验电路中，若将一个电阻器改为二极管，则叠加原理是否还成立？为什么？

8.3　戴维南定理虚拟仿真分析

8.3.1　实验目的

（1）学习运用 Multisim14 软件验证戴维南定理的正确性，加深对戴维南定理的理解。

（2）掌握负载获得最大传输功率的条件。

（3）了解电源输出功率与效率的关系。

8.3.2　实验原理

1. 实验原理

任何一个线性含源网络，若仅研究其中一条支路的电压和电流，则可将电路的其余部分看作一个有源二端网络（或称为含源一端口网络）。

戴维南定理指出：任何一个线性有源网络，总可以用一个电压源与一个电阻的串联来等效代替，此电压源的电动势 U_S 等于这个有源二端网络的开路电压 U_{OC}，其等效内阻 R_0 等于将该网络中的所有独立源均置零（理想电压源视为短接，理想电流源视为开路）时的等效电阻。$U_{OC}(U_S)$ 和 R_0 或者 $I_{SC}(I_S)$ 和 R_0 称为有源二端网络的等效参数。

2. 有源二端网络等效参数的测量

1）开路电压、短路电流法测 R_0

在有源二端网络输出端开路时，用电压表直接测其输出端的开路电压 U_{OC}，然后将其输出端短路，用电流表测其短路电流 I_{SC}，则等效内阻为

$$R_0 = \frac{U_{OC}}{I_{SC}}$$

当二端网络的内阻很小时，若将其输出端口短路，则易损坏其内部元件，因此不宜用此法。

2）伏安法测 R_0

用电压表、电流表测出有源二端网络的外特性曲线，如图 8-12 所示。根据外特性曲线求出斜率 $\tan\varphi$，则内阻：

$$R_0 = \tan\varphi = \frac{U_{OC}}{I_{SC}}$$

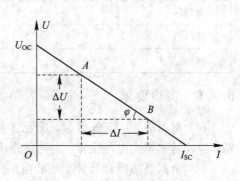

图 8-12　二端网络外特性曲线

3) 半电压法测 R_0

如图 8-13 所示，当负载电压为被测网络开路电压的一半时，负载电阻（由电阻箱的读数确定）即为被测有源二端网络的等效内阻值。

4) 零示法测 U_{OC}

在测量具有高内阻有源二端网络的开路电压时，用电压表直接测量会造成较大的误差。为了消除电压表内阻的影响，往往采用零示法测量，如图 8-14 所示。

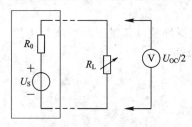

图 8-13　半电压法测 R_0

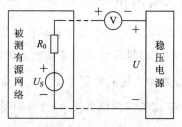

图 8-14　零示法测 U_{OC}

零示法测量是用一低内阻的稳压电源与被测有源二端网络进行比较，当稳压电源的输出电压与有源二端网络的开路电压相等时，电压表的读数将为"0"。然后将电路断开，测量此时稳压电源的输出电压，即为被测有源二端网络的开路电压。

3. 电源与负载功率的关系

图 8-15 可视为由一个电源向负载输送电能的模型。在图 8-15 中，R_0 可视为电源内阻和传输线路电阻的总和，R_P 为可变负载电阻。

负载 R_P 上消耗的功率 P：

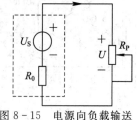

图 8-15　电源向负载输送电能的模型

$$P = I^2 R_P = \left(\frac{U_S}{R_0 + R_P}\right)^2 R_P$$

当 $R_P = 0$ 或 $R_P = \infty$ 时，电源输送给负载的功率均为零。将不同的 R_P 值代入上式可求得不同的 P 值，其中必有一个 R_P 值使负载能从电源处获得最大功率。

4. 负载获得最大功率的条件

根据数学中求最大值的方法，令负载功率表达式中的 R_P 为自变量，P 为应变量，并使 $dP/dR_P = 0$，即可求得最大功率传输的条件。因

$$\frac{dP}{dR_P} = \frac{[(R_0 + R_P)^2 - 2R_P(R_P + R_0)]U^2}{(R_0 + R_P)^4}$$

故

$$(R_P + R_0)^2 - 2R_P(R_P + R_0) = 0$$

解得 $R_P = R_0$。

当满足 $R_P = R_0$ 时，负载从电源获得的最大功率为

$$P_{max} = \left(\frac{U}{R_0 + R_L}\right)^2 R_L = \left(\frac{U}{2R_L}\right)^2 R_L = \frac{U^2}{4R_L}$$

这时称此电路处于匹配工作状态。

8.3.3　实验器材

实验需用设备器材见表 8-16。

表 8 - 16 实验需用设备与器材表

序号	名　　称	型号与规格	数量	备　　注
1	计算机		1	
2	Multisim 软件		1	

8.3.4　实验内容

打开 Multisim14 虚拟仿真软件，找出需要的元器件及设备搭建所需实验电路，对电路进行测量，并将测量结果与实物电路的测量值进行对比。

1. 戴维南定理的验证

被测有源二端网络如图 8 - 16(a)所示。

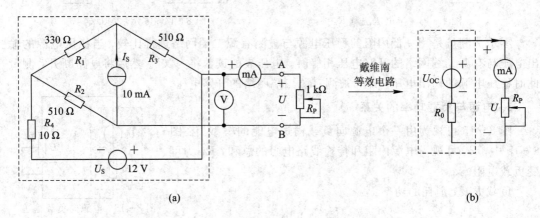

(a)   (b)

图 8 - 16　有源二端网络及戴维南等效电路

（1）按图 8 - 16(a)不接入 R_P 直接测量等效内阻 R_0，即电流源断路，电压源短路，其虚拟仿真电路如图 8 - 17 所示，将测得的电阻值填入表 8 - 17 中。

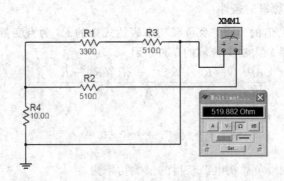

图 8 - 17　测 R_0

（2）用开路电压、短路电流法测定戴维南等效电路的 U_{OC}、R_0。

按图 8 - 16(a)接入稳压电源 $U_S = 12$ V 和电流源 $I_S = 10$ mA，不接入 R_P，仿真电路如图 8 - 18、图 8 - 19 所示。测出 I_{SC} 和 U_{OC}，并计算出 R_0，将数据填入表 8 - 17 中。注意：测量 U_{OC} 时，不接入电流源。

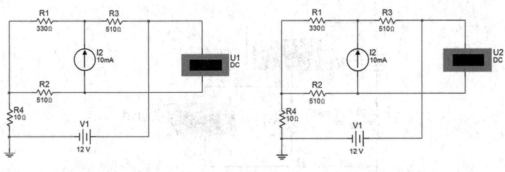

图 8 - 18　测 I_{SC}　　　　　　　　　　　图 8 - 19　测 U_{OC}

表 8 - 17　测量开路电压、等效电阻

U_{OC}/V	I_{SC}/mA	R_0		
		U_{OC}/I_{SC} 计算	直接测量法	

（3）按图 8 - 16(a)接入 R_L 并改变 R_L 阻值，测量有源二端网络的外特性曲线，仿真电路如图 8 - 20 所示，将测量数据填入表 8 - 18 中。

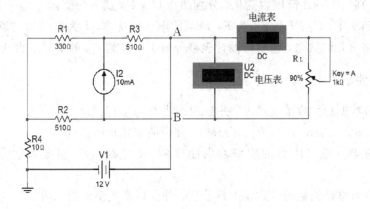

图 8 - 20　有源二端网络电路

表 8 - 18　有源二端网络的外特性曲线

R_L/Ω	100	300	400	500	600	700	800	900
U/V								
I/mA								

（4）将电阻箱调到步骤(1)所得的等效电阻 R_0 值，然后将其与直流稳压电源(调到步骤(1)时所测得的开路电压 U_{OC})相串联，如图 8 - 16(b)所示。仿照步骤(2)测其外特性，对戴维南定理进行验证，仿真电路如图 8 - 21 所示，数据填入表 8 - 19 中。

表 8 - 19　戴维南定理的验证表

R_L/Ω	100	300	400	500	600	700	800	900
U/V								
I/mA								

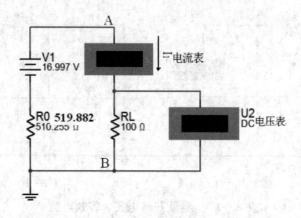

图 8 - 21 等效电路

对照表 8 - 16 和表 8 - 17 的数据，验证戴维南定理的正确性。

2. 最大功率传输条件的测定

(1) 按图 8 - 16(b)接线，负载为 R_P。

(2) 令 R_P 在 0～1 kΩ 范围内变化，分别测出 U_o、U_P 及 I 的值。U_o、P_o 分别为稳压电源的输出电压和功率，U_P、P_P 分别为 R_P 两端的电压和功率，I 为电路的电流。在估测 P_L 最大值附近应多测几组数据，请自行设计表格分析不同负载 R_P 的值对最大功率的影响。

8.3.5 实验要求

(1) 用实验数据总结戴维南定理，并分别画出有源单口网络和其等效电路的伏安特性曲线(I-R_P，U_o-R_P，U_P-R_P，P_o-R_P，P-R_P)，并证明该定理的正确性。

(2) 画出有源一端口网络的功率输出曲线(P-R 曲线)，说明最大输出功率的传递条件。

(3) 计算等效电路测量的参数误差百分比，并分析产生误差的原因。

(4) 写出用实验电路验证诺顿定理的步骤及数据。

8.3.6 思考题

(1) 在求戴维南等效电路时要做短路试验，测 I_{sc} 的条件是什么？本实验可否直接做负载短路实验？

(2) 电力系统进行电能传输时为什么不能工作在匹配工作状态？

(3) 实际应用中，电源的内阻是否随负载而变？电源电压变化对最大功率传输的条件有无影响？

8.4 日光灯电路虚拟仿真设计及功率因数提高

8.4.1 实验目的

(1) 研究正弦稳态交流电路中电压、电流相量之间的关系，了解交流电路的基尔霍夫定律。

（2）理解电路功率因数的意义及测量方法，掌握提高电路功率因数的方法。

（3）学习日光灯电路的组成，了解各个元件的作用和工作原理。

8.4.2　实验器材

实验需用设备与器材见表 8 - 20。

表 8 - 20　实验需用设备与器材表

序号	名　　称	型号与规格	数量	备　　注
1	计算机		1	
2	Multisim 软件		1	

8.4.3　设计要求及提示

1. 设计要求

（1）设计一个由日光灯管、镇流器、辉光启动器组成的日光灯电路，并设计记录电流、功率及各部分电压测量结果的数据表格，根据测量数据了解交流电路中各部分电压和电流之间的相量关系。

（2）以日光灯电路作为感性负载，设计一个利用电容来提高功率因数的电路。要求电路的功率因数从 0.4 左右提高到 0.8 左右，并设计记录不同电容值时各部分电流、电压和功率因数测量结果的表格。

2. 设计提示

（1）在单相正弦交流电路中，用交流电流表测得各支路的电流值，用交流电压表测得回路各元件两端的电压值，它们之间的关系满足相量形式的基尔霍夫定律，即 $\sum I = 0$ 和 $\sum U = 0$。

（2）图 8 - 22 所示为 RC 串联电路。在正弦稳态信号 U 的激励下，U_R 与 U_C 保持有 $90°$ 的相位差，即当 R 值改变时，U_R 的相量轨迹是一个半圆。U、U_C 与 U_R 三者形成一个直角形的电压三角形，如图 8 - 23 所示。改变 R 值可改变 φ 角的大小，从而达到移相的目的。

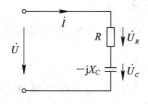

图 8 - 22　RC 串联电路

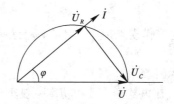

图 8 - 23　RC 串联电路相量轨迹

（3）元件作用。

辉光启动器在电路中相当于一个自动开关，它是一个小型氖汽泡，由一个充气二极管和一个电容并联组成。辉光启动器的电容可消除两极断开时产生的火花，以防干扰无线电等设备，能自动接通电路加热灯丝和断开电路。

镇流器是一个带铁芯的电感线圈。当辉光启动器断开电路时，电路电流会突然变为零，这时电感线圈的自感电势与电路电压叠加后产生一个高压，使灯管内的电子形成高速电子流，发出荧光特有的可见光，因此镇流器在电路中起到升压和限流的作用。

灯管发光后，灯管上的电压低于辉光启动器辉光的放电电压，辉光启动器不能再发生辉光放电，因而失去作用，此时日光灯负载阻抗呈纯电阻特性。日光灯管相当于一个电阻性负载，镇流器是一个铁芯线圈，其功率因数一般在 0.5 以下，可把整个日光灯电路作为电阻和电感性负载电路。为了提高感性负载的功率因数，可以在电路中并联上电容元件，使电路总的电压与电流的相位差减少，从而使电路的功率因数提高。日光灯电路和虚拟仿真实验参考电路如图 8 - 24、图 8 - 25 所示。

$$\cos\varphi = \frac{P_2}{P_1 I}, \qquad \eta = \frac{P_2}{P_1}$$

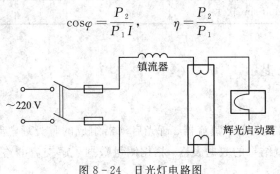

图 8 - 24　日光灯电路图

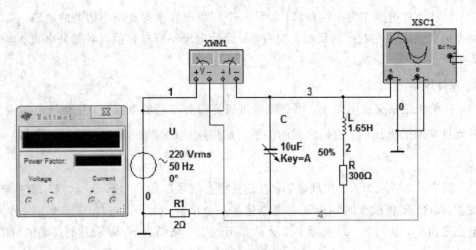

图 8 - 25　虚拟仿真实验参考电路图

（4）以电容作横坐标，作出 $\cos\varphi = f(C)$，$\eta = f(C)$ 曲线，并说明曲线为什么是这种变化趋势。

（5）功率因数。

在正弦交流电路中，有功功率一般小于视在功率，也就是说视在功率打一个折扣才能等于平均功率，这个折扣就是电压与电流之间的相位差 φ，它的余弦叫作功率因数，用符号 $\cos\varphi$ 表示，且有

$$\cos\varphi = \frac{P}{S}$$

图 8 - 26 所示是功率因数补偿矢量定性分析。以电阻、电感、电容的电压为参考矢量，

理论上当 $\theta = 0$ 时功率因数为 1，在未并联电容 C 时（无补偿），负载电流 $\dot{I} = \dot{I}_L$，其相位差为 θ_1；而并联电容 C 后，负载电流 $\dot{I} = \dot{I}_2 = \dot{I}_L + \dot{I}_C$，则电流与电压的相位差为 θ_2，可见 $\theta_2 < \theta_1$、$\cos\theta_2 > \cos\theta_1$，因而提高了功率因数。但是，当电容的容量增加过多时，即 $\dot{I} = \dot{I}_3 = \dot{I}_L + \dot{I}_C$，则会出现过补偿的情况，$\theta_3$ 为过补偿时的相位差。

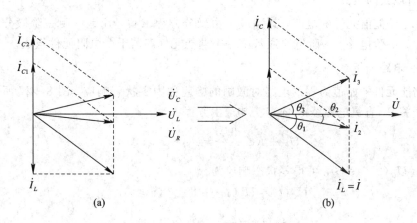

图 8 - 26　功率因数补偿矢量定性分析图

8.4.4　实验要求

（1）给出 RC 串联电路中 U、U_R、U_C 的三角关系，并给出验证关系的实验电路图、数据及实验步骤。

（2）测量功率 P、电流 I、电压 U、U_L、U_C 等值，验证电压、电流的相量关系，设计实验步骤。

（3）通过一只电流表和三个电流插座分别测得三条支路的电流，改变电容值，进行三次重复测量，设计出实验电路图、填写数据，并写出实验步骤。

8.4.5　思考题

（1）在日常生活中，当日光灯上的辉光启动器坏了时，人们常用一根导线将辉光启动器的两端短接一下，使日光灯点亮；或用一只辉光启动器去点亮多只同类型的日光灯，这是为什么？

（2）为了改善电路的功率因数，常在感性负载上并联电容器，此时增加了一条电流支路，试问电路的总电流是增大还是减小了，此时感性元件上的电流和功率是否改变？

（3）提高电路功率因数为什么只采用并联电容器法，而不用串联法？所并的电容器是否越大越好？

8.5　一阶电路时域响应虚拟仿真分析

8.5.1　实验目的

（1）学习用示波器观察和分析电路响应，运用 Multisim14 软件进行虚拟仿真分析。

（2）研究 RC 电路在零输入和方波脉冲激励的情况下，响应的基本规律和特点。

（3）学习电路时间常数的测量方法。

（4）掌握有关微分电路和积分电路的概念。

8.5.2 实验原理

1. 一阶电路的定义

含有 L、C 储能元件的电路，其响应可由微分方程求解，凡是可用一阶微分方程描述的电路，称为一阶电路。一阶电路通常由一个储能元件和若干个电阻元件组成。

2. 一阶电路分析

（1）储能元件初始值为零的电路对激励的响应称为零状态响应。图 8-27 所示的电路中，合上开关 S，直流电源经 R 向 C 充电，由方程：

$$U_c + RC\frac{\mathrm{d}U_c}{\mathrm{d}t} = U_\mathrm{s} \quad (t \geqslant 0)$$

初始值 $U_c(0^-) = 0$，可得零状态响应为

$$U_c(t) = U_\mathrm{s}(1 - \mathrm{e}^{-t/\tau}) \quad (t \geqslant 0)$$

$$I_c(t) = \frac{U_\mathrm{s}}{R}\mathrm{e}^{-t/\tau} \quad (t \geqslant 0)$$

式中，$\tau = RC$ 称为时间常数，它是反映电路过渡过程快慢的物理量。τ 越大，过渡过程时间越长，反之 τ 越小，过渡过程的时间越短。

（2）电路在无激励情况下，由储能元件的初始状态引起的响应称为零输入响应。图 8-27 所示的电路中，当 $t=0$ 时，断开开关 S，电容 C 的初始电压 $U_c(0_-)$ 经 R 放电，由方程：

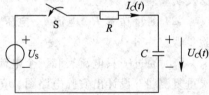

$$U_c + RC\frac{\mathrm{d}U_c}{\mathrm{d}t} = 0 \quad (t \geqslant 0)$$

初始值 $U_c(0_-) = U_0$，可得零状态响应为

$$U_c(t) = U_c(0_-)\mathrm{e}^{-t/\tau} \quad (t \geqslant 0)$$

$$I_c(t) = \frac{U_c(0_-)}{R}\mathrm{e}^{-t/\tau} \quad (t \geqslant 0)$$

图 8-27　零状态一阶电路

（3）电路在输入激励和初始状态共同作用下引起的响应称为全响应，如图 8-28 所示的电路中，电容有初始储能，初始值为 $U_c(0_-)$，当 $t=0$ 时合上开关 S，可得：

$$U_c(t) = U_\mathrm{s}(1 - \mathrm{e}^{-t/\tau}) + U_c(0_-)\mathrm{e}^{-t/\tau} \quad (t \geqslant 0)$$

（零状态分量＋零输入分量）

$$= [U_c(0_-) - U_\mathrm{s}]\mathrm{e}^{-t/\tau} + U_\mathrm{s} \quad (t \geqslant 0)$$

（自由分量＋强制分量）

$$I_c(t) = \frac{U_\mathrm{s}}{R}\mathrm{e}^{-t/\tau} - \frac{U_c(0_-)}{R}\mathrm{e}^{-t/\tau} \quad (t \geqslant 0)$$

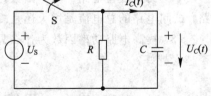

图 8-28　零输入一阶电路

（零状态分量－零输入分量）

$$= \frac{U_\mathrm{s} - U_c(0_-)}{R}\mathrm{e}^{-t/\tau} \quad (t \geqslant 0)$$

（自由分量）

（4）动态网络的过渡过程是十分短暂的单次变化过程，要用普通示波器观察过渡过程和测量有关的参数，就必须使这种单次变化的过程重复出现。因此，可利用信号发生器输出的方波来模拟阶跃激励信号，即将方波输出的上升沿作为零状态响应的正阶跃激励信号，将方波输出的下降沿作为零输入响应的负阶跃激励信号，相当于电容具有初始值 $U_C(0_-)$ 时把电源和短路置换，如图 8-29 所示。只要选择方波的重复周期远大于电路的时间常数 τ，那么电路在这样的方波序列脉冲信号的激励下，它的响应就和直流电接通与断开的过渡过程是基本相同的。为了清楚地观察到响应的全过程，可使方波的半周期 $T/2$ 和时间常数 τ 保持 $T/2$，即 $\tau=5:1$ 左右的关系。

RC 电路充放电时间常数 τ 可以从响应波形中估算出来。根据一阶微分方程的求解得知 $u_C=U_\mathrm{m}e^{-t/(RC)}=U_\mathrm{m}e^{-t/\tau}$，当 $t=\tau$ 时，$U_C(\tau)=0.368U_\mathrm{m}$，此时所对应的时间就等于 τ，将零状态响应波形增加到 $0.632U_\mathrm{m}$ 所对应的时间测得设定时间坐标单位 t，如图 8-30(a) 中，幅值上升到终值的 63.2% 所对应的时间即为一个 τ，对于放电曲线，如图 8-30(b)，幅值下降到初值的 36.8% 所对应的时间即为一个 τ。

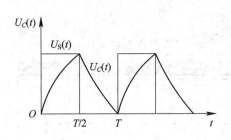

图 8-29　一阶电路的响应曲线

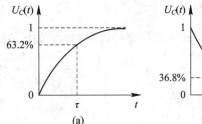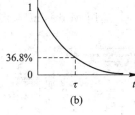

图 8-30　RC 充放电曲线

3. 微分电路和积分电路

微分电路和积分电路是 RC 一阶电路中较典型的电路，它对电路元件参数和输入信号的周期有特定要求。一个简单的 RC 串联电路，在方波序列脉冲的重复激励下，当满足 $\tau=RC\ll\dfrac{T}{2}$（T 为方波脉冲的重复周期）时，且由 R 两端的电压作为响应输出，该电路就是一个微分电路。因为此时电路的输出信号电压与输入信号电压的微分成正比，如图 8-31(a) 所示。利用微分电路可将方波变成尖脉冲。

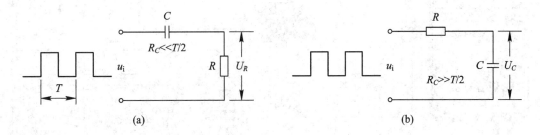

图 8-31　微分电路与积分电路

若将图 8-31(a) 中的 R 与 C 的位置调换一下，如图 8-31(b) 所示。用 C 两端的电压作为响应输出，且当电路参数满足 $\tau = RC \gg \dfrac{T}{2}$ 时，则该 RC 电路称为积分电路。因为此时电路的输出信号电压与输入信号电压的积分成正比。利用积分电路可以将方波转变成三角波。

从输入、输出波形来看，上述两个电路均起着波形变换的作用，请在实验过程中仔细观察与记录。

8.5.3 实验器材

实验需用设备与器材见表 8 – 21。

表 8 – 21 实验需用设备与器材表

序号	名　　称	型号与规格	数量	备　　注
1	计算机		1	
2	Multisim 软件		1	

8.5.4 实验内容

运用 Multisim14 软件进行仿真实验，如图 8 – 32 和图 8 – 33 所示。

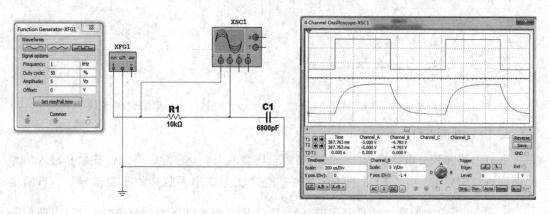

图 8 – 32 RC 一阶积分电路仿真图

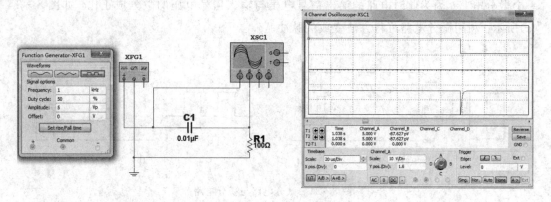

图 8 – 33 RC 一阶微分电路仿真图

8.5.5 实验要求

（1）设计不同的 R、C 值，观测仿真实验结果，在方格纸上绘出 RC 一阶电路充放电时 u_C 的变化曲线，由曲线测得 τ 值，并与计算结果进行比较，分析误差的原因。

（2）根据观测结果，归纳总结积分电路和微分电路的形成条件，阐明波形变换的特征。

（3）讨论时间常数对电容充放电速度的影响。

（4）若要测试 RL 一阶电路激励与响应的特点、参数、波形等，请写出实验电路图及步骤、数据。

8.5.6 思考题

（1）什么样的电信号可作为 RC 一阶电路零输入响应、零状态响应和完全响应的激励源？

（2）已知 RC 一阶电路 $R=10$ kΩ，$C=0.1$ μF，试计算时间常数 τ，并根据 τ 值的物理意义，拟定测量 τ 的方案。

（3）在动态电路中 I_L 和 U_C 具有什么特点？其各个部分波形叠加满足什么波形？

8.6 二阶电路的阶跃响应虚拟仿真研究（综合）

8.6.1 实验目的

（1）测试二阶动态电路的零状态响应和零输入响应，了解电路元件参数对响应的影响。

（2）研究二阶串联电路的过渡过程，分析电路参数对过渡过程不同状态的影响，测量电路的固有频率。

（3）观察、分析二阶电路响应的三种状态轨迹及其特点，加深对二阶电路响应的认识与理解。

8.6.2 实验原理

1. 二阶电路的定义

凡是用二阶微分方程描述的电路，称为二阶电路。图 8-34 所示的线性 RLC 串联电路是一个典型的二阶电路（图中 U_S 为直流电压源），它在方波正、负阶跃信号的激励下，可获得零状态与零输入响应，其响应的变化轨迹取决于电路的固有频率。当调节电路的元件参数值，使电路的固有频率分别为负实数、共轭复数及虚数时，可获得单调衰减、衰减振荡和等幅振荡的响应。在实验中可获得过阻尼、欠阻尼和临界阻尼这三种响应。

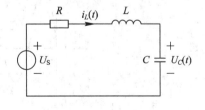

图 8-34 RLC 串联二阶电路

2. RLC 二阶电路的三种状态

RLC 二阶电路瞬态响应的各种状态与条件可归纳为三种，图 8-35 所示是二阶电路零

输入响应，设电容上的初始电压为 $U_C(0_-)=U_0$，流过初

始电流 $i_L(0_-)=I_0$；定义衰减系数（阻尼系数）$\alpha=\dfrac{R}{2L}$，

谐振角频率 $\omega_0=\dfrac{1}{\sqrt{LC}}$ ，则有如下形式：

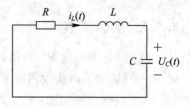

图 8-35　RLC 串联零输入
响应电路

（1）当 $\alpha>\omega_0$，即 $R>2\sqrt{\dfrac{L}{C}}$ 时，响应是非振荡性的，

称为过阻尼情况，如图 8-36(a)所示。

（2）当 $\alpha=\omega_0$，即 $R=2\sqrt{\dfrac{L}{C}}$ 时，响应是临界振荡的，称为临界阻尼情况，如图 8-36

(b)所示。

（3）当 $\alpha<\omega_0$，即 $R<2\sqrt{\dfrac{L}{C}}$ 时，响应是振荡性的，称为欠阻尼情况，如图 8-36(c)所示。

在上述 3 种阻尼状态中，重点是欠阻尼（非振荡阻尼过程）的参数。

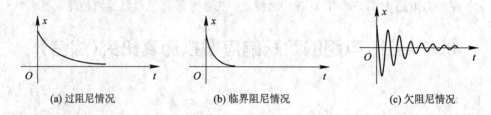

(a) 过阻尼情况　　　　　　(b) 临界阻尼情况　　　　　　(c) 欠阻尼情况

图 8-36　二阶电路振荡情况图

衰减振荡角频率 ω_d 和衰减常数 α 的定义（如图 8-37 所示）：

衰减周期 $T_d=t_2-t_1$；

衰减振荡角频率 $\omega_d=2\pi/T_d$；

衰减常数 $\alpha=(1/T_d)\ln U_{1m}/U_{2m}$。

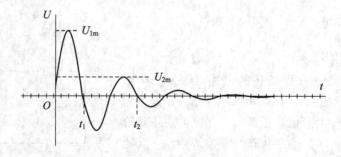

图 8-37　二阶电路欠阻尼波形

典型的二阶电路是一个 RLC 串联电路和 GCL 并联电路，这二者之间存在着对偶

关系。

8.6.3　实验器材

实验需用设备与器材见表 8-22。

表 8 – 22　实验需用设备与器材表

序号	名　　　称	型号与规格	数量	备　　注
1	计算机		1	
2	Multisim 软件		1	

8.6.4　实验内容与步骤

利用动态电路板中的元件与开关的配合作用，组成如图 8 – 38 所示的 GCL 并联电路，使得 $R_1 =$ 10 kΩ、$L = 4.7$ mH、$C = 1000$ pF、R_2 为 10 kΩ 可调电阻；脉冲信号发生器的输出为 $U_m = 1.5$ V，$f = 1$ kHz 的方波脉冲，在仿真软件里找到各个元件及测试设备组成电路，如图 8 – 39 所示。

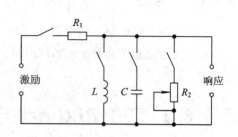

图 8 – 38　二阶动态电路实验原理图

调节可变电阻器 R_2 的值，观察二阶电路的零输入响应和零状态响应由过阻尼过渡到临界阻尼，最后过渡到欠阻尼的变化过渡过程，分别定性地描绘、记录响应的典型变化（波形如图 8 – 40 所示），并将结果填入自己设计的表格中（注意：调节 R_2 时，一定要细心、动作缓慢，临界阻尼要找准确）。

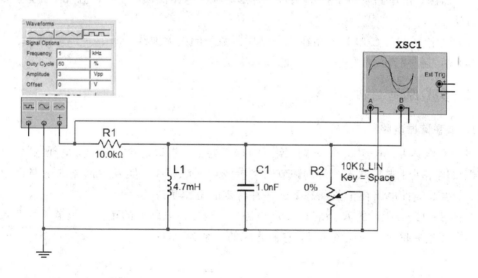

图 8 – 39　二阶动态虚拟仿真电路图

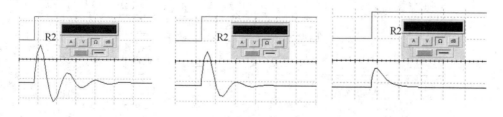

图 8 – 40　二阶动态虚拟仿真波形图

8.6.5 实验要求

(1) 根据观测结果，在方格纸上描绘二阶电路过阻尼、临界阻尼和欠阻尼的响应波形并进行分析。

(2) 归纳、总结电路元件参数改变对响应变化趋势的影响。

8.6.6 思考题

(1) 根据二阶电路实验电路元件的参数，计算出处于临界阻尼状态的 R_2 的值。

(2) 在示波器荧光屏上，如何测得二阶电路零输入响应欠阻尼状态的衰减常数 a 和振荡频率 ω_d？

8.7 二阶 *RLC* 串联电路的瞬态响应虚拟仿真研究

8.7.1 实验目的

(1) 研究 R、L、C 串联电路的谐振现象，学习用实验方法绘制 R、L、C 串联电路的幅频特性曲线。

(2) 加深理解电路发生谐振的条件、特点，掌握电路品质因数（Q 值）的物理意义及其测定方法。

(3) 测定 R、L、C 串联电路在不同品质因数下的谐振曲线，即 $I = Y(f)$ 曲线。

(4) 学习使用音频信号发生器和晶体管毫伏表。

8.7.2 实验原理

1. 串联谐振电路

当含有电感 L、电容 C 的一端口网络的端口电压与端口电流同相位，呈现电阻性质时，称该端口网络处于谐振状态。通过调节网络参数或电源频率，能发生谐振的电路称为谐振电路。谐振是线性电路在正弦稳态下的一种特定的工作状态。

在图 8-41(a) 所示的 R、L、C 串联电路中，当加在电路上的正弦交流电压的有效值为 U 时，流过此串联回路的电流为 I，它们之间的关系为

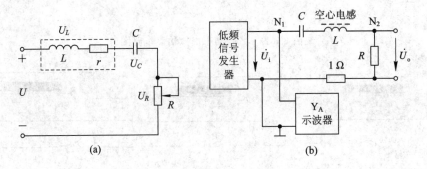

图 8-41 *RLC* 串联电路

$$I = \frac{U}{|Z|} = \frac{u}{\sqrt{(r+R)^2 + \left(\omega L - \dfrac{1}{\omega C}\right)^2}} \quad (r \text{ 为电感线圈内阻})$$

式中，$Z = (r+R) + \mathrm{j}\left(\omega L - \dfrac{1}{\omega C}\right)$ 为电路的复阻抗。

电感上的电压为

$$U_L = \omega L \cdot I = \frac{\omega L U}{\sqrt{(r+R)^2 + \left(\omega L - \dfrac{1}{\omega C}\right)^2}}$$

电容上的电压为

$$U_C = \frac{I}{\omega C} = \frac{U}{\omega C \sqrt{(r+R)^2 + \left(\omega L - \dfrac{1}{\omega C}\right)^2}}$$

由以上式子可知，在电路参数不变的情况下，由于 Z 是 f 的函数，当电源频率 f 变化时，I、U_L、U_C 也会随着改变。图 8-42 中，ω_C 是 U_C 达到最大值时的角频率，一般 $\omega_C < \omega_0$。ω_L 是 U_L 达到最大值时的角频率，当 $\omega_L > \omega_0$，品质因数 $Q = \dfrac{\omega_0 L}{R} = \dfrac{1}{\omega_0 CR} > \dfrac{1}{2}$ 时，才会出现 U_C 及 U_L 最大值，且 Q 值越大，ω_L 及 ω_C 越接近 ω_0。

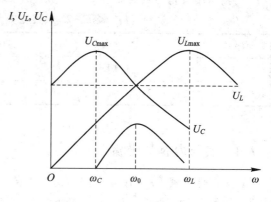

图 8-42 I、U_L、U_C 曲线

而当 $\omega L = \dfrac{1}{\omega C}$ 时，电路发生谐振，即

$\omega_0 = \sqrt{\dfrac{1}{LC}}$ 为谐振条件，此时电路呈纯阻性，电路阻抗的模 $Z = R$ 为最小，在输入电压 U_i 为定值时，电路中的电流 $I = \dfrac{U}{R}$ 达到最大值，且与输入电压 U_i 同相位。从理论上讲，此时 $U_i = U_R = U_o$，$U_L = U_C = QU_i$，这时的 $f_0 = \dfrac{1}{2\pi\sqrt{LC}}$ 为谐振频率。由此可见，改变电源频率 f 或改变 L、C 元件参数均可使电路谐振。

2. 品质因数

电路的品质因数表示谐振时 L 或 C 元件上的电压与电源电压的倍数关系，所以，Q 可以表示为

$$Q = \frac{U_C}{U} = \frac{U_L}{U} = \frac{1}{R}\sqrt{\frac{L}{C}}$$

由上式可知，电路的品质因数只与电路本身的参数有关。R 为线圈电位器，一方面可用来改变线路的 Q 值，另一方面可用来测量线路的电流 $I = \dfrac{U_R}{R}$。品质因数还可以通过测量

谐振曲线的通频带宽度 $\Delta f = f_2 - f_1$，再根据

$Q = \dfrac{f_0}{f_2 - f_1}$ 求出，式中 f_0 为谐振频率，f_2 和

f_1 是失谐时幅度下降到最大值的 $\dfrac{1}{\sqrt{2}}(=0.707)$

倍时的上、下频率点，如图 8-43 所示。品质
因数 Q 值越大，曲线越尖锐，通频带越窄，电
路的选择性越好。在恒压源供电时，电路的品
质因数、选择性与通频带只取决于电路本身的
参数，而与信号源无关。

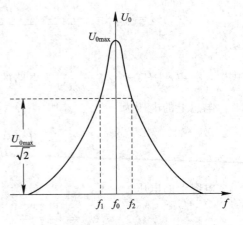

图 8-43 谐振曲线

8.7.3 实验器材

实验需用设备与器材见表 8-23。

表 8-23 实验需用设备与器材表

序号	名 称	型号与规格	数量	备 注
1	计算机		1	
2	Multisim 软件		1	

8.7.4 实验内容与步骤

（1）定性观察 RLC 串联电路的谐振现象，确定电路的谐振点。运用仿真软件建立电路
仿真，如图 8-44 所示。改变输入频率，观察串联谐振波形仿真，如图 8-45 所示，找到谐
振频率。

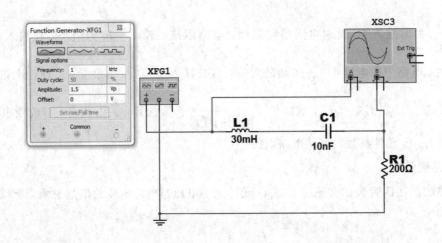

图 8-44 串联谐振仿真图

（2）按图 8-41(b)连接电路，进行仿真实验。输入正弦波信号源频率为 1 kHz、峰峰值
电压 $U_i \leqslant 3$ V 的信号，并保持不变，将毫伏表接在电阻 R 两端，令信号源的频率由小逐渐
变大（注意要维持信号源的输出幅度不变），当 I 的读数为最大时，读得频率表上的频率值

即为电路的谐振频率，并测量 U_C 与 U_L 的值(注意及时更换毫伏表的量限)。

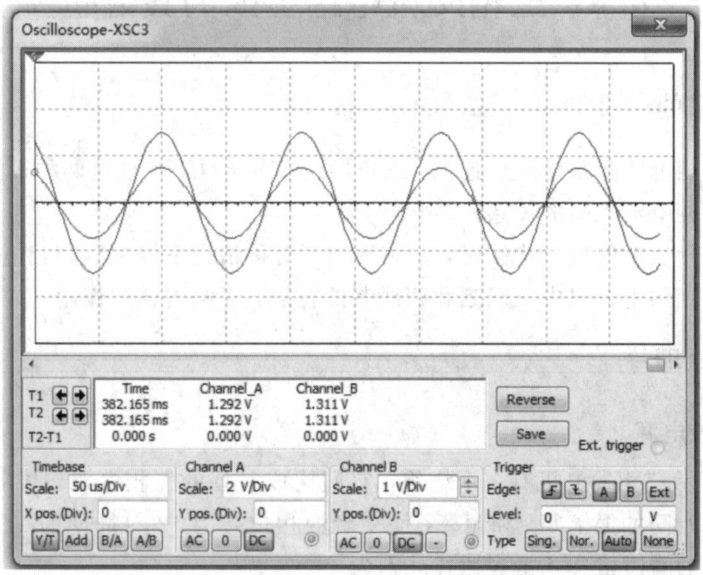

图 8 - 45　串联谐振波形仿真图

(3) 在谐振点的两侧，按频率递增或递减 500 Hz 或 1 kHz，依次各取 8 个测量点，逐点测出 U_0、U_L、U_C 的值，记入自制表格中。

(4) 改变电阻值，重复步骤(2)、(3)的测量过程，将数据填入自制表格中。

8.7.5　实验要求

(1) 自选 R、L、C 元件组成串联电路，并绘出电路图。确定输入正弦信号，保持输入信号电压 U，并计算出谐振频率 f。改变输入信号频率 f，读出电路元件参数的测量值，并计算出电路电流 I，填入自制的表格中，根据实验数据作出 I - f 曲线及 U_C、U_L 曲线，写出实验步骤。

(2) 计算出通频带与 Q 值，说明不同 R 值对电路通频带与品质因数的影响。

(3) 通过测量数据，写出品质因数 Q 值变化对谐振曲线的影响。

(4) 对两种不同的测量 Q 值方法进行比较，分析误差原因。

(5) 用双线示波器观察 u、i 的波形，写出谐振前($\omega < \omega_0$)和谐振后($\omega > \omega_0$)两个波形的相位关系，并绘出波形图。

8.7.6　思考题

(1) 改变电路的哪些参数可以使电路发生谐振，电路中 R 的数值是否影响谐振频率值？应该怎么计算其理论值？

(2) 谐振时，对应的 U_L 与 U_C 是否相等？如有差异，原因何在？

(3) 在工程应用上，利用 R、L、C 串联谐振电路能否测量未知储能元件的参数(在已知电容或电感的情况下测量电感或电容)？

8.8 三相交流电路虚拟仿真分析

8.8.1 实验目的

（1）掌握三相电路负载作星形连接、三角形连接的方法，验证这两种接法下线电压、相电压及线电流、相电流之间的关系。

（2）研究三相负载作星形连接时，在对称和不对称情况下线电压和相电压的关系。

（3）比较三相供电方式中三线制和四线制的特点，了解中线的作用。

8.8.2 实验原理

1. 三相交流电源

图 8-46 所示三相发电机有 3 个绕组，它们构成对称的三相电源，其中每一个电源称为一相。它们有相同的振幅 U_m 和频率，而三者的相位差为 120°（周期的 1/3），如图 8-47 所示。三相电压的瞬时值和相量表达式分别为

$$u_A(t) = \sqrt{2}U\cos\omega t, \qquad \dot{U}_A = U\angle 0°$$

$$u_B(t) = \sqrt{2}U(\cos\omega t - 120°), \qquad \dot{U}_B = U\angle(-120°)$$

$$u_C(t) = \sqrt{2}U(\cos\omega t + 120°), \qquad \dot{U}_C = U\angle 120°$$

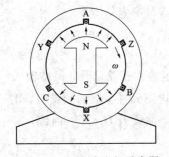

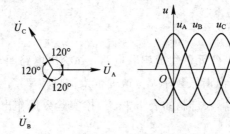

图 8-46　三相发电机示意图　　　　图 8-47　三相电压波形和相量图

2. 对称三相电源的连接法

1）星形（Y）连接法

三个绕组的末端 X、Y、Z 接在一起，始端 A、B、C 引出来，如图 8-48 所示。

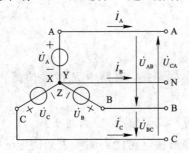

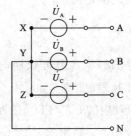

图 8-48　星形连接

2）三角形（△）连接法

三个绕组始、末端顺次相接，如图 8-49 所示。

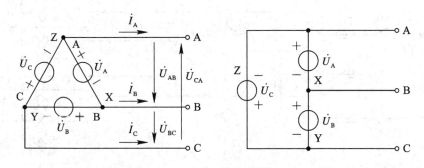

图 8-49　三角形连接

4. 三相负载

1）负载星形（Y）连接法

如图 8-50 所示，当三相对称负载作星形连接时，线电压 U_1 是相电压 U_p 的 $\sqrt{3}$ 倍，线电流 I_1 等于相电流 I_p，即 $U_1=\sqrt{3}U_p$，$I_1=I_p$。在此种情况下，流过中性线的电流 $I_0=0$，因此可以省去中性线，即形成三相三线制；不对称三相负载作 Y 连接时，必须采用三相四线制接法，即 Y_0 接法，如图 8-50 所示。而且中线必须牢固连接，以保证三相不对称负载的每相电压维持对称不变。倘若中线断开，会导致三相负载电压的不对称，致使负载轻的那一相的相电压过高，使负载遭受损坏；负载重的一相相电压又过低，使负载不能正常工作。尤其是对于三相照明负载，无条件地一律采用 Y_0 接法。

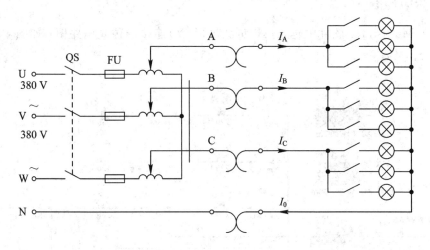

图 8-50　负载星形连接（三相四线制）电路

2）负载三角形（△）连接法

如图 8-51 所示，在三相交流电路中三相负载可接成三角形（△）。对称负载作三角形（△）连接时，$I_1=\sqrt{3}I_p$；当不对称负载作三角形（△）连接时，$I_1\neq\sqrt{3}I_p$。但只要电源的线电压 U_1 对称，加在三相负载上的电压仍是对称的，对各相负载工作就没有影响。

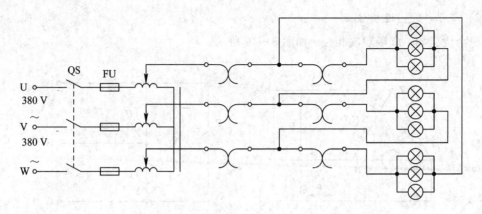

图 8-51　负载三角形连接(三相三线制)电路

8.8.3　实验器材

实验需用设备与器材见表 8-24。

表 8-24　实验需用设备与器材表

序号	名　　称	型号与规格	数量	备　　注
1	计算机		1	
2	Multisim 软件		1	

8.8.4　实验内容

(1) 在 Multisim14 软件中建立三相负载星形(Y)连接的仿真电路图,如图 8-52、图 8-53 所示。

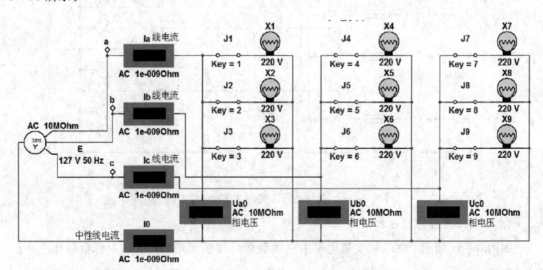

图 8-52　负载星形连接(三相四线制)平衡负载电路

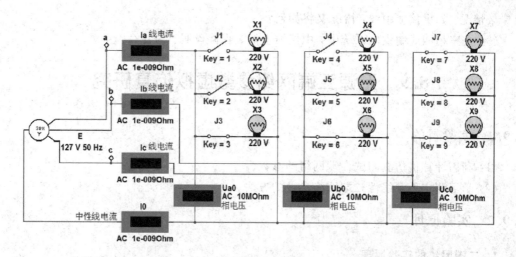

图 8-53 负载星形连接(三相四线制)不平衡负载电路

(2) 在 Multisim14 软件中建立三角形负载参数测量的仿真电路图,如图 8-54 所示。

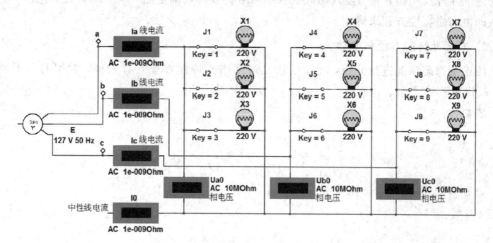

图 8-54 负载三角形连接仿真电路

8.8.5 实验要求

(1) 用实验测得的数据验证对称三相电路中 $\sqrt{3}$ 的关系。

(2) 用实验数据和观察到的现象,总结三相四线制供电系统中中线的作用。

(3) 分析不对称三角形连接的负载能否正常工作,实验是否能证明这一点。

(4) 以不对称负载三角形连接的相电流值作相量图,求出线电流值,然后与实验测得的线电流作比较并分析。

8.8.6 思考题

(1) 三相负载根据什么原则作星形或三角形连接?

(2) 试分析三相星形连接不对称负载在无中线情况下,当某相负载开路或短路时会出现什么情况？如果接上中线，情况又将如何？

（3）在三相四线制供电系统中，中性线上能装保险丝吗？为什么？

8.9　无源二端网络参数虚拟仿真研究

8.9.1　实验目的

（1）利用计算机仿真测试二端网络的参数。

（2）学习测定无源线性二端网络参数的方法。

8.9.2　实验原理

1. 二端网络的实验原理

对于无源线性二端网络，可以用网络参数来表征它的特征，这些参数只取决于二端网络的内部元件及结构，而与输入激励无关。网络参数一旦确定后，两个端口处的电压、电流关系即由网络特性方程来确定。

2. 二端网络的方程和参数

按正弦稳态情况进行分析，无源线性二端网络的特性方程共有六种，常用的有下列四种，写成矩阵形式如下：

Y 参数：

$$\begin{bmatrix} \dot{I}_1 \\ \dot{I}_2 \end{bmatrix} = \boldsymbol{Y} \begin{bmatrix} \dot{U}_1 \\ \dot{U}_2 \end{bmatrix}, \quad \boldsymbol{Y} = \begin{bmatrix} Y_{11} & Y_{12} \\ Y_{21} & Y_{22} \end{bmatrix}$$

对互易网络有：$Y_{12} = Y_{21}$。

Z 参数：

$$\begin{bmatrix} \dot{U}_1 \\ \dot{U}_2 \end{bmatrix} = \boldsymbol{Z} \begin{bmatrix} \dot{I}_1 \\ \dot{I}_2 \end{bmatrix}, \quad \boldsymbol{Z} = \begin{bmatrix} Z_{11} & Z_{12} \\ Z_{21} & Z_{22} \end{bmatrix}$$

对互易网络有：$Z_{12} = Z_{21}$。

H 参数：

$$\begin{bmatrix} \dot{U}_1 \\ \dot{I}_2 \end{bmatrix} = \boldsymbol{H} \begin{bmatrix} \dot{I}_1 \\ \dot{U}_2 \end{bmatrix}, \quad \boldsymbol{H} = \begin{bmatrix} H_{11} & H_{12} \\ H_{21} & H_{22} \end{bmatrix}$$

对互易网络有：$H_{12} = H_{21}$。

T 参数：

$$\begin{bmatrix} \dot{U}_1 \\ \dot{I}_1 \end{bmatrix} = \boldsymbol{T} \begin{bmatrix} \dot{U}_2 \\ -\dot{I}_2 \end{bmatrix}, \quad \boldsymbol{T} = \begin{bmatrix} T_{11} & T_{12} \\ T_{21} & T_{22} \end{bmatrix}$$

对互易网络有：$T_{11} T_{22} - T_{12} T_{21} = 1$。

如果这四种参数反映的是同一网络，那么它们之间必有内在联系，因而可用一套参数求出另一套参数。由线性电阻、电容、电感元件构成的无源二端网络称为互易网络。

3. 参数测试方法

（1）通过上述方程就可以测定网络的参数，可分别测出二端网络的开路和短路的输入端复阻抗 $Z_{1\text{OC}}$、$Z_{1\text{SC}}$ 和输出端复阻抗 $Z_{2\text{OC}}$、$Z_{2\text{SC}}$，则二端网络的参数可由下式求得：

$$T_{11} = T_{21}Z_{1\text{OC}},\ T_{12} = T_{22}Z_{\text{SC}},\ T_{21} = \frac{T_{22}}{Z_{2\text{OC}}},\ T_{22} = \frac{Z_{2\text{OC}}}{Z_{1\text{OC}} - Z_{1\text{SC}}}$$

（2）通过示波器的数据可得到开路、短路时的输入端复阻抗、输出端复阻抗为

$$|Z| = \frac{U}{I},\ Z = |Z| \angle \varphi$$

当 Z 为感性复阻抗时，$\varphi > 0$；当 Z 为容性复阻抗时，$\varphi < 0$。

8.9.3 实验器材

实验需用设备与器材见表 8-25。

表 8-25 实验需用设备与器材表

序号	名　　称	型号与规格	数量	备　　注
1	计算机		1	
2	Multisim 软件		1	

8.9.4 实验内容

在 Multisim14 软件中建立如图 8-55、图 8-56 所示的电路。用示波器测量给定二端网络在输出端口开路和短路的输入端复阻抗 $Z_{1\text{OC}}$、$Z_{1\text{SC}}$，另行设计实验电路测量输出端复阻抗 $Z_{2\text{OC}}$、$Z_{2\text{SC}}$，并测定二端网络的参数。

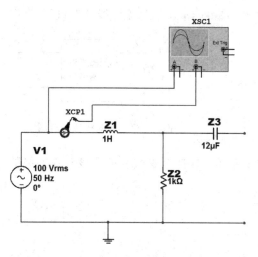

图 8-55 测量端口开路时的输入端复阻抗

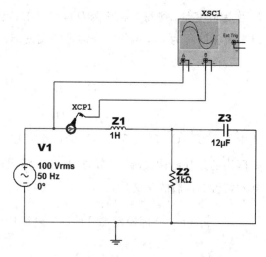

图 8-56 测量端口短路时的输入端复阻抗

8.9.5　实验要求

(1) 自行设计表格,记录数据,求出给定网络的参数。

(2) 总结、归纳二端网络的测试技术。

8.9.6　思考题

(1) 试推导公式 $\varphi = 2\pi f(t_1 - t_2)$。

(2) 如果不是用电流探针而是用采样电阻来观测相应的电流,该如何实现?

8.10　双口网络的等效电路虚拟仿真设计

8.10.1　实验目的

(1) 加深理解双口网络的基本理论。

(2) 掌握测量直流双口网络传输参数的方法和技术。

(3) 学习双口网络的连接,加深对等效电路的理解。

8.10.2　实验原理

对于任何一个线性网络,我们所关心的往往只是输入端口和输出端口的电压和电流间的相互关系,并通过实验测定方法求取一个极其简单的等值双口电路来替代原网络,此即为"黑盒理论"的基本内容。

1. 同时测量法

一个双口网络两端口的电压和电流四个变量之间的关系,可以用多种形式的参数方程来表示。本实验采用输出口的电压 U_2 和电流 I_2 作为自变量,以输入口的电压 U_1 和电流 I_1 作为应变量,所得方程称为双口网络的传输方程。图 8-57 所示为无源线性双口网络(端口电流相同称为双口网络,否则是四端网络)。

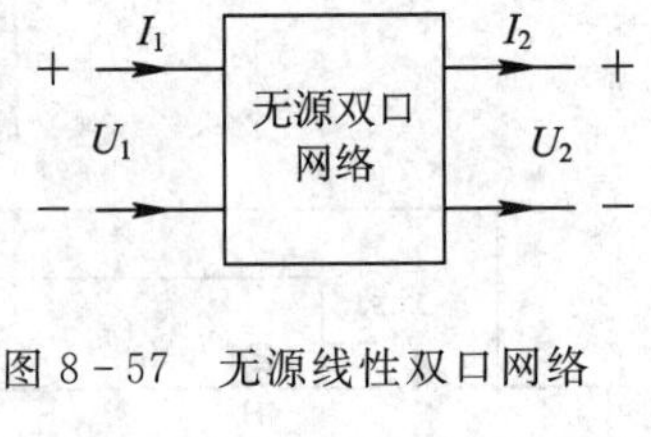

其传输方程为

$$\dot{U}_1 = A\dot{U}_2 + B\dot{I}_2$$

$$\dot{I}_1 = C\dot{U}_2 + D\dot{I}_2$$

图 8-57　无源线性双口网络

式中,A、B、C、D 为双口网络的传输参数,其值完全取决于网络的拓扑结构(线路的布局)及各支路元件的参数值。这四个参数表征了该双口网络的基本特性,它们的含义是:

$A = \dfrac{U_1}{U_2}(I_2 = 0$ 即输出端开路时,电压传递$)$;

$B = \dfrac{U_1}{I_2}(U_2 = 0$ 即输出端短路时,电导传递$)$;

$$C=\frac{I_1}{U_2}(I_2=0\text{ 即输出端开路时，阻抗传递）；}$$

$$D=\frac{I_1}{I_2}(U_2=0\text{ 即输出端短路时，电流传递）。}$$

由上式可知，只要在网络的输入口加上电压，在两个端口同时测量其电压和电流，即可求出 A、B、C、D 四个参数。

2. 分别测量法

若要测量一条远距离输电线构成的双口网络，采用同时测量法就很不方便。这时可采用分别测量法，即先在输入口加电压，而将输出口开路和短路，在输入口测量电压和电流，由传输方程可得：

$$R_{1O}=\frac{U_1}{I_1}=\frac{A}{C}(I_2=0\text{ 即输出端开路时）；}$$

$$R_{1S}=\frac{U_1}{I_2}=\frac{B}{D}(U_2=0\text{ 即输出端短路时）。}$$

然后在输出口加电压，将输入口开路和短路，测量输出口的电压和电流。此时可得：

$$R_{2O}=\frac{U_2}{I_2}=\frac{D}{C}(I_1=0\text{ 即输入端开路时）；}$$

$$R_{2S}=\frac{U_2}{I_1}=\frac{B}{A}(U_1=0\text{ 即输入端短路时）。}$$

R_{1O}、R_{1S}、R_{2O}、R_{2S} 分别表示一个端口开路和短路时另一端口的等效输入电阻，这四个参数中有三个是独立的（$AD-BC=1$）。至此，可求出四个传输参数：

$$A=\sqrt{\frac{R_{1O}}{R_{2O}-R_{2S}}}, \ B=R_{2S}A, \ C=\frac{A}{R_{1O}}, \ D=R_{2O}C$$

3. 双口网络级联后的等效双口网络的传输参数

可采用上述两种测量方法之一求得双口网络级联后的等效双口网络的传输参数。从理论上推得两个双口网络级联后的传输参数与每一个参加级联的双口网络的传输参数之间有如下关系：

$$A=A_1A_2+B_1C_2, \quad B=A_1B_2+B_1D_2$$
$$C=C_1A_2+D_1C_2, \quad D=C_1B_2+D_1D_2$$

8.10.3　实验器材

实验需用设备与器材见表 8-26。

表 8-26　实验需用设备与器材表

序号	名　称	型号与规格	数量	备　注
1	计算机		1	
2	Multisim 软件		1	

8.10.4　实验内容

按同时测量法分别测定两个双口网络的传输参数 A_1、B_1、C_1、D_1 和 A_2、B_2、C_2、D_2，并列出它们的传输方程。

（1）按照图 8-58 在仿真软件中连接双口网络 I 实验线路，将直流稳压电源的输出电压调到 $U_1=15$ V，作为双口网络的输入，并完成相关参数测量。

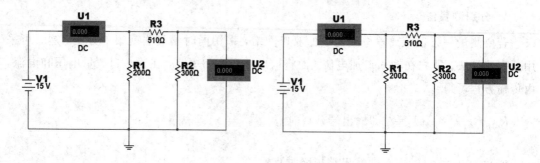

图 8-58　双口网络 I 开路和短路测量

（2）按照图 8-59 连接双口网络 II 实验线路，完成相关参数测量。

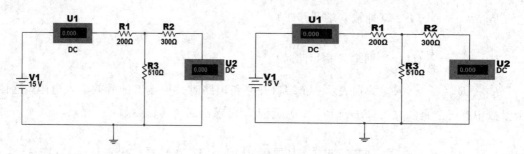

图 8-59　双口网络 II 开路和短路测量

（3）将两个双口网络级联，即将双口网络 I 的输出接至双口网络 II 的输入。用两端口分别测量法测量级联后等效双口网络的传输参数 A、B、C、D，并验证等效双口网络传输参数与级联的两个双口网络传输参数之间的关系，按相关参数测量。

8.10.5　实验要求

（1）绘出双口网络级联时的实验电路图，并完成对数据表格的测量和计算的任务。

（2）列写参数方程。

（3）验证级联后等效双口网络的传输参数与级联的两个双口网络传输参数之间的关系。

（4）总结、归纳双口网络的测试技术。

8.10.6　思考题

（1）试述双口网络同时测量法与分别测量法的测量步骤、优缺点及其适用情况。

（2）本实验方法可否用于交流双口网络的测定？

参 考 文 献

[1] 邱关源. 电路[M]. 5 版. 北京：高等教育出版社，2013.

[2] 张永瑞. 电路分析基础[M]. 5 版. 西安：西安电子科技大学出版社，2019.

[3] 王志功，沈永朝，赵鑫泰. 电路与电子线路基础[M]. 北京：高等教育出版社，2017.

[4] 陈长兴，李敬社，段小虎. 电路分析基础[M]. 北京：高等教育出版社，2014.

[5] 巨辉，周蓉. 电路分析基础[M]. 北京：高等教育出版社，2015.

[6] 包伯成，乔晓华. 电路分析基础[M]. 北京：高等教育出版社，2013.

[7] 王松林，吴大正. 工程电路分析基础[M]. 4 版. 西安：西安电子科技大学出版社，2018.

[8] 于歆杰，朱桂萍，陆文娟. 电路原理[M]. 北京：清华大学出版社，2007.

[9] 艾伯特·马尔维诺，戴维 J 贝茨. 电子电路原理[M]. 李冬梅，译. 8 版. 北京：机械工业出版社，2019.

[10] 汪建，刘大伟. 电路原理[M]. 北京：清华大学出版社，2020.

[11] 范爱平. 电子电路实验与虚拟技术[M]. 济南：山东科学技术出版社，2001.

[12] 李洪芹，刘海珊，张振华，等. 电子线路实践[M]. 南京：东南大学出版社，2003.

[13] 秦曾煌. 电工学：上册[M]. 7 版. 北京：高等教育出版社，2009.